国家电网
STATE GRID



电网企业专业技能考核题库

# 电力电缆安装运维工（配电）

国网宁夏电力有限公司　编

中国电力出版社
CHINA ELECTRIC POWER PRESS

## 内 容 提 要

本书编写依据国家职业技能鉴定、电力行业职业技能鉴定与国家电网有限公司技能等级评价（认定）相关制度、规范、标准，立足宁夏电网生产实际，融合新型电力系统构建及新时代技能人才发展目标要求。本书主要内容为电网企业技能人员技能等级认定与评价实操试题，包含技能笔答及技能操作两大部分，其中技能笔答主要以问答题形式命题，技能操作以任务书形式命题，均明确了各个环节的考核知识点、标准答案和评分标准。

本书为电网企业生产技能人员的培训教学用书，可供从事相应职业（工种）技能人员学习参考，也可作为电力职业院校教学参考书。

**图书在版编目（CIP）数据**

电力电缆安装运维工：配电 / 国网宁夏电力有限公司编. —北京：中国电力出版社，2022.9
电网企业专业技能考核题库
ISBN 978-7-5198-6957-1

Ⅰ. ①电… Ⅱ. ①国… Ⅲ. ①电力电缆–电缆敷设–职业技能–鉴定–习题集 Ⅳ. ①TM757-44

中国版本图书馆 CIP 数据核字（2022）第 133531 号

出版发行：中国电力出版社
地　　址：北京市东城区北京站西街 19 号（邮政编码 100005）
网　　址：http://www.cepp.sgcc.com.cn
责任编辑：马　丹（010-63412725）　马玲科　马雪倩
责任校对：黄　蓓　朱丽芳　马　宁
装帧设计：郝晓燕
责任印制：钱兴根

印　　刷：望都天宇星书刊印刷有限公司
版　　次：2022 年 9 月第一版
印　　次：2022 年 9 月北京第一次印刷
开　　本：889 毫米×1194 毫米　16 开本
印　　张：25.25
字　　数：725 千字
定　　价：102.00 元

《电网企业专业技能考核题库　电力电缆安装运维工（配电）》

# 编 委 会

《电网企业专业技能考核题库　电力电缆安装运维工（配电）》

# 编　写　组


主　　编　何玉鹏

副 主 编　王　剑　张春林　杨玉豪

编写人员　张仁和　李向伟　吉　涛　贺瑞斌　赵东森

尹继明　李互刚　姚志刚　燕正家　陈林峰

芦　鹏　王　颖　秦　力　王登擎　王建华

唐　婷　杨安家　张少敏　张　源　岳文泰

审稿人员　冯晓群　何玉鹏　朱　林　张金鹏　姚玉存

李真娣　刘学林　刘智清　黎　峰　翟虎成

徐　勇　屠梅艳

# 前言

国网宁夏电力有限公司以国家职业技能鉴定、电力行业职业技能鉴定与国家电网有限公司技能等级评价（认定）相关制度、规范、标准为依据，主要针对电网企业各类技能工种的初级工、中级工、高级工、技师、高级技师等人员，以专业操作技能为主线，立足宁夏电网生产实际，结合新型电力系统构建要求，编写了《电网企业专业技能考核题库》丛书。丛书在编写原则上，以职业能力建设为核心；在内容定位上，突出针对性和实用性，涵盖了国家电网有限公司相关政策、标准、规程、规定及现代电力系统新设备、新技术、新知识、新工艺等内容。

丛书的深度、广度遵循了“适应发展需求、立足实践应用”的工作思路，全面涵盖了国家电网有限公司技能等级评价（认定）内容，能够为国网宁夏电力有限公司实施技能等级评价（认定）专业技能考核命题提供依据，也可服务于同类电网企业技能人员能力水平的考核与认定。本套丛书可供电网企业技能人员学习参考，可作为电网企业生产技能人员的培训教学用书，也可作为电力职业院校教学参考用书。

由于时间和水平有限，难免存在疏漏之处，恳请各位专家和读者提出宝贵意见。

# 目 录

# 第一部分
# 初级工

# 第一章　电力电缆安装运维工（配电）初级工技能笔答

**Jb0000531001　电缆隧道内应采用的消防设备有哪些？（5分）**

**考核知识点：**消防设备

**难易度：**易

**标准答案：**

电缆隧道内应采用烟雾报警设备、自动灭火设备、灭火箱设备、消防栓设备等消防设备。

**Jb0000531002　电缆施工现场应具备哪些施工资料？（5分）**

**考核知识点：**电缆施工

**难易度：**易

**标准答案：**

电缆施工现场应具备安装工艺图纸、施工方案、施工组织设计、作业指导书。

**Jb0000531003　电缆故障按性质分类可分为哪几种故障？（5分）**

**考核知识点：**电缆故障

**难易度：**易

**标准答案：**

电缆故障按性质分类可分为接地故障、短路故障、断线故障、闪络故障、混合故障。

**Jb0000532004　电缆隧道应具有哪些常备装置？（5分）**

**考核知识点：**常备装置

**难易度：**中

**标准答案：**

电缆隧道应具有照明、排水等常备装置。

**Jb0000532005　1kV 及以下热缩式电缆中间接头制作导体连接管压接后，连接管表面的棱角和毛刺必须用什么工具打磨光洁，并将金属粉末清洁干净？（5分）**

**考核知识点：**1kV 及以下热缩式电缆中间接头制作

**难易度：**中

**标准答案：**

连接管表面的棱角和毛刺必须用锉刀、砂纸打磨光洁。

**Jb0000532006　电缆隧道敷设一般采用哪两种牵引相结合的方法？（5分）**

**考核知识点：**电缆隧道敷设

**难易度：**中

**标准答案：**

电缆隧道敷设一般采用卷扬机钢丝绳牵引、电缆输送机牵引相结合的方法。

**Jb0000533007 电缆隧道敷设时，高度差较大的隧道两端部位，应防止电缆引入时因自重产生过大的哪种因素影响电缆绝缘质量？（5分）**

**考核知识点：**电缆隧道敷设

**难易度：**难

**标准答案：**

电缆隧道敷设时，应防止电缆引入时因自重产生过大的牵引力、侧压力、扭转应力影响电缆绝缘质量。

**Jb0000533008 电缆附件安装时，施工前应检查电缆状况，需要满足哪些要求？（5分）**

**考核知识点：**电缆附件安装

**难易度：**难

**标准答案：**

（1）电缆状况应良好，无受潮。

（2）电缆相位应正确。

（3）护层耐压试验合格。

**Jb0000533009 电缆线路附属设备包含哪些组成部分？（5分）**

**考核知识点：**电缆线路附属设备

**难易度：**难

**标准答案：**

电缆线路附属设备包括避雷器、接地装置、供油装置、在线监测装置。

**Jb0000533010 电缆附属设施主要包括哪些部分？（5分）**

**考核知识点：**电缆附属设施

**难易度：**难

**标准答案：**

电缆附属设施主要包括电缆支架、标识标牌、防火设施、防水设施和电缆终端站。

**Jb0000533011 为什么要在电缆线路两端核对相位？（5分）**

**考核知识点：**核对相位

**难易度：**难

**标准答案：**

在电缆线路敷设完毕与电力系统接通之前，必须按照电力系统上的相位进行核相。若相位不符，则会产生以下几种结果：

（1）电缆联络两个电源时，推上时会因相间短路立即跳闸，无法运行。

（2）由电缆线路送电至用户而相位有两相接错时，会使用户的电动机倒转。当三相全部接错后，虽不致使电动机倒转，但对有双路电源的用户则无法交并用双电源；对只有一个电源的用户，则当其申请备用电源后，会产生无法做备用的后果。

（3）由电缆线路送电到电网变压器时，会使低压电网无法合环并列运行。

（4）双并或多并电缆线路中有一条接错相位时，如果在做耐压试验时未发现，则会产生因相间短路推不上开关的恶果。

**Jb0000533012　XLPE 电缆的基本结构有哪些？对结构层的要求有哪些？（5 分）**

**考核知识点：** XLPE 电缆的基本结构

**难易度：** 难

**标准答案：**

电力电缆（XLPE）主要由线芯导体、绝缘层和保护层三部分构成。

（1）线芯导体：是传导电流的通路。它应有较高的导电性能和较小的线路损耗。

（2）绝缘层：隔绝导线上的高压电场对外界的作用。它应具有良好的绝缘性能和耐热性能。

（3）保护层：可分为内护套和外护层两部分。内护套是用来密封保护绝缘层的，同时又作为外屏蔽结构的组成部分。外护层是用来保护内护套的，它具有一定的机械强度，使电缆不受外力的损伤和腐蚀。

**Jb0000533013　为什么要测量电缆设备的绝缘电阻？测量结果与哪些因素有关？（5 分）**

**考核知识点：** 电缆设备的绝缘电阻

**难易度：** 难

**标准答案：**

测量绝缘电阻可以检查绝缘介质是否受潮或损坏，但对局部受潮或有裂缝不一定能发现（因电压太低），这是一种测量绝缘电阻较为简单的手段。绝缘介质的绝缘电阻与温度有关，吸湿性大的物质受温度的影响就更大。一般绝缘电阻随温度上升而减小。由于温度对绝缘电阻影响很大，而且每次测量又难以在同一温度下进行。因此，为了能对测量结果进行比较，应将测量结果换算为同一温度下的数值。空气湿度对测量结果的影响也很大，当空气相对湿度增大时，绝缘物由于毛细管作用，吸收较多的水分，致使电导率增加，绝缘电阻降低，尤其是对表面泄漏电流的影响更大，绝缘表面的脏污程度对测量结果也有一定影响。试验中可以使用屏蔽方法以减少因脏污引起的误差。

**Jb0000533014　如何对待电缆泄漏电流的异常现象？（5 分）**

**考核知识点：** 电缆泄漏电流

**难易度：** 难

**标准答案：**

发现泄漏电流与上次试验值相比有很大变化，或泄漏电流不稳定，随试验电压的升高或加压时间的增加而急剧上升时，应查明原因。如系终端头表面泄漏电流或对地杂散电流等因素的影响，应加以消除；如怀疑电缆线路绝缘不良，则可提高试验电压（以不超过产品标准规定的出厂试验直流电压为宜）或延长试验时间，确定能否维持运行。

**Jb0000533015　挖掘电缆应注意哪些事项？（5 分）**

**考核知识点：** 挖掘电缆

**难易度：** 难

**标准答案：**

（1）挖掘电缆工作，应由有经验的人员交代清楚后才能进行。

（2）挖出电缆保护板后，应该注意保护板下的电缆不能有损伤。

（3）挖电缆沟前，应做好防止交通事故的安全措施。

（4）在挖出的土堆斜坡上，不得放置工具、材料等杂物，沟边应留有走道。

（5）挖出的电缆或接头盒下方需挖空时，必须将其悬吊保护。

（6）悬吊电缆应每隔 1～1.5m 一道，悬吊接头盒应平放，不得使接头受到拉力。

**Jb0000533016 登杆塔作业的方法和安全要求有哪些？（至少 5 点）（5 分）**

**考核知识点：**登杆塔作业

**难易度：**难

**标准答案：**

（1）攀登电杆一般使用脚扣或升降板。若杆塔带有脚钉，则应通过脚钉攀登。

（2）使用脚扣前，应先检查脚扣有无断裂或腐蚀，脚扣皮带是否完好。然后将脚扣扣在电杆上距地面 0.5m 左右处分别对两只脚扣进行冲击试验，检查脚扣有无变形或损坏，不合格者严禁使用。

（3）在登杆时，脚扣皮带的松紧要适当，以防脚扣在脚上转动或脱落。

（4）遇刮风天气时，应从上风侧攀登，在倒换脚扣时，不得相互碰撞。

（5）站在脚扣上进行高处作业时，脚扣必须与电杆扣稳。两个脚扣不能互相交叉，以防滑脱。

（6）使用升降板时，应先检查脚踏板有无断裂、腐朽，绳索有无断股。然后进行人体冲击试验，不合格者严禁使用。

（7）用升降板登杆时，升降板的挂钩应朝上，并用拇指顶住挂钩，以防松脱。在倒换升降板时，应保持身体平衡，两板间距不宜过大。

（8）新立电杆必须将杆基回填土填满夯实后，方可登杆工作。当发现电杆杆基被雨水冲刷或者有植土时，应先培土加固，或支好叉杆后，方可登杆。

（9）登木杆前，必须先检查杆根是否牢固，发现腐朽时，应支好叉杆或采取其他加固措施后方可登杆。

**Jb0000533017 制作终端头时，接线端子的压接注意事项有哪些？（5 分）**

**考核知识点：**制作终端头

**难易度：**难

**标准答案：**

（1）检查压模是否与接线端子相符。

（2）压接时须使接管的截面积不小于被连接导体截面积的 1.5 倍。

（3）压接应从根部向上压。

（4）压接后用锉、砂纸打磨去除毛刺。

**Jb0000533018 终端头投入运行前应注意哪些问题？（5 分）**

**考核知识点：**终端头投入运行

**难易度：**难

**标准答案：**

（1）相位必须正确。

（2）与电气设备连接可靠。

（3）电缆弓子线应保证美观、顺畅。

（4）接地线必须接触良好。

**Jb0000533019 对电缆的存放有何要求？（5 分）**

**考核知识点：**电缆的存放

**难易度：**难

**标准答案：**

（1）电缆应储存在干燥的地方。
（2）有搭盖的遮棚。
（3）电缆盘下应放置枕垫，以免陷入泥土中。
（4）电缆盘不允许平卧放置。

**Jb0000533020　对电缆支架有哪些要求？（5 分）**
**考核知识点：**电缆支架
**难易度：**难
**标准答案：**
（1）表面光滑、无毛刺。
（2）适应使用环境的耐久稳固。
（3）满足所需的承载能力。
（4）符合工程防火要求。

**Jb0000533021　电缆外护层具有的“三耐”“五防”功能是什么？（5 分）**
**考核知识点：**“三耐”“五防”
**难易度：**难
**标准答案：**
（1）电缆外护层具有的“三耐”功能是耐寒、耐热、耐油。
（2）“五防”功能是防潮、防雷、防鼠、防蚁、防腐蚀。

**Jb0000533022　在哪些情况下采用排管敷设？有何优点？（5 分）**
**考核知识点：**排管敷设
**难易度：**难
**标准答案：**
（1）排管敷设一般用在与其他建筑物、公路或铁路相交叉的地方，有时也在建筑密集区或工厂内采用。
（2）主要优点是占地小，能承受大的荷重，电缆相互间互不影响，比较安全。

**Jb0000533023　较长电缆管路中的哪些部位应设有工作井？（5 分）**
**考核知识点：**工作井
**难易度：**难
**标准答案：**
（1）电缆牵引张力限制的间距处。
（2）电缆分支、接头处。
（3）管路方向较大改变或电缆从排管转入直埋处。
（4）管路坡度较大且需防止电缆滑落的必要加强固定处。

**Jb0000533024　提高电缆载流量应从哪些方面考虑？（5 分）**
**考核知识点：**电缆载流量
**难易度：**难
**标准答案：**
（1）增大线芯截面积，线芯采用高导电材料。

（2）提高电缆绝缘工作温度，采用高温绝缘材料。
（3）提高绝缘材料绝缘强度，减薄绝缘厚度。
（4）采用低介质损耗材料，降低损耗。
（5）减少电容电流。
（6）改善敷设条件，例如保持电缆周围土壤潮湿度，或采取冷却措施。

**Jb0000533025 明敷电缆实施耐火防护方式，应符合哪些规定？（5分）**
**考核知识点：**耐火防护
**难易度：**难
**标准答案：**
（1）电缆数量较少时，可采用防火涂料、包带加于电缆上或把电缆穿于耐火管等方式。
（2）同一通道中电缆数量较多时，宜敷设于耐火槽盒内，且对电力电缆宜用透气型式，在无易燃粉尘的环境中可用半封闭式，敷设在桥架上的电缆防护区段不长时，也可采用阻火包。

**Jb0000533026 何为闪络性故障？（5分）**
**考核知识点：**闪络性故障
**难易度：**难
**标准答案：**
（1）闪络性故障大多发生在预防性试验中，并多出现在电缆中间接头和终端头处。
（2）试验时绝缘被击穿，形成间隙性放电，当所加电压达到某一定值时，发生击穿，当电压降至某一值时，绝缘恢复而不发生击穿，有时还会出现绝缘击穿后又恢复正常，即使提高试验电压，也不再击穿的现象。

**Jb0000533027 感应法电力电缆故障仪有哪些用途？（5分）**
**考核知识点：**感应法电力电缆故障仪
**难易度：**难
**标准答案：**
（1）寻找电缆路径。
（2）测量电缆埋置深度。
（3）寻找电缆接头位置。
（4）测量相间短路故障。
（5）测量低压电阻接地故障。

**Jb0000533028 制作安装电缆接头或终端头时对气象条件有何要求？（5分）**
**考核知识点：**制作安装电缆接头
**难易度：**难
**标准答案：**
（1）制作安装应在良好的天气下进行。
（2）尽量避免在雨天、风雪天或湿度较大的环境下施工，同时还要有防止尘土和外来污物的措施。

**Jb0000533029 电缆线盘在移动前应做哪些检查？（5分）**
**考核知识点：**电缆线盘

难易度：难

标准答案：

（1）电缆线盘在移动前应检查线盘是否牢固。

（2）电缆两端应固定，线圈不应松弛。

（3）有时由于电缆长期存放或保管不善，线松散，搬运时容易造成电缆损伤或线盘松散无法放线的情况，此时应更换线盘。

Jb0000533030　电缆为什么采用铅做护套材料？（5分）

考核知识点：护套材料

难易度：难

标准答案：

（1）密封性好。

（2）熔化点低。

（3）韧性好，不影响电缆的可曲性。

（4）耐腐蚀性比一般金属好。

Jb0000533031　进电缆工井前应做好哪些安全措施？（5分）

考核知识点：电缆工井作业

难易度：难

标准答案：

（1）检测并排出井内浊气，保持通风。

（2）井下工作应戴安全帽。

（3）做好防火、防水的措施。

（4）防止高空落物。

Jb0000533032　开断已停电或停役的电缆应做好哪些工作？（5分）

考核知识点：施工措施

难易度：难

标准答案：

（1）锯电缆前，必须与电缆图纸核对是否相符。

（2）用仪器或其他设备证实该电缆无电。

（3）用已接地的带有绝缘手柄的接地钎敲入电缆芯。

（4）操作人员应戴绝缘手套和防护面罩并站在绝缘垫上。

Jb0000533033　电力线路安全工作的技术措施是什么？（5分）

考核知识点：技术措施

难易度：难

标准答案：

（1）停电。

（2）验电。

（3）装设接地线。

（4）使用个人保安线。

（5）悬挂标示牌和装设遮拦。

**Jb0000533034 在线路工作中，保证安全的组织措施是什么？（5分）**

**考核知识点：**组织措施

**难易度：**难

**标准答案：**

（1）现场勘查制度。

（2）工作票制度。

（3）工作许可制度。

（4）工作监护制度。

（5）工作间断制度。

（6）工作结束和恢复送电制度。

**Jb0000532035 水底电缆埋设方式有哪些？（5分）**

**考核知识点：**水底电缆埋设方式

**难易度：**中

**标准答案：**

水底电缆埋设方式有浮埋、浅埋、深埋。

**Jb0000531036 电缆的型号中用数字表示的有哪些？（5分）**

**考核知识点：**电缆的型号

**难易度：**易

**标准答案：**

电缆的型号中外被层和铠装类型用数字表示。

**Jb0000531037 电缆直埋敷设可能遇到的需采取保护措施的情况包括哪些方面？（5分）**

**考核知识点：**电缆直埋敷设

**难易度：**易

**标准答案：**

电缆直埋敷设可能遇到的需采取保护措施的情况包括机械损伤、化学作业、地下电流和腐蚀物质。

**Jb0000532038 所谓正弦交流电是指电路中什么的大小和方向均随时间按正弦函数规律变化？（5分）**

**考核知识点：**正弦交流电

**难易度：**中

**标准答案：**

正弦交流电是指电路中电流、电压、电动势的大小和方向均随时间按正弦函数规律变化。

**Jb0000531039 工作终结后，工作负责人应及时报告工作许可人，其报告方法包括哪些？（5分）**

**考核知识点：**报告方法

**难易度：**易

**标准答案：**

报告方法有当面报告；用电话报告并经复诵无误。

**Jb0000531040　电力电缆的基本结构可以分为哪几部分？（5分）**

**考核知识点：**电力电缆的基本结构

**难易度：**易

**标准答案：**

电力电缆的基本结构可以分为导体、绝缘层、护层。

**Jb0000531041　采用哪些方式敷设的电缆，其成束阻燃性能等级不应低于C类？（5分）**

**考核知识点：**成束阻燃性能

**难易度：**易

**标准答案：**

采用排管、桥梁、隧道方式敷设的电缆，其成束阻燃性能等级不应低于C类。

**Jb0000531042　电缆附件在装运时，应避免哪些强烈情况？（5分）**

**考核知识点：**附件装运

**难易度：**易

**标准答案：**

电缆附件在装运时，应避免振动、倾斜、受潮和腐蚀。

**Jb0000532043　在工作中遇哪些情况或其他任何情况威胁到作业人员的安全时，工作负责人或专责监护人可根据情况临时停止工作？（5分）**

**考核知识点：**工作突发情况

**难易度：**中

**标准答案：**

在工作中遇雷、雨、大风或其他任何情况威胁到作业人员的安全时，工作负责人或专责监护人可根据情况临时停止工作。

**Jb0000531044　对无法进行直接验电的设备和雨雪天气时的户外设备，可以进行间接验电。即通过设备的什么及各种遥测、遥信等信号的变化来判断间接验电情况？（5分）**

**考核知识点：**间接验电

**难易度：**易

**标准答案：**

通过设备的机械指示位置、电气指示位置、带电显示装置和仪表来判断间接验电情况。

**Jb0000531045　挤包绝缘材料有哪几种？（5分）**

**考核知识点：**挤包绝缘材料

**难易度：**易

**标准答案：**

挤包绝缘材料有氯乙烯、聚乙烯、交联聚乙烯和乙丙橡胶。

**Jb0000532046 运行中的电缆线路，因其电缆结构特性，使得电缆线路产生什么损耗？（5分）**

**考核知识点：**损耗

**难易度：**中

**标准答案：**

运行中的电缆线路，因其电缆结构特性，使得电缆线路产生电缆导体、绝缘介质层、金属护套接地、铠装层等损耗。

**Jb0000531047 钳形电流表使用时的注意事项有哪些？（5分）**

**考核知识点：**钳形电流表

**难易度：**易

**标准答案：**

（1）由于钳形电流表测量时要接触被测线路，所以测量前一定要检测表的绝缘性能是否良好。

（2）测量时应戴绝缘手套。

（3）钳形电流表不能测量裸导线的电流。

（4）严禁在测量过程中切换钳形电流表的挡位。

**Jb0000531048 电缆盘上除应有盘号、芯数及标称截面、装盘长度、毛重外，还需具备什么？（5分）**

**考核知识点：**电缆盘

**难易度：**易

**标准答案：**

电缆盘上还需有制造厂名称、额定电压和电缆型号。

**Jb0000532049 电缆本体巡视检查要点有哪些？（5分）**

**考核知识点：**巡视

**难易度：**中

**标准答案：**

（1）检查是否变形。

（2）检查表面温度是否过高。

（3）检查是否存在破损情况和龟裂现象。

**Jb0000532050 电缆的防火阻燃应采取哪些措施和环境要求一致？（5分）**

**考核知识点：**电缆的防火阻燃

**难易度：**中

**标准答案：**

（1）按设计要求采用耐火或阻燃型电缆。

（2）按设计要求设置报警和灭火装置。

（3）防火重点部位的出入口，应按设计要求设置防火门或防火卷帘。

（4）改、扩建工程施工中，对于贯穿已运行的电缆孔洞、阻火墙，应及时恢复封堵。

**Jb0000531051 工作票是由谁签发的？（5分）**

**考核知识点：**工作票签发

**难易度：**易

**标准答案：**

（1）设备运维管理单位。

（2）经设备运维管理单位审核合格且经批准的检修及基建单位。

**Jb0000533052　白天工作间断时，如果工作班需暂时离开工作地点，则应采取相应的安全措施和派人看守，这时不让人、畜接近哪些地点？（5 分）**

**考核知识点：**安全措施

**难易度：**难

**标准答案：**

（1）挖好的基坑。

（2）未竖立稳固的杆塔。

（3）负载的起重和牵引机械装置。

**Jb0000531053　安全工器具使用前的外观检查应包括绝缘部分有无什么情况？（5 分）**

**考核知识点：**外观检查

**难易度：**易

**标准答案：**

安全工器具使用前应检查绝缘部分有无裂纹、老化、绝缘层脱落、严重伤痕。

**Jb0000531054　工作许可手续完成后，工作负责人、专责监护人应向工作班成员交代哪些情况，进行危险点告知，并履行确认手续，装完工作接地线后，工作班方可开始工作？（5 分）**

**考核知识点：**工作前交代

**难易度：**易

**标准答案：**

工作许可手续完成后，工作负责人、专责监护人应向工作班成员交代现场安全措施、工作内容、人员分工、带电部位。

**Jb0000531055　绝缘工具在储存、运输时不准与什么物质和化学药品接触，并要防止阳光直射或雨淋？（5 分）**

**考核知识点：**绝缘工具储存、运输

**难易度：**易

**标准答案：**

绝缘工具在储存、运输时不准与酸、碱、油类接触。

**Jb0000531056　在居民区及交通道路附近开挖的基坑，应做哪些安全措施？（5 分）**

**考核知识点：**安全措施

**难易度：**易

**标准答案：**

（1）设坑盖或可靠遮拦。

（2）加挂警告标志牌。

（3）夜间挂红灯。

**Jb0000531057　设备双重名称即设备的什么？（5分）**

**考核知识点：**设备双重名称

**难易度：**易

**标准答案：**

设备双重名称即设备的名称和编号。

**Jb0000533058　电阻并联的电路有什么特点？（5分）**

**考核知识点：**电阻并联

**难易度：**难

**标准答案：**

（1）各支路电阻上电压相等。

（2）总电流等于各支路电流之和。

（3）总电阻的倒数等于各支路电阻的倒数之和。

**Jb0000532059　对电缆终端头的防污措施有哪些？（5分）**

**考核知识点：**防污措施

**难易度：**中

**标准答案：**

（1）有针对性地清扫。

（2）加装增爬裙。

（3）提高外绝缘的泄漏比距。

**Jb0000531060　在防火重点部位或场所以及禁止明火区动火作业，应填用动火作业票，其方式有哪些？（5分）**

**考核知识点：**填用动火作业票

**难易度：**易

**标准答案：**

（1）填用线路一级动火工作票。

（2）填用线路二级动火工作票。

**Jb0000531061　电缆网络系统接线图是表明电缆线路的哪些状态，能直观反映电缆线路停电范围的图纸？（5分）**

**考核知识点：**电缆网络系统接线图

**难易度：**易

**标准答案：**

（1）电缆运行状态。

（2）在电力系统中的供电情况。

（3）在电力系统供电中的重要性。

（4）负荷分布情况。

**Jb0000532062　标识和警示牌要求有哪些？（5分）**

**考核知识点：**标识和警示牌

**难易度：**中

**标准答案：**

（1）规格宜统一。

（2）字迹要清晰。

（3）防腐不易脱落。

（4）挂装应牢固。

**Jb0000531063　防止电缆火灾可采取的措施有哪些？（5分）**

**考核知识点：**防止电缆火灾

**难易度：**易

**标准答案：**

防止电缆火灾可采取的措施有防火涂料、防火包带、防火槽盒、防火隔断。

**Jb0000531064　电力电缆线路应在哪些地方装设标志牌？（5分）**

**考核知识点：**装设标志牌

**难易度：**易

**标准答案：**

电力电缆线路应在电缆接头处、电缆管两端、电缆分支处装设标志牌。

**Jb0000533065　电缆直埋敷设时，选派的工作负责人应熟练掌握所承担工作的哪些内容？（5分）**

**考核知识点：**工作负责人

**难易度：**难

**标准答案：**

工作负责人应熟练掌握检修项目和质量标准。

**Jb0000531066　外单位承担公司系统电气工作前，设备运维管理单位应告知哪些情况？（5分）**

**考核知识点：**设备运维管理单位告知

**难易度：**易

**标准答案：**

设备运维管理单位应告知现场电气设备接线情况、危险点和安全注意事项。

**Jb0000531067　目前线芯连接有哪些方法？（5分）**

**考核知识点：**线芯连接

**难易度：**易

**标准答案：**

目前线芯连接有锡焊法、点压法和围压法。

**Jb0000532068　对于电缆导体连接点的电阻要求有哪些？（5分）**

**考核知识点：**电缆导体连接点的电阻

**难易度：**中

**标准答案：**

（1）连接点的电阻小而且稳定。

（2）连接点的电阻与相同长度、相同截面积的导体的比值，对于运行中的终端头和中间接头，这个比值不应大于 1.2。

**Jb0000531069　安全带外观检查时发现哪些情况应禁止使用？（5 分）**

**考核知识点：**安全带外观检查

**难易度：**易

**标准答案：**

（1）绳、带裂纹、断股。

（2）金属配件锈蚀。

（3）组件残缺。

（4）保险装置不完整。

**Jb0000531070　专责监护人应具备哪些条件？（5 分）**

**考核知识点：**专责监护人

**难易度：**易

**标准答案：**

（1）具有相关工作经验。

（2）熟悉设备情况。

（3）熟悉安规规程。

**Jb0000533071　直埋敷设前应申办哪些证件？（5 分）**

**考核知识点：**直埋敷设

**难易度：**难

**标准答案：**

（1）电缆线路管线执照。

（2）掘路执照。

（3）道路施工许可证。

**Jb0000532072　为减小电缆敷设过程中的牵引阻力，可采取哪些措施？（5 分）**

**考核知识点：**牵引阻力

**难易度：**中

**标准答案：**

可采取的措施有多点牵引、滑轮、润滑。

**Jb0000533073　电缆在保管期间，如发生电缆盘变形、钢铠锈蚀及其他哪些现象时，应视其发生缺陷的部位和程度做好记录？（5 分）**

**考核知识点：**电缆保管

**难易度：**难

**标准答案：**

发生盘上标识模糊、电缆封端渗漏时，应视其发生缺陷的部位和程度做好记录。

**Jb0000533074　手持电动工器具如有插头插座裂开、有损于安全的机械损伤或其他哪些故障时，应立即进行修理，在未修复前，不准继续使用？（5 分）**

**考核知识点：**手持电动工器具

**难易度：**难

**标准答案：**

绝缘损坏、电源线护套破裂、保护线脱落时应立即进行修理，未修复前，不准继续使用。

**Jb0000533075　接地线和接零线可利用哪些自然导体？（5 分）**

**考核知识点：**接地线和接零线

**难易度：**难

**标准答案：**

（1）生产设备的金属外壳。

（2）配线的钢管。

（3）电缆的金属护层。

**Jb0000532076　应根据电缆盘的哪些情况选择合适的吊装方式，并在吊装施工时做好相关的安全措施？（5 分）**

**考核知识点：**吊装方式

**难易度：**中

**标准答案：**

应根据电缆盘的规格、材质、结构选择合适的吊装方式，并在吊装施工时做好相关的安全措施。

**Jb0000532077　35kV 及以下电缆附件的技术要求是什么？（5 分）**

**考核知识点：**电缆附件的技术要求

**难易度：**中

**标准答案：**

（1）导体连接良好。

（2）绝缘可靠。

（3）密封良好。

（4）有足够的机械强度。

**Jb0000532078　在电缆直埋的路径上凡遇到腐蚀物质、虫鼠危害和其他哪些情况时，应分别采取保护措施？（5 分）**

**考核知识点：**保护措施

**难易度：**中

**标准答案：**

在电缆直埋的路径上遇到腐蚀物质、虫鼠危害和机械损伤、化学作用、地下电流时应分别采取保护措施。

**Jb0000532079　内部过电压发生的原因有哪些？（5 分）**

**考核知识点：**内部过电压

**难易度：**中

**标准答案：**

（1）操作（投切设备、线路等）。

（2）故障（接地、断线等）。

（3）铁磁谐波。

**Jb0000532080 重复接地在哪些方面起着重要作用？（5分）**

**考核知识点：**重复接地

**难易度：**中

**标准答案：**

（1）降低漏电设备的对地电压。

（2）减轻中性线断线的危险性。

（3）缩短故障时间。

（4）改善防雷性能。

**Jb0000532081 电缆线路的巡检项目包括哪些方面？（5分）**

**考核知识点：**巡检项目

**难易度：**中

**标准答案：**

（1）通道检查。

（2）外观检查。

（3）电缆工作井检查。

（4）红外测温。

**Jb0000531082 电缆存放保管要求有哪些？（5分）**

**考核知识点：**电缆存放保管要求

**难易度：**易

**标准答案：**

（1）电缆盘不得平卧放置。

（2）保管人员应定期巡视。

（3）电缆在保管期间应每3个月进行一次检查。

**Jb0000531083 电缆在敷设牵引过程中，可能要承受的机械力有哪些？（5分）**

**考核知识点：**敷设牵引

**难易度：**易

**标准答案：**

电缆在敷设牵引过程中，可能要承受的机械力有牵引力、扭力、侧压力。

**Jb0000531084 电缆直埋敷设时，多人同时进行工作时，应如何进行？（5分）**

**考核知识点：**电缆直埋敷设

**难易度：**易

**标准答案：**

电缆直埋敷设时，多人同时进行工作时，应互相呼应、协同作业、设专人指挥。

**Jb0000531085　工作班成员应具备哪些条件？（5分）**

**考核知识点：**工作班成员

**难易度：**易

**标准答案：**

（1）熟悉工作内容、工作流程。

（2）掌握安全措施。

（3）明确工作中的危险点。

（4）在工作票上履行交底签名确认手续。

**Jb0000532086　不同电缆导体的最高允许温度是什么？（5分）**

**考核知识点：**电缆导体的最高允许温度

**难易度：**中

**标准答案：**

（1）聚氯乙烯电缆在额定负荷时的最高允许温度为70℃。

（2）交联聚乙烯电缆在额定负荷时的最高允许温度为90℃。

**Jb0000533087　心肺复苏实施前的步骤是什么？（5分）**

**考核知识点：**心肺复苏

**难易度：**难

**标准答案：**

（1）判断患者意识。

（2）呼喊求救。

（3）摆正患者体位。

**Jb0000533088　电力电缆设备的标志牌要与哪些资料中的名称一致？（5分）**

**考核知识点：**标志牌

**难易度：**难

**标准答案：**

电力电缆设备的标志牌要与电网系统图、电缆资料、电缆走向图的名称一致。

**Jb0000531089　地震、台风、洪水、泥石流等灾害发生后，如需要对线路、设备进行巡视时，应采取哪些措施？（5分）**

**考核知识点：**巡视

**难易度：**易

**标准答案：**

（1）制定必要的安全措施。

（2）得到设备运维管理单位批准。

（3）至少两人一组。

（4）巡视人员应与派出部门之间保持通信联络。

**Jb0000531090　为了防止绝缘附件和材料（除瓷套材料）等受潮、变质，必须将其存放在怎样的室内？（5分）**

考核知识点：存放
难易度：易
标准答案：
为了防止绝缘附件和材料（除瓷套材料）等受潮、变质，必须将其存放在有防火措施、通风、干燥的室内。

**Jb0000532091　油压钳漏油正确处理的方法是什么？（5分）**
考核知识点：油压钳
难易度：中
标准答案：
（1）油箱与油缸的螺纹接口处漏油时，可检查纸箔垫，如有损坏可更换新纸箔垫并拧紧螺钉。
（2）油压钳漏油应立即停止使用。

**Jb0000532092　带电灭火时应使用哪些不导电的灭火剂？（5分）**
考核知识点：带电灭火
难易度：中
标准答案：
带电灭火时应使用二氧化碳、四氯化碳、干粉等不导电的灭火剂。

**Jb0000533093　交联聚乙烯电缆导体使用紧压型线芯的原因是什么？（5分）**
考核知识点：紧压型线芯
难易度：难
标准答案：
（1）为使外表面光滑，避免引起电场集中。
（2）为防止挤塑屏蔽层时半导电料进入线芯。
（3）可有效地阻止水分顺线芯渗透。

**Jb0000531094　电缆特别适用于哪些地区？（5分）**
考核知识点：电缆
难易度：易
标准答案：
电缆特别适用于输电线路密集、大都市、人口稠密地区。

**Jb0000532095　电缆地下敷设应考虑的相关因素有哪些？（5分）**
考核知识点：地下敷设
难易度：中
标准答案：
（1）电缆埋设深度。
（2）与附近其他带负荷电缆线路或热源的距离和详情。
（3）电缆保护管内、外径，厚度和热阻系数。

**Jb0000531096　錾削用的工具主要有哪些？（5分）**

**考核知识点：**錾削

**难易度：**易

**标准答案：**

錾削用的工具主要有手锤和錾子。

**Jb0000532097　自然接地体有哪些？（5分）**

**考核知识点：**自然接地体

**难易度：**中

**标准答案：**

自然接地体有金属管道、杆塔基础、钢筋混凝土地基。

**Jb0000531098　起吊电缆等物体应绑牢，物体的哪些部分在接触处应加以包垫？（5分）**

**考核知识点：**起吊电缆

**难易度：**易

**标准答案：**

起吊电缆等物体应绑牢，物体的棱角和特别光滑处应加以包垫。

**Jb0000531099　一段电路的欧姆定律用何公式表示？（5分）**

**考核知识点：**欧姆定律

**难易度：**易

**标准答案：**

$R=U/I$

$U=IR$

$I=U/R$

**Jb0000531100　安全带由哪几部分组成？（5分）**

**考核知识点：**安全带

**难易度：**易

**标准答案：**

安全带由围杆带、护腰带、金属配件和后备保护绳组成。

**Jb0000531101　电缆接头按功能分为哪几类？（5分）**

**考核知识点：**电缆接头

**难易度：**易

**标准答案：**

电缆接头按功能分为绝缘接头、分接接头、过渡接头和转换接头。

**Jb0000533102　电容型验电器一般由哪几部分组成？（5分）**

**考核知识点：**电容型验电器

**难易度：**难

**标准答案：**

电容型验电器一般由接触电极、验电指示器、绝缘杆和护手环组成。

**Jb0000532103　防止电气事故的连锁装置由哪几部分组成？（5 分）**

**考核知识点：**连锁装置

**难易度：**中

**标准答案：**

防止电气事故的连锁装置由行程开关、压力传感器、报警装置和红外检测装置组成。

**Jb0000531104　电缆附件类型有哪些？（5 分）**

**考核知识点：**电缆附件

**难易度：**易

**标准答案：**

电缆附件类型分为终端头和中间接头。

**Jb0000532105　电缆线路的防火设施必须与主体工程如何进行？（5 分）**

**考核知识点：**防火设施

**难易度：**中

**标准答案：**

电缆线路的防火设施必须与主体工程同时设计、同时施工、同时验收。

**Jb0000531106　电缆附件按安装位置分为哪些？（5 分）**

**考核知识点：**电缆附件

**难易度：**易

**标准答案：**

电缆附件按安装位置分为终端头和中间接头。

**Jb0000532107　电力电缆在线监测装置应有哪些措施？（5 分）**

**考核知识点：**在线监测装置

**难易度：**中

**标准答案：**

电力电缆在线监测装置应有防水、防潮、防尘、防腐蚀等措施。

**Jb0000531108　电缆外护套表面上应有哪些耐磨的信息？（5 分）**

**考核知识点：**电缆外护套

**难易度：**易

**标准答案：**

电缆外护套表面上应有型号、规格、码长、制造厂家、出厂日期。

**Jb0000531109　电缆外护层的结构包括哪些？（5 分）**

**考核知识点：**电缆外护层

**难易度：**易

**标准答案：**

电缆外护层的结构包括内衬层、外被层、防腐层和铠装层。

**Jb0000531110　1kV 单芯聚氯乙烯绝缘电力电缆由哪些结构构成？（5 分）**

**考核知识点：**1kV 单芯聚氯乙烯绝缘电力电缆

**难易度：**易

**标准答案：**

1kV 单芯聚氯乙烯绝缘电力电缆由钢带铠装、导体、聚氯乙烯绝缘层和聚氯乙烯护套构成。

**Jb0000532111　对电缆及通道靠近热力管或其他热源、电缆排列密集处，应进行哪些参数的监视测量？（5 分）**

**考核知识点：**监视测量

**难易度：**中

**标准答案：**

对电缆及通道靠近热力管或其他热源、电缆排列密集处，应进行土壤温度、电缆表面温度、电缆环境温度监测。

**Jb0000531112　电缆敷设施工后，应将电缆所穿越的孔洞进行封堵，以达到什么要求？（5 分）**

**考核知识点：**孔洞封堵

**难易度：**易

**标准答案：**

电缆敷设施工后，应将电缆所穿越的孔洞进行封堵，以达到防水、防火、防小动物。

**Jb0000531113　电缆采用铅做护套材料的优点是什么？（5 分）**

**考核知识点：**铅护套材料

**难易度：**易

**标准答案：**

（1）密封性好。

（2）韧性好，不影响电缆的可曲性。

（3）熔化点低，耐腐蚀性比一般金属好。

**Jb0000531114　严禁在哪些缆线密集区域布置电缆接头？（5 分）**

**考核知识点：**布置电缆接头

**难易度：**易

**标准答案：**

严禁在变电站电缆夹层、桥架、竖井等缆线密集区域布置电缆接头。

**Jb0000533115　使用喷灯时，正确的方法是什么？（5 分）**

**考核知识点：**喷灯

**难易度：**难

**标准答案：**

（1）喷灯加油时加油量不超过油筒的 3/4，注好油后应拧紧油盖。

（2）在点火碗内倒入少量汽油棉纱，点燃给燃烧腔加热，加热以后稍开节油阀。

（3）喷头烧热后，即有油蒸气从喷嘴喷出，被点火碗的火焰点燃，此时可将油阀开大，并打几下气，即有强大火焰喷出。

（4）停止使用喷灯时，应先关闭节油阀，待火焰熄灭后，拧松油盖，放气，然后拧紧油盖。同时将节油阀趁热旋松，以免冷却后难打开。

**Jb0000531116　运维人员应经过技术培训并取得相应的技术资质，认真做好所管辖电缆及通道的哪些工作？（5分）**

**考核知识点：**运维技术

**难易度：**易

**标准答案：**

运维人员应经过技术培训并取得相应的技术资质，认真做好所管辖电缆及通道的巡视、设备维护、缺陷管理、建立健全技术资料档案工作。

**Jb0000533117　单芯电缆的金属护套或屏蔽层，在线路上至少有一点直接接地，且在金属护套或屏蔽层上任一点非接地处的正常感应电压，应符合哪些要求？（5分）**

**考核知识点：**接地

**难易度：**难

**标准答案：**

（1）未采取能防止人员任意接触金属护套或屏蔽层的安全措施时，满载情况下不得大于50V。

（2）采取了能防止人员任意接触金属护套或屏蔽层的安全措施时，满载情况下不得大于100V。

**Jb0000532118　电缆接头按附件所用材料分类，分为哪几种类型？（5分）**

**考核知识点：**电缆接头

**难易度：**中

**标准答案：**

电缆接头按附件所用材料分为冷缩型、绕包型、预制件装配型、浇注塑型。

**Jb0000532119　按对电力电缆的特殊需求分为哪几种电缆？（5分）**

**考核知识点：**电力电缆分类

**难易度：**中

**标准答案：**

按对电力电缆的特殊需求分为输送大容量电能的电缆、阻燃电缆、光纤复合电缆。

**Jb0000532120　电缆中间接头包括哪些？（5分）**

**考核知识点：**电缆中间接头

**难易度：**中

**标准答案：**

电缆中间接头包括直通接头、分支接头、过渡接头。

**Jb0000532121　电缆输送机的维护包括哪些方面？（5分）**

**考核知识点：**电缆输送机

**难易度：**中

**标准答案：**

（1）在链条部位加机油润滑。

（2）检查履带的磨损状况。

**Jb0000531122　电磁辐射对人体伤害的具体表现是什么？（5分）**

**考核知识点：**电磁辐射

**难易度：**易

**标准答案：**

电磁辐射对人体伤害的具体表现是头昏脑涨、失眠多梦、疲劳无力。

**Jb0000531123　钳形电流表可以用来测量哪些电量？（5分）**

**考核知识点：**钳形电流表

**难易度：**易

**标准答案：**

钳形电流表可以用来测量交流电流、交流电压、电阻。

**Jb0000532124　电缆固定可以使电缆哪些密封部位免受机械损伤？（5分）**

**考核知识点：**电缆固定

**难易度：**中

**标准答案：**

电缆固定可以使电缆绝缘、护套、终端免受机械损伤。

**Jb0000532125　电缆通道、夹层内使用的临时电源应满足哪些要求？（5分）**

**考核知识点：**临时电源

**难易度：**中

**标准答案：**

电缆通道、夹层内使用的临时电源应满足绝缘、防火、防蛀、防潮要求。

**Jb0000533126　电缆固定应满足哪些要求？（5分）**

**考核知识点：**电缆固定

**难易度：**难

**标准答案：**

（1）垂直敷设或超过45°倾斜敷设时电缆刚性固定间距不应大于2m。

（2）桥架敷设时电缆刚性固定间距不应大于2m。

（3）水平敷设电缆的刚性固定，在电缆首末两端及转弯、电缆接头的两端处。

（4）当对电缆间距有要求时每隔5～10m处。

（5）交流单芯电缆的固定夹具应采用非铁磁性材料。

（6）裸铅（铝）套电缆的固定处，应加软衬垫保护。

**Jb0000532127　电力电缆导电线芯，按导体截面有哪几种形状？（5分）**

**考核知识点：**导体截面

**难易度：**中

**标准答案：**

电力电缆导电线芯，按导体截面有圆形、半圆形、扇形。

**Jb0000532128 电缆导体连接的具体要求是什么？（5分）**

**考核知识点：** 电缆导体连接

**难易度：** 中

**标准答案：**

（1）连接点具有足够的机械强度。

（2）连接点应抗腐蚀。

（3）连接点应能耐振动。

（4）连接点应连续、光滑、无毛刺。

**Jb0000532129 电缆作业使用的工器具内属于制动装置组成部分的有哪些？（5分）**

**考核知识点：** 制动装置

**难易度：** 中

**标准答案：**

电缆作业使用的工器具内属于制动装置组成部分的有千斤顶、电缆盘轴、制动带。

**Jb0000531130 电缆附件在运输时，应考虑哪些影响因素？（5分）**

**考核知识点：** 运输

**难易度：** 易

**标准答案：**

电缆附件在运输时，应考虑天气、运输过程。

**Jb0000531131 安全标示牌按其用途分为哪些类型？（5分）**

**考核知识点：** 安全标示牌

**难易度：** 易

**标准答案：**

安全标示牌按其用途分为允许、警告、禁止、提示。

**Jb0000533132 电缆分支接头按其外形的不同，可分为哪些接头？（5分）**

**考核知识点：** 电缆分支接头

**难易度：** 难

**标准答案：**

电缆分支接头按其外形的不同，可分为H形分支接头、T形分支接头、Y形分支接头、十字形分支接头。

**Jb0000533133 电缆头制作时对作业环境的要求有哪些？（5分）**

**考核知识点：** 电缆头制作

**难易度：** 难

**标准答案：**

（1）严禁在雨、雪、暴风天气中施工。

（2）施工现场干净，附件不能沾染尘土。

（3）高空作业时应搭好平台，施工部位上方搭设好帐篷。

（4）夜间施工要有足够的照明。

**Jb0000531134　目前线芯连接方法有哪些？（5 分）**

**考核知识点：**线芯连接

**难易度：**易

**标准答案：**

目前线芯连接方法有锡焊法、点压法、围压法。

**Jb0000531135　电缆绞合导体线芯的外形有哪些？（5 分）**

**考核知识点：**电缆绞合导体线芯

**难易度：**易

**标准答案：**

电缆绞合导体线芯的外形有圆形、扇形、腰圆形、中空圆形。

**Jb0000533136　电缆线路设备连接点的巡查内容包括哪些？（5 分）**

**考核知识点：**巡查

**难易度：**难

**标准答案：**

电缆线路设备连接点的巡查内容包括户内电缆终端、户外电缆终端、单芯电缆保护器、分支箱内终端。

**Jb0000531137　电缆敷设施工记录应包括哪些内容？（5 分）**

**考核知识点：**电缆敷设施工记录

**难易度：**易

**标准答案：**

（1）电缆敷设日期。

（2）天气状况。

（3）电缆检查记录。

（4）电缆生产厂家。

（5）电缆盘号。

（6）电缆原始记录。

**Jb0000532138　在电缆运输过程中，应防止电缆受到碰撞、挤压等导致的机械损伤。电缆敷设过程中应严格控制哪些情况？（5 分）**

**考核知识点：**电缆敷设过程

**难易度：**中

**标准答案：**

电缆敷设过程中应严格控制侧压力、弯曲半径、牵引力。

**Jb0000532139　电缆作业时使用镐钎卡在岩缝中，不可猛力摇动气镐，以免哪些部分受损？（5 分）**

**考核知识点：**电缆作业

**难易度：**中

**标准答案：**

电缆作业时使用镐钎卡在岩缝中，不可猛力摇动气镐，以免缸体、连接套螺纹受损。

**Jb0000531140 电力电缆按电压等级分类可分为哪几类？（5分）**

**考核知识点：**电力电缆

**难易度：**易

**标准答案：**

电力电缆按电压等级分类可分为低压电缆、中压电缆、高压电缆、超高压电缆。

**Jb0000532141 使用核相器进行核相前应进行哪些工作？（5分）**

**考核知识点：**核相

**难易度：**中

**标准答案：**

（1）核对工作电压。

（2）检查测量杆绝缘。

**Jb0000533142 当电气设备没有保护接地时，流过人体的电流与哪些条件有关？（5分）**

**考核知识点：**保护接地

**难易度：**难

**标准答案：**

当电气设备没有保护接地时，流过人体的电流与电网相电压、线路对地电阻、线路对地电容有关。

**Jb0000531143 终端用的套管等易受外部机械损伤的绝缘件应放于原包装箱内，可以用哪些材料做围遮包牢？（5分）**

**考核知识点：**绝缘件

**难易度：**易

**标准答案：**

终端用的套管等易受外部机械损伤的绝缘件应放于原包装箱内，可以用泡沫塑料、草袋、木料做围遮包牢。

**Jb0000531144 在电缆直埋过程中路径上如遇到虫鼠危害，应采用哪些保护措施？（5分）**

**考核知识点：**电缆直埋

**难易度：**易

**标准答案：**

（1）采用电缆沟敷设。

（2）加保护管或其他隔离保护等。

**Jb0000531145 对电缆及通道周边的施工行为应加强巡视，已开挖暴露的电缆线路，应缩短巡视周期，可采取哪些措施？（5分）**

**考核知识点：**巡视

**难易度：**易

**标准答案：**

（1）安装移动视频监控实时监控。

（2）安排人员看护。

**Jb0000531146　电力电缆绝缘厚度与哪些要求有关？（5分）**

**考核知识点：**绝缘厚度

**难易度：**易

**标准答案：**

（1）工艺允许最小厚度。

（2）所承受的机械力。

（3）绝缘材料的击穿强度。

（4）电缆导体截面积。

**Jb0000531147　电缆通道路径选择宜避开哪些情况？（5分）**

**考核知识点：**电缆通道路径选择

**难易度：**易

**标准答案：**

（1）地质不稳定区域。

（2）油气管道。

（3）火灾爆炸危险区。

**Jb0000531148　电缆常用的导体连接方法有哪些？（5分）**

**考核知识点：**导体连接方法

**难易度：**易

**标准答案：**

电缆常用的导体连接方法有锡焊连接、机械连接、熔焊连接。

**Jb0000532149　心肺复苏法主要是针对哪些情况所引起的心跳呼吸骤停的人采取的急救措施？（5分）**

**考核知识点：**心肺复苏法

**难易度：**中

**标准答案：**

（1）急性心肌梗死。

（2）突发性心律失常。

（3）触电。

**Jb0000532150　使用万用表测量电气量时，应特别注意哪些问题？（5分）**

**考核知识点：**万用表

**难易度：**中

**标准答案：**

（1）使用前应检查指针是否在机械零位，如不在时应调至“0”位。测量电阻时，将转换开关转至电阻挡上，将两测棒短接后，旋转“Ω”调零器使指针指 0Ω。当变换电阻挡位时，需重新调整到零位。

（2）调节万用表的控制旋钮，根据被测对象选择测量种类、量程，并确定读数方法。

（3）在测量较大电流时，必须先将电路断开，然后才能扳动开关转换量程。否则，在转换量程的过程中，会因切断电流时产生电火花而烧坏开关触点。

（4）测量完毕应将量程开关转到空挡或高压挡，以防表笔短接电池跑电。

**Jb0000531151 电伤包括哪些形式的伤害？（5分）**

**考核知识点：**电伤

**难易度：**易

**标准答案：**

电伤包括电弧烧伤、电烙印、电光眼。

**Jb0000531152 制作电缆终端头，需要切断什么？（5分）**

**考核知识点：**制作电缆终端头

**难易度：**易

**标准答案：**

制作电缆终端头，需要切断绝缘层、内护套、半导电屏蔽层。

**Jb0000531153 电缆敷设时牵引网套可以选用哪些材料？（5分）**

**考核知识点：**牵引网套

**难易度：**易

**标准答案：**

电缆敷设时牵引网套可以选用钢丝绳、尼龙绳、白麻绳。

**Jb0000531154 数字式接地电阻测量仪的优点有哪些？（5分）**

**考核知识点：**数字式接地电阻测量仪

**难易度：**易

**标准答案：**

（1）检测方法和数字处理技术先进。

（2）数字显示直观清晰。

（3）抗杂散电流干扰能力强。

（4）测量准确度高。

**Jb0000533155 绝缘性能包括哪些？（5分）**

**考核知识点：**绝缘性能

**难易度：**难

**标准答案：**

绝缘性能包括电气性能、机械性能、热性能、化学稳定性。

**Jb0000531156 一般地，随着温度升高，交联聚乙烯绝缘电缆的哪些参数会下降？（5分）**

**考核知识点：**交联聚乙烯绝缘电缆

**难易度：**易

**标准答案：**

（1）绝缘材料性能。

（2）绝缘电阻。
（3）击穿场强。

**Jb0000531157　电缆隧道应有充足的照明，并有哪些措施？（5分）**
**考核知识点：**电缆隧道
**难易度：**易
**标准答案：**
电缆隧道应有充足的照明，并有防火、防水、通风措施。

**Jb0000533158　安全工器具用于防止哪些人身伤害？（5分）**
**考核知识点：**安全工器具
**难易度：**难
**标准答案：**
安全工器具用于防止触电、灼伤、高空作业、物体打击等人身伤害。

**Jb0000532159　中性点直接接地方式适用于哪些电压等级的电力系统？（5分）**
**考核知识点：**中性点直接接地方式
**难易度：**中
**标准答案：**
中性点直接接地方式适用于110kV和220kV电压等级的电力系统。

**Jb0000531160　各类安全工器具应经过哪些试验，并做好记录？（5分）**
**考核知识点：**安全工器具
**难易度：**易
**标准答案：**
（1）国家规定的型式试验。
（2）出厂试验。
（3）使用中的周期性试验。

**Jb0000532161　电缆附件附属设备和材料主要包括接地箱、桥架、金具和什么？（5分）**
**考核知识点：**电缆附件附属设备和材料
**难易度：**中
**标准答案：**
电缆附件附属设备和材料主要包括接地箱、桥架、金具和交叉互联箱、防火材料、电缆支架。

**Jb0000533162　电缆直埋敷设时，现场施工时预防触电的方法包括哪些？（5分）**
**考核知识点：**预防触电
**难易度：**难
**标准答案：**
（1）施工电源采用绝缘导线。
（2）电缆不得破损。

**Jb0000533163　电缆敷设应符合哪些要求？（5 分）**

**考核知识点：**电缆敷设

**难易度：**难

**标准答案：**

（1）同通道敷设的电缆应按电压等级的高低从下向上分层布置，不同电压等级电缆间宜设置防火隔板等防护措施。

（2）重要变电站和重要用户的双路电源电缆不宜同通道敷设。

（3）交流单芯电缆穿越的闭合管、孔应采用非铁磁性材料。

**Jb0000532164　电缆直埋敷设较易遭受机械外力损坏和周围土壤的什么腐蚀？（5 分）**

**考核知识点：**电缆直埋敷设

**难易度：**中

**标准答案：**

电缆直埋敷设较易遭受机械外力损坏和周围土壤的化学、电化学腐蚀。

**Jb0000531165　接地箱标识牌宜选用防腐、防晒、防水性能好、使用寿命长、黏性强的黏胶带材制作，包含哪些信息？（5 分）**

**考核知识点：**接地箱标识牌

**难易度：**易

**标准答案：**

接地箱标识牌包括电压等级、线路名称、接地箱编号、接地类型。

**Jb0000533166　单芯电缆线路接地电流应同时满足哪些要求？（5 分）**

**考核知识点：**接地电流

**难易度：**难

**标准答案：**

（1）接地电流绝对值小于 100A。

（2）接地电流与负荷电流比值小于 20%。

（3）与历史数据比较无明显变化。

（4）单相接地电流最大值与最小值的比值小于 3。

**Jb0000532167　电路的组成部分有哪些？（5 分）**

**考核知识点：**电路

**难易度：**中

**标准答案：**

电路由电源、负载、控制设备和导线组成。

**Jb0000533168　哪些地点电缆应有一定机械强度的保护管或加装保护罩？（5 分）**

**考核知识点：**电缆保护

**难易度：**难

**标准答案：**

（1）电缆进入建筑物、隧道，穿过楼板及墙壁处。

（2）从沟道引至铁塔（杆）、墙外表面或屋内行人容易接近处。
（3）距地面高度 2m 以下的一段保护管埋入非混凝土地面的深度不应小于 100mm。
（4）伸出建筑物散水坡的长度不应小于 250mm。

**Jb0000531169　电缆进入哪些地点时，出入口应封堵？（5 分）**
**考核知识点：**封堵
**难易度：**易
**标准答案：**
电缆进入电缆沟、隧道、竖井、建筑物时出入口应封堵。

**Jb0000533170　电缆固定应符合哪些要求？（5 分）**
**考核知识点：**电缆固定
**难易度：**难
**标准答案：**
（1）桥架敷设时电缆刚性固定间距不应大于 2m。
（2）交流单芯电缆的固定夹具应采用非铁磁性材料。
（3）裸铅（铝）套电缆的固定处，应加软衬垫保护。

**Jb0000531171　电缆和附件的额定电压 $U_0$、$U$ 和 $U_m$ 分别指的是什么？（5 分）**
**考核知识点：**额定电压
**难易度：**易
**标准答案：**
（1）电缆设计时采用的导体对地或金属屏蔽之间的额定工频电压有效值。
（2）电缆设计时采用的导体之间的额定工频电压有效值。
（3）电缆所在系统的最高系统电压有效值。

**Jb0000532172　电缆绝缘有哪几种？（5 分）**
**考核知识点：**电缆绝缘
**难易度：**中
**标准答案：**
电缆绝缘有挤包绝缘、油纸绝缘、压力电缆绝缘。

**Jb0000532173　辅助绝缘安全用工器具有哪些？（5 分）**
**考核知识点：**辅助绝缘安全用工器具
**难易度：**中
**标准答案：**
辅助绝缘安全用工器具有绝缘鞋、绝缘手套、绝缘胶垫。

**Jb0000531174　直埋电缆的敷设方式适合于哪些电压等级？（5 分）**
**考核知识点：**直埋电缆的敷设方式
**难易度：**易

**标准答案：**

直埋电缆的敷设方式适合于 10kV 和 35kV 电压等级。

**Jb0000532175　电缆终端站内哪些位置的防盗设施缺失、损坏、老化，应安排大修？（5 分）**

**考核知识点：**电缆终端站

**难易度：**中

**标准答案：**

电缆终端站内大门、围墙、铁丝网、技防装备的防盗设施缺失、损坏、老化，应安排大修。

**Jb0000531176　电缆线路的附属设施包括哪些？（5 分）**

**考核知识点：**电缆线路的附属设施

**难易度：**易

**标准答案：**

电缆线路的附属设施包括电缆接地线、分支箱、排水装置。

**Jb0000533177　对电缆线路接地系统的要求是什么？（5 分）**

**考核知识点：**电缆线路接地系统

**难易度：**难

**标准答案：**

（1）回流线型号正确。

（2）接地箱体必须选用铁磁材料。

（3）接地线不得连接在可拆卸接地体上。

（4）接地电阻应符合要求。

**Jb0000531178　电缆线路技术资料档案包括哪些？（5 分）**

**考核知识点：**资料档案

**难易度：**易

**标准答案：**

电缆线路技术资料档案包括原始资料、施工资料、运行资料。

**Jb0000532179　烧伤烫伤包括哪些原因引起的机体组织灼伤？（5 分）**

**考核知识点：**烧伤烫伤

**难易度：**中

**标准答案：**

烧伤烫伤包括化学物质、电流途径、放射线等原因引起的机体组织灼伤。

**Jb0000532180　电力系统运行的基本要求包括哪些？（5 分）**

**考核知识点：**电力系统运行的基本要求

**难易度：**中

**标准答案：**

（1）保证供电的可靠性。

（2）保证电能的质量标准。

（3）提高运行的经济性。

**Jb0000531181　避雷器的种类有哪些？（5分）**

**考核知识点：**避雷器

**难易度：**易

**标准答案：**

避雷器的种类有保护间隙、阀型避雷器、氧化锌避雷器。

**Jb0000531182　城市中电缆敷设不适合采用直埋敷设的场所有哪些？（5分）**

**考核知识点：**城市中电缆敷设

**难易度：**易

**标准答案：**

（1）待开发路段。

（2）有较频繁开挖路段。

**Jb0000531183　安全帽使用前，应检查哪些附件完好无损？（5分）**

**考核知识点：**安全帽

**难易度：**易

**标准答案：**

安全帽使用前，应检查帽衬、帽壳、帽箍、顶衬、下颏带完好无损。

**Jb0000531184　电力电缆按绝缘材料的不同分为哪几类？（5分）**

**考核知识点：**电力电缆

**难易度：**易

**标准答案：**

电力电缆按绝缘材料的不同分为油纸绝缘电缆、挤包绝缘电缆、压力电缆。

**Jb0000532185　电缆与热力管道之间容许的最小距离是多少？（5分）**

**考核知识点：**电缆与热力管道

**难易度：**中

**标准答案：**

（1）平行敷设时，最小距离为2m。

（2）交叉敷设时，最小距离为2.5m。

**Jb0000532186　运维单位应全面做好电力电缆及通道的哪些工作，并根据设备运行情况，制订工作重点，解决设备存在的主要问题？（5分）**

**考核知识点：**运维单位职责

**难易度：**中

**标准答案：**

（1）巡视检查。

（2）安全防护。

（3）状态管理。

（4）维护管理。
（5）验收。

**Jb0000532187 电力电缆的电气性能是什么？（5分）**
**考核知识点：**电气性能
**难易度：**中
**标准答案：**
电力电缆的电气性能是导电性能、电绝缘性能、传输特性。

**Jb0000532188 电缆输送机包括哪些？（5分）**
**考核知识点：**电缆输送机
**难易度：**中
**标准答案：**
电缆输送机包括输送轮、主机架、电动机、变速装置、传动装置。

**Jb0000533189 电缆敷设牵引头的种类分为哪几类？（5分）**
**考核知识点：**电缆敷设牵引头
**难易度：**难
**标准答案：**
电缆敷设牵引头的种类分为单芯充油电缆牵引头、三芯交联电缆牵引头、高压单芯交联电缆牵引头。

**Jb0000531190 存放电缆的仓库地面应达到什么要求？（5分）**
**考核知识点：**存放电缆
**难易度：**易
**标准答案：**
存放电缆的仓库地面应平整、通风、干燥。

**Jb0000532191 直埋敷设沿电缆路径开挖样洞，应按电缆哪些实际情况，制订分段敷设方案？（5分）**
**考核知识点：**分段敷设方案
**难易度：**中
**标准答案：**
直埋敷设沿电缆路径开挖样洞，应按电缆的电压等级、品种结构、分盘长度制订分段敷设方案。

**Jb0000531192 携带型接地线使用前应检查是否完好，如发现哪些情况均不准使用？（5分）**
**考核知识点：**携带型接地线
**难易度：**易
**标准答案：**
（1）绞线松股。
（2）断股。
（3）护套严重破损。
（4）夹具断裂松动。

**Jb0000533193　挖掘出的电缆或接头盒，如下面需要挖空时，应采取哪些悬吊保护措施？（5分）**

**考核知识点：**悬吊保护措施

**难易度：**难

**标准答案：**

（1）电缆悬吊应每1～1.5m吊一道。

（2）接头盒悬吊应平放，不准使接头盒受到拉力。

（3）若电缆接头无保护盒，则应在该接头下垫上加宽加长木板，方可悬吊。

（4）电缆悬吊时，不得用铁丝或钢丝等。

**Jb0000531194　电缆的中间接头是连接电缆与其他电缆的哪些部分，以使电缆线路连续的装置？（5分）**

**考核知识点：**电缆的中间接头

**难易度：**易

**标准答案：**

电缆的中间接头是连接电缆与其他电缆的导体、绝缘层、屏蔽层、保护层，以使电缆线路连续的装置。

**Jb0000531195　高压电缆线路的"六防"包括哪些内容？（5分）**

**考核知识点：**六防

**难易度：**易

**标准答案：**

（1）防外部破坏。

（2）防过热。

（3）防火。

（4）防水。

（5）防有害气体。

（6）防附属设备异常。

**Jb0000532196　电缆作业时气镐使用时应注意保持什么状态？（5分）**

**考核知识点：**气镐

**难易度：**中

**标准答案：**

（1）内部清洁。

（2）气管接头接牢。

**Jb0000532197　电缆直埋敷设适用于哪些城市地下走廊？（5分）**

**考核知识点：**电缆直埋敷设

**难易度：**中

**标准答案：**

（1）电缆线路不太密集。

（2）交通不太繁忙。

**Jb0000531198　电阻串联的电路有哪些特点？（5分）**

**考核知识点：**电阻串联

**难易度：**易

**标准答案：**

（1）各电阻上的电流相等。

（2）总电压等于各电阻上电压之和。

（3）总电阻等于各电阻之和。

**Jb0000531199　引发短路故障的原因有哪些？（5分）**

**考核知识点：**短路故障

**难易度：**易

**标准答案：**

（1）绝缘老化变质。

（2）机械外力破坏。

（3）雷击过电压。

**Jb0000532200　电缆直埋敷设前，应检查电缆哪些情况？（5分）**

**考核知识点：**电缆直埋敷设

**难易度：**中

**标准答案：**

（1）有无机械损伤。

（2）封端是否良好。

（3）有无电缆“保质书”。

**Jb0000531201　气体绝缘材料有哪些？（5分）**

**考核知识点：**气体绝缘材料

**难易度：**易

**标准答案：**

气体绝缘材料有空气、氮气、六氟化硫。

**Jb0000532202　电缆附件安装的环境要求是什么？（5分）**

**考核知识点：**电缆附件安装

**难易度：**中

**标准答案：**

（1）天气良好。

（2）环境温度应高于0℃。

（3）相对湿度应低于70%。

（4）施工现场应保持通风。

**Jb0000531203　按所用材料不同，电缆内护套分为哪几类？（5分）**

**考核知识点：**电缆内护套

**难易度：**易

**标准答案：**
按所用材料不同，电缆内护套分为金属护套、非金属（橡塑）护套、组合护套。

**Jb0000531204　钳形电流表由哪几部分组成？（5分）**
**考核知识点：**钳形电流表
**难易度：**易
**标准答案：**
钳形电流表由电流表和电流互感器组成。

**Jb0000532205　进入电缆隧道内长距离巡视时，工作人员应携带的便携式仪器有哪些？（5分）**
**考核知识点：**巡视
**难易度：**中
**标准答案：**
（1）含氧量测试仪。
（2）有害气体测试仪。
（3）照明设备。
（4）自救呼吸器。

**Jb0000531206　电缆接头安装质量应满足哪些要求？（5分）**
**考核知识点：**电缆接头
**难易度：**易
**标准答案：**
（1）导体连接可靠。
（2）绝缘恢复满足要求。
（3）接地牢靠。
（4）密封牢靠。

**Jb0000531207　为便于对测量结果进行分析，在测量时除记录被测物的绝缘电阻外，还应记录对测量有影响的其他因素，这些因素可能包括哪些？（5分）**
**考核知识点：**测量
**难易度：**易
**标准答案：**
（1）环境温度、湿度。
（2）使用的绝缘电阻表的电压等级及量程范围。

**Jb0000531208　电力电缆和架空线相比，其优点是什么？（5分）**
**考核知识点：**电力电缆和架空线
**难易度：**易
**标准答案：**
（1）运行可靠、维护工作量小。
（2）有助于提高功率因数。
（3）受外界环境因素影响小。

**Jb0000531209　对电缆接地系统的外观检查包括哪些？（5 分）**

**考核知识点：**电缆接地系统

**难易度：**易

**标准答案：**

（1）检查接地箱、交叉互联箱的箱体、基础、支架外观。

（2）检查接地箱、交叉互联箱内部电气连接及护层过电压限制器外观。

（3）检查接地电缆、同轴电缆、回流线。

（4）检查接地极。

**Jb0000531210　属于液体绝缘材料的有什么？（5 分）**

**考核知识点：**液体绝缘材料

**难易度：**易

**标准答案：**

属于液体绝缘材料的有变压器油、电缆油、蓖麻油、十二烷基苯。

**Jb0000531211　电力电缆按芯数不同一般有哪几种？（5 分）**

**考核知识点：**电力电缆

**难易度：**易

**标准答案：**

电力电缆按芯数不同一般有单芯、双芯、三芯、多芯电缆。

**Jb0000531212　高压单芯交联电缆牵引头的组成部分有哪些？（5 分）**

**考核知识点：**高压单芯交联电缆牵引头

**难易度：**易

**标准答案：**

高压单芯交联电缆牵引头的组成部分有拉环套、帽盖、锥形钢衬管、锥形帽罩。

**Jb0000531213　冷缩电缆终端的优点有哪些？（5 分）**

**考核知识点：**冷缩电缆终端

**难易度：**易

**标准答案：**

（1）通用范围宽。

（2）安装工艺简单。

（3）使用寿命长。

**Jb0000531214　一般规定哪些位置敷设的电缆上方沿线土层内应铺设带有电力标识的警示带？（5 分）**

**考核知识点：**警示带

**难易度：**易

**标准答案：**

一般规定直埋、排管位置敷设的电缆上方沿线土层内应铺设带有电力标识的警示带。

**Jb0000531215　哪些工井井盖应设置视频监控、门禁、井盖监控等安防措施？（5分）**

**考核知识点：**工井

**难易度：**易

**标准答案：**

（1）电缆终端站。

（2）隧道出入口。

（3）重要区域。

**Jb0000531216　哪些位置的缆线密集区域布置的电力电缆接头，应进行搬迁将接头布置在站外的电缆通道内？（5分）**

**考核知识点：**缆线密集区域

**难易度：**易

**标准答案：**

（1）变电站夹层内。

（2）桥架。

（3）竖井。

**Jb0000532217　设备缺陷按其对人身、设备、电网的危害或影响程度可以划分为哪几个等级？（5分）**

**考核知识点：**设备缺陷

**难易度：**中

**标准答案：**

（1）一般缺陷：设备本身及周围环境出现不正常情况，一般不威胁设备的安全运行，可列入年、季检修计划或日常维护工作中处理的缺陷。

（2）严重缺陷：设备处于异常状态，可能发展为事故，但仍可在一定时间内继续运行，须加强监视并进行检修处理的缺陷。

（3）危急缺陷：严重威胁设备的安全运行，不及时处理，随时有可能导致事故的发生，应尽快消除或采取必要的安全技术措施进行处理的缺陷。

**Jb0000532218　故障处理的一般要求是什么？（5分）**

**考核知识点：**故障处理

**难易度：**中

**标准答案：**

故障处理应遵循保人身、保电网、保设备的原则，尽快查明故障地点和原因，消除故障根源，防止故障的扩大，及时恢复用户供电。

故障处理前，应采取措施防止行人接近故障线路和设备，避免发生人身伤亡事故。

故障处理时，应尽量缩小故障停电范围和减少故障损失。

多处故障时处理顺序是先主干线后分支线，先公用变压器后专用变压器。

对故障停电用户恢复供电顺序为，先重要用户后一般用户，优先恢复带一、二级负荷的用户供电。

**Jb0000533219　电缆载流量和工作温度应符合哪些要求？（5分）**

**考核知识点：**电缆载流量和工作温度

**难易度：**难

**标准答案：**

（1）电缆线路正常运行时导体允许的长期最高运行温度和短路时电缆导体允许的最高工作温度应符合 Q/GDW 1512—2014《电力电缆及通道运维规程》附录 A 的规定。

（2）电缆线路的载流量，应根据电缆导体的允许工作温度、电缆各部分的损耗和热阻、敷设方式、并列回路数、环境温度及散热条件等计算确定。

（3）电缆线路不应过负荷运行。

**Jb0000531220　什么是电缆通道？（5 分）**

**考核知识点：**电缆通道

**难易度：**易

**标准答案：**

电缆通道是电缆隧道、电缆沟、排管、直埋、电缆桥、电缆竖井等电缆线路的土建设施。

**Jb0000532221　电缆附件的一般要求是什么？（5 分）**

**考核知识点：**电缆附件

**难易度：**中

**标准答案：**

电缆附件应齐全、完好，并且型号、规格应和电缆型号、规格、环境要求一致。

**Jb0000533222　橡塑绝缘电缆预防性试验项目有哪些？（5 分）**

**考核知识点：**预防性试验项目

**难易度：**难

**标准答案：**

（1）主绝缘绝缘电阻试验。

（2）外护套绝缘电阻试验。

（3）交叉互联系统试验。

**Jb0000533223　电缆线路例行试验包括哪些？（5 分）**

**考核知识点：**例行试验

**难易度：**难

**标准答案：**

（1）主绝缘及外护套绝缘电阻试验。

（2）主绝缘交流耐压试验。

（3）接地电阻测试和交叉互联系统试验。

**Jb0000532224　电缆的哪种故障称为混合性故障？（5 分）**

**考核知识点：**混合性故障

**难易度：**中

**标准答案：**

同时具有接地、短路、断线、闪络故障中两种以上性质的故障称为混合性故障。

**Jb0000532225　电缆故障性质，按试验结果分为哪些故障？（5分）**

**考核知识点：**电缆故障

**难易度：**中

**标准答案：**

（1）低阻接地故障。

（2）高阻接地故障。

（3）断线故障。

（4）短路故障。

**Jb0000532226　电力电缆故障产生的主要原因有哪些？（5分）**

**考核知识点：**电缆故障

**难易度：**中

**标准答案：**

电力电缆故障产生的主要原因有绝缘老化、过电压、绝缘受潮、机械损伤。

**Jb0000532227　电缆短路（接地）故障按接地电阻值分为哪些故障？（5分）**

**考核知识点：**电缆故障

**难易度：**中

**标准答案：**

（1）金属接地故障。

（2）高电阻接地故障。

（3）低电阻接地故障。

**Jb0000533228　电缆终端有哪些？（5分）**

**考核知识点：**电缆终端

**难易度：**难

**标准答案：**

电缆终端有户外终端、户内终端、GIS终端、变压器终端。

**Jb0000532229　电缆敷设施工记录包括哪些？（5分）**

**考核知识点：**电缆敷设施工记录

**难易度：**中

**标准答案：**

电缆敷设施工记录，应包括电缆敷设日期和天气状况、电缆检查记录、电缆生产厂家、电缆敷设总长度。

**Jb0000532230　配电网运维单位及班组应有明确的设备运维责任分界点，配电网与变电、营销、用户管理之间的界限应划分清晰，避免出现空白点（区段），应按哪些原则进行分界？（5分）**

**考核知识点：**设备运维责任分界点

**难易度：**中

**标准答案：**

（1）电缆出线：以变电站10（20）kV出线开关柜内电缆终端为分界点，电缆终端（含连接螺栓）

及电缆属配电网运维。

（2）架空线路出线：以门型架耐张线夹外侧 1m 为分界点。

（3）低压配电线路：按《供用电合同》中所确立的供电公司维护部分，以表箱为分界点，表箱前所辖线路属配电网运维。

**Jb0000533231　电力电缆线路通道巡视的主要内容有哪些？（5 分）**

**考核知识点：**通道巡视

**难易度：**难

**标准答案：**

（1）路径周边是否有管道穿越、开挖、打桩、钻探等施工，路径沿线各种标识标示是否齐全。

（2）通道内是否存在土壤流失，造成排管包封、工作井等局部点暴露或者导致工作井、沟体下沉及盖板倾斜。

（3）通道上方是否修建（构）筑物，是否堆置可燃物、杂物、重物、腐蚀物等。

（4）通道内是否有热力管道或易燃易爆管道泄漏现象。

（5）盖板是否齐全完整、排列紧密，有无破损。

（6）盖板是否压在电缆本体、接头或者配套辅助设施上。

（7）盖板是否影响行人、过往车辆安全。

（8）隧道进出口设施是否完好，巡视和检修通道是否畅通，沿线通风口是否完好。

（9）电缆桥架是否存在损坏、锈蚀现象，是否出现倾斜、基础下沉、覆土流失等现象，桥架与过渡工作井之间是否产生裂缝和错位现象。

（10）水底电缆管道保护区内是否有挖砂、钻探、打桩、抛锚、拖锚、底拖捕捞、张网、养殖或者其他可能破坏海底电缆管道安全的水上作业。

（11）临近河（海）岸两侧是否有受潮水冲刷的现象，电缆盖板是否露出水面或移位，河岸两端的警告标示是否完好。

**Jb0000531232　基尔霍夫第一定律的基本内容是什么？（5 分）**

**考核知识点：**基尔霍夫第一定律

**难易度：**易

**标准答案：**

基本内容是研究电路中各支路电流之间的关系。电路中任何一个节点（即 3 个以上的支路连接点叫节点）的电流其代数和为零，其数学表达式为$\Sigma I=0$。规定一般取流入节点的电流为正，流出节点的电流为负。

**Jb0000531233　基尔霍夫第二定律的基本内容是什么？（5 分）**

**考核知识点：**基尔霍夫第二定律

**难易度：**易

**标准答案：**

基本内容是研究回路中各部分电压之间的关系。对于电路中任何一个闭合回路内，各段电压的代数和为零。规定电压方向与绕行方向一致者为正，相反取负。其数学表达式为$\Sigma U=0$，或$\Sigma E=\Sigma IR$，即任一闭合回路中各电阻元件上的电压降代数和等于电动势代数和。

**Jb0000531234　电路由哪些部分组成？其各部分作用如何？（5分）**

**考核知识点：**电路

**难易度：**易

**标准答案：**

电路一般由四部分组成：

（1）电源：发电设备，作用是把其他形式的能转变为电能。

（2）负载：用电设备，作用是把电能转变为其他形式的能。

（3）辅助设备：如开关、线路保护设备，起控制、保护等作用。

（4）导线：连接电源、负载、辅助设备等构成电路。

**Jb0000531235　遇到电气设备着火时应怎么办？（5分）**

**考核知识点：**电气设备着火

**难易度：**易

**标准答案：**

遇到电气设备着火时应立即将有关设备的电源切断，然后进行救火。对带电设备应使用干式灭火器、二氧化碳灭火器等灭火，不得使用泡沫灭火器灭火。对注油设备应使用泡沫灭火器或干燥沙子灭火。发电厂和变电站控制室内应备有防毒面具，防毒面具要按规定使用并定期进行试验，使其经常处于良好状态。

**Jb0000531236　什么是交流电和正弦交流电？（5分）**

**考核知识点：**交流电

**难易度：**易

**标准答案：**

大小和方向随时间做有规律变化的电压和电流称为交流电。正弦交流电是随时间按照正弦函数规律变化的电压和电流。

**Jb0000532237　什么是全电路欧姆定律？（5分）**

**考核知识点：**欧姆定律

**难易度：**中

**标准答案：**

全电路欧姆定律是：在闭合电路中的电流与电源电压成正比，与全电路中的总电阻成反比。用公式表示为：$I=E/(R+R_{\rm i})$。

**Jb0000531238　电缆导体线芯的几何形状有哪几种？（5分）**

**考核知识点：**线芯

**难易度：**易

**标准答案：**

电缆导体线芯的几何形状有圆形、中空圆形、扇形和弓形。

**Jb0000531239　塑料绝缘类电缆分为哪几种型号以及分别适用于哪几种电压等级？（5分）**

**考核知识点：**塑料绝缘类电缆

**难易度：**易

**标准答案：**

（1）聚氯乙烯绝缘型，适用于低电压等级。

（2）聚乙烯绝缘型，适用于低、中电压等级。

（3）交联聚乙烯绝缘型，适用于低、中、高电压等级。

**Jb0000531240 直埋电缆有什么优点？适用于哪些地区？（5分）**

**考核知识点：**直埋电缆

**难易度：**易

**标准答案：**

（1）直埋地下敷设电缆的最大优点就是经济，敷设简便，施工速度快，技术易掌握，是目前广泛采用的敷设方式。

（2）适用于郊区和车辆通行不太频繁的地区。

**Jb0000531241 低压电缆为什么要有中性线？（5分）**

**考核知识点：**低压电缆

**难易度：**易

**标准答案：**

（1）保护接地。

（2）通过不平衡电流。

**Jb0000531242 交联聚乙烯电缆采用多芯圆绞线，其优点是什么？（5分）**

**考核知识点：**多芯圆绞线

**难易度：**易

**标准答案：**

（1）电场较扇形导体电场均匀，对电缆提高电压等级有利。

（2）增加导体的柔软性和可曲度，由多根导线绞合的线芯柔性好，可曲度较大。

**Jb0000531243 请说出YJV30电缆的名称、特性及使用范围。（5分）**

**考核知识点：**电缆

**难易度：**易

**标准答案：**

（1）该电缆为交联聚乙烯绝缘、铜芯、聚氯乙烯护套、裸细钢丝铠装电缆。

（2）用于室内、隧道内及矿井中，能承受机械橡皮力作用，能承受相当拉力。

**Jb0000531244 何谓电缆长期允许载流量？（5分）**

**考核知识点：**电缆长期允许载流量

**难易度：**易

**标准答案：**

电缆长期允许载流量是指电缆内通过规定的电流时，在热稳定后，电缆导体达到长期允许工作温度时的电流数值。

**Jb0000531245　请写出 ZR－VV22、RVV 电缆名称。（5 分）**

**考核知识点：**电缆

**难易度：**易

**标准答案：**

（1）ZR－VV22 表示聚氯乙烯绝缘钢带铠装聚氯乙烯护套。

（2）RVV 表示铜芯聚乙烯绝缘聚氯乙烯护套连接软电缆。

**Jb0000531246　塑料绝缘电力电缆具有哪几项优点？（5 分）**

**考核知识点：**塑料绝缘电力电缆

**难易度：**易

**标准答案：**

（1）制造工艺简单。

（2）不受敷设落差影响。

（3）工作温度可以提高。

（4）电缆的敷设、接续、维护方便。

（5）耐化学腐蚀。

**Jb0000531247　目前电缆产品中广泛使用的绝缘材料的种类有哪些？（5 分）**

**考核知识点：**绝缘材料

**难易度：**易

**标准答案：**

（1）油浸纸绝缘电缆。

（2）橡胶绝缘电缆。

（3）聚氯乙烯绝缘电缆。

（4）聚乙烯绝缘电缆。

（5）交联聚乙烯电缆。

**Jb0000531248　直埋敷设于非冻土地区时，电缆埋置深度应符合哪些规定？（5 分）**

**考核知识点：**直埋敷设

**难易度：**易

**标准答案：**

（1）电缆外皮至地下构筑物基础，不得小于 0.3m。

（2）电缆外皮至地面深度，不得小于 0.7m；当位于车行道或耕地下时，应适当加深，且不宜小于 1m。

**Jb0000531249　电缆在进行直流耐压试验时，升压速度为什么不能太快？（5 分）**

**考核知识点：**直流耐压试验

**难易度：**易

**标准答案：**

（1）试验时如果升压速度太快，会使充电电流过大，而损坏试验设备。

（2）同时击穿电压随着升压速度的升高，会有所降低，而使试验结果不准。

（3）因此，一般控制升压速度在 1～2kV/s。

**Jb0000532250 内护套的作用和要求有哪些？（5分）**

**考核知识点：**内护套

**难易度：**中

**标准答案：**

（1）内护套的作用是密封和防腐。

（2）应采用密封性好、不透气、耐热、耐寒、耐腐蚀材料。

（3）要有一定的机械强度，且柔软又可多次弯曲，容易制造和资源多的材料。

**Jb0000532251 绝缘电阻表的转速对测量有什么影响？（5分）**

**考核知识点：**绝缘电阻表

**难易度：**中

**标准答案：**

（1）使用绝缘电阻表时，应使平摇发电机处于额定转速，一般为120r/min。

（2）如果转速不恒定，会使绝缘电阻表指针摆动不定，带来测量上的误差。

**Jb0000533252 电缆终端的绝缘应有什么特性？（5分）**

**考核知识点：**电缆终端

**难易度：**难

**标准答案：**

（1）终端的额定电压及其绝缘水平，不得低于所连接电缆额定电压及其要求的绝缘水平。

（2）终端的外绝缘，应符合安置处海拔高程、污秽环境条件所需泄漏比距的要求。

**Jb0000531253 电气测量仪表的用途是什么？（5分）**

**考核知识点：**电气测量仪表

**难易度：**易

**标准答案：**

（1）是保证电力系统安全经济运行的重要工具之一。

（2）是变电值班人员监督设备运行状态的依据，是正确统计地区负荷积累资料和计算生产指标的基本数据来源。

**Jb0000531254 钻夹头由哪几部分组成？工作原理如何？（5分）**

**考核知识点：**钻夹头

**难易度：**易

**标准答案：**

（1）钻夹头由本体、夹头套、对合螺纹圈和夹爪四部分组成。

（2）工作原理是：它通过旋转手柄使3个夹爪张开或靠拢，从而将钻头松开或夹紧。

**Jb0000531255 为什么电力在国民经济中会得到广泛应用？（5分）**

**考核知识点：**电力

**难易度：**易

**标准答案：**

（1）能量转换容易，可转换为多种形式的能量。

（2）输送方便。
（3）没有污染。

**Jb0000533256　电缆保护管应符合哪些要求？（5分）**
**考核知识点：**电缆保护管
**难易度：**难
**标准答案：**
（1）内壁光滑无毛刺。
（2）满足使用条件所需的机械强度和耐久性。
（3）需穿管来抑制电气干扰的控制电缆，应采用钢管。
（4）交流单相电缆以单根穿管时，不得用未分隔磁路的钢管。

**Jb0000531257　耐压前后为什么要测量电缆绝缘电阻？（5分）**
**考核知识点：**耐压
**难易度：**易
**标准答案：**
（1）从绝缘电阻的数值可初步判断电缆绝缘是否受潮、老化。
（2）耐压后可以判断由耐压试验检查出的缺陷的性质。

**Jb0000531258　为什么要测量电缆的直流电阻？（5分）**
**考核知识点：**直流电阻
**难易度：**易
**标准答案：**
（1）可以检查导体截面积是否与制造厂的规范相一致。
（2）可以检查电缆总的导电性能是否合格。
（3）可以检查导体是否有断裂、断股等现象存在。

**Jb0000531259　巡查敷设在地下的电缆时，主要检查哪些地方？（5分）**
**考核知识点：**巡查
**难易度：**易
**标准答案：**
（1）对敷设在地下的电缆线路，应查看路面是否正常，有无挖掘现象。
（2）检查线路标准是否完整无缺等。

**Jb0000531260　触电时对人体伤害的严重程度与哪些因素有关？其中最主要的因素是什么？（5分）**
**考核知识点：**触电
**难易度：**易
**标准答案：**
（1）触电时对人体伤害的严重程度与流过人体电流的大小、电流频率、电流通过人体的持续时间、电流通过人体的路径以及人体的健康状况等因素有关。
（2）其中最主要因素是流过人体电流的大小。

**Jb0000532261　简述电力系统中一、二次系统的组成。（5分）**

**考核知识点：**一、二次系统

**难易度：**中

**标准答案：**

一次系统是指由发电机、送电线路、变压器、断路器等发电、输电、变电及配电等设备组成的系统。二次系统是由继电保护、安全自动控制、信号测量、仪表系统、通信及调度自动化等组成的系统。

**Jb0000533262　什么是电气主接线？（5分）**

**考核知识点：**电气主接线

**难易度：**难

**标准答案：**

电气主接线是发电厂或变电站中，主要电气设备和母线的连接方式。包括主母线和厂用电系统按一定的功能要求的连接方式。

**Jb0000531263　如何进行电缆敷设用钢管的连接工作？（5分）**

**考核知识点：**电缆敷设

**难易度：**易

**标准答案：**

（1）电缆管连接时，必须用丝扣和管接头连接。

（2）采用焊接时，不能直接对焊，连接处要套一段粗管再进行焊接，以免焊渣进入管内。

**Jb0000531264　用压钳进行冷压时，压接程度如何掌握？（5分）**

**考核知识点：**冷压

**难易度：**易

**标准答案：**

（1）压接程度以上、下模接触为佳，一经接触不宜继续加压，以免损坏模具。

（2）但每压完一个坑后，应保持压力状态（停留5～30s），以保持被压接金属的变形状态稳定。

**Jb0000531265　使用电工钢丝钳时应注意什么？（5分）**

**考核知识点：**电工钢丝钳

**难易度：**易

**标准答案：**

（1）钢丝钳只能剪断直径4mm以下的铜、铁丝或钢绞线中的钢芯。

（2）不得用钢丝钳剪硬度高或直径较大的合金钢丝及螺钉。

（3）使用要平握，上下用力，不得左右扭摆以防扭坏钳柄上的绝缘套。

**Jb0000532266　请写出YJV110电缆的名称及使用范围。（5分）**

**考核知识点：**电缆

**难易度：**中

**标准答案：**

（1）这是一条铜芯交联聚乙烯绝缘聚氯乙烯护套、额定电压为110kV的电力电缆。

（2）敷设在隧道或管道中，不能承受拉力和压力。

**Jb0000533267　请说出 ZR－VV22 电缆的名称和使用范围。（5 分）**

**考核知识点：**电缆

**难易度：**难

**标准答案：**

（1）该电缆为一条铜芯阻燃聚氯乙烯绝缘聚氯乙烯护套钢带铠装电力电缆。

（2）敷设于室内、隧道、桥梁、电缆沟等场合，能承受径向外力，但不能承受拉力。

**Jb0000531268　影响泄漏电流大小的因素除了与本身绝缘质量有关外，还包括哪些因素？（5 分）**

**考核知识点：**泄漏电流

**难易度：**易

**标准答案：**

（1）不同试验线路的影响。

（2）高压端引线的影响。

（3）温度的影响。

（4）表面泄漏的影响。

**Jb0000531269　用绝缘电阻表测量电缆绝缘电阻应如何接线？（5 分）**

**考核知识点：**绝缘电阻表

**难易度：**易

**标准答案：**

（1）绝缘电阻表的接线柱有“线路”（L）、“接地”（E）、“屏蔽”（G）三个。

（2）测量电缆绝缘电阻时，为使测量结果准确，消除线芯绝缘表层泄漏电流所引起的误差，应将屏蔽（G）接线柱接到电缆的绝缘纸层上。

（3）线路（L）接线芯上。

（4）接地（E）接金属护层或“相线芯”上。

**Jb0000531270　怎样使用相序表？（5 分）**

**考核知识点：**相序表

**难易度：**易

**标准答案：**

（1）使用时先将仪器的三个接线柱和供电线路的三相导线相连接，按下按钮，圆盘旋转的方向若和仪表上箭头所指方向（顺时针旋转）相同，即表示三相交流电源的相序和仪器接线柱上所标的，从左到右的相序 A、B、C 相同。

（2）反之，若圆盘旋转方向和箭头相反（逆时针旋转），则为逆相序，即从右到左的次序为 C、B、A。

**Jb0000531271　发现巡查的电缆线路有缺陷时，巡查人员应如何处理？（5 分）**

**考核知识点：**巡查

**难易度：**易

**标准答案：**

（1）在巡视检查电缆线路中，如发现有较小缺陷或普遍性缺陷时，应记入缺陷记录簿内，据此安排编制维护小修或年度大修计划。

（2）发现重要缺陷，应立即报告主管人员，做好记录，填写重要缺陷通知单，运行管理人员接到报告后及时采取措施，消除缺陷。

**Jb0000531272 与架空线路相比，电缆线路具有哪些优点？（5分）**

**考核知识点：**电缆线路优点

**难易度：**易

**标准答案：**

电缆线路与架空线路相比具有以下优点：

（1）电缆线路能适应各种敷设环境，敷设在地下基本上不占用地面空间，同一地下电缆通道可以容纳多回电缆线路。

（2）电缆线路供电可靠性较高，对人身比较安全。自然因素（如风雨、雷电、盐雾、污秽等）和周围环境对电缆影响很小。

（3）在城市电网中电缆隐蔽于地下能满足美化市容的需要。

（4）电缆线路运行维护费用较小。

（5）电缆的电容能改善电力系统功率因数，有利于降低供电成本。

**Jb0000531273 怎样做好水底电缆线路防护工作？（5分）**

**考核知识点：**水底电缆线路防护

**难易度：**易

**标准答案：**

（1）对于水底电缆线路，按水域管辖部门的航行规定，划定一定宽度的防护区，禁止船只抛锚。

（2）按船只往来频繁情况，必要时设置瞭望岗哨，配置能引起船只注意的设施。

（3）在水底电缆线路防护区内，发生违反航行规定的事件，应通知水域管辖部门，尽可能采取有效措施。

**Jb0000531274 冷缩电缆头具有哪些独特的优点？（5分）**

**考核知识点：**冷缩电缆头

**难易度：**易

**标准答案：**

（1）提供恒定持久的径向压力。

（2）与电缆本体同“呼吸”。

（3）不需明火加热，使施工更方便、更安全。

（4）绝缘裕度大，耐污性能好。

（5）采用独特的折射扩散法处理电应力，控制了轴向本体。

（6）无须胶粘，即可密封电缆本体。

**Jb0000531275 请写出YJLV43电缆的名称、特性及使用范围。（5分）**

**考核知识点：**电缆

**难易度：**易

**标准答案：**

（1）这是一条交联聚乙烯绝缘、铝芯、聚氯乙烯护套、粗钢丝铠装电力电缆。

（2）敷设于竖井和海底，能承受拉力。

**Jb0000531276　如何处理电力电缆和控制电缆在同一托架的敷设？（5 分）**

**考核知识点：** 同一托架敷设

**难易度：** 易

**标准答案：**

（1）电力电缆和控制电缆一般不应敷设在同一托架内。

（2）当电缆较少而将控制电缆与电力电缆敷设在同一托架内时，应用隔板隔开。

**Jb0000531277　NH－YJY－8.7/10kV 电缆是什么结构？主要用于什么地方？（5 分）**

**考核知识点：** 电缆

**难易度：** 易

**标准答案：**

（1）NH－YJY－8.7/10kV 电缆是交联聚乙烯或硅烷交联乙烯纤维云母复合绝缘耐火电力电缆。

（2）用于石油、化工、冶金、发电厂、输变电工程、高层建筑、地铁、通信站、核工、军工、航空、隧道、高科研、消防系统等地方。

**Jb0000531278　电缆固定用部件应符合哪些规定？（5 分）**

**考核知识点：** 固定部件

**难易度：** 易

**标准答案：**

（1）除交流单相电力电缆情况外，可采用经防腐处理的扁钢制夹具或尼龙扎带、镀塑金属扎带。强腐蚀环境，应采用尼龙或镀塑金属扎带。

（2）交流单相电力电缆的刚性固定，宜采用铝合金等不构成磁性闭合回路的夹具；其他固定方式，可用尼龙扎带、绳索。

（3）不得用铁丝直接捆扎电缆。

**Jb0000531279　用万用表测量交流电压时应注意什么？（5 分）**

**考核知识点：** 万用表

**难易度：** 易

**标准答案：**

（1）测量前必须将转换开关拨到对应的交流电压量程挡。

（2）测量时将表笔并联在被测电路两端，且接触应紧密。

（3）不得在测量中拨动转换开关。

（4）在电路电压未知的情况下，应先用表最高一挡测试，然后逐级换用低挡直到表针刻度移动至刻度 2/3 为宜。

（5）测量 1000V 以上电压时应使用表笔和引线，且做好安全措施。

**Jb0000531280　电力电缆敷设前应做哪些检查（充电电缆除外）？（5 分）**

**考核知识点：** 电力电缆敷设

**难易度：** 易

**标准答案：**

（1）电缆支架齐全，无锈迹。

（2）电缆型号、电压、规格符合设计要求。

（3）电缆绝缘良好，当对油纸电缆的密封有怀疑时，应进行潮湿判断，直埋电缆与水底电缆应经直流耐压试验合格。

**Jb0000531281　请写出 VLV23、YJV32 两种电缆名称。（5 分）**

**考核知识点：**电缆

**难易度：**易

**标准答案：**

（1）VLV23 表示铝芯、聚氯乙烯绝缘、钢带铠装、聚乙烯护套电力电缆。

（2）YJV32 表示铜芯、交联聚乙烯绝缘、细钢丝铠装、聚氯乙烯护套电力电缆。

**Jb0000531282　冷缩附件适用于什么电缆？其主要材料是什么？（5 分）**

**考核知识点：**冷缩附件

**难易度：**易

**标准答案：**

（1）冷缩附件适用于 35kV 以下电压等级的 XLPE 绝缘电缆。

（2）主要材料为硅橡胶或三元乙丙橡胶。

**Jb0000531283　电缆敷设在周期性振动的场所，应采用哪些措施减少电缆承受附加应力或避免金属疲劳断裂？（5 分）**

**考核知识点：**电缆承受应力

**难易度：**易

**标准答案：**

（1）在支持电缆部位设置由橡胶等弹性材料制成的衬垫。

（2）使电缆敷设成波浪状且留有伸缩节。

**Jb0000531284　请列举 6 种常用绳结。（5 分）**

**考核知识点：**绳结

**难易度：**易

**标准答案：**

常用绳结包括：① 平扣；② 活结；③ 猪蹄扣；④ 抬扣；⑤ 拴马扣；⑥ 水手；⑦ 瓶扣；⑧ 吊物扣；⑨ 倒物扣；⑩ 背扣。

**Jb0000531285　说出型号为 ZR－VV421，3×240＋1×120 电缆的字母和数字表示的含义。（5 分）**

**考核知识点：**电缆

**难易度：**易

**标准答案：**

（1）它表示该电缆为铜芯、阻燃、聚氯乙烯绝缘、粗钢线铠装、聚氯乙烯护套电缆。

（2）额定电压为 1kV、三芯、截面积为 $240mm^2$、加一芯 $120mm^2$ 的电缆。

**Jb0000532286　电力电缆为什么要焊接地线？（5 分）**

**考核知识点：**接地线

**难易度：**中

**标准答案：**

（1）由于电缆的金属护套与线芯是绝缘的，当电缆发生绝缘击穿或线芯中流过较大故障电流时，金属护套的感应电压可能使得内衬层被击穿，引起电弧，直到将金属护套烧熔成洞。

（2）为了消除这种危害，必须将金属护套、铠装层电缆头外壳和法兰支架等用导线与接地网连通。

**Jb0000532287　简述感应法测定电缆故障的原理及适用范围。（5分）**

**考核知识点：**感应法测定电缆故障

**难易度：**中

**标准答案：**

感应法是给电缆芯通以音频电流，当音频电流通过故障点时，电流和磁场将发生变化，利用接收装置及音频信号放大设备听测或观察信号的变化，来确定故障点的具体位置。

这种方法，一般只适用于听测低阻相间短路故障，有时在特殊情况下能听测低阻的接地或断线故障。感应法可用于听测电缆埋设位置、深度及接头盒位置，有助于准确地找出电缆故障。

**Jb0000531288　电气测量仪表的安装原则是什么？（5分）**

**考核知识点：**电气测量仪表

**难易度：**易

**标准答案：**

必须符合电力系统和电力设备运行监督的要求及仪表本身的安装地点、温度、湿度和安装方法等要求。力求技术先进，经济合理，准确可靠，监视方便。

**Jb0000531289　使用砂轮机的安全事项有哪些？（5分）**

**考核知识点：**砂轮机

**难易度：**易

**标准答案：**

（1）使用时应戴护目镜、口罩，衣袖要扎紧。

（2）砂轮机开启后，检查转向是否正确，速度稳定后再作业。

（3）使用者必须站在砂轮机侧面，手指不可接触砂轮。

**Jb0000531290　什么叫大电流接地系统，其优缺点是什么？（5分）**

**考核知识点：**大电流接地系统

**难易度：**易

**标准答案：**

（1）大电流接地系统是指中性点直接接地的电力网。当发生单相接地故障时，相地之间就会形成短路，产生很大的短路电流。一般110kV和220kV及以上的为大电流接地系统。

（2）大电流接地系统电力网的优点是过电压数值小，系统中性点绝缘水平低，因而投资小；其缺点是单相接地电流大，必须迅速切断电流，增加了停电机会。

**Jb0000533291　在布置110kV XLPE电缆线路时应考虑哪些因素？（5分）**

**考核知识点：**布置110kV XLPE电缆线路

**难易度：**难

**标准答案：**

（1）本期工程电缆线路回数、电缆线路三相总长。

（2）每回电缆线路全长、划分段数及各段长度。

（3）各回路之间的距离、每回路内三根电缆的排列方式和相同中心距。

（4）金属屏蔽、金属套接地方式。

**Jb0000531292　电能表和功率表指示数值有哪些不同？（5分）**

**考核知识点：**电能表和功率表

**难易度：**易

**标准答案：**

功率表指示的是瞬时的发、供、用电的设备所发出、传送和消耗的电能数，即电功数。而电能表的数值是累计某一段时间内所发出、传送和消耗的电能数。

**Jb0000532293　各种起重机的吊钩钢丝绳应保持垂直，禁止使吊钩斜着拖吊重物，其原因是什么？（5分）**

**考核知识点：**起重

**难易度：**中

**标准答案：**

因为起重机斜吊会使钢丝绳卷出滑轮槽外，或天车掉道，还会使重物摆动与其他物相撞，以致造成超负荷。

**Jb0000533294　施行人工呼吸法前应做哪些准备工作？（5分）**

**考核知识点：**人工呼吸法

**难易度：**难

**标准答案：**

（1）检查口鼻中有无异物堵住，如有痰、鼻涕、脱落的假牙、血块黏液等应先迅速除掉，以免妨碍呼吸。

（2）解衣扣，松裤带，摘假牙等。

# 第二章　电力电缆安装运维工（配电）初级工技能操作

**Jc0000541001　参照电缆实物阐述各部分结构及作用。（100 分）**

**考核知识点：**电缆结构

**难易度：**易

## 技能等级评价专业技能考核操作工作任务书

**一、任务名称**

参照电缆实物阐述各部分结构及作用。

**二、适用工种**

电力电缆安装运维工（配电）初级工。

**三、具体任务**

参照实际提供的电缆实物，自主阐述该电缆各部分的结构及作用。

**四、工作规范及要求**

（1）单独操作。

（2）所需材料：10kV 交联聚乙烯绝缘电力电缆一段。

（3）口述。

**五、考核及时间要求**

本考核时间共 15 分钟，每超过 1 分钟扣 1 分。

### 技能等级评价专业技能考核操作评分标准

| 工种 | 电力电缆安装运维工（配电） | | | | 评价等级 | 初级工 |
|---|---|---|---|---|---|---|
| 项目模块 | 电力电缆安装运维工（配电）—基础知识 | | | 编号 | Jc0000541001 | |
| 单位 | | 准考证号 | | | 姓名 | |
| 考试时限 | 15 分钟 | 题型 | | | 题分 | 100 分 |
| 成绩 | | 考评员 | | 考评组长 | 日期 | |
| 试题正文 | 参照电缆实物阐述各部分结构及作用 | | | | | |
| 需要说明的问题和要求 | （1）该题为口述题。<br>（2）规定时间内完成，超时即停止作答 | | | | | |

| 序号 | 项目名称 | 质量要求 | 满分 | 扣分标准 | 扣分原因 | 得分 |
|---|---|---|---|---|---|---|
| 1 | 工作前准备 | | | | | |
| 1.1 | 选择工器具 | 根据电缆规格，选择合适的工器具 | 10 | 工具错、漏选一项扣 1 分；<br>未检查一项扣 1 分；<br>以上扣分，扣完为止 | | |
| 1.2 | 选择材料 | 根据操作内容，选择合适的材料 | 10 | 材料错、漏选一项扣 1 分；<br>未检查一项扣 1 分；<br>以上扣分，扣完为止 | | |
| 1.3 | 着装、穿戴 | 工作服、工作鞋、安全帽等穿戴正确 | 10 | 未按规定穿着一项扣 1 分，扣完为止 | | |

续表

| 序号 | 项目名称 | 质量要求 | 满分 | 扣分标准 | 扣分原因 | 得分 |
|---|---|---|---|---|---|---|
| 2 | 工作过程 | | | | | |
| 2.1 | 10kV 交联聚乙烯电力电缆的基本结构及作用阐述 | 基本结构为导体线芯、导体屏蔽、绝缘层、绝缘屏蔽、铜屏蔽层、填充物、钢带铠装层、外护套 | 20 | 对交联聚乙烯胶原电缆的结构了解情况不熟一项扣 5 分，扣完为止 | | |
| 2.2 | 阐述 | 针对上述结构，阐述每种结构的材料、物理和电气性能、作用 | 15 | 未掌握各部分材料的物理和电气性能、作用一处扣 5 分，扣完为止 | | |
| 3 | 工作终结验收 | | | | | |
| 3.1 | 现场清理 | 清理现场杂物、材料 | 10 | 清理不合格一处扣 5 分，扣完为止 | | |
| 3.2 | 工作终结 | 汇报工作结束，退场 | 10 | 未汇报工作结束扣 10 分 | | |
| 3.3 | 安全文明生产 | 工作中无违章出现，操作过程中无工器具损伤、无绝缘皮损伤，工作完毕清理场地，交还工器具及剩余材料 | 15 | 未做清理扣 10 分；<br>未交还工器具及剩余材料扣 5 分 | | |
| 合计 | | | 100 | | | |

**Jc0000541002　10kV 电缆头制作的一般操作程序包括什么？（100 分）**

**考核知识点：**10kV 电缆头制作

**难易度：**易

## 技能等级评价专业技能考核操作工作任务书

### 一、任务名称

10kV 电缆头制作的一般操作程序包括什么？

### 二、适用工种

电力电缆安装运维工（配电）初级工。

### 三、具体任务

口述 10kV 电缆头制作的一般操作程序。

### 四、工作规范及要求

（1）工作环境：现场操作场地及设备材料已完备。

（2）剥切尺寸正确，剥切绝缘不得损伤缆芯。

（3）绝缘表面处理应干净、光滑。

（4）剥除铜屏蔽层及半导电层不得伤及下一层。

（5）戴安全帽、穿工作服、穿绝缘鞋、带个人工器具。

（6）易燃用具单独放置；会正确使用，摆放整齐。

（7）口述。

### 五、考核及时间要求

本考核时间共 15 分钟，每超过 1 分钟扣 1 分。

**技能等级评价专业技能考核操作评分标准**

<table>
<tr><td>工种</td><td colspan="5">电力电缆安装运维工（配电）</td><td>评价等级</td><td>初级工</td></tr>
<tr><td>项目模块</td><td colspan="4">电力电缆安装运维工（配电）—电缆中间、终端接头制作</td><td>编号</td><td colspan="2">Jc0000541002</td></tr>
<tr><td>单位</td><td colspan="3"></td><td>准考证号</td><td></td><td>姓名</td><td></td></tr>
<tr><td>考试时限</td><td colspan="2">15 分钟</td><td>题型</td><td colspan="2"></td><td>题分</td><td>100 分</td></tr>
<tr><td>成绩</td><td></td><td>考评员</td><td></td><td>考评组长</td><td></td><td>日期</td><td></td></tr>
</table>

续表

| 试题正文 | 10kV 电缆头制作的一般操作程序包括什么 | | | | | |
|---|---|---|---|---|---|---|
| 需要说明的问题和要求 | （1）该题为口述题。<br>（2）规定时间内完成，超时即停止作答 | | | | | |
| 序号 | 项目名称 | 质量要求 | 满分 | 扣分标准 | 扣分原因 | 得分 |
| 1 | 工作前准备 | | | | | |
| 1.1 | 材料及工器具准备 | 按要求准备好工器具及材料，并进行检查 | 5 | 错、漏选一项扣 1 分；<br>工器具和材料未检查一项扣 1 分；<br>以上扣分，扣完为止 | | |
| 1.2 | 着装、穿戴、试验 | 工作服、工作鞋、安全帽等穿戴正确 | 5 | 未按规定穿着一项扣 1 分，扣完为止 | | |
| | | 制作前测试，电缆试潮 | 5 | 制作前未测试扣 5 分 | | |
| 2 | 工作过程 | | | | | |
| 2.1 | 校对施工尺寸 | 割断多余电缆 | 5 | 未校对尺寸扣 5 分 | | |
| 2.2 | 将电缆断切面锯平 | 如果电缆三相线芯锯口不在同一平面上或导体切面不平应锯平 | 5 | 未按要求做扣 5 分 | | |
| 2.3 | 剥出外护套、铠装、内护层、内衬、铜屏蔽及外半导电层等 | 剥切时切口不平，金属切口有毛刺或伤及其下一层结构，应视为缺陷；绝缘表面干净、光滑、无残质，均匀涂上硅脂 | 25 | 尺寸不对扣 5 分；<br>剥时伤及绝缘扣 5 分；<br>剥口没处理成小斜坡、有毛刺扣 5 分；<br>绝缘表面没处理干净扣 5 分；<br>未均匀涂上硅脂扣 5 分 | | |
| 2.4 | 铠装接地与铜屏蔽接地 | 两个接地应分开制作，相互之间有绝缘要求 | 5 | 未分开制作扣 5 分 | | |
| 2.5 | 包绕填充胶和热缩三叉套管、绝缘管 | 填充胶包绕应成形（橄榄状或苹果状）；三叉套管、绝缘套管皆应到位，收缩紧密；管外表无烧伤痕迹，三叉套管由根部向两端加热，绝缘套管由三叉根部向上加热 | 15 | 填充胶包绕不成形扣 5 分；<br>内外次序错误扣 5 分；<br>管外表有灼伤痕迹扣 5 分 | | |
| 2.6 | 剥削绝缘和导体压接端子 | 绝缘切口处应平整；压接端子既不可过度也不能不紧，以阴阳模接触为宜；压接后端子表面应打磨光滑 | 10 | 绝缘切口处不平整扣 5 分；<br>压接点不少于 4 点扣 2 分；<br>连接管表面未打磨扣 3 分 | | |
| 2.7 | 绕包半导体带做好安装记号 | 用半导体带将铜屏蔽口包住，并向下覆盖热缩管；在热缩管上用自黏胶带做好应力锥安装记号 | 5 | 绕包半导体带不连续、不光滑扣 2 分；<br>未作应力锥安装记号扣 3 分 | | |
| 2.8 | 安装预制式终端 | 将硅脂涂在绝缘表面和预制式终端内，把预制式终端套进电缆并将其推至所做记号处 | 5 | 预制式终端推不到位扣 2 分；<br>未涂硅脂扣 3 分 | | |
| 3 | 工作终结验收 | | | | | |
| 3.1 | 绝缘 | 外观检查要求接触良好，相色标志正确，应力锥安装正确，绝缘测试合格 | 5 | 未做绝缘测试扣 3 分；<br>未进行外观检查扣 2 分 | | |
| 3.2 | 安全文明生产 | 工作中无违章出现，工作结束清理现场，交还工器具及剩余材料 | 5 | 未做清理扣 2 分；<br>未交还工器具及剩余材料扣 3 分 | | |
| 合计 | | | 100 | | | |

**Jc0000542003 牵引网套的方法敷设电缆的操作。（100 分）**

**考核知识点：**牵引网套

**难易度：**中

## 技能等级评价专业技能考核操作工作任务书

### 一、任务名称

牵引网套的方法敷设电缆的操作。

## 二、适用工种

电力电缆安装运维工（配电）初级工。

## 三、具体任务

制作一个用于敷设电缆的牵引网套。

## 四、工作规范及要求

（1）本操作仅作为敷设电缆的一个环节的考核，用钢丝绳绑扎的方法。

（2）将电缆事先摆成稍带弧形的形状。

（3）绑扎方法：其中 10 匝为一扣，双股绑扎。

（4）10m 为一绑扎段，一个绑扎段做 4 扣，每扣间的距离为 1.5m。

## 五、考核及时间要求

本考核时间共 20 分钟，每超过 1 分钟扣 1 分。

**技能等级评价专业技能考核操作评分标准**

| | | | | | | | |
|---|---|---|---|---|---|---|---|
| 工种 | 电力电缆安装运维工（配电） | | | | | 评价等级 | 初级工 |
| 项目模块 | 电力电缆安装运维工（配电）—施工与验收 | | | | 编号 | Jc0000542003 | |
| 单位 | | | 准考证号 | | | 姓名 | |
| 考试时限 | 20 分钟 | | 题型 | | | 题分 | 100 分 |
| 成绩 | | 考评员 | | 考评组长 | | 日期 | |
| 试题正文 | 牵引网套的方法敷设电缆的操作 | | | | | | |
| 需要说明的问题和要求 | 规定时间内完成，超时即停止操作 | | | | | | |

| 序号 | 项目名称 | 质量要求 | 满分 | 扣分标准 | 扣分原因 | 得分 |
|---|---|---|---|---|---|---|
| 1 | 工作前准备 | | | | | |
| 1.1 | 着装、穿戴 | 工作服、工作鞋、安全帽等穿戴正确 | 5 | 未正确着装扣 5 分；<br>着装不规范扣 3 分 | | |
| 1.2 | 材料及工器具准备 | 按要求准备好工器具及材料，并进行检查 | 5 | 未进行工器具检查扣 2 分；<br>工器具、材料漏选或有缺陷一项扣 1 分，扣完为止 | | |
| 2 | 工作过程 | | | | | |
| 2.1 | 扎牵引网套，套网套 | 使网套的每根钢丝平贴于电缆护套上 | 10 | 未整理钢丝绳一处扣 5 分，扣完为止 | | |
| 2.2 | 扎铜丝 | 在网套的首部、中部和端部扎两处铜丝 | 10 | 扎线不牢扣 5 分；<br>不会操作扣 10 分 | | |
| 2.3 | 绑绳扣，正确的绑扎方法 | 在钢丝上绑两扎，然后在钢丝绳和电缆上共同绑两扎 | 20 | 不会操作扣 20 分；<br>方法不对扣 10 分 | | |
| | | 绑扎时钢丝绳应平贴于电缆上 | 10 | 钢丝绳与电缆离 3cm 以上扣 10 分 | | |
| | | 钢丝绳应绑在电缆弯曲的内侧 | 10 | 绑在外侧扣 10 分 | | |
| 3 | 工作终结验收 | | | | | |
| 3.1 | 安全文明生产 | 文明操作，禁止违章操作，不损坏工器具，不发生安全生产事故 | 15 | 有不安全行为扣 5 分；<br>损坏工器具扣 5 分；<br>发生安全生产事故本项考核不及格 | | |
| 3.2 | 时间 | 在规定时间内完成 | 15 | 在规定时间内未完成扣 15 分 | | |
| 合计 | | | 100 | | | |

**Jc0000542004　制作电缆接地卡子。（100 分）**

**考核知识点：**接地卡子

**难易度：**中

## 技能等级评价专业技能考核操作工作任务书

**一、任务名称**

制作电缆接地卡子。

**二、适用工种**

电力电缆安装运维工（配电）初级工。

**三、具体任务**

根据提供的电缆，制作电缆头接地卡子。

**四、工作规范及要求**

（1）要求独立完成。

（2）照明充足。

（3）正确使用安全用品用具。

（4）材料工具备齐，开始计时。

**五、考核及时间要求**

本考核时间共 20 分钟，每超过 1 分钟扣 1 分。

**技能等级评价专业技能考核操作评分标准**

| 工种 | 电力电缆安装运维工（配电） | | | | | 评价等级 | 初级工 |
|---|---|---|---|---|---|---|---|
| 项目模块 | 电力电缆安装运维工（配电）—施工与验收 | | | | 编号 | Jc0000542004 | |
| 单位 | | | 准考证号 | | | 姓名 | |
| 考试时限 | 20 分钟 | | 题型 | | | 题分 | 100 分 |
| 成绩 | | 考评员 | | 考评组长 | | 日期 | |
| 试题正文 | 制作电缆接地卡子 | | | | | | |
| 需要说明的问题和要求 | 规定时间内完成，超时即停止操作 | | | | | | |

| 序号 | 项目名称 | 质量要求 | 满分 | 扣分标准 | 扣分原因 | 得分 |
|---|---|---|---|---|---|---|
| 1 | 工作前准备 | 工作服、工作鞋、安全帽等穿戴正确 | 10 | 未正确着装扣 10 分；<br>着装不规范扣 5 分 | | |
| 2 | 工作过程 | | | | | |
| 2.1 | 说出打卡子的准确位置、尺寸、应打卡子的数量及卡子间隔距离 | 位置、尺寸、数量、间隔应正确 | 20 | 每说错一项扣 5 分，扣完为止 | | |
| 2.2 | 操作方法 | 操作熟练，方法正确 | 20 | 操作不熟练，酌情扣 10～20 分 | | |
| 2.3 | 卡子位置、间距、尺寸的掌握 | 位置、间距、尺寸准确 | 20 | 位置、间距、尺寸不准确一处扣 10 分，扣完为止 | | |
| 2.4 | 外观检查 | 整齐、牢固 | 20 | 不美观、有痕迹，酌情扣 10～20 分 | | |
| 3 | 工作终结验收 | 文明操作，禁止违章操作，不损坏工器具，不发生安全生产事故 | 10 | 有不安全行为扣 5 分；<br>损坏工器具扣 5 分 | | |
| 合计 | | | 100 | | | |

**Jc0000542005 填写一份电缆头安装自检记录。（100 分）**

**考核知识点：**电缆头安装自检记录

**难易度：**中

## 技能等级评价专业技能考核操作工作任务书

### 一、任务名称

填写一份电缆头安装自检记录。

### 二、适用工种

电力电缆安装运维工（配电）初级工。

### 三、具体任务

按照自检记录表格式填写一份电缆头安装的自检记录。

### 四、工作规范及要求

（1）要求独立填写。

（2）重点考察填写人综合能力。

（3）填写时必须提供一份原始数据。

（4）笔、纸、资料备齐计时开始。

（5）安全文明生产，在规定时间内完成。

### 五、考核及时间要求

本考核时间共 15 分钟，每超过 1 分钟扣 1 分。

**技能等级评价专业技能考核操作评分标准**

| 工种 | 电力电缆安装运维工（配电） | | | | | 评价等级 | 初级工 |
|---|---|---|---|---|---|---|---|
| 项目模块 | 电力电缆安装运维工（配电）—基本技能 | | | | 编号 | Jc0000542005 | |
| 单位 | | | 准考证号 | | | 姓名 | |
| 考试时限 | 15 分钟 | | 题型 | | | 题分 | 100 分 |
| 成绩 | | 考评员 | | 考评组长 | | 日期 | |
| 试题正文 | 填写一份电缆头安装自检记录 | | | | | | |
| 需要说明的问题和要求 | （1）该题为笔答题。<br>（2）规定时间内完成，超时即停止作答 | | | | | | |

| 序号 | 项目名称 | 质量要求 | 满分 | 扣分标准 | 扣分原因 | 得分 |
|---|---|---|---|---|---|---|
| 1 | 工作前准备 | 工作服、工作鞋、安全帽等穿戴正确 | 10 | 未正确着装扣 10 分；<br>着装不规范扣 5 分 | | |
| 2 | 工作过程 | | | | | |
| 2.1 | 笔型选用 | 选用碳素墨水钢笔 | 10 | 选错笔扣 10 分 | | |
| 2.2 | 字型、字迹要求 | 字型要易于辨认，字迹要清晰、端正、不可有污点 | 15 | 不符合要求扣 15 分 | | |
| 2.3 | 填写内容 | 要求填写起点、终点、电缆编号、制作人、制作日期、制作前后的绝缘电阻、外观有无损伤及接地是否符合要求 | 40 | 胡编乱造扣 40 分；<br>每缺一项扣 10 分，扣完为止 | | |
| 2.4 | 填写表格 | 格式正确、无遗漏 | 15 | 格式不正确扣 10 分；<br>每遗漏一项扣 5 分，扣完为止 | | |
| 3 | 工作终结验收 | 办理工作终结，考试人员撤离 | 10 | 不办理工作终结手续扣 10 分 | | |
| 合计 | | | 100 | | | |

**Jc0000542006　常用绳结的打法。(100 分)**

**考核知识点：**绳结

**难易度：**中

## 技能等级评价专业技能考核操作工作任务书

**一、任务名称**

常用绳结的打法。

**二、适用工种**

电力电缆安装运维工（配电）初级工。

**三、具体任务**

口述常用绳结的打法（至少五种）。

**四、工作规范及要求**

（1）要求独立完成。

（2）所需材料：尼龙绳（绳索）一段。

（3）个人工具备齐开始计时，并在规定时间内完成。

（4）口述。

**五、考核及时间要求**

本考核时间共 10 分钟，每超过 1 分钟扣 1 分。

**技能等级评价专业技能考核操作评分标准**

| 工种 | 电力电缆安装运维工（配电） | | | | 评价等级 | 初级工 |
|---|---|---|---|---|---|---|
| 项目模块 | 电力电缆安装运维工（配电）—基本技能 | | | 编号 | Jc0000542006 | |
| 单位 | | 准考证号 | | | 姓名 | |
| 考试时限 | 10 分钟 | 题型 | | | 题分 | 100 分 |
| 成绩 | 考评员 | | 考评组长 | | 日期 | |
| 试题正文 | 常用绳结的打法 | | | | | |
| 需要说明的问题和要求 | （1）该题为口述题。<br>（2）规定时间内完成，超时即停止作答 | | | | | |

| 序号 | 项目名称 | 质量要求 | 满分 | 扣分标准 | 扣分原因 | 得分 |
|---|---|---|---|---|---|---|
| 1 | 工作前准备 | | | | | |
| 1.1 | 着装、穿戴 | 工作服、工作鞋、安全帽等穿戴正确 | 6 | 未正确着装扣 6 分；<br>未按要求使用安全帽扣 1 分 | | |
| 1.2 | 工具选择 | 工具齐全无破损，功能正常 | 4 | 未检查工具扣 4 分 | | |
| 1.3 | 材料选择 | 材料正确无破损 | 4 | 未检查绳索扣 4 分 | | |
| 2 | 工作过程 | | | | | |
| 2.1 | 结绳扣 | 口述所打绳扣的名称 | 20 | 每个绳结口述错误扣 4 分，扣完为止 | | |
| | | 口述所打绳扣的用途 | 20 | 每个绳结口述错误扣 4 分，扣完为止 | | |
| | | 结法正确 | 20 | 每个绳结口述错误扣 4 分，扣完为止 | | |
| 2.2 | 其他要求 | 外观检查，美观整齐 | 8 | 未进行外观检查，每个绳结扣 2 分，扣完为止 | | |
| | | 操作熟练流畅 | 8 | 操作不熟练，每个绳结扣 2 分，扣完为止 | | |
| 3 | 工作终结验收 | | | | | |
| 3.1 | 清理现场 | 操作完毕后，将工具整理后放在指定位置 | 5 | 未清理现场扣 5 分 | | |
| 3.2 | 结束报告 | 操作完毕后，向考评员汇报工作结束 | 5 | 未汇报工作完成扣 5 分 | | |
| 合计 | | | 100 | | | |

**Jc0000542007　常用安全工器具的检查与维护。（100 分）**

**考核知识点：**安全工器具

**难易度：**中

## 技能等级评价专业技能考核操作工作任务书

### 一、任务名称

常用安全工器具的检查与维护。

### 二、适用工种

电力电缆安装运维工（配电）初级工。

### 三、具体任务

对现场提供的常用安全工器具进行检查和维护。

### 四、工作规范及要求

（1）考评开始前，由考评员指定考试工位。

（2）要求一人独立完成。

（3）考生参加考评过程中如违反安全规程等相关规定，涉及人身、设备安全的，考评员应立即制止考生操作，考生应按相关规定自行改正并经考评员同意后方可继续操作。考生凡是被考评员因上述原因被制止的，该环节不得分；考生因上述原因被考评员制止操作第二次的，终止后续作业，后续作业步骤按 0 分统计。

（4）安全文明生产，在规定时间内完成。

### 五、考核及时间要求

本考核时间共 20 分钟，每超过 1 分钟扣 1 分。

**技能等级评价专业技能考核操作评分标准**

| | | | | | | | |
|---|---|---|---|---|---|---|---|
| 工种 | 电力电缆安装运维工（配电） | | | | | 评价等级 | 初级工 |
| 项目模块 | 电力电缆安装运维工（配电）—基本技能 | | | | 编号 | Jc0000542007 | |
| 单位 | | | 准考证号 | | | 姓名 | |
| 考试时限 | 20 分钟 | | 题型 | | | 题分 | 100 分 |
| 成绩 | | 考评员 | | 考评组长 | | 日期 | |
| 试题正文 | 常用安全工器具的检查与维护 | | | | | | |
| 需要说明的问题和要求 | 规定时间内完成，超时即停止操作 | | | | | | |

| 序号 | 项目名称 | 质量要求 | 满分 | 扣分标准 | 扣分原因 | 得分 |
|---|---|---|---|---|---|---|
| 1 | 工作前准备 | | | | | |
| 1.1 | 着装及防护 | （1）现场工作服穿着整洁，扣好衣扣、袖扣，无错扣、漏扣、掉扣，无破损。<br>（2）穿着劳保鞋，鞋带绑扎扎实整齐，无安全隐患。<br>（3）正确佩戴安全帽，耳朵在帽带三角区，合格无破损。<br>（4）正确佩戴纱布手套，在打锤时禁止戴手套 | 2 | 个人安全防护用品未检查、未正确着装扣 2 分 | | |
| 1.2 | 申请考试 | 报告考评员准备工作完成，考评员许可后指定工位，方可开展工作 | 1 | 未办理考试许可扣 1 分 | | |

续表

| 序号 | 项目名称 | 质量要求 | 满分 | 扣分标准 | 扣分原因 | 得分 |
|---|---|---|---|---|---|---|
| 1.3 | 工器具和材料选用及检查 | 10kV 绝缘操作杆、10kV 验电器、10kV 绝缘手套、10kV 绝缘靴、10kV 接地线、全身式安全带，对其外观、性能、试验标签进行检查，并整齐摆放在工作布上；正确汇报检查结果 | 2 | 工器具及材料未检查扣 2 分 | | |
| 2 | 工作过程 | | | | | |
| 2.1 | 10kV 绝缘操作杆的检查 | 检查试验合格标签是否在试验周期内，并正确汇报检查结果 | 3 | 未检查或检查不正确扣 3 分 | | |
| | | 检查外观是否完好，无污垢、损伤、裂纹，并正确汇报检查结果 | 3 | 未检查或检查不正确扣 3 分 | | |
| | | 检查各金属部件是否完好，并正确汇报检查结果 | 3 | 未检查或检查不正确扣 3 分 | | |
| | | 正确判断 10kV 绝缘操作杆是否符合使用条件 | 3 | 未检查或检查不正确扣 3 分 | | |
| | | 各项操作应熟练、流畅、连贯 | 3 | 不熟练扣 3 分 | | |
| 2.2 | 10kV 绝缘手套的检查 | 检查试验合格标签，且在试验周期内，并正确汇报检查结果 | 3 | 未检查或检查不正确扣 3 分 | | |
| | | 检查外部，表面应无脏污、破损、沙眼、漏气、内部无黏连，并正确汇报检查结果 | 3 | 未检查或检查不正确扣 3 分 | | |
| | | 检查是否漏气，将绝缘手套纵向内卷后，放耳朵旁听声音，检查动作姿势规范标准，并正确汇报检查结果 | 3 | 未检查或检查不正确扣 3 分 | | |
| | | 正确判断 10kV 绝缘手套是否符合使用条件 | 3 | 未检查或检查不正确扣 3 分 | | |
| | | 各项操作应熟练、流畅、连贯 | 3 | 不熟练扣 3 分 | | |
| 2.3 | 10kV 绝缘靴的检查 | 检查试验合格标签，且在试验周期内，并正确汇报检查结果 | 3 | 未检查或检查不正确扣 3 分 | | |
| | | 检查外观，外表无磨损、破漏，无沙眼、气孔，无裂纹，鞋底磨损不严重，绝缘层无外露，并正确汇报检查结果 | 3 | 未检查或检查不正确扣 3 分 | | |
| | | 正确判断 10kV 绝缘靴是否符合使用条件 | 3 | 未检查或检查不正确扣 3 分 | | |
| | | 各项操作应熟练、流畅、连贯 | 3 | 不熟练扣 3 分 | | |
| 2.4 | 10kV 接地线的检查 | 检查试验合格标签，且在试验周期内，并正确汇报检查结果 | 3 | 未检查或检查不正确扣 3 分 | | |
| | | 检查外观完好，绞线无松股、断股，护套无破损，铜线无外露，夹具无断裂、松动等，并正确汇报检查结果 | 3 | 未检查或检查不正确扣 3 分 | | |
| | | 检查接地线夹头与铜线连接牢固，并正确汇报检查结果 | 3 | 未检查或检查不正确扣 3 分 | | |
| | | 正确判断 10kV 接地线是否符合使用条件 | 3 | 未检查或检查不正确扣 3 分 | | |
| | | 各项操作应熟练、流畅、连贯 | 3 | 不熟练扣 3 分 | | |
| 2.5 | 全身式安全带的检查 | 检查试验合格标签，且在试验周期内，并正确汇报检查结果 | 3 | 未检查或检查不正确扣 3 分 | | |
| | | 检查各金属连接件是否完好，无严重锈蚀，保险扣是否可靠，并正确汇报检查结果 | 3 | 未检查或检查不正确扣 3 分 | | |

续表

| 序号 | 项目名称 | 质量要求 | 满分 | 扣分标准 | 扣分原因 | 得分 |
|---|---|---|---|---|---|---|
| 2.5 | 全身式安全带的检查 | 检查外观，无磨损，缓冲包完好，并正确汇报检查结果 | 3 | 未检查或检查不正确扣 3 分 | | |
| | | 正确判断全身式安全带是否符合使用条件 | 3 | 未检查或检查不正确扣 3 分 | | |
| | | 各项操作应熟练、流畅、连贯 | 3 | 不熟练扣 3 分 | | |
| 2.6 | 绝缘工器具的管理 | 正确口述绝缘工器具应存放于绝缘工器具柜内 | 3 | 未口述或不正确扣 3 分 | | |
| | | 正确口述每月进行一次检查与维护 | 4 | 未口述或不正确扣 4 分 | | |
| | | 正确口述存放的条件：温度为 −15～35℃，湿度在 80%以下，干燥通风 | 4 | 未口述或不正确扣 4 分 | | |
| | | 各项操作应熟练、流畅、连贯 | 3 | 不熟练扣 3 分 | | |
| 3 | 工作终结验收 | | | | | |
| 3.1 | 清理现场 | 操作完毕后，将考试用品整齐摆放在指定位置 | 4 | 竣工后未场地清理一处扣 2 分，扣完为止 | | |
| 3.2 | 工作汇报 | 操作完毕后，向考评员汇报工作结束 | 5 | 竣工后办理未考试终结扣 5 分 | | |
| 合计 | | | 100 | | | |

**Jc0000541008　电力电缆线路通道的日常巡视。（100 分）**

**考核知识点：**巡视

**难易度：**易

## 技能等级评价专业技能考核操作工作任务书

**一、任务名称**

电力电缆线路通道的日常巡视。

**二、适用工种**

电力电缆安装运维工（配电）初级工。

**三、具体任务**

根据现场电力电缆线路通道的实际情况，开展日常巡视工作。

**四、工作规范及要求**

（1）派一人与操作者配合，不得提示。

（2）笔、纸备齐计时开始。

（3）考生参加考评过程中如违反安全规程等相关规定，涉及人身、设备安全的，考评员应立即制止考生操作，考生应按相关规定自行改正并经考评员同意后方可继续操作。考生因上述原因被考评员制止操作 2 次及以上的，本题得 0 分。

（4）安全文明生产，在规定时间内完成。

（5）笔答或口述。

**五、考核及时间要求**

本考核时间共 20 分钟，每超过 1 分钟扣 1 分。

## 技能等级评价专业技能考核操作评分标准

| 工种 | 电力电缆安装运维工（配电） | | | | | 评价等级 | 初级工 |
|---|---|---|---|---|---|---|---|
| 项目模块 | 电力电缆安装运维工（配电）—电缆设备运行与维护 | | | | 编号 | Jc0000541008 | |
| 单位 | | | 准考证号 | | | 姓名 | |
| 考试时限 | 20 分钟 | | 题型 | | | 题分 | 100 分 |
| 成绩 | | 考评员 | | 考评组长 | | 日期 | |
| 试题正文 | 电力电缆线路通道的日常巡视 | | | | | | |
| 需要说明的问题和要求 | 规定时间内完成，超时即停止操作 | | | | | | |

| 序号 | 项目名称 | 质量要求 | 满分 | 扣分标准 | 扣分原因 | 得分 |
|---|---|---|---|---|---|---|
| 1 | 工作前准备 | | | | | |
| 1.1 | 着装及防护 | 工作服、工作鞋、安全帽等穿戴正确 | 3 | 未正确着装扣 3 分；<br>未按要求使用安全帽扣 1 分 | | |
| 1.2 | 工具选择 | 准备水性笔、铅笔、直尺、A4 纸 4 张 | 2 | 共 4 项，每错、漏一项的，扣 0.5 分，扣完为止 | | |
| 2 | 工作过程 | | | | | |
| 2.1 | 巡查沿线环境 | 检查是否存在外力破坏：<br>（1）顶管、钻探。<br>（2）动土开挖、碾压堆放。<br>（3）违章建筑、沟上植树。<br>（4）电缆沟井盖板损坏。<br>（5）标示牌缺损、线行杂草 | 25 | 未检查有无顶管、钻探扣 5 分；<br>未检查有无动土开挖、碾压堆放扣 5 分；<br>未检查有无违章建筑、沟上植树扣 5 分；<br>未检查有无电缆沟井盖板损坏扣 5 分；<br>未检查有无标示牌缺损、线行杂草扣 5 分 | | |
| 2.2 | 终端巡查 | 检查终端是否正常，包括：<br>（1）电缆终端塔围栏。<br>（2）终端塔保护墩。<br>（3）终端场（站）大门。<br>（4）电缆本体、电缆支架。<br>（5）电缆头绝缘油、终端温度。<br>（6）电气连接、外绝缘污秽。<br>（7）避雷器及其计数器。<br>（8）回流线、接地箱 | 40 | 未检查电缆终端塔围栏扣 5 分；<br>未检查终端塔保护墩扣 5 分；<br>未检查终端场（站）大门扣 5 分；<br>未检查电缆本体、电缆支架扣 5 分；<br>未检查电缆头绝缘油、终端温度扣 5 分；<br>未检查电气连接、外绝缘污秽扣 5 分；<br>未检查避雷器及其计数器扣 5 分；<br>未检查回流线、接地箱扣 5 分 | | |
| 2.3 | 电缆隧道巡查 | 检查以下设施是否正常：<br>（1）隧道土建设施、支架构件。<br>（2）通风、排水、照明、防盗等设施。<br>（3）防火设施。<br>（4）中间接头是否渗胶或漏油。<br>（5）中间接头固定措施，标示牌是否完好。<br>（6）交叉互联箱是否生锈、被盗、箱体腐蚀、氧化严重 | 25 | 未检查隧道土建设施、支架构件扣 5 分；<br>未检查通风、排水、照明、防盗等设施扣 5 分；<br>未检查防火设施扣 5 分；<br>未检查中间接头是否渗胶或漏油扣 5 分；<br>未检查中间接头固定措施，标示牌是否完好扣 5 分；<br>未检查交叉互联箱是否生锈、被盗、箱体腐蚀、氧化严重扣 5 分；<br>以上扣分，扣完为止 | | |
| 3 | 工作终结验收 | | | | | |
| 3.1 | 清理现场 | 操作完毕后，将工具整理后放在指定位置 | 3 | 未清理现场扣 3 分 | | |
| 3.2 | 结束报告 | 操作完毕后，向考评员汇报工作结束 | 2 | 未汇报工作完成扣 2 分 | | |
| 合计 | | | 100 | | | |

**Jc0000542009　丙烯液化气喷枪的正确使用。（100 分）**

**考核知识点：**丙烯液化气喷枪

**难易度：**中

# 技能等级评价专业技能考核操作工作任务书

**一、任务名称**

丙烯液化气喷枪的正确使用。

**二、适用工种**

电力电缆安装运维工（配电）初级工。

**三、具体任务**

正确地使用丙烯液化气喷枪。

**四、工作规范及要求**

（1）工作环境：现场操作场地及设备材料已完备。

（2）正确操作：若操作不当会引燃其他可燃物。

（3）戴安全帽、穿工作服、穿绝缘鞋、带个人工器具，作业前清理周围可燃物。

（4）安全文明生产，在规定时间内完成。

**五、考核及时间要求**

本考核时间共 10 分钟，每超过 1 分钟扣 1 分。

**技能等级评价专业技能考核操作评分标准**

| | | | | | | | |
|---|---|---|---|---|---|---|---|
| 工种 | 电力电缆安装运维工（配电） | | | | | 评价等级 | 初级工 |
| 项目模块 | 电力电缆安装运维工（配电）—施工与验收 | | | | 编号 | Jc0000542009 | |
| 单位 | | 准考证号 | | | | 姓名 | |
| 考试时限 | 10 分钟 | 题型 | | | | 题分 | 100 分 |
| 成绩 | | 考评员 | | 考评组长 | | 日期 | |
| 试题正文 | 丙烯液化气喷枪的正确使用 | | | | | | |
| 需要说明的问题和要求 | 规定时间内完成，超时即停止操作 | | | | | | |

| 序号 | 项目名称 | 质量要求 | 满分 | 扣分标准 | 扣分原因 | 得分 |
|---|---|---|---|---|---|---|
| 1 | 工作前准备 | | | | | |
| 1.1 | 着装及防护 | 工作服、安全帽等穿戴正确 | 4 | 未正确着装扣 3 分；<br>未按要求使用手套扣 1 分 | | |
| 1.2 | 工具材料选择 | 工具材料齐全、无破损，功能正常 | 2 | 未检查工具材料扣 2 分 | | |
| 2 | 工作过程 | | | | | |
| 2.1 | 检查 | 连接好喷枪各部件，旋紧燃气管夹头（或使用专用的管子卡箍扭紧液化气瓶接头），关闭喷枪开关，松开液化气罐阀门，检查各部件是否漏气 | 30 | 未检查漏气扣 30 分 | | |
| 2.2 | 点火 | 先开气罐角阀，然后在喷嘴出口点火等待，稍微打开喷枪开关，喷出火焰后，调整火焰大小。稍微松开喷枪开关，在喷嘴处直接点火即可，调节喷枪开关使其达到所需火力 | 30 | 喷枪开关开放过大扣 10 分；<br>未调整火焰大小扣 5 分；<br>未成功点火扣 15 分 | | |
| 2.3 | 关闭 | 先调小火焰，关闭喷枪开关至火焰熄灭，再关闭气罐角阀。首先关好液化气瓶阀门，待熄火后，再关闭喷枪开关，不得在管内留有残余气体 | 30 | 未调小火焰扣 5 分；<br>关闭顺序错误扣 25 分 | | |
| 3 | 工作终结验收 | | | | | |
| 3.1 | 清理现场 | 操作完毕后，将工具整理后放在指定位置 | 2 | 未清理现场扣 2 分 | | |
| 3.2 | 结束报告 | 操作完毕后，向考评员汇报工作结束 | 2 | 未汇报工作完成扣 2 分 | | |
| 合计 | | | 100 | | | |

**Jc0000543010　心肺复苏法。(100 分)**

**考核知识点：**心肺复苏法

**难易度：**难

## 技能等级评价专业技能考核操作工作任务书

**一、任务名称**

心肺复苏法。

**二、适用工种**

电力电缆安装运维工（配电）初级工。

**三、具体任务**

进行心肺复苏操作。

**四、工作规范及要求**

（1）应用给定的假人模拟场景进行心肺复苏操作。

（2）单独操作。

（3）在规定时间内完成。

**五、考核及时间要求**

本考核时间共 15 分钟，每超过 1 分钟扣 1 分。

**技能等级评价专业技能考核操作评分标准**

| 工种 | 电力电缆安装运维工（配电） | | | | 评价等级 | 初级工 |
|---|---|---|---|---|---|---|
| 项目模块 | 电力电缆安装运维工（配电）—基本技能 | | | 编号 | Jc0000543010 | |
| 单位 | | 准考证号 | | | 姓名 | |
| 考试时限 | 15 分钟 | 题型 | | | 题分 | 100 分 |
| 成绩 | | 考评员 | | 考评组长 | 日期 | |
| 试题正文 | 心肺复苏法 | | | | | |
| 需要说明的问题和要求 | 规定时间内完成，超时即停止操作 | | | | | |

| 序号 | 项目名称 | 质量要求 | 满分 | 扣分标准 | 扣分原因 | 得分 |
|---|---|---|---|---|---|---|
| 1 | 工作前准备 | 工作服、工作鞋、安全帽等穿戴正确 | 4 | 未正确着装扣 4 分 | | |
| 2 | 工作过程 | | | | | |
| 2.1 | 畅通气道 | 掌握仰头抬颌法及禁忌事项 | 30 | 未正确操作仰头抬颌法扣 30 分 | | |
| 2.2 | 口对口（鼻）人工呼吸 | 掌握人工呼吸的操作方法、频率及注意事项 | 30 | 未正确操作人工呼吸扣 20 分；<br>频率错误扣 10 分 | | |
| 2.3 | 胸外按压 | （1）掌握胸外按压正确位置的确定方法。<br>（2）掌握正确的按压姿势。<br>（3）掌握胸外按压的操作频率 | 30 | 未正确操作胸外按压扣 10 分；<br>未使用正确的按压姿势扣 10 分；<br>未使用正确的按压频率扣 10 分 | | |
| 3 | 工作终结验收 | 文明操作，禁止违章操作，不损坏工器具，不发生安全生产事故 | 6 | 有不安全行为扣 3 分；<br>损坏工器具扣 3 分 | | |
| 合计 | | | 100 | | | |

**Jc0000541011　运用接地电阻表测量电缆终端头处杆塔接地电阻的操作。(100 分)**

**考核知识点：**测量接地电阻

**难易度：**易

# 技能等级评价专业技能考核操作工作任务书

## 一、任务名称

运用接地电阻表测量电缆终端头处杆塔接地电阻的操作。

## 二、适用工种

电力电缆安装运维工（配电）初级工。

## 三、具体任务

应用现场提供的接地电阻表，测量电缆终端头处杆塔的接地电阻。

## 四、工作规范及要求

（1）配合人员 2 人，考评员为监护人。

（2）考生参加考评过程中如违反安全规程等相关规定，涉及人身、设备安全的，考评员应立即制止考生操作，考生应按相关规定自行改正并经考评员同意后方可继续操作。考生因上述原因被考评员制止操作 2 次及以上的，本题得 0 分。

（3）安全文明生产，在规定时间内完成。

## 五、考核及时间要求

本考核时间共 30 分钟，每超过 1 分钟扣 1 分。

**技能等级评价专业技能考核操作评分标准**

| 工种 | 电力电缆安装运维工（配电） | | | | 评价等级 | 初级工 |
|---|---|---|---|---|---|---|
| 项目模块 | 电力电缆安装运维工（配电）—电缆设备运行与维护 | | | 编号 | Jc0000541011 | |
| 单位 | | 准考证号 | | | 姓名 | |
| 考试时限 | 30 分钟 | 题型 | | | 题分 | 100 分 |
| 成绩 | | 考评员 | | 考评组长 | | 日期 |
| 试题正文 | 运用接地电阻表测量电缆终端头处杆塔接地电阻的操作 | | | | | |
| 需要说明的问题和要求 | 规定时间内完成，超时即停止操作 | | | | | |

| 序号 | 项目名称 | 质量要求 | 满分 | 扣分标准 | 扣分原因 | 得分 |
|---|---|---|---|---|---|---|
| 1 | 工作前准备 | | | | | |
| 1.1 | 着装、穿戴 | 按规定穿工作服、工作鞋，戴绝缘手套、安全帽等 | 3 | 未按要求着装扣 1 分；<br>未穿劳保鞋，鞋带未系牢扣 1 分；<br>未按要求使用安全帽扣 1 分 | | |
| 1.2 | 测距仪（接地电阻表）的检查 | （1）选中并检查接地电阻表的出厂合格证、试验周期合格证在有效期内。<br>（2）选中并检查绝缘手套试验周期合格证在有效期内。<br>（3）选中并检查绝缘手套是否有漏气的方法是否正确。<br>（4）选中并检查绝缘鞋试验周期合格证在有效期内。<br>（5）接地电阻表机械调零，指针对中。<br>（6）使用短接线短接接地电阻表接线柱，轻摇接地电阻表，读数为 0 | 6 | 未检查接地电阻表的出厂合格证、试验周期合格证在有效期内扣 1 分；<br>未检查绝缘手套试验周期合格证在有效期内扣 1 分；<br>未检查绝缘手套是否有漏气的方法是否正确扣 1 分；<br>未检查绝缘鞋试验周期合格证在有效期内扣 1 分；<br>接地电阻表机械调零，指针对中错误扣 1 分；<br>使用短接线短接接地电阻表接线柱，轻摇接地电阻表，读数为 0 方法错误扣 1 分 | | |
| 1.3 | 个人工具选择 | 检查工具包、锤子、扳手是否完好、无破损 | 2 | 工器具不足扣 1 分；<br>工器具不检查扣 1 分 | | |

续表

| 序号 | 项目名称 | 质量要求 | 满分 | 扣分标准 | 扣分原因 | 得分 |
|---|---|---|---|---|---|---|
| 2 | 工作过程 | | | | | |
| 2.1 | 拆除杆塔接地端 | （1）查看图纸资料，了解接地方式及接地体长度。<br>（2）戴绝缘手套拆除杆塔所有接地端 | 8 | 未查看图纸资料了解接地方式及接地体长度扣4分；<br>未戴绝缘手套拆除杆塔所有接地端扣4分 | | |
| 2.2 | 接地电阻表接线 | （1）将接地桩打入地面下，深度不小于0.4m。<br>（2）垂直线路方向铺设电压极、电流极和接地引线，测试线不许缠绕（电压线2.5倍接地体、电流线4倍接地体）。<br>（3）试验线与接地桩接触牢固。<br>（4）电压极与电流极引线距离不小于1m。<br>（5）将接地电阻表的电压极P、电流极C、接地极L接好绝缘软导线，并将接地极的绝缘软导线接至杆塔的接地引下线处 | 40 | 将接地桩打入地面下，深度不足0.4m扣8分；<br>电流极和电压极敷设方向错误或缠绕扣8分；<br>试验线与接地桩接触不牢固扣8分；<br>电压极与电流极引线距离不足1m扣8分；<br>电流极和电压极接线错误扣8分 | | |
| 2.3 | 读数 | （1）将接地电阻表置于水平后，调整检流计的机械零位。<br>（2）将倍率从置于最大开始逐渐加速摇柄转速，使转速达到120r/min。<br>（3）当检流计指针向某一方向偏转时，旋动刻度盘，使检流计指针指在“0”点，此时记下刻度盘上读数乘上倍率即为被测接地网电阻值。<br>（4）做好原始记录，对测量的电阻值按照季节系数换算得出正确的结论 | 32 | 未调整检流计的机械零位扣8分；<br>未将倍率从置于最大开始逐渐加速摇柄转速，转速未达到120r/min扣8分；<br>不会读数或读数错误扣8分；<br>未做记录和换算结论扣8分 | | |
| 2.4 | 安装杆塔接地端 | 测量完毕后，戴绝缘手套将杆塔所有接地引下线与杆塔连接好，螺栓拧紧 | 4 | 未接回杆塔接地端扣4分 | | |
| 3 | 工作终结验收 | | | | | |
| 3.1 | 事后清理 | 操作完毕后，将接地电阻表整理后放在指定位置 | 3 | 未清理现场扣3分 | | |
| 3.2 | 结束报告 | 操作完毕后，向考评员汇报工作结束 | 2 | 未汇报工作完成扣2分 | | |
| 合计 | | | 100 | | | |

**Jc0000542012　运用万用表对10kV三芯电缆故障进行通断测试操作。（100分）**

**考核知识点：**通断测试

**难易度：**中

## 技能等级评价专业技能考核操作工作任务书

### 一、任务名称

运用万用表对10kV三芯电缆故障进行通断测试操作。

### 二、适用工种

电力电缆安装运维工（配电）初级工。

### 三、具体任务

应用现场提供的万用表，对10kV三芯电缆故障开展通断测试。

## 四、工作规范及要求

（1）配合人员1人，考评员为监护人。

（2）考生参加考评过程中如违反安全规程等相关规定，涉及人身、设备安全的，考评员应立即制止考生操作，考生应按相关规定自行改正并经考评员同意后方可继续操作。考生因上述原因被考评员制止操作2次及以上的，本题得0分。

（3）安全文明生产，在规定时间内完成。

## 五、考核及时间要求

本考核时间共20分钟，每超过1分钟扣1分。

**技能等级评价专业技能考核操作评分标准**

| | | | | | | |
|---|---|---|---|---|---|---|
| 工种 | 电力电缆安装运维工（配电） | | | | 评价等级 | 初级工 |
| 项目模块 | 电力电缆安装运维工（配电）—电缆试验与检修 | | | 编号 | Jc0000542012 | |
| 单位 | | 准考证号 | | | 姓名 | |
| 考试时限 | 20分钟 | 题型 | | | 题分 | 100分 |
| 成绩 | | 考评员 | | 考评组长 | | 日期 |
| 试题正文 | 运用万用表对10kV三芯电缆故障进行通断测试操作 | | | | | |
| 需要说明的问题和要求 | 规定时间内完成，超时即停止操作 | | | | | |

| 序号 | 项目名称 | 质量要求 | 满分 | 扣分标准 | 扣分原因 | 得分 |
|---|---|---|---|---|---|---|
| 1 | 工作前准备 | | | | | |
| 1.1 | 着装、穿戴 | 按规定穿工作服、工作鞋，戴绝缘手套、安全帽等 | 3 | 未按要求着装扣1分；<br>未穿劳保鞋，鞋带未系牢扣1分；<br>未按要求使用安全帽扣1分 | | |
| 1.2 | 测试线、万用表检查 | （1）开机检查万用表能否使用。<br>（2）使用万用表检测测试线是否完好、无破损。<br>（3）检查万用表电源是否充足 | 3 | 未开机检查万用表能否使用扣1分；<br>未检测测试线是否完好、无破损扣1分；<br>未检查万用表电源是否充足扣1分 | | |
| 1.3 | 安全工具检查 | （1）选中并检查验电笔的出厂合格证、试验周期合格证在有效期内。<br>（2）选中并检查绝缘手套试验周期合格证在有效期内。<br>（3）选中并检查绝缘手套是否有漏气的方法是否正确。<br>（4）选中并检查绝缘鞋试验周期合格证在有效期内。<br>（5）是否检查接地线试验周期合格证在有效期内。<br>（6）选中并检查放电棒的试验周期合格证在有效期内 | 6 | 未检查验电笔的出厂合格证、试验周期合格证在有效期内扣1分；<br>未检查绝缘手套试验周期合格证在有效期内扣1分；<br>未检查绝缘手套是否有漏气的方法是否正确扣1分；<br>未检查绝缘鞋试验周期合格证在有效期内扣1分；<br>未检查接地线试验周期合格证在有效期内扣1分；<br>未检查放电棒的试验周期合格证在有效期内扣1分 | | |
| 1.4 | 个人工具选择 | （1）检查工具包无破损。<br>（2）检查扳手是否灵活 | 2 | 未检查工具包扣1分；<br>未检查扳手扣1分 | | |
| 2 | 工作过程 | | | | | |
| 2.1 | 履行许可手续 | （1）口述已办理工作任务单或办理工作票。<br>（2）口述已办理工作许可手续 | 6 | 未口述已办理工作任务单或办理工作票扣3分；<br>未口述已办理工作许可手续扣3分 | | |

续表

| 序号 | 项目名称 | 质量要求 | 满分 | 扣分标准 | 扣分原因 | 得分 |
|---|---|---|---|---|---|---|
| 2.2 | 口述拆除电缆终端头 | （1）口述拆除电缆终端头前对电缆头验电。<br>（2）口述拆除电缆终端头前对电缆头已放电。<br>（3）口述验电时戴绝缘手套、穿绝缘鞋。<br>（4）口述装挂接地线才拆除电缆头。<br>（5）口述测试对端电缆头已派人看守。<br>（6）口述已在测试工作地点处安装安全围栏 | 18 | 未口述验电扣 3 分；<br>未口述已放电扣 3 分；<br>口述验电时未戴绝缘手套、穿绝缘鞋扣 3 分；<br>未口述装挂接地线扣 3 分；<br>未口述测试对端电缆头已派人看守扣 3 分；<br>未口述已在测试工作地点处安装安全围栏扣 3 分 | | |
| 2.3 | 设备操作 | （1）熟练操作仪器，掌握相对相、相对地测试方法。<br>（2）正确读取测试参数，正确指挥配合人员。<br>（3）电缆线路对侧两相短接前，正确使用验电笔对电缆线路放电。<br>（4）测试时，不发生万用表接线错误现象，不发生万用表挡位选择的错误，不发生漏测现象 | 35 | 操作仪器不熟练，检查万用表方法错误扣 5 分；<br>读取测试参数不正确扣 5 分；<br>测试方法不熟悉，不会指挥配合人员接试验线扣 5 分；<br>测试前不对电缆线路终端头放电扣 5 分；<br>测试时，发生万用表接线错误现象扣 5 分；<br>发生万用表挡位选择错误扣 5 分；<br>发生漏测现象扣 5 分 | | |
| 2.4 | 判读并记录结果 | （1）测试后记录数据。<br>（2）根据测试结果正确判断电缆通断。<br>（3）准确度达到与现场电缆一致 | 8 | 未记录数据扣 2 分；<br>未判断或判断错误扣 4 分；<br>准确度未达到与现场电缆一致扣 2 分 | | |
| 2.5 | 口述恢复电缆线路电缆终端头的过程 | （1）口述电缆已恢复连接。<br>（2）口述已拆除原挂装的接地线。<br>（3）口述所有工作人员撤离工作现场。<br>（4）口述已拆除各工作地点处原来安装的安全围栏。<br>（5）口述已办理工作票终结手续 | 15 | 未口述电缆已恢复连接扣 3 分；<br>未口述已拆除原挂装的接地线扣 3 分；<br>未口述所有工作人员撤离工作现场扣 3 分；<br>未口述已拆除各工作地点处原来安装的安全围栏扣 3 分；<br>未口述已办理工作票终结手续扣 3 分 | | |
| 3 | 工作终结验收 | | | | | |
| 3.1 | 清理现场 | 操作完毕后，将工具、仪器整理后放在指定位置 | 2 | 未清理现场扣 2 分 | | |
| 3.2 | 工作汇报 | 操作完毕后，向考评员汇报工作结束 | 2 | 未汇报工作完毕扣 2 分 | | |
| 合计 | | | 100 | | | |

**Jc0000542013　10kV 电缆绝缘电阻测量。（100 分）**

**考核知识点：**绝缘电阻测量

**难易度：**中

## 技能等级评价专业技能考核操作工作任务书

### 一、任务名称

10kV 电缆绝缘电阻测量。

### 二、适用工种

电力电缆安装运维工（配电）初级工。

### 三、具体任务

应用手摇式绝缘电阻表测量 10kV 电缆绝缘电阻。

## 四、工作规范及要求

（1）采用手摇式绝缘电表阻表测量。
（2）假设两端皆已与线路断开。
（3）派一人与操作者配合，不得提示。
（4）安全文明生产，在规定时间内完成。

## 五、考核及时间要求

本考核时间共 40 分钟，每超过 1 分钟扣 1 分。

**技能等级评价专业技能考核操作评分标准**

| 工种 | 电力电缆安装运维工（配电） | | | | | 评价等级 | 初级工 |
|---|---|---|---|---|---|---|---|
| 项目模块 | 电力电缆安装运维工（配电）—电缆试验与检修 | | | | 编号 | | Jc0000542013 |
| 单位 | | | 准考证号 | | | 姓名 | |
| 考试时限 | 40 分钟 | | 题型 | | | 题分 | 100 分 |
| 成绩 | | 考评员 | | 考评组长 | | 日期 | |
| 试题正文 | 10kV 电缆绝缘电阻测量 | | | | | | |
| 需要说明的问题和要求 | 规定时间内完成，超时即停止操作 | | | | | | |

| 序号 | 项目名称 | 质量要求 | 满分 | 扣分标准 | 扣分原因 | 得分 |
|---|---|---|---|---|---|---|
| 1 | 工作前准备 | | | | | |
| 1.1 | 对电缆进行放电 | 接地线牢固接地，将电缆逐相分别放电并接地 | 10 | 电缆接地不牢固扣 5 分；<br>电缆未逐相放电扣 5 分 | | |
| 1.2 | 注意对端安全 | 派人到另外一端进行看守或装设安全围栏，防止有人接触被试电缆 | 5 | 未指派人员看守或装设安全围栏扣 5 分 | | |
| 1.3 | 对表计本身的检查 | 检查绝缘电阻表是否达到“∞”或短路时指零 | 5 | 未对表计进行检查扣 5 分 | | |
| 1.4 | 着装、穿戴 | 工作服、工作鞋、安全帽等穿戴正确，检查绝缘手套是否漏气 | 5 | 未正确着装扣 5 分；<br>着装不规范酌情扣 1～3 分 | | |
| 2 | 工作过程 | | | | | |
| 2.1 | 转速 | 转速 120r/min | 10 | 未达要求转速扣 5 分；<br>摇速不稳扣 5 分 | | |
| 2.2 | 遥测 | 当绝缘电阻表达到规定转速后，对逐相进行测试，并做好记录，非测试相短路接地 | 20 | 未进行各相分别测试扣 5 分；<br>未做记录扣 5 分；<br>测试一相时另外两相未接地扣 5 分；<br>未正确读数扣 5 分 | | |
| 2.3 | 放电 | 当一相测试完后，应取下测试线，然后对电缆进行放电并接地 | 20 | 测试线未离开电缆就停止摇表扣 10 分；<br>遥测后未放电并接地扣 10 分 | | |
| 3 | 工作终结验收 | | | | | |
| 3.1 | 安全措施 | 撤出另外一端监护人或拆除安全围栏 | 5 | 未撤出对端人员或拆除安全围栏扣 5 分 | | |
| 3.2 | 收拾仪器仪表 | 仪器仪表归位，整理各种临时用线；<br>工作现场清理干净，报告工作全部完成 | 5 | 仪器未归位，连接线未整理扣 3 分；<br>现场清理不干净，未报告完工扣 2 分 | | |
| 3.3 | 工作结束 | 恢复工作原状，向工作负责人汇报工作结束 | 5 | 未汇报工作结束扣 5 分 | | |
| 3.4 | 安全文明生产 | 文明操作，禁止违章操作，不损坏工器具，不发生安全生产事故 | 10 | 有不安全行为扣 5 分；<br>损坏元件、工器具扣 5 分 | | |
| 合计 | | | 100 | | | |

电网企业专业技能考核题库

电力电缆安装运维工（配电）

# 第二部分

# 中级工

# 第三章 电力电缆安装运维工（配电）中级工技能笔答

**Jb0000431001 电缆隧道内应采用哪些消防设备？（5分）**
**考核知识点：**消防设备
**难易度：**易
**标准答案：**
（1）烟雾报警设备。
（2）自动灭火设备。
（3）灭火箱设备。
（4）消防栓设备。

**Jb0000431002 电缆施工现场应具备哪些施工资料？（5分）**
**考核知识点：**施工资料
**难易度：**易
**标准答案：**
（1）安装工艺图纸。
（2）施工方案。
（3）施工组织设计。
（4）作业指导书。

**Jb0000431003 电缆故障按性质分类可分为哪几种故障？（5分）**
**考核知识点：**电缆故障
**难易度：**易
**标准答案：**
（1）接地故障。
（2）短路故障。
（3）断线故障。
（4）闪络故障。
（5）混合故障。

**Jb0000432004 电缆隧道应具有什么装置？（5分）**
**考核知识点：**电缆隧道
**难易度：**中
**标准答案：**
（1）照明装置。
（2）排水装置。

**Jb0000432005　10kV 及以下热缩式电缆中间接头制作导体连接管压接后，连接管表面应怎样处理？（5 分）**

**考核知识点：**10kV 及以下热缩式电缆中间接头

**难易度：**中

**标准答案：**

连接管表面的棱角和毛刺必须用锉刀、砂纸打磨光洁，并将金属粉末清洁干净。

**Jb0000432006　电缆隧道敷设一般采用怎样的牵引方法进行电缆牵引？（5 分）**

**考核知识点：**电缆牵引

**难易度：**中

**标准答案：**

电缆隧道敷设一般采用卷扬机钢丝绳牵引与电缆输送机牵引相结合的方法进行电缆牵引。

**Jb0000433007　电缆隧道敷设时，高度差较大的隧道两端部位，应防止电缆引入时因自重产生过大的什么力？（5 分）**

**考核知识点：**电缆隧道敷设

**难易度：**难

**标准答案：**

电缆隧道敷设时，高度差较大的隧道两端部位，应防止电缆引入时因自重产生过大的牵引力、侧压力、扭转应力。

**Jb0000433008　电缆附件安装时，施工前应检查电缆状况，要满足哪些要求？（5 分）**

**考核知识点：**电缆附件安装

**难易度：**难

**标准答案：**

（1）电缆状况应良好，无受潮。

（2）电缆相位应正确。

（3）护层耐压试验合格。

**Jb0000433009　电缆附属设备有哪些？（5 分）**

**考核知识点：**电缆附属设备

**难易度：**难

**标准答案：**

电缆附属设备有避雷器、接地装置、供油装置、在线监测装置。

**Jb0000433010　电缆附属设施主要包括哪些？（5 分）**

**考核知识点：**电缆附属设施

**难易度：**难

**标准答案：**

电缆附属设施主要包括电缆支架、标识标牌、防火设施、防水设施、电缆终端站。

**Jb0000433011　中间接头制作中，对连接管该如何处理？（5 分）**

**考核知识点：** 中间接头制作

**难易度：** 难

**标准答案：**

电缆线芯连接时应去除线芯和连接管内壁的油污及氧化层，压接模具与金具应配合恰当，压缩比应符合要求，压接后应将连接管上的凸痕修理光滑，不得留毛刺，铜导体采用镀锡铜管连接。

**Jb0000433012　使用液压钳时应注意什么？（5分）**

**考核知识点：** 液压钳

**难易度：** 难

**标准答案：**

（1）由于液压钳的吨位不同，其所能压接的导体截面积和导体材料也不相同。另外，有的液压钳没有保险阀门，因此在使用中不应超出液压钳本身所能承受的压力范围，以免损坏液压钳。

（2）手动液压钳一般均按一人操作进行压接设计，使用时应由一人进行压接，不应多人合力强压，以免超出液压钳允许的吨位。

（3）压接过程中，当上下模接触时，应停止施加压力，以免损坏压钳、压模。

（4）液压钳应按要求注入规定牌号机油，以保证液压钳在不同季节能正常使用。

（5）注油时应注意机油清洁，带来杂质的油会引起各油阀开闭不严，使液压钳失灵或达不到应有压力。

**Jb0000433013　挖掘电缆沟槽时应注意什么？（5分）**

**考核知识点：** 挖掘电缆沟槽

**难易度：** 难

**标准答案：**

（1）施工地点周围应设置围栏和警告标志（日间挂红旗，夜间挂红色警示灯）。

（2）在经常有人行走处开挖时，应设置临时跳板，以免阻碍交通。

（3）埋设电缆的最小深度在地坪以下0.7m，故开挖土沟深度应大于0.8m。

（4）如施工地点的土地计划予以平整，则要使电缆埋入深度在有计划平整土地后，仍能有标准深度。

（5）开挖时应垂直开挖，不可上狭下宽或掏空挖掘，并把开挖出来的路面结构材料与下面的泥土分别置放于距沟边0.3m的两旁，同时避免石块等硬物滑进沟内而直接覆盖在电缆上，使电缆受到机械损伤。

（6）还应留出人工拉引电缆时的走道。

（7）堆物不能太远，否则会增加挖土工作量，扩大施工范围，影响公共交通。

（8）堆物与消防水龙头的距离不应小于0.6m，以免影响消防的紧急需用。

（9）在不太坚固的建筑物旁挖掘电缆沟时，应事先做好支撑等加固措施。

（10）电缆沟的挖掘还必须保证电缆敷设后的弯曲半径不小于规定值。

**Jb0000433014　交联聚乙烯绝缘的电力电缆有何优点？（5分）**

**考核知识点：** 交联聚乙烯电缆

**难易度：** 难

**标准答案：**

（1）有较高的电气性能，击穿强度高、绝缘电阻大、介质损耗正切值低、介电常数小。

（2）长期允许工作温度高，输电容量大。

（3）质量轻。
（4）适宜使用在垂直、高落差和有振动的场所。
（5）耐腐蚀性能好。

**Jb0000433015　局部放电的伴生现象主要有哪些？（5分）**
**考核知识点：**局部放电
**难易度：**难
**标准答案：**
（1）电磁波的发射：HF～VHF～UHF～SHF。
（2）声音信号：可闻噪声～超声波。
（3）气体生成物：氮化物、碳化物、氟化物。
（4）光：红外、紫外。
（5）发热：红外。
（6）电流行波：高频脉冲电流。

**Jb0000433016　缺陷的性质分类及判断标准是什么？（5分）**
**考核知识点：**缺陷
**难易度：**难
**标准答案：**
根据性质可分为一般、严重和紧急三种类型：
（1）一般缺陷性质判断标准：情况轻微，近期对电力系统安全运行影响不大的电缆设备的缺陷，可判定为一般缺陷。
（2）严重缺陷性质判断标准：情况严重，虽可继续运行，但在短期内将影响电力系统正常运行的电缆设备的缺陷，可判定为严重缺陷。
（3）紧急缺陷性质判断标准：情况危急，危及人身安全或造成电力系统设备故障甚至损毁电缆设备的缺陷，可判定为紧急缺陷。

**Jb0000433017　电缆线路缺陷闭环操作流程是什么？（5分）**
**考核知识点：**缺陷
**难易度：**难
**标准答案：**
（1）登记：巡查人员在电缆线路周期巡查中发现电缆设备缺陷，根据缺陷部位性质分类判断，汇报班长并计算机登记缺陷。
（2）审核：巡查人员提出消除缺陷方案，运行班长阅后递交运行相关专职审核，再转交检修专职。
（3）布置：检修专职根据缺陷性质和消除缺路方案，布置检修人员停电申请、消缺内容、技术要求。
（4）处理：检修人员接受消除缺陷任务，按照消除缺陷任务单、带电或停电工作票消除缺陷。
（5）验收闭环：检修人员消除缺陷通知巡查人员，缺陷消除后，或现场立即验收，或在下一巡查周期验收。检修人员消除缺陷后，在计算机的该缺陷单上打钩。巡查人员验收合格后，在计算机的该缺陷单上打钩。运行班长闭环存档。

**Jb0000433018　怎样理解员工守则中“以人为本、落实责任、确保安全生产”的含义？（5分）**

**考核知识点：**员工守则

**难易度：**难

**标准答案：**

（1）公司员工应树立安全理念，提高安全意识，贯彻安全要求，落实安全责任，完善安全措施，消除安全隐患，筑牢安全基础。

（2）以人员、时间、力量“三个百分百”保安全。

（3）做到安全可控、能控、在控，确保人身安全、设备安全，确保电网安全稳定。

**Jb0000433019　现场工作人员要求掌握哪些紧急救护法？（5分）**

**考核知识点：**紧急救护法

**难易度：**难

**标准答案：**

（1）能正确解脱电源。

（2）会心肺复苏法。

（3）会止血、包扎，会正确搬运伤员。

（4）会处理急救外伤或中毒。

（5）能正确解救触电遇难人员。

**Jb0000433020　对“未对外协工作人员、民工进行安全交底，导致事故”这一风险点应采取哪些典型控制措施？（5分）**

**考核知识点：**控制措施

**难易度：**难

**标准答案：**

（1）工作负责人应认真对外协工作人员、民工进行安全知识教育、安全交底及危险点告知。

（2）外协工作人员、民工确认被告知内容后，应在履行交底签名手续后方可参加工作。

**Jb0000433021　电气防火防爆的措施有哪些？（5分）**

**考核知识点：**电气防火防爆

**难易度：**难

**标准答案：**

（1）正确选用电气设备，具有爆炸危险场所应按规范选择防爆电气设备。

（2）按规范选择合理的安装位置，保持必要的安全间距是防火防爆的一项重要措施。

（3）加强维护、保养、维修，保持电气设备正常运行，包括保持电气设备的电压、电流、温升等参数不超过允许值，保持电气设备足够的绝缘能力，保持电气连接良好等。

（4）通风：在爆炸危险场所，如有良好通风装置，能降低爆炸性混合物的浓度。

（5）采用耐火设施对现场防火有很重要的作用。如为了提高耐火性能，木质开关箱内表面衬以白铁皮。

（6）接地：爆炸危险场所的接地（或接零），比一般场所要求高，必须按规定接地。

**Jb0000433022　环网柜主要由哪几部分组成？（5分）**

**考核知识点：**环网柜

**难易度：**难

标准答案：

环网柜主要由母线室、开关室、熔断器室、电缆室、互感器室组成。

**Jb0000433023　对 10kV 电缆分支箱巡视检查的内容有哪些？（5 分）**

**考核知识点：**巡视

**难易度：**难

**标准答案：**

（1）检查电缆分支箱周围地面情况，通风及防雨水、潮气的设施是否完好。

（2）核对分支箱的名称及标示是否正确齐全。

（3）检查门锁和盖板螺栓。

（4）检查接地装置连接是否良好。

（5）检查电缆终端及附件。

**Jb0000433024　采用什么措施可使接地电阻降低？（5 分）**

**考核知识点：**接地电阻

**难易度：**难

**标准答案：**

（1）增加接地极的埋深和数量。

（2）外引接地线到附近的池塘河流中，装设水下接地网。

（3）接地极周围施加降阻剂。

**Jb0000433025　线路常见的接地体有哪几种形式？（5 分）**

**考核知识点：**接地体

**难易度：**难

**标准答案：**

（1）单一的垂直接地体。

（2）单一的水平接地体。

（3）水平环形接地体。

（4）水平辐射接地体。

**Jb0000433026　接地装置采用水平敷设的接地体，应符合哪些规定？（5 分）**

**考核知识点：**接地装置

**难易度：**难

**标准答案：**

（1）接地体应平直，无明显弯曲。

（2）地沟底面应平整，不应有石块或其他影响接地体与土壤紧密接触的杂物。

（3）倾斜地形沿地形等高线敷设。

**Jb0000433027　常用的电缆敷设方式有哪几种？（5 分）**

**考核知识点：**电缆敷设

**难易度：**难

**标准答案：**

（1）直埋。
（2）隧道或电缆沟内敷设。
（3）桥架中敷设。
（4）水下敷设。
（5）排管内敷设。
（6）电缆沿钢丝绳挂设。

**Jb0000433028 电缆型号为 YJV22－8.7/15－3×300，它表示什么样的电缆？（5 分）**
**考核知识点：**电缆
**难易度：**难
**标准答案：**
（1）交联聚乙烯绝缘、铜芯、钢带铠装、聚氯乙烯外护套电力电缆。
（2）额定电压为 8.7/15kV。
（3）标称截面积为 $300mm^2$ 的电缆。

**Jb0000433029 与架空线路相比，电缆线路具有哪些优点？（5 分）**
**考核知识点：**电缆线路
**难易度：**难
**标准答案：**
（1）能适应各种敷设环境，如地下、水中等。
（2）受自然现象因素和周围环境影响小，供电可靠性高，对人身比较安全。
（3）在城市电网中电缆隐蔽于地下满足美化市容的需要。
（4）运行维护费用较少。

**Jb0000433030 交联聚乙烯绝缘电缆的交接试验项目主要有哪些？（5 分）**
**考核知识点：**交接试验项目
**难易度：**难
**标准答案：**
（1）测量绝缘电阻。
（2）交流耐压试验。
（3）测量金属屏蔽层电阻和导体电阻比。
（4）检查电缆两端的相位。
（5）交叉互联系统试验。

**Jb0000433031 在电缆线路中，脉冲波的速度与什么无关？（5 分）**
**考核知识点：**脉冲波
**难易度：**难
**标准答案：**
在电缆线路中，脉冲波的速度与导体材料、导体截面积、电缆长度无关。

**Jb0000433032 应力锥的锥线曲面是复对数曲面，其形状取决于电缆的什么？（5 分）**
**考核知识点：**应力锥

**难易度：**难

**标准答案：**

（1）运行电压。

（2）结构尺寸。

（3）电缆和增绕绝缘的厚度。

（4）材料性能。

**Jb0000433033　巡视检查分哪几种？（5分）**

**考核知识点：**巡视

**难易度：**难

**标准答案：**

（1）定期性巡视。巡视人员按一定的周期对线路进行的巡视，包括对线路、设备、线路通道所进行的巡视。

（2）特殊性巡视。在特殊情况下或根据需要、采用特殊巡视方法进行的线路巡视。

（3）故障性巡视。运行单位为查明线路故障点、故障原因、故障情况等所组织的线路巡视。

（4）夜间巡视。主要是为了弥补白天巡视过程中难以观察的设备缺陷和异常情况，一般是以线路设备的节点“热”缺陷及部件异常的火花放电、绝缘部位放电等为重点的巡查。

（5）监察性巡视。一般由运行单位领导或技术人员组织进行，了解设备本体和通道情况，发现问题提出对策，同时又可检查基层班所基本运维水平。

**Jb0000433034　工作任务单应写明哪些内容？（5分）**

**考核知识点：**工作任务单

**难易度：**难

**标准答案：**

（1）工作班组、工作负责人、工作班成员。

（2）工作任务单编号。

（3）工作地点、工作时间、工作任务。

（4）工作地段的起止杆号。

（5）工作现场风险点分析、注意事项及安全措施。

**Jb0000433035　事故处理的主要任务是什么？（5分）**

**考核知识点：**事故处理

**难易度：**难

**标准答案：**

（1）尽快查出事故地点和原因，消除事故根源，防止扩大事故。

（2）采取措施防止行人接近故障导线和设备，避免发生人身事故。

（3）尽量缩小事故停电范围和减少事故损失。

（4）对已停电的用户尽快恢复送电。

**Jb0000433036　电压损耗用什么来表示？与电压降落的区别是什么？（5分）**

**考核知识点：**电压损耗

**难易度：**难

**标准答案：**
（1）电压损耗通常以额定电压的百分数表示。
（2）电压降落是指电网中两点电压的向量差。
（3）电压损耗是指两点电压的大小差。

**Jb0000433037　电缆绝缘层厚度由哪些方面因素确定？（5分）**
**考核知识点：**电缆绝缘层
**难易度：**难
**标准答案：**
（1）制造工艺上允许的最小值。
（2）电缆在制造和使用过程中承受的机械力。
（3）电缆绝缘材料的冲击强度。

**Jb0000433038　确定电缆敷设路径应当遵守哪些原则？（5分）**
**考核知识点：**电缆敷设
**难易度：**难
**标准答案：**
（1）统一规划原则。
（2）安全运行原则。
（3）经济合理原则。

**Jb0000433039　交联聚乙烯绝缘电缆内半导体屏蔽层有何作用？（5分）**
**考核知识点：**交联聚乙烯电缆
**难易度：**难
**标准答案：**
（1）线芯表面采用半导体屏蔽层可以起到均匀线芯表面不均匀电场的作用。
（2）防止内屏蔽层间接触不紧而产生气隙，提高电缆起始放电电压。
（3）抑制电树或水树生长。
（4）通过半导体屏蔽层热阻的分温作用，使主绝缘温升下降，起到热屏蔽作用。

**Jb0000433040　对电缆接头有哪些要求？（5分）**
**考核知识点：**电缆接头
**难易度：**难
**标准答案：**
（1）良好的导电性，要求与电缆本体一样，能长期稳定地传输允许载流量规定的电流，且不引起局部发热。
（2）满足在各种状况下具有良好的绝缘性能。
（3）优良的防护结构，要求具有耐气候性和防腐蚀性，以及良好的密封性和足够的机械强度。

**Jb0000433041　电缆导体连接的技术要求有哪些？（5分）**
**考核知识点：**电缆导体连接
**难易度：**难

**标准答案：**

（1）连接点的接触电阻小而稳定，连接点电阻比值不应大于 1。

（2）连接点具有足够的机械强度，应能耐振动。

（3）连接点应抗腐蚀。

（4）连接点应连续、光滑、无毛刺。

**Jb0000433042 直埋方式敷设电缆有哪些准备工作？（5 分）**

**考核知识点：**直埋敷设

**难易度：**难

**标准答案：**

（1）敷设电缆的当天，应有一部分人整理土沟，将沟内石子或其他粗糙不平的硬物清除。

（2）在沟中放置滑轮，其间距与电缆单位长度的质量等有关，一般每隔 3～5m 放置一个，以不使电缆下垂碰地为原则。

（3）电缆敷设时碰地不但增加摩擦力，而且会损坏电缆外护层，在电缆沟转弯处还须加放一个转角滑轮。

（4）另外一部分人把保护电缆的盖板沿着开挖好的电缆沟分放于所需要的地方。

（5）同时将电缆盘沿着盘上指示的滚动方向（就是使电缆不松散的方向）推滚到所需要位置。

（6）再将钢轴穿于电缆盘轴孔中（两边均伸出），放置于搁电缆盘的架子上，然后用千斤顶移动。

（7）滚动电缆盘前，应检查盘是否牢固，并将内外出线头扣牢。

（8）对于较重的电缆盘，应考虑加装施放电缆的刹车装置。

**Jb0000432043 设备状态评价包括哪些内容，周期有什么要求？（5 分）**

**考核知识点：**设备状态评价

**难易度：**中

**标准答案：**

设备状态评价包括定期评价和动态评价。定期评价：特别重要设备 1 年 1 次，重要设备 2 年 1 次，一般设备 3 年 1 次，每年 6 月底前完成。设备动态评价应根据设备状况、运行工况、环境条件等因素适时开展。

利用配电网设备状态检修辅助决策系统，在设备状态量可实现自动采集的情况下，设备状态评价可实时进行，即每个状态量变化时，系统自动完成设备状态的更新。

**Jb0000432044 设备状态评价结果分为哪几种状态？（5 分）**

**考核知识点：**设备状态评价

**难易度：**中

**标准答案：**

（1）正常状态：设备运行数据稳定，所有状态量符合标准。

（2）注意状态：设备的几个状态量不符合标准，但不影响设备运行。

（3）异常状态：设备的几个状态量明显异常，已影响设备的性能指标或可能发展成严重状态，设备仍能继续运行。

（4）严重状态：设备状态量严重超出标准或严重异常，设备只能短期运行或需要立即停役。

**Jb0000433045 设备状态评价结果应用有什么要求？（5 分）**

**考核知识点：**设备状态评价

**难易度：**难

**标准答案：**

（1）对于正常、注意状态设备，可适当简化巡视内容、延长巡视周期；电缆线路通道的巡视周期不得延长。

（2）对于异常状态设备，应进行全面仔细地巡视，并缩短巡视周期，确保设备运行状态的可控、在控。

（3）对于严重状态设备，应进行有效监控。

（4）根据评价结果，按照 Q/GDW 644—2011《配网设备状态检修导则》制定检修策略。

**Jb0000431046　哪种情况下应采用电缆线路？（5 分）**

**考核知识点：**电缆线路适用

**难易度：**易

**标准答案：**

（1）依据市政规划，明确要求采用电缆线路且具备相应条件的地区。

（2）规划 A+、A 类供电区域及 B、C 类重要供电区域。

（3）走廊狭窄，架空线路难以通过而不能满足供电需求的地区。

（4）易受热带风暴侵袭的沿海地区。

（5）供电可靠性要求较高并具备条件的经济开发区。

（6）经过重点风景旅游区的区段。

（7）电网结构或运行安全的特殊需要。

**Jb0000431047　电缆终端有哪些类型？（5 分）**

**考核知识点：**电缆终端

**难易度：**易

**标准答案：**

电缆终端有户外终端、户内终端、GIS 终端、变压器终端等。

**Jb0000432048　电缆附属设施是什么的统称？（5 分）**

**考核知识点：**电缆附属设施

**难易度：**中

**标准答案：**

电缆附属设施是电缆支架、标识标牌、防火设施、防水设施、电缆终端站等电缆线路附属部件的统称。

**Jb0000433049　直埋电缆在通道哪些地方，应设置明显的路径标志或标桩？（5 分）**

**考核知识点：**路径标志

**难易度：**难

**标准答案：**

（1）直线段每隔 30～50m 处。

（2）电缆接头处。

（3）转弯处。

（4）进入建筑物处。

**Jb0000431050　电缆在出厂前，电缆盘上应有哪些文字和符号标志？（5分）**
**考核知识点：**电缆盘
**难易度：**易
**标准答案：**
电缆在出厂前，电缆盘上应有收货单位、电缆额定电压。

**Jb0000433051　电缆盘上的电缆铭牌应有哪些标注信息？（5分）**
**考核知识点：**电缆盘
**难易度：**难
**标准答案：**
（1）盘号；
（2）制造厂名称；
（3）额定电压；
（4）电缆型号；
（5）芯数及标称截面积；
（6）装盘长度；
（7）毛重。

**Jb0000432052　电缆线路的载流量，应根据电缆导体的哪些条件进行计算确定？（5分）**
**考核知识点：**载流量
**难易度：**中
**标准答案：**
（1）允许工作温度。
（2）电缆各部分的损耗和热阻。
（3）敷设方式。
（4）并列回路数。
（5）环境温度及散热条件。

**Jb0000432053　电缆附件的例行试验有哪些？（5分）**
**考核知识点：**电缆附件
**难易度：**中
**标准答案：**
（1）预制橡胶绝缘件的局部放电实验，橡胶预制件、热缩材料的内、外表面应光滑。
（2）瓷套的密封试验，没有因材质、工艺不良引起的肉眼可见的斑痕、凹坑、裂纹等缺陷。
（3）对密封金具的密封试验，制造厂可根据适用情况任选压力泄漏试验或真空漏增试验的一种方法进行试验。

**Jb0000433054　电缆抽样试验是制造厂按照一定频度对什么进行的试验？（5分）**
**考核知识点：**抽样试验
**难易度：**难

**标准答案：**

（1）成品电缆。

（2）取自成品电缆的试样。

**Jb0000432055 在工程中间环节验收时，直埋敷设的电缆或供敷设电缆用的地下设施不应平行设于其他管线的什么地方？（5分）**

**考核知识点：**中间环节验收

**难易度：**中

**标准答案：**

在工程中间环节验收时，直埋敷设的电缆或供敷设电缆用的地下设施不应平行设于其他管线的正上、正下。

**Jb0000433056 在现场安装高压电缆附件之前，应检查哪些内容？（5分）**

**考核知识点：**安装附件

**难易度：**难

**标准答案：**

在现场安装高压电缆附件之前，其组装部件应试装配，安装现场的温度、湿度、清洁度应符合安装工艺要求，严禁在雨、雾、风沙等有严重污染的环境中安装电缆附件。

**Jb0000433057 电缆直流耐压试验，电缆的泄漏电流具有哪种情况时，电缆绝缘可能存在缺陷？（5分）**

**考核知识点：**直流耐压试验

**难易度：**难

**标准答案：**

（1）泄漏电流很不稳定。

（2）泄漏电流随试验电压升高急剧上升。

（3）泄漏电流随试验时间延长有上升现象。

**Jb0000432058 电缆线路的交接试验项目有哪些？（5分）**

**考核知识点：**交接试验

**难易度：**中

**标准答案：**

（1）电缆主绝缘及外护套绝缘电阻测量。

（2）主绝缘交流耐压试验。

（3）单芯电缆外护套直流耐压试验。

（4）电缆两端的相位检查。

**Jb0000433059 电缆故障精确定位方法有哪些？（5分）**

**考核知识点：**故障定位

**难易度：**难

**标准答案：**

电缆故障精确定位方法有声测定点法、音频感应法、声磁同步法。

**Jb0000433060　常用的电缆故障初测方法有哪些？（5分）**

**考核知识点：**故障初测

**难易度：**难

**标准答案：**

常用的电缆故障初测方法有电桥法、电压比较法、低压脉冲法、直闪法、冲闪法。

**Jb0000431061　造成电缆过热，导致电缆故障的原因有哪些？（5分）**

**考核知识点：**电缆过热

**难易度：**易

**标准答案：**

（1）绝缘内气隙游离放电。

（2）电缆周围环境散热不良。

（3）电缆敷设位置不当。

**Jb0000433062　电缆工程现场验收包括哪些项目？（5分）**

**考核知识点：**现场验收

**难易度：**难

**标准答案：**

（1）电缆本体及附件。

（2）附属设备及附属设施。

（3）电缆通道。

（4）图纸资料。

**Jb0000432063　状态评价中设备信息收集包括哪些？（5分）**

**考核知识点：**状态评价

**难易度：**难

**标准答案：**

（1）投运前信息。

（2）运行信息。

（3）检修试验信息。

（4）家族缺陷信息。

**Jb0000432064　电缆敷设时，不应损坏哪些建筑部位？（5分）**

**考核知识点：**电缆敷设

**难易度：**中

**标准答案：**

电缆敷设时，不应损坏电缆沟、电缆井、隧道、人井的防水层。

**Jb0000432065　电缆敷设过程中应注意哪些？（5分）**

**考核知识点：**电缆敷设

**难易度：**中

**标准答案：**

（1）电缆敷设过程中应严格控制牵引力、侧压力、弯曲半径。

（2）单芯电缆安装时，其紧固件不能形成闭合磁回路。

**Jb0000432066　线路竣工资料验收的主要内容包括哪些？（5分）**

**考核知识点：**竣工资料验收

**难易度：**中

**标准答案：**

（1）竣工图（电气、土建）应与审定批复的设计施工图、设计变更（联系）单一致。

（2）施工记录与工艺流程应按照有关规程、规范执行。

（3）有关批准文件、设计文件、设计变更（联系）单、试验（测试）报告、调试报告、设备技术资料（技术图纸、设备合格证、使用说明书等）、设备到货验收记录、中间验收记录、监理报告等资料应正确、完备。

**Jb0000431067　电力电缆工程类验收主要包括哪些项目验收？（5分）**

**考核知识点：**验收

**难易度：**易

**标准答案：**

电力电缆工程类验收主要包括通道、电缆本体、电缆附件、附属设备、附属设施、电缆分支箱验收。

**Jb0000433068　电力电缆工程类验收主要内容包括哪些？（5分）**

**考核知识点：**验收

**难易度：**难

**标准答案：**

（1）型号、规格、安装工艺应符合GB 50168—2018《电气装置安装工程　电缆线路施工及验收标准》、GB 50217—2018《电力工程电缆设计标准》等标准要求，敷设应符合批准的位置。

（2）通道、附属设施应符合规定。

（3）防火、防水应符合设计要求，孔洞封堵应完好。

（4）电缆应无机械损伤，排列应整齐。

（5）电缆的固定、弯曲半径、保护管安装等应符合规定。

（6）电气连接应良好，相位应正确。

（7）电缆分支箱安装工艺应符合标准，箱内接线图应正确、完备。

（8）接地装置应符合规定，接地电阻应合格。

（9）各类标识（电缆标志牌、相位标识、路径标志牌、标桩等）应齐全，设置应规范。

（10）各类标示应齐全，设置应规范。

**Jb0000432069　电缆管沟、隧道内部巡视的主要内容有哪些？（5分）**

**考核知识点：**巡视

**难易度：**中

**标准答案：**

（1）结构本体有无形变，支架、爬梯、楼梯等附属设施及标识标示是否完好。

（2）结构内部是否存在火灾、坍塌、盗窃、积水等隐患。

（3）结构内部是否存在温度超标、通风不良、杂物堆积等缺陷，缆线孔洞的封堵是否完好。

（4）电缆固定金具是否齐全，隧道内接地箱、交叉互联箱的固定、外观情况是否良好。

（5）机械通风、照明、排水、消防、通信、监控、测温等系统或设备是否运行正常，是否存在隐患和缺陷。

（6）测量并记录氧气和可燃、有害气体的成分和含量。

（7）保护区内是否存在未经批准的穿管施工。

**Jb0000432070　电缆本体巡视的主要内容有哪些？（5分）**

**考核知识点：**巡视

**难易度：**中

**标准答案：**

（1）电缆是否变形，表面温度是否过高。

（2）电缆线路的标识标示是否齐全、清晰。

（3）电缆线路排列是否整齐规范，是否按电压等级的高低从下向上分层排列；通信光缆与电力电缆同沟时是否采取有效的隔离措施。

（4）电缆线路防火措施是否完备。

**Jb0000432071　电缆终端头巡视的主要内容有哪些？（5分）**

**考核知识点：**巡视

**难易度：**中

**标准答案：**

（1）连接部位是否良好，有无过热现象，相间及对地距离是否符合要求。

（2）电缆终端头和支持绝缘子的瓷件或硅橡胶伞裙套有无脏污、损伤、裂纹和闪络痕迹。

（3）电缆终端头和避雷器固定是否出现松动、锈蚀等现象。

（4）电缆上杆部分保护管及其封口是否完整。

（5）电缆终端有无放电现象。

（6）电缆终端是否完整，有无渗漏油，有无开裂、积灰、电蚀或放电痕迹。

（7）电缆终端是否有不满足安全距离的异物，是否有倾斜现象，引流线不应过紧。

（8）标识标示是否清晰、齐全。

（9）接地是否良好。

**Jb0000432072　电缆中间接头巡视的主要内容有哪些？（5分）**

**考核知识点：**巡视

**难易度：**中

**标准答案：**

（1）外部是否有明显损伤及变形。

（2）密封是否良好。

（3）有无过热变色、变形等现象。

（4）底座支架有无锈蚀、损坏，支架是否存在偏移情况。

（5）防火阻燃措施是否完好。

（6）铠装或其他防外力破坏的措施是否完好。

（7）电缆井是否有积水、杂物现象。

（8）标识标示是否清晰、齐全。

**Jb0000432073　电缆分支箱巡视的主要内容有哪些？（5分）**

**考核知识点：** 巡视

**难易度：** 中

**标准答案：**

（1）基础有无损坏、下沉，周围土壤有无挖掘或沉陷，电缆有无外露，螺栓是否松动。

（2）箱内有无进水，有无小动物、杂物、灰尘。

（3）电缆洞封口是否严密，箱内底部填沙与基座是否齐平。

（4）壳体有无锈蚀、损坏，外壳油漆有无剥落，内装式铰链门开合是否灵活。

（5）电缆搭头接触是否良好，有无发热、氧化、变色等现象，电缆搭头相间和对壳体、地面距离是否符合要求。

（6）箱体内电缆进出线标识是否齐全，与对侧端标识是否对应。

（7）有无异常声音或气味。

（8）箱体内其他设备运行是否良好。

（9）标识标示、一次接线图等是否清晰、正确。

**Jb0000431074　试述右手螺旋定则。（5分）**

**考核知识点：** 右手螺旋定则

**难易度：** 易

**标准答案：**

若翘起右手拇指指向电流方向，则弯曲四指指示就是磁力线的环形方式；将弯曲的四指表示电流方向时，则拇指指示方向表示磁力线方向。前者适用于单根导线，后者适用于螺旋管线圈。

**Jb0000431075　什么是焦耳楞次定律？（5分）**

**考核知识点：** 焦耳楞次定律

**难易度：** 易

**标准答案：**

焦耳楞次定律是分析和研究电磁感应电动势的重要定律，是指闭合线圈中产生的感应电流的方向总使它所产生的磁场阻碍穿过线圈的原来磁通的变化，即闭合线圈原来磁通要增加时，感应电流要产生新的磁通反抗它的增加，当磁通要减少时，感应电流要产生新的磁通去反抗它的减少。

**Jb0000432076　为什么不允许三相四线系统中采用三芯电缆线另加一根导线做中性线的敷设方式？（5分）**

**考核知识点：** 三相四线系统

**难易度：** 中

**标准答案：**

因为这样做会使三相不平衡电流通过三芯电缆的铠装而使其发热，从而降低电缆的载流能力，另外这个不平衡电流在大地中流通后，会对通信电缆中的信号产生干扰作用。

**Jb0000432077　为了避免外来损坏，电缆路径选择应注意什么？（5分）**

**考核知识点：** 路径选择

**难易度：** 中

**标准答案：**

（1）尽量避免与其他地下设施交叉。
（2）远离振动剧烈地区。
（3）远离有严重酸、碱性地区。
（4）远离有杂散电流区域。
（5）远离热力源，避免电缆过热。

**Jb0000433078　橡塑电缆和浸渍纸电缆绝缘厚度测量一般用哪些设备？（5分）**

**考核知识点：**绝缘厚度测量

**难易度：**难

**标准答案：**

（1）橡塑电缆绝缘厚度测量一般用读数为0.01mm的读数显微镜，或用放大倍率较大的投影仪。
（2）浸渍纸电缆绝缘厚度测量用直径带尺或厚度显微镜。

**Jb0000431079　说出型号为CYZQ102－220/1×440电缆的数字和字母表示的含义。（5分）**

**考核知识点：**电缆

**难易度：**易

**标准答案：**

它表示铜芯、纸绝缘、铅包、铜带径向加强、无铠装、聚氯乙烯护套，额定电压为220kV、单芯、截面积为400mm$^2$的自容式充油电缆。

**Jb0000432080　JKLYL/Q电缆的结构特点是什么？敷设时应注意什么？（5分）**

**考核知识点：**电缆

**难易度：**中

**标准答案：**

（1）JKLYL/Q电缆的结构特点是铝芯轻型交联聚乙烯绝缘架空电缆架空固定敷设。
（2）架设时，应考虑电缆和树木保持一定的距离。运行时，允许电缆和树木只作短时接触。

**Jb0000431081　水底电缆线路的巡查周期有何规定？（5分）**

**考核知识点：**巡查

**难易度：**易

**标准答案：**

（1）水底电缆线路，由现场根据具体需要规定，如水底电缆直接敷设于河床上，可每年检查一次水底电缆线路情况。
（2）在潜水条件允许下，应派遣潜水员检查电缆情况。
（3）当潜水条件不允许时，可测量河床的变化情况。

**Jb0000432082　简述声测法电缆故障定点原理。（5分）**

**考核知识点：**声测法

**难易度：**中

**标准答案：**

声测法是用高压直流试验设备向电容充电（充电电压高于击穿电压），再通过球间隙向故障线芯放电，利用故障点放电时产生的机械振动听测电缆故障点的具体位置。

用此法可以测接地、短路、断线和闪络性故障，但对于金属性接地或短路故障，很难用此法进行定点。

**Jb0000432083 电缆地下敷设应考虑哪些相关因素？（5分）**

**考核知识点：**敷设

**难易度：**中

**标准答案：**

（1）电缆埋设深度。

（2）埋设处的最热日平均地温、最低地温。

（3）电缆回填土的热阻系数。

（4）与附近其他带负荷电缆线路或热源的距离和详情。

（5）电缆保护管材料内、外径，厚度和热阻系数。

（6）电缆直埋和管道等敷设方式的典型配置图。

**Jb0000431084 绝缘电阻表的作用是什么？它有哪些要求？（5分）**

**考核知识点：**绝缘电阻表

**难易度：**易

**标准答案：**

绝缘电阻表是一种用来测量绝缘电阻的仪表。测量时需要的电压较高，一是保证测量的灵敏度和精度，测量电流不能太小，而被测电阻又很大，所以必须提高电压；二是兼起直流耐压的作用，以便发现绝缘薄弱的环节。

**Jb0000431085 对继电保护装置的基本要求是什么？（5分）**

**考核知识点：**继电保护装置

**难易度：**易

**标准答案：**

（1）选择性：系统发生故障时，要求保护装置只将故障设备切除，保证无故障设备继续运行，从而尽量缩小停电范围。

（2）快速性：要求保护装置动作迅速。

（3）灵敏性：要求保护装置灵敏度高。

（4）可靠性：发生故障和异常时，保护和自动装置不会拒动；不该动作时，不会误动。

**Jb0000432086 什么叫小电流接地系统，其优缺点是什么？（5分）**

**考核知识点：**小电流接地系统

**难易度：**中

**标准答案：**

小电流接地系统是指中性点不接地或经消弧线圈接地的电力网。当发生单相接地故障时，不会构成短路回路，接地电流往往比负荷电流小。一般10kV和35kV为小电流接地系统。

小电流接地系统电力网的优点是接地电流小，系统线电压仍保持对称性，不影响对负荷供电，不需迅速切断，停电次数减少。其缺点是过电压数值大，电网绝缘水平高，投资大，单相接地时非故障相对地电压升高3倍。

**Jb0000432087　保护器与电缆金属护层的连接线选择应符合哪些规定？（5分）**

**考核知识点：**保护器

**难易度：**中

**标准答案：**

（1）连接线应尽量短，宜在5m内且采用同轴电缆。

（2）连接线应与电缆护层的绝缘水平一致。

（3）连接线的截面积，应满足最大电流通过时的热稳定要求。

**Jb0000432088　使用喷灯必须注意什么？（5分）**

**考核知识点：**喷灯

**难易度：**中

**标准答案：**

（1）喷灯附近不得有易燃物。

（2）尽可能在空气流通的地方工作。

（3）不得在火焰附近加油、放油或拆卸喷灯零件，点火时须先点燃碗内汽油，待喷嘴烧热后才可打气，并逐渐拧开油阀，切不可操之过急。

（4）喷灯不宜使用时间过长，筒体热则应停止使用。

（5）喷口不准对人。

**Jb0000432089　巡查充油电缆时，主要检查哪些地方？（5分）**

**考核知识点：**巡查

**难易度：**中

**标准答案：**

（1）充油电缆线路不论投入运行与否，都要检查油压是否正常。

（2）检查油压系统的压力箱、管道、阀门、压力表是否完善。

（3）注意与构架绝缘部分的零件有无放电现象。

**Jb0000433090　怎样检查液压钳漏油，如何处理？（5分）**

**考核知识点：**液压钳

**难易度：**难

**标准答案：**

（1）液压钳的活塞处以及油箱与油缸接合处如密封不严，均会造成漏油。

（2）活塞处漏油可将活塞取出，检查皮碗边缘是否损坏，若有损坏，应更换新的。

（3）油箱与油缸的螺纹接口处漏油时，可检查纸箔垫，如有损坏可更换新纸箔并拧紧螺栓。

**Jb0000433091　公路、铁道桥梁上的电缆，应考虑振动、热伸缩以及风力影响下防止金属长期应力疲劳导致断裂的措施，此外还有哪些要求？（5分）**

**考核知识点：**公路、铁道桥梁电缆

**难易度：**难

**标准答案：**

（1）桥墩两端和伸缩缝处，电缆应充分松弛。当桥梁中有挠角部位时，宜设电缆迂回补偿装置。

（2）35kV以上大截面电缆宜以蛇形敷设。

（3）经常受到振动的直线敷设电缆，应设置橡皮、沙袋等弹性衬垫。

**Jb0000432092 目前采用敷设电缆的方法可分为哪几类？（5分）**

**考核知识点：**敷设电缆

**难易度：**中

**标准答案：**

（1）人工敷设，即采用人海战术，在一人统一指挥下，按规定进行敷设。

（2）机械化敷设，即采用滚轮、牵引器、输送机进行，通过一同步电源进行控制，比较安全。

（3）人工和机械相结合，有些现场由于转弯较多，施工难度大，全用机械较困难，可采用此方法。

**Jb0000433093 交联聚乙烯绝缘电缆绝缘中含有微水，对电缆安全运行产生什么危害？（5分）**

**考核知识点：**交联聚乙烯绝缘电缆

**难易度：**难

**标准答案：**

（1）绝缘中含有微量水分，会引发绝缘体中形成水树枝，造成绝缘破坏。

（2）水树枝直径一般只有几微米，由许多微观上的小水珠空隙组成放电通路，电场和水的共同作用形成水树枝。

（3）在生产过程中严格控制绝缘中水的含量，以减少水树枝形成的机会。

**Jb0000433094 护层绝缘保护器的参数选择应符合哪些规定？（5分）**

**考核知识点：**护层绝缘保护器

**难易度：**难

**标准答案：**

（1）可能最大冲击电流作用下的残压，不得大于电缆护层的冲击耐压被1.4所除数值。

（2）可能最大工频电压的5s作用下，应能耐受。

（3）可能最大冲击电流累积作用20次后，保护器不得损坏。

**Jb0000432095 试述铜屏蔽层电阻比的试验方法。（5分）**

**考核知识点：**铜屏蔽层

**难易度：**中

**标准答案：**

（1）用双臂电桥测量在同温下的铜屏蔽和导体的直流电阻。

（2）当前者与后者之比与投运前相比增加时，表明铜屏蔽层的直流电阻增大，铜屏蔽层可能被腐蚀；当该比值与投运前相比减少时，表明附件中的导体连接点的接触电阻有增大的可能。

**Jb0000432096 试述橡塑电缆中部接头金属层接地方法。（5分）**

**考核知识点：**橡塑电缆

**难易度：**中

**标准答案：**

（1）中间接头内铜屏蔽层的接地不得和铠装层连在一起，对接头两侧的铠装层必须用另一根接线相连。

（2）必须与铜屏蔽层绝缘。

（3）如接头的原结构中无内衬层时，应在铜屏蔽外部增加内衬层，且与电缆本体的内衬层搭接处的密封必须良好，即必须确保电缆外护套的完整性和延续性。

**Jb0000432097　在隧道或重要回路的电缆沟中的哪些部位宜设置阻火墙（防火墙）？（5分）**

**考核知识点：**防火墙

**难易度：**中

**标准答案：**

（1）公用主沟道的分支处。

（2）多段配电装置对应的沟道适当分段处。

（3）长距离沟道中相隔约200m或通风区段处。

（4）至控制室或配电装置的沟道入口、厂区围墙处。

**Jb0000432098　哪些场合适宜选用铜芯式电缆？（5分）**

**考核知识点：**电缆选用

**难易度：**中

**标准答案：**

（1）电机励磁、重要电源、移动式电气设备等需要保持连接，具有高可靠性的回路。

（2）振动剧烈、有爆炸危险或对铝有腐蚀等严酷的工作环境。

（3）耐火电缆。

（4）紧靠高温设备配置。

（5）安全性要求高的重要公共设施中。

（6）水下敷设，当工作电流较大需增多电缆根数时。

**Jb0000433099　自容式充油电缆供油箱的配置应符合哪些规定？（5分）**

**考核知识点：**供油箱

**难易度：**难

**标准答案：**

（1）宜按相分别配置。

（2）一端供油方式，当电缆线路两端有较大高差时，宜在较高地位的一端配置。

（3）线路较长，当一端供油不能满足容许暂态油压要求时，可在电缆线路两端或油路分段的两端配置。

**Jb0000431100　同一层支架上电缆排列配置方式应符合哪些规定？（5分）**

**考核知识点：**电缆排列

**难易度：**易

**标准答案：**

（1）控制电缆和信号电缆可紧靠或多层叠置。

（2）除交流系统用单芯电力电缆的同一回路可采取品字形（三叶形）配置外，对于重要的同一回路多根电力电缆，不宜叠置。

（3）除交流系统用单芯电力电缆情况外，电力电缆相互间宜有35mm空隙。

**Jb0000431101 按敷设电力电缆的环境条件可分为哪几类？（5 分）**

**考核知识点：**敷设

**难易度：**易

**标准答案：**

按敷设电力电缆的环境条件可分为地下直埋、地下管道、空气中、水底过河、矿井、高海拔、盐雾、大高差、多移动、潮热区类型。

**Jb0000431102 请写出 CYZQ141 电缆的名称、特性及使用范围。（5 分）**

**考核知识点：**电缆

**难易度：**易

**标准答案：**

（1）这是一条铜芯纸绝缘铅包铜带径向加强钢丝铠装自容式充油电缆。

（2）敷设在水中或竖井中，能承受较大的拉力。

**Jb0000432103 水下敷设电缆的外护层选择应符合哪些规定？（5 分）**

**考核知识点：**水下敷设

**难易度：**中

**标准答案：**

（1）在沟渠、不通航小河中等不需铠装层承受拉力的电缆，可选用钢带铠装。

（2）江河、湖海中电缆，采用的钢丝铠装型式应满足受力条件。当敷设条件有机械损伤等防范需要时，可选用符合防护、耐蚀性增强要求的外护层。

**Jb0000431104 带电作业有哪些优点？（5 分）**

**考核知识点：**带电作业

**难易度：**易

**标准答案：**

带电作业不影响系统的正常运行，不需倒闸操作，不需改变运行方式，因此不会造成对用户停电，可以多供电，提高经济效益和社会效益。对一些需要带电进行监测的工作可以随时进行，并可实行连续监测，有些监测数据比停电监测更有真实可靠性。

**Jb0000431105 系统中发生短路会产生什么后果？（5 分）**

**考核知识点：**短路

**难易度：**易

**标准答案：**

（1）短路时的电弧、短路电流和巨大的电动力都会使电气设备遭到严重破坏，使之缩短使用寿命。

（2）会使系统中部分地区的电压降低，给用户造成经济损失。

（3）破坏系统运行的稳定性，甚至引起系统振荡，造成大面积停电或使系统瓦解。

**Jb0000431106 什么叫内部过电压？（5 分）**

**考核知识点：**内部过电压

**难易度：**易

**标准答案：**

因拉、合闸操作或事故等原因，使电力系统的稳定状态突然变化，在从一个稳态向另一个稳态的过渡过程中，系统内电磁能的振荡和积聚引起的过电压就称为内部过电压。内部过电压可分为操作过电压和谐振过电压。操作过电压出现在系统操作或故障情况下；谐振过电压是由于电力网中的电容元件和电感元件（特别是带铁芯的铁磁电感元件）参数的不利组合而产生的谐振电压。

**Jb0000432107　为什么要在输电线路中串联电容器？（5 分）**

**考核知识点：**电容器

**难易度：**中

**标准答案：**

输电线路有电阻和电感，线路输送功率时，不仅有有功功率损耗，还会产生电压降。在长距离、大容量送电线路上，感抗上会产生很大的电压降，但在线路中串联电容器后，一部分感抗被容抗所抵消，就可以减少线路的电压降，起到补偿的作用，提高电压质量。

**Jb0000431108　电缆头的制作对施工人员有何要求？（5 分）**

**考核知识点：**电缆头的制作

**难易度：**易

**标准答案：**

电缆头的制作，要求施工人员对电缆、电缆终端和接头的结构及所用材料应有一定的了解，而且要求制作电缆头时应由熟悉工艺的人员参加或指导。

**Jb0000431109　制作安装电缆接头或终端头对环境有何要求？（5 分）**

**考核知识点：**电缆头的制作

**难易度：**易

**标准答案：**

（1）制作安装应尽量避免在雨天、风雪天或湿度较大的环境下进行。

（2）应有防止尘土和外来污物的措施。

**Jb0000431110　锯电缆前应做好哪些工作？（5 分）**

**考核知识点：**锯电缆

**难易度：**易

**标准答案：**

（1）锯电缆前，必须与电缆图纸核对是否相符。

（2）确定电缆无电。

（3）用安全刺锥钉入电缆芯，扶刺锥人应戴绝缘手套。

**Jb0000432111　喷枪、煤气罐使用时的注意事项有哪些？（5 分）**

**考核知识点：**喷枪、煤气罐

**难易度：**中

**标准答案：**

（1）先检查导气管是否有开裂。

（2）检查煤气罐阀门是否漏气。

（3）开启时先拧开煤气罐，再打开喷枪阀门。

（4）点火时注意要火等气。

**Jb0000432112 怎样判定交联电缆是否受潮？（5分）**

**考核知识点：**交联电缆

**难易度：**中

**标准答案：**

（1）铜带或铠装锈蚀是否有斑痕。

（2）绝缘及填料是否潮湿。

（3）线芯是否氧化、锈蚀、有水滴。

**Jb0000431113 接头制作前对电缆附件进行哪几项检查？（5分）**

**考核知识点：**接头制作

**难易度：**易

**标准答案：**

（1）绝缘带材应检查有效期及电气性能。

（2）绝缘管材及预制件表面应清洁，无划痕或缺陷。

（3）检查密封材料是否脱落，密封胶脱落的管材应更换。

**Jb0000431114 说出电缆中间接头定义。（5分）**

**考核知识点：**电缆中间接头

**难易度：**易

**标准答案：**

将若干段电缆在现场连接起来，以构成一条连续的输、配电线路，这种电缆的中间连接附件称为电缆中间接头。

**Jb0000431115 为什么35kV及以上电缆的导体大多为圆形截面？（5分）**

**考核知识点：**电缆

**难易度：**易

**标准答案：**

因为圆形截面的导体具有稳定性好、表面电场均匀、制造工艺简单的优点，所以大多为圆形。

**Jb0000431116 由于绝缘受潮引起电缆故障的原因有哪些？（5分）**

**考核知识点：**故障

**难易度：**易

**标准答案：**

（1）因接头盒或终端盒结构不密封或安装不良而导致进水。

（2）电缆制造不良，金属护套有小孔或裂缝。

（3）金属护套被外物刺穿或腐蚀穿孔。

**Jb0000431117 什么是电缆绝缘衰老？（5分）**

**考核知识点：**绝缘衰老

**难易度：**易

**标准答案：**

电缆绝缘长期在电和热的作用下运行，其物理性能会发生变化，导致其绝缘强度降低或介质损耗增长而最终引起绝缘崩溃，称为绝缘衰老。

**Jb0000432118　纸绝缘电缆双线式剖铅的方法是什么？（5 分）**

**考核知识点：**纸绝缘电缆

**难易度：**中

**标准答案：**

双线式剖铅法：用电工刀从环行痕向末端划两条平行深痕，其深度为铅包厚度的 1/2。两线距离约 10mm，然后从末端将铅条撕去，再将铅包剥除。

**Jb0000432119　滴铅法如何进行？（5 分）**

**考核知识点：**滴铅法

**难易度：**中

**标准答案：**

用滴铅法封铅时，先用喷灯烘烤封铅处，并用脂肪精去污，用喷灯把封铅烤化均匀镀在铅管上，然后滴到铅管的圆锥上，用喷灯将封铅烤成糊状，并用揩布来回揉，成形后用脂肪精冷却。要求均匀，表面光滑、无沙眼。搪铅时间不得超过 15min。

**Jb0000432120　中间接头和终端头处的电缆金属护套和铠装不等电位连接时，会出现什么情况？（5 分）**

**考核知识点：**接头

**难易度：**中

**标准答案：**

如果不是等电位连接，当电缆线路发生故障，而故障电流从故障点流回到变电站的接地网时，金属护套和铠装的电位就会不相等，形成一个电位差，而在护层绝缘较差的地方就会引起电火花放电，导致外皮烧穿。

**Jb0000432121　说明对户内电缆终端的巡视检查重点是什么？（5 分）**

**考核知识点：**巡视

**难易度：**中

**标准答案：**

（1）了解电缆线路的负荷情况，最大负荷是多少。

（2）检查触点是否有过热和烧损的情况。

（3）查看线间及对地距离有无变化，相色带有无松脱。

（4）检查终端头有无漏油现象，接地引下线是否良好。

（5）检查电缆卡具、支架是否牢固。

（6）检查终端头有无电晕及放电痕迹。

**Jb0000432122　什么是电化腐蚀？（5 分）**

**考核知识点：**电化腐蚀

**难易度：**中

**标准答案：**

当金属与电解质溶液相接触时，便形成原电池，其中电位较低的部分遭受腐蚀破坏。在酸、碱、盐溶液和海水中发生的腐蚀，地下电缆金属护套的土壤腐蚀，金属在潮湿空气中的大气腐蚀，均属于电化腐蚀。

**Jb0000432123　对 20～35kV 黏性浸渍纸绝缘的电缆终端头内应使用何种绝缘胶？为什么？（5分）**

**考核知识点：**终端头

**难易度：**中

**标准答案：**

对 20～35kV 黏性浸渍纸绝缘的电缆终端头内应用无流动性的绝缘胶作填充用，以防垂直部分电缆的干枯。

**Jb0000432124　简述鉴别纸绝缘电缆是否有潮气的方法。（5分）**

**考核知识点：**纸绝缘电缆

**难易度：**中

**标准答案：**

（1）将电缆油加热到 140～150℃，把纸带浸入油中。

（2）将纸带撕下用火点燃。

**Jb0000431125　外护层密封部位为什么要打毛？（5分）**

**考核知识点：**外护层

**难易度：**易

**标准答案：**

外护层密封部位可用锉或砂纸打毛，目的是增强黏接密封效果。

**Jb0000431126　剥除铜屏蔽应有什么要求？（5分）**

**考核知识点：**铜屏蔽

**难易度：**易

**标准答案：**

剥除铜屏蔽时断口须整齐，切勿伤及半导电屏蔽。

**Jb0000431127　电缆放完后不能及时做室外终端头时应怎样处理？（5分）**

**考核知识点：**电缆

**难易度：**易

**标准答案：**

应将电缆端头封双套头，并按大于弯曲半径盘好圈，平放埋入地下 200mm 左右，再用细土填平，上方盖以水泥盖板做临时保护。

**Jb0000432128　剥除钢带的基本方法是什么？（5分）**

**考核知识点：**剥除钢带

**难易度：**中

**标准答案：**

绑线顺钢带绕包方向绑扎三圈，将钢带锯一环形深痕，其深度不得超过 1/2，剥除钢带时用螺钉旋具将钢带尖端撬起，然后用钳子将钢带撕下，从根部向末端剥除。

**Jb0000432129　有一条 10kV 电缆长 200m，经试验三相泄漏电流不平衡，系数已超过 2，怎么办？（5 分）**

**考核知识点：**泄漏电流

**难易度：**中

**标准答案：**

可清扫室内外终端头的绝缘子表面，消除外部影响，并可采取升高电压、延长耐压时间、缩短周期加强监视等措施。

**Jb0000433130　电缆支架有哪些要求？（5 分）**

**考核知识点：**电缆支架

**难易度：**难

**标准答案：**

（1）表面光滑、无毛刺。

（2）适应使用环境的耐久稳固。

（3）满足所需的承载能力。

（4）符合工程防火要求。

**Jb0000431131　35kV 油纸绝缘电缆交接直流耐压试验电压为多少？时间为多少？（5 分）**

**考核知识点：**油纸绝缘电缆

**难易度：**易

**标准答案：**

试验电压为 130kV，时间为 15min。

**Jb0000431132　10kV 油纸绝缘电缆交接直流耐压试验电压为多少？时间为多少？（5 分）**

**考核知识点：**油纸绝缘电缆

**难易度：**易

**标准答案：**

试验电压为 47kV，时间为 10min。

**Jb0000431133　试验变压器标称为 200V/50kV，该变压器变比为多少？（5 分）**

**考核知识点：**试验变压器

**难易度：**易

**标准答案：**

变压器变比为 250。

**Jb0000431134　直流耐压试验电压为 35kV，变比为 250 时，低压侧输入电压为多少？（5 分）**

**考核知识点：**直流耐压试验

**难易度：**易

**标准答案：**

$$U_L = 35\,000 \div 1.414 \div 250 = 99\text{（V）}$$

**Jb0000431135　硅堆的作用是什么？（5分）**
**考核知识点：**硅堆
**难易度：**易
**标准答案：**
硅堆的作用是把交流变为直流。

**Jb0000431136　直流耐压试验对电缆加的是正压还是负压？（5分）**
**考核知识点：**直流耐压试验
**难易度：**易
**标准答案：**
直流耐压试验对电缆加的是负压。

**Jb0000431137　电缆试验时，另外两相应如何处理？（5分）**
**考核知识点：**电缆试验
**难易度：**易
**标准答案：**
电缆试验时，另外两相应接地。

**Jb0000431138　电缆耐压试验时，对端应如何处理？（5分）**
**考核知识点：**电缆耐压试验
**难易度：**易
**标准答案：**
对端与其他电气设备断开，对端应派人看守或挂警示牌。

**Jb0000431139　如何用万用表检测试验电源电压是否为220V？（5分）**
**考核知识点：**万用表
**难易度：**易
**标准答案：**
先用交流500V挡位检测，显示不超过250V后再换250V挡检测。取下表笔后再换挡。

**Jb0000431140　试验前应做哪些准备？（5分）**
**考核知识点：**试验
**难易度：**易
**标准答案：**
（1）试验场地围好围栏。
（2）应将电缆头擦干净，对端挂警示牌。

**Jb0000431141　试验变压器高压尾线与外皮连接，在低压侧测量泄漏电流时，应如何处理？（5分）**
**考核知识点：**试验变压器
**难易度：**易
**标准答案：**

需要把试验变压器放在绝缘台（垫）上。

**Jb0000431142　调压器的输入电压为 220V，输出范围是多少？（5 分）**

**考核知识点：** 调压器

**难易度：** 易

**标准答案：**

调压器的输出范围是 0～250V。

**Jb0000431143　试验时，调压器的升压速度有何要求？（5 分）**

**考核知识点：** 试验

**难易度：** 易

**标准答案：**

调压器的升压速度控制在 1～2kV/s。

**Jb0000431144　试验时对读数有什么要求？（5 分）**

**考核知识点：** 试验

**难易度：** 易

**标准答案：**

随电压逐级上升，分别在 1/4、1/2、3/4 及全电压时，读取相应的泄漏电流值（读数应在每次升压稳定后 1min 时读取，升压和耐压时电流表应短路，读数时才拆下），试验达到 5min 时，读取最终泄漏电流值。

**Jb0000431145　电缆试验完毕应如何放电？（5 分）**

**考核知识点：** 试验

**难易度：** 易

**标准答案：**

每相试验完毕，应用放电棒对电缆进行放电，放电时应慢慢接近被试电缆，空气击穿后再完全放电。

**Jb0000431146　一相试验完毕，对另一相进行试验，拆接引线应注意什么？（5 分）**

**考核知识点：** 试验

**难易度：** 易

**标准答案：**

电缆应先接地，然后再拆接引线。

**Jb0000431147　试验完毕调压器和电源如何操作？（5 分）**

**考核知识点：** 试验

**难易度：** 易

**标准答案：**

先将调压器退至零位，然后再切断电源。

**Jb0000431148　停电超过一个月但不满一年的电缆线路如何试验？（5 分）**

考核知识点：试验
难易度：易
标准答案：
做50%规定试验电压值的直流耐压试验，加压时间1min。

Jb0000431149 停电超过一年的电缆线路如何试验？（5分）
考核知识点：试验
难易度：易
标准答案：
做常规直流耐压试验，即额定试验电压，加压时间5min。

Jb0000431150 电缆试验按实施阶段可分哪三类？（5分）
考核知识点：试验
难易度：易
标准答案：
（1）交接试验。
（2）预防性试验。
（3）修后试验。

Jb0000431151 泄漏电流试验和直流耐压试验的作用各是什么？（5分）
考核知识点：试验
难易度：易
标准答案：
（1）泄漏电流试验的作用是检查电缆的绝缘状况。
（2）直流耐压试验的作用是考验电缆绝缘的耐电压强度。

Jb0000431152 电缆谐振试验中产生谐振的方法主要有哪两种？（5分）
考核知识点：试验
难易度：易
标准答案：
电缆谐振试验中产生谐振的方法主要有变频谐振和变感谐振。

Jb0000431153 标示为2DL150/0.2的硅堆最大反峰电压为多少？最大整流电流为多少？（5分）
考核知识点：硅堆
难易度：易
标准答案：
（1）最大反峰电压为150kV。
（2）最大整流电流为0.2A。

Jb0000431154 试验读取泄漏电流时，如何操作电流表短路线？（5分）
考核知识点：试验
难易度：易

标准答案：

试验读取泄漏电流时，应从电流流入侧取下短路线。

Jb0000431155　直流耐压试验属于破坏性试验还是非破坏性试验？（5分）

考核知识点：试验

难易度：易

标准答案：

直流耐压试验属于破坏性试验。

Jb0000431156　简述电缆腐蚀的基本概念及类型分类。（5分）

考核知识点：电缆腐蚀

难易度：易

标准答案：

（1）电缆腐蚀一般是指电缆的金属护套（铅或铝）遭受腐蚀。

（2）就电缆腐蚀的类型来分，可分为化学腐蚀和电解腐蚀。

Jb0000431157　每条电缆线路的技术资料有哪些？（5分）

考核知识点：技术资料

难易度：易

标准答案：

每条电缆线路的技术资料通常包括原始资料、施工资料、运行资料。

Jb0000431158　电缆采用铅做护套材料的优点有哪些？（5分）

考核知识点：护套材料

难易度：易

标准答案：

（1）密封性好。

（2）熔化点低。

（3）韧性好，不影响电缆的可曲性。

（4）耐腐蚀性比一般金属好。

Jb0000431159　低压电缆为什么要有中性线？（5分）

考核知识点：低压电缆

难易度：易

标准答案：

（1）保护接地。

（2）通过不平衡电流。

Jb0000431160　对存放的充油电缆有何特殊要求？（5分）

考核知识点：充油电缆

难易度：易

标准答案：

（1）对充油电缆的备品，应定期检查其油压是否在规定范围内。

（2）检查有无渗漏现象。

**Jb0000432161 对室外电缆终端头的接地有何要求？（5 分）**

**考核知识点：**终端头

**难易度：**中

**标准答案：**

在终端头处，电缆的铠装、铅包和金属壳体应有良好的电气连接，使其处于同一电位，并与避雷器接地引下线接牢，其接地电阻值不大于 10Ω，地线截面积为 $25mm^2$。

**Jb0000431162 现场心肺复苏前，必须要经过哪些重要环节？（5 分）**

**考核知识点：**心肺复苏

**难易度：**易

**标准答案：**

现场心肺复苏前，必须要对患者进行“判定”，即判定患者确已意识消失，呼吸、心跳停止，才能进行心肺复苏。

**Jb0000432163 挖电缆沟的安全要求是什么？（5 分）**

**考核知识点：**挖电缆沟

**难易度：**中

**标准答案：**

电缆沟挖掘工作，应由有经验人员交代清楚后才能进行；挖到电缆护板后，应由有经验人员在场指导，方可继续进行。在 1.5m 以下开挖时，应戴好安全帽，并有防止塌方的措施。

**Jb0000431164 安全工器具的使用要求有哪些？（5 分）**

**考核知识点：**安全工器具

**难易度：**易

**标准答案：**

（1）绝缘工具应定期进行电气耐压试验。

（2）出勤携带的绝缘工具与一般工具应分别存放，并应放在套内，以免扎伤、脏污绝缘体并使其受潮。

（3）绝缘工具严重损坏、受潮、脏污须经检修干燥，并经试验鉴定合格后方可使用。

**Jb0000431165 电力电缆线路的故障共有几类？分别是什么？（5 分）**

**考核知识点：**故障

**难易度：**易

**标准答案：**

电力电缆线路的故障共五类。其分别为：① 接地故障；② 短路故障；③ 断线故障；④ 闪络性故障；⑤ 混合故障。

**Jb0000431166 简述 110kV 及以上交联电缆线路的主要定期预防性试验项目。（5 分）**

**考核知识点：**预防性试验

**难易度：**易

**标准答案：**

（1）电缆主绝缘耐压试验。

（2）电缆外护套耐压试验。

（3）交叉互联系统耐压及电气性能试验。

**Jb0000431167　简述电缆预热的方法。（5分）**

**考核知识点：**电缆预热

**难易度：**易

**标准答案：**

（1）用提高周围空气温度的方法加热。

（2）用电流法使电缆本身发热。

**Jb0000433168　电缆线路竣工验收应进行哪些检查？（5分）**

**考核知识点：**竣工验收

**难易度：**难

**标准答案：**

（1）电缆规格应符合规定，排列应整齐、无损伤，标牌齐全、正确、清晰。

（2）电缆的固定、弯曲半径、有关距离及单芯电力电缆的金属护层的接线应符合要求。

（3）电缆终端、中间接头不渗漏油，安装牢固。

（4）接地良好。

（5）电缆终端相色正确，支架等金属部件油漆完整。

（6）电缆沟及隧道内、桥架上应无杂物，盖板齐全。

**Jb0000432169　影响电缆线路载流量的主要因素有哪些？（5分）**

**考核知识点：**载流量

**难易度：**中

**标准答案：**

影响电缆线路载流量有电缆本身材料结构和电缆敷设环境两方面因素。主要有：

（1）电缆最高允许工作温度。

（2）周围媒质温度。

（3）导体截面积和电阻率。

（4）介质损耗。

（5）各部分热阻和周围媒质热阻。

（6）电缆并列敷设根数。

**Jb0000433170　固定交流单芯电缆的夹具有什么要求？为什么？（5分）**

**考核知识点：**夹具

**难易度：**难

**标准答案：**

夹具应无铁磁材料构成闭合磁路。这是因为当电缆线芯通过电流时，在其周围产生磁力线，磁力线与通过线芯的电流大小成正比，若使用铁件等导磁材料，根据电磁感应可知，将在铁件中产生涡流使电缆发热，甚至烧坏电缆。所以不可使用铁磁材料作交流单芯电缆的固定夹具。

**Jb0000433171 相对两端直接接地而言，单芯电缆的金属护套采取单端接地或交叉互联接地有哪些优点？（5分）**

**考核知识点：**交叉互联接地

**难易度：**难

**标准答案：**

电缆导体中有电流通过时，在与电缆平行的金属护套中必然会产生纵向感应电动势。

如果电缆金属护套两端直接接地，则护套中的感应电压将产生以大地为回路的循环电流，从而增加了电能损耗，减小了电缆的输送容量。

金属护套采取单端接地，仅一端接地，另一端对地绝缘，护套中没有电流通过。但是，感应电压与电缆长度成正比，当电缆线路较长时，过高的护套感应电压可能危及人身安全，并可能导致设备事故。因此，运行规程中规定，在未采取不能任意接触金属层的安全措施时，断线电缆金属护套感应电压不得超过50V。

电缆线路较长时，金属护套通常采用交叉互联方式，将三段长度相等或者基本相等的电缆组成一个换位段，经过交叉互联换位后，在一个大段中金属护套三相合成电动势理论上应该为零。与不实行交叉互联相比，交叉互联后电缆线路输送容量有较大提高。

所以，为了减少电缆线路损耗，提高电缆输送容量，高压单芯电缆的金属护套一般均采用交叉互联接地或者单端接地方式。

**Jb0000431172 蓄电池组的电源电压 $E$=6V，以电阻 $R_1$=2.9Ω连接到它的两端，测出电流 $I_1$=2A，求其内阻 $R_i$为多大？如负载电阻 $R_2$=5.9Ω，其他条件不变，则电流为多大？（5分）**

**考核知识点：**蓄电池

**难易度：**易

**标准答案：**

**解：**根据全电流欧姆定律：$I_1=E/(R_1+R_i)$

$$R_i=E/I_1-R_1=6/2-2.9=0.1\ (\Omega)$$

若负载 $R_2=5.9\Omega$，则电流 $I_2$ 为

$$I_2=E/(R_2+R_i)=6/(5.9+0.1)=1\ (\text{A})$$

**答：**其内阻为0.1Ω，若负载电阻为5.9Ω，则电流为1A。

**Jb0000431173 测得某负载的电压和电流分别为 $U$=110V 和 $I$=50A，用功率表测其功率 $P$=3300W，问视在功率 $S$、功率因数 $\cos\varphi$ 及无功功率 $Q$ 各为多少？（5分）**

**考核知识点：**功率计算

**难易度：**易

**标准答案：**

**解：**根据题意

视在功率：$S=UI=110\times50=5500$（VA）

功率因数：$\cos\varphi=P/S=3300/5500=0.6$

无功功率：$Q=\sqrt{S^2-P^2}=\sqrt{5500^2-3300^2}=4400$（VA）

**答：**视在功率为5500VA，功率因数为0.6，无功功率为4400VA。

**Jb0000432174　某型号电缆截面积 $A_1=25\text{mm}^2$ 时长期载流量 $I_1=90\text{A}$，问改为同型号电缆截面积 $A_2=50\text{mm}^2$ 时，载流量为多少？（5分）**

**考核知识点：**载流量计算

**难易度：**中

**标准答案：**

**解：**根据题意

$$\frac{I_1}{I_2}=\sqrt{\frac{A_1}{A_2}}$$

$$I_2=I_1\sqrt{\frac{A_2}{A_1}}=90\times\sqrt{\frac{50}{25}}\approx127\text{（A）}$$

**答：**当改成 $50\text{mm}^2$ 时，其载流量为127A。

**Jb0000432175　将200m长的截面积 $A_1=95\text{mm}^2$ 的铝芯电缆换算为铜芯截面积 $A_2=70\text{mm}^2$ 的电缆，等值长度为多少？（铝：$\rho_1=0.031\Omega\cdot\text{mm}^2/\text{m}$，铜：$\rho_2=0.018\,4\Omega\cdot\text{mm}^2/\text{m}$）（5分）**

**考核知识点：**设备参数换算

**难易度：**中

**标准答案：**

**解：**根据题意

$$R=\rho_1\frac{L_1}{A_1}=\rho_2\frac{L_2}{A_2}$$

$$L_2=L_1\frac{\rho_1}{\rho_2}\cdot\frac{A_2}{A_1}=200\times\frac{0.031}{0.018\,4}\times\frac{70}{95}=248\text{（m）}$$

**答：**与200m长的 $95\text{mm}^2$ 的铝芯电缆等阻的 $70\text{mm}^2$ 铜芯电缆长度为248m。

**Jb0000432176　用变比为200V/50kV的试验变压器试验电缆，试验电压 $U_\text{N}=140\text{kV}$，应采用什么方法才能达到此电压值？此时低压值为多少？（5分）**

**考核知识点：**试验电压计算

**难易度：**中

**标准答案：**

**解：**需采用二倍压整流才能达到140kV。根据题意

$$U_\text{m}=\frac{U_\text{N}}{2\sqrt{2}}=\frac{140\,000}{2\sqrt{2}}=49\,505\text{（V）}$$

$$50\,000\div200=250$$

$$49\,505\div250=198\text{（V）}$$

**答：**试验电压为140kV时，低压读数应为198V。

**Jb0000433177　做直流50kV试验用1kVA试验变压器，试问水阻热容量和阻值如何选择比较合适？（5分）**

**考核知识点：**试验参数换算

**难易度：**难

**标准答案：**

**解**：阻值一般取 10Ω/V，则

$$R=10\times U=10\times 50\times 10^3=500\text{（k}\Omega\text{）}=0.5\text{M}\Omega$$

**答**：取水阻热容量为 1kcal，阻值为 0.5MΩ的水阻较为合适。

**Jb0000433178 某一路 110kV 交联聚乙烯绝缘电力电缆，线芯截面积为 630mm²，载流量为 1000A。电缆应用于三相平衡线路，排列方式为接触正三角形品字排列，接地方式为单端接地，线路长 500m，未采取不能任意接触金属层的安全措施。试计算说明：电缆金属护套中的感应电压是否满足设计要求。（ln2＝0.693）（5 分）**

**考核知识点**：设备参数换算

**难易度**：难

**标准答案**：

对于接触正三角形品字排列：

$$X_1=X_2=X_3=X_s=2\omega\ln2\times 10^{-7}=2\times 314\times 0.693\times 10^{-7}=4.353\times 10^{-5}\text{（}\Omega\text{/m）}$$

$$U_{s1}=U_{s2}=U_{s3}=IX_s=1000\times 4.353\times 10^{-5}=4.353\times 10^{-2}\text{（V/m）}$$

未接地端的最大感应电压：$500\times 4.353\times 10^{-2}=21.8$（V）＜50V。

满足设计要求。

**Jb0000431179 有一台星形连接三相电动机，接于线电压 $U_{li}=380$V 的电源上，电动机功率 $P=2.74$kW，功率因数 $\cos\varphi=0.83$，试求电动机的相电流和线电流，如果将此电动机误接成三角形，仍接到上述电源上，那么它的相电流、线电流和功率将是多少？（5 分）**

**考核知识点**：设备参数换算

**难易度**：易

**标准答案**：

**解**：星形连接时，即

$$I_{ph}=I_{li}=P/\sqrt{3}U_{li}\cos\varphi=2.74\times 1000/\text{（}1.73\times 380\times 0.83\text{）}=5\text{（A）}$$

电动机每相阻抗 $Z=U_{ph}/I_{ph}=380/\text{（}\sqrt{3}\times 5\text{）}=220/5=44$（Ω）

三角形连接时 $I_{ph}=U_{ph}/Z=380/44=8.6$（A）

$$I_{li}=\sqrt{3}I_{ph}=1.73\times 8.6=15\text{（A）}$$

$$P=\sqrt{3}U_{li}I_{li}\cos\varphi=1.73\times 380\times 15\times 0.83=8220\text{（W）}=8.22\text{（kW）}$$

**答**：电动机相电流、线电流皆为 5A，三角形接法时，相电流为 8.6A，线电流为 15A，功率为 8.22kW。

**Jb0000431180 中心为单根金属导体的多芯圆绞线，采取正常绞合方式，1～6 圈单根金属导体之和应为多少？（5 分）**

**考核知识点**：基础知识计算

**难易度**：易

**标准答案**：

**解**：根据题意：

$$K=1+6+12+\cdots+6n$$

$$n=6\text{ 时 }K=127\text{（根）}$$

答：正常绞合圆绞线 1～6 圈单根金属导体之和为 127 根。

**Jb0000432181　当泄漏距离取 1.2cm/kV 时，10kV 电缆所用应力控制管的最小长度应为多少？（5 分）**

**考核知识点**：泄漏距离

**难易度**：中

**标准答案**：

**解**：根据题意

$$L = KU_0 = 1.2 \times 10 / \sqrt{3} = 7\ (\text{cm})$$

**答**：10kV 电缆的应力控制管最小长度为 7cm。

**Jb0000432182　ZLQ－3×95－10kV 电缆在环境温度为 15℃时，载流量为 185A，求其在环境温度为 40℃时，最大允许载流量为多少？（5 分）**

**考核知识点**：载流量

**难易度**：中

**标准答案**：

**解**：根据题意

$$I_{40} = I_{15}\sqrt{\frac{\theta_{60}-\theta_{40}}{\theta_{60}-\theta_{15}}} = 185 \times \sqrt{\frac{60-40}{60-15}} \approx 123.3\ (\text{A})$$

**答**：该电缆在环境温度为 40℃时，最大允许载流量为 123.3A。

**Jb0000432183　三根载流量为 325A（25℃时）的同型号油浸电缆，直埋于地下，相邻两根电缆净距 200mm，土壤热阻系数为 120℃·cm/W，当土壤温度为 10℃时，问其最大载流量为多少？（已知数根电缆校正系数为 0.88，土壤热阻校正系数为 0.86）（5 分）**

**考核知识点**：载流量

**难易度**：中

**标准答案**：

**解**：根据题意

$$I = K_1 K_2 K_3 K_4 I_1$$

并且　$K_1 = 1$　$K_4 = 1$

$$I_{10} = I_{25}\sqrt{\frac{\theta_{60}-\theta_{10}}{\theta_{60}-\theta_{25}}} = 0.88 \times 0.86 \times \sqrt{\frac{60-10}{60-25}} \times 325 = 294\ (\text{A})$$

**答**：考虑环境因素，此三根并列敷设的电缆，10℃时实际每根可载电流 294A。

**Jb0000433184　6～10kV 电缆芯线对地电容电流常用 $I_C = UL/10$（A）计算。现有一条 10kV 电缆线路，长 3km，问充电电流为多少？充电功率为多少？（5 分）**

**考核知识点**：充电功率

**难易度**：难

**标准答案**：

**解**：根据题意

$$I_C = \frac{U_C L}{10} = \frac{10\times 3}{10} = 3\ \text{（A）}$$

$$Q = U_C I_C = 10\times 3 = 30\ \text{（kW）}$$

答：充电电流为3A，充电功率为30kW。

**Jb0000432185　用数字表达式说明电缆中行波的波速度只与绝缘介质有关。（5分）**

考核知识点：行波速度

难易度：中

标准答案：

解：数字表达式

$$V = \frac{1}{\sqrt{L_0 C_0}} = \frac{S}{\sqrt{\mu\varepsilon}}$$

式中　$V$ ——波速度；

$S$ ——光的传播速度，为 $3\times 10^5$km/s；

$\mu$ ——电缆芯线周围介质的相对导磁系数；

$\varepsilon$ ——电缆芯线周围介质的相对介电系数。

答：从以上表达式可见，电缆中的波速度只与电缆绝缘介质有关，而与导体芯线的材料和截面无关。

**Jb0000433186　铜芯240mm² 电缆，短路起始温度为90℃，1s短路电流 $I_i$=34.6kA，求3s时允许电流。（5分）**

考核知识点：短路电流

难易度：难

标准答案：

解：根据题意

$$I_k = I_i / \sqrt{t} = 34.6 / \sqrt{3} = 19.83\ \text{（kA）}$$

答：3s时导体允许短路电流为19.83kA。

**Jb0000432187　在一三芯电缆中各相导体对地电容相等，$C_{A0}=C_{B0}=C_{C0}=0.117\ 1\mu F$，三相导体三相间电容也相等，$C_{AB}=C_{BC}=C_{CA}=0.065\mu F$，问每相的工作电容是多少？（5分）**

考核知识点：电容

难易度：中

标准答案：

解：根据题意

$$C = C_4 + C_y = 0.1171 + 3\times 0.065 = 0.3121\ \text{（μF）}$$

答：每相工作电容为0.312 1μF。

**Jb0000432188　有一条铜芯电缆，当温度 $t_1$ 为20℃时，它的电阻 $R_1$ 为5Ω；当温度 $t_2$ 升到25℃时，它的电阻 $R_2$ 增大到5.1Ω。问它的温度系数是多少？（5分）**

考核知识点：温度系数

难易度：中

标准答案：

解：温度变化值：$\Delta t = t_2 - t_1 = 25 - 20 = 5$（℃）

电阻变化值：$\Delta R = R_2 - R_1 = 5.1 - 5 = 0.1$（Ω）

温度每变化 1℃时所引起的电阻变化

$$\frac{\Delta R}{\Delta t} = \frac{0.1}{5} = 0.02\ (\Omega/℃)$$

温度系数：$\alpha = \frac{\Delta R}{\Delta t} \Big/ R_1 = 0.02/5 = 0.004$（$℃^{-1}$）

答：其温度系数为 $0.004℃^{-1}$。

**Jb0000432189　某一 6×19 的钢丝绳公称抗拉强度为 140kg/cm²，钢丝直径为 0.8mm，若使用时取安全系数为 5.5，其允许荷重为多少？（5 分）**

**考核知识点：**荷重

**难易度：**中

**标准答案：**

解：根据题意

总截面积

$$S = 6 \times 19 \times \pi \times r^2 = 6 \times 19 \times 3.14 \times (0.8/2)^2 = 57.3\ (\text{mm}^2)$$

则破断力 $F = 140 \times 57.3 \times 9.8 = 78\,615.6$（N）

答：其允许荷重为 78 615.6N。

**Jb0000433190　一条电缆全长 750m，发生单相断线故障，用低压脉冲法进行测量，但不知传播速度，测得完好相时间为 8.72μs，故障相时间为 4.1μs，求故障点位置。（5 分）**

**考核知识点：**故障定位

**难易度：**难

**标准答案：**

解：根据题意

$$L_x = Ut_x/2 = (t_x/2)U = (t_x/2) \times 2L/t_1 = (t_x/t_1)L = 4.1 \div 8.72 \times 750 = 352.64\ (\text{m})$$

答：故障距测量端为 325.64m。

**Jb0000433191　如一段铜导线和一段铝导线的电阻和长度相同，问其截面积之比为多少？直径之比为多少？质量之比又为多少？（已知铜的密度为 8.9g/cm³，铝的密度为 2.7g/cm³，20℃时铜的电阻率为 0.017 24 · Ωmm²/m，铝的电阻率为 0.028 3Ω · mm²/m）（5 分）**

**考核知识点：**设备参数换算

**难易度：**难

**标准答案：**

解：根据 $R = \rho \frac{l}{s}$，密度 = 质量/体积得：

（1）$\rho_{cn} \times \frac{L}{S_{cn}} = \rho_{AL} \frac{L}{S_{AL}}$　　$\frac{S_{AL}}{S_{cn}} = \frac{\rho_{AL}}{\rho_{cn}} = \frac{0.028\,3}{0.017\,24} = 1.64$

（2）$D_{AL}/D_{CN} = \sqrt{1.64} = 1.28$

（3）$\dfrac{2.7\times1.64}{8.9\times1.0}=0.5$

答：长度、电阻相同的铝线和铜线截面积之比为1.64:1；直径之比为1.28:1；质量之比为0.5:1。

**Jb0000432192　截取一段50cm长铜芯电缆，剥绝缘后称得一相芯线质量为1068g，问电缆截面积为多少？（已知铜的密度为8.9g/cm³）（5分）**

考核知识点：设备参数换算

难易度：中

标准答案：

解：根据题意

$$S_m=\frac{G}{KL}=\frac{1068}{8.9\times10^{-3}\times500}=240\ (\mathrm{mm^2})$$

答：从质量上可得出该电缆截面积为240mm²。

**Jb0000432193　有一条726m长的电缆，其中首段450m为3×50mm²铜芯电缆，后一段276m为3×70mm²铝芯电缆，发生单相接地故障，故障点对地电阻为1kΩ左右，用QF1A型电缆故障仪测试，正接地测得$R_X=0.47$。求故障点位置。（5分）**

考核知识点：故障定位

难易度：中

标准答案：

解：（1）先将铝芯电缆换算成铜芯电缆，求总等值长度。

$$L=450+276\times\frac{0.031}{0.018\,4}\times\frac{50}{70}=782.1\ (\mathrm{m})$$

（2）故障点长度则为

$$L_{X1}=0.47\times2\times782.1=735.2\ (\mathrm{m})$$

（3）显然，故障点在铝芯电缆部分，因而应该是

$$L_{X2}=450+(735.2-450)\times\frac{0.018\,4}{0.031}\times\frac{70}{50}=687\ (\mathrm{m})$$

答：该故障点应该在距首端687m处。

**Jb0000432194　用交流电桥法测一统包型电缆一芯对地电容，标准电容$C_n=10\mu F$，测得$R_A=331$，$R_B=33$，问该电缆一芯对地电容是多少？（5分）**

考核知识点：电容

难易度：中

标准答案：

解：根据题意

$$C_Y=\frac{1}{3}\times\frac{R_B}{R_A}\times C_n=\frac{1}{3}\times\frac{33}{331}\times10\approx0.33\ (\mu\mathrm{F})$$

答：该电缆一芯对地电容为0.33μF。

**Jb0000433195　用压降比较法测量电缆外护层绝缘损坏点，电缆长2250m，电压反映分别为15mV和25mV，问该电缆外护层绝缘损坏点距测量端多远？是否可用声测法定点？（5分）**

**考核知识点**：压降比较法

**难易度**：难

**标准答案**：

**解**：根据题意

$$X=\frac{U_1}{U_1+U_2}\times L=\frac{15}{15+25}\times 2250=843.75\text{（m）}\approx 844\text{m}$$

**答**：该电缆外护套绝缘损坏点在距测量端 844m 左右处。因电缆外护层绝缘水平较低，故不能采用声测法定点，否则会使整个电缆线路外护层受损坏。

**Jb0000433196　一盘 10kV240mm²XPLE 绝缘铜芯电缆，长 488m，直接放在 5cm 厚、强度为 $C_{25}$ 的水泥地上，是否合适？用数字表达方式予以说明。（5 分）**

**考核知识点**：设备参数换算

**难易度**：难

**标准答案**：

**解**：每千米 YJV－3×240－8.7/10kV 电缆约为 10 300kg，若盘质量为 500kg，则总质量为 500＋10 300×0.488＝5526.4（kg），取盘边宽度为 7cm，着地宽度为 2.5cm。

则 $P=N/S$ ＝5526.4÷（0.07×0.025）＝5526.4÷0.001 75＝3 157 942（N/mm²）

**答**：通过计算得到该电缆盘边着地点压力为 3 157 942N/mm²，显然不能直接放在 5cm 厚标号 $C_{25}$ 的水泥地上，否则会把地压坏，长期置放会损坏电缆。

**Jb0000432197　1kV 户内终端最小干闪距离为 125mm，问其干放电电压为多少？（5 分）**

**考核知识点**：放电电压

**难易度**：中

**标准答案**：

**解**：干闪距离 $L$ 是指上金属电极至下金属电极间的最短直线距离，$L=a+c+d$，其中 $a$ 为第一个绝缘子表面爬电距离，$c$ 为绝缘子串长，$d$ 为最后一个绝缘子爬电距离，如图 Jb0000432197 所示，或直接采用经验公式：

$$L=0.32\times(U_d-14)$$
$$125\text{cm}=0.32\times(U_d-14)$$
$$U_d=53\text{（kV）}$$

**答**：干放电电压为 53kV。

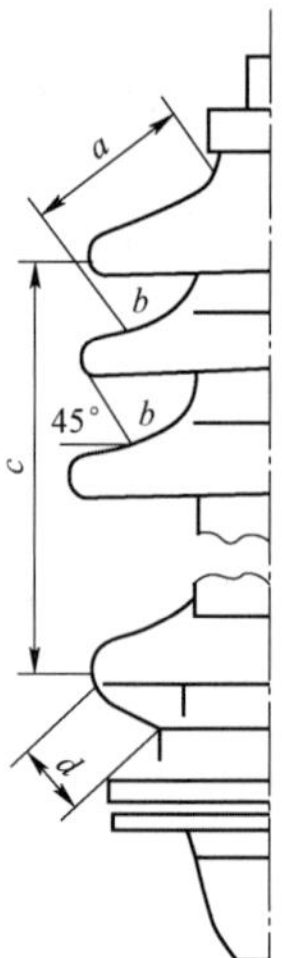

图 Jb0000432197

**Jb0000432198　一条长 50m 的电缆，沿斜面敷设，如图 Jb0000432198 所示，试求电缆右侧终端处的牵引力。（电缆质量按 9.1kg/m 计算，$\mu$＝0.2）。（5 分）**

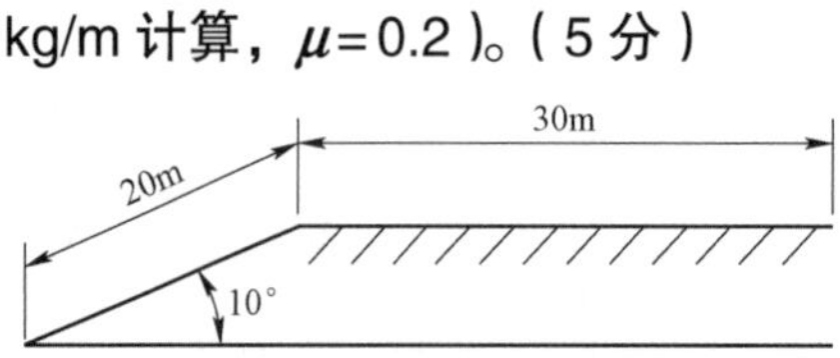

图 Jb0000432198

**考核知识点**：牵引力

**难易度**：中

标准答案：

解：电缆盘的摩擦力一般按 15m 长的电缆质量计：

$$m_4=15\times9.1=136.5\text{（kg）}$$

$$\begin{aligned}m_B&=m_4+WL(\mu\cos Q_1+\sin Q_1)\\&=136.5+9.1\times20\times（0.2\cos10^\circ+\sin10^\circ）\\&=136.5+9.1\times20\times（0.2\times0.9848+0.17264）\\&=203.767\text{（kg）}\end{aligned}$$

$$m_C=m_B+m_\mu=203.767+9.1\times30\times0.2=258.37\text{（kg）}$$

$$T=m_Cg=258.37\times9.8\approx2532\text{（N）}$$

答：C 点的牵引力为 2532N。

**Jb0000433199　已知 YJLV－3×50－10kV 电缆，在 25℃土壤温度下，长期载流量为 147A，一条敷设在空气中的同型号电缆，能满足多大容量变压器使用？（设最高空气温度为 40℃）（5 分）**

考核知识点：设备参数换算

难易度：难

标准答案：

解：实际上 XLPE 绝缘电缆在 25℃土壤中和在 40℃的空气中长期载流量修正系数都是 1.0，即为 147A。

$$I=\frac{S_\mu}{\sqrt{3}U}$$

$$I=147=\frac{S_\mu}{\sqrt{3}U}=\frac{S_\mu}{1.73\times10}$$

$$S_\mu=147\times1.73\times10=2543.1\text{（kVA）}$$

答：YJLV－3×50－10kV 电缆可供容量为 2500kVA 变压器使用。（回答 2543.1kVA 变压器，需扣 0.5 分）

**Jb0000432200　试计算 $YJV_{22}$－3×240mm²/10kV 电力电缆用牵引头方式，牵引时所能承受的拉力。（$\sigma$=70×10⁶Pa/mm²）（5 分）**

考核知识点：牵引力

难易度：中

标准答案：

解：根据题意

$$T_m=k\sigma qS=1\times70\times10^6\,\text{Pa/mm}^2\times240\text{mm}^2\times3=5040\times10^7\,\text{Pa}$$

答：电缆牵引力应小于 $5040\times10^7\,\text{Pa}$。

**Jb0000432201　有一个电流互感器，电流互感器变比为 400A/5A，准确度等级为 0.5 级，额定容量为 15VA，今测得其二次回路的总阻抗为 1Ω，问该电流互感器二次侧所接仪表能否保证其准确度。（5 分）**

考核知识点：电流互感器

难易度：中

**标准答案：**

**解：** 由于 $S = I^2 Z$，因此 $Z = S / I^2 = 15/5^2 = 0.6$（Ω）

所以，二次总阻抗为 1Ω，超过该电流互感器额定阻抗 0.6Ω，即电流互感器的准确等级要下降，即所接仪表不能保证其准确度。

**答：** 不能保证其准确度。

**Jb0000431202　在大电流接地系统中，配电系统可能出现的接地电流最大为 4000A，试求这时对接地网中要求的接地电阻值。（5 分）**

**考核知识点：** 大电流接地系统

**难易度：** 易

**标准答案：**

**解：** 大电流接地系统中

$$R \leqslant 2000/I = 2000/4000 = 0.5\ (\Omega)$$

**答：** 大电流接地系统中，可能出现的接地电流为 4000A 时，接地电阻应小于或等于 0.5Ω。

**Jb0000431203　为什么电流互感器的二次侧绕组不能开路？（5 分）**

**考核知识点：** 电流互感器

**难易度：** 易

**标准答案：**

运行中电流互感器的二次侧所接的负载均为仪表或继电器电流线圈等，阻抗非常小，基本上处于短路状态。当运行中的电流互感器二次绕组开路后，将产生以下严重后果：① 由于磁通饱和，电流互感器的二次侧将产生几千伏的高压，而且磁通的波形变成平顶波，因此，使二次侧产生的感应电动势出现了尖顶波，对二次绝缘构成威胁，对设备和运行人员有危险。② 由于铁芯的骤然饱和，使铁芯损耗增加，严重发热，绝缘有烧坏的可能。③ 将在铁芯中产生剩磁，使电流互感器比差和角差增大，影响计量的准确性。故电流互感器在运行中是不能开路的。

**Jb0000431204　一盘新电缆的电缆盘上应有哪些文字和符号标志？（5 分）**

**考核知识点：** 电缆盘

**难易度：** 易

**标准答案：**

（1）买方名称。

（2）制造厂名和制造日期。

（3）电缆形式（电压、规格和截面）。

（4）电缆长度。

（5）电缆盘总重。

（6）表示电缆盘滚动方式和起吊的符号。

（7）电缆盘规格：直径、中心孔径、外宽尺寸。

（8）电缆盘编号。

（9）合同号。

（10）必要警告文字和符号。

**Jb0000432205 交联聚乙烯电缆具有哪些优缺点？（5分）**

**考核知识点：**交联聚乙烯电缆

**难易度：**中

**标准答案：**

优点：

（1）较高的电气性能。

（2）交联聚乙烯几乎完全保持聚乙烯固有的高电气性能：击穿强度高、绝缘电阻大、介电常数小、介质损耗角正切值低等。

（3）输电容量大。

（4）由于交联聚乙烯具有较高的耐热性和耐老化性能，$\tan\delta$值小，长期容许工作温度可达90℃，因此，它的传输容量可大大提高。

（5）质量轻。

（6）交联聚乙烯电缆不用金属护套，交联聚乙烯的密度小，因此单位长度电缆质量小，同时处理方便，敷设简单。

（7）宜于垂直、高落差和有振动场所的敷设。

（8）交联聚乙烯绝缘电缆属于干绝缘式电缆，不含浸渍剂，因此不可能发生像黏性浸渍纸绝缘电力电缆由于浸渍剂向下流动引起的老化现象，宜于高落差及垂直敷设。又由于它不用金属铅护套，因此它不会产生由于振动、热伸缩等原因引起的老化现象，宜于高落差及垂直敷设。又由于它不用金属铅护套，因此它不会产生由于振动、热伸缩等原因引起的金属护套发裂所致的事故。

（9）耐化学药品性能好。

缺点：

（1）绝缘厚度比浸渍纸绝缘电力电缆的大，因此电缆外径较大。

（2）交联聚乙烯的脉冲击穿强度随脉冲次数增加而下降的趋势比浸渍纸绝缘的显著得多。

（3）耐电晕性比浸渍纸的低。

（4）击穿强度随温度上升而下降的趋势比浸渍纸显著。

（5）透水的问题尚待解决。

**Jb0000432206 请解释保护接地和保护接零是如何防止人身触电的？（5分）**

**考核知识点：**保护接地接零

**难易度：**中

**标准答案：**

（1）保护接零是当设备一相绝缘损坏或异常原因，使机壳带电时，迫使机壳对地电压近似为零，短路电流绝大部分经接地体入地，流过人体的电流几乎为零，不致造成对人体的伤害。

（2）保护接地是将机壳与保护零线连接，当一相接壳时，由于零相回路阻抗很小，产生很大的短路电流，使熔断器迅速熔断或使自动空气开关迅速动作，切断电流，保护人身不致触电。

**Jb0000431207 试论电缆用铅做护套的优缺点。（5分）**

**考核知识点：**铅护套

**难易度：**易

**标准答案：**

铅是质地柔软、熔点较低的重金属。铅护套是最早用来作金属护层的材料。

优点：

（1）熔点低，易于加工，在制造过程中不会使电缆绝缘过热。

（2）耐腐蚀性能好，不易受酸、碱等物质的腐蚀，化学稳定性好。

（3）柔软，不影响电缆的可曲性。

缺点：

（1）铅机械强度低，易受外力损伤。

（2）铅质柔软弹性差。浸渍绝缘剂（电缆油）的膨胀系数为铅的7～8倍，当电缆温度上升时，电缆内部压力升高，造成铅包过度伸展膨胀。当温度降低时，铅包不能恢复原来的状态，在电缆内部产生空隙，易在绝缘中产生局部放电。

（3）铅有较大的蠕动性和疲劳龟裂性，在架空、桥梁、沿公路或铁路线敷设时，可能由于松动而产生龟裂，导致电缆受潮、漏油而引起故障。

（4）密度大，增加了电缆的质量。

（5）铅资源缺少，价格较昂贵。

（6）有毒，长期和铅接触，有可能引起铅中毒。

**Jb0000432208　纸绝缘电缆故障点受潮后对观测波形有哪些影响？（5分）**

**考核知识点：**纸绝缘电缆

**难易度：**中

**标准答案：**

（1）有的故障电缆因为铠装及铅包破裂，而又未及时测寻处理，时间久了，潮气往往从破裂处渗透进去，形成大面积长距离受潮。实践证明，在这样的情况下，用直流闪络法是无法测量的。

（2）当用冲击高压闪络法测试时，从火花放电球间隙发出的声音及冲击电流数值来看，都可判断为故障点已被电离击穿，而实际上没有观察到回波。贮能管屏面上看到的波形近似未击穿的电压波形。但是在故障点处往往能听到相当大的放电声，并能看到故障点处的火花放电现象。在实测中虽然遇到这种情况的时候不多，但在能判断出故障点击穿放电，又未观察到故障回波时，可考虑电缆受潮这一因素。

**Jb0000432209　使用万用表时有哪些注意事项？（5分）**

**考核知识点：**万用表

**难易度：**中

**标准答案：**

（1）使用万用表前要明确测量的内容及大概数值（如直流、交流、电压、电流、电阻等），然后把表的切换开关拨好，如对测量的数值不清，应先放到最大量程，防止碰针。

（2）测电阻时应先断开被测回路电源，将两个测量线短路对零，再进行测量。

（3）万用表因刻度盘刻度较多，使用时应防止将切换开关倒错或用错，注意不要看错刻度。

（4）使用完后应将表计切换开关放在0挡位置或交流电压最高挡。

**Jb0000431210　对携带型接地线有哪些规定？（5分）**

**考核知识点：**携带型接地线

**难易度：**易

**标准答案：**

（1）应使用多股软裸铜线，截面应符合短路电流要求，但不应小于$25mm^2$。

（2）必须使用专用的线夹，用以将接地线固定在停电设备上，严禁用缠绕方法将停电设备接地或短路。每次使用接地线前应详细检查，禁止使用不合格的接地线。

（3）每组接地线均应编号并放在固定地点，存放位置也应编号且接地线号与存放位置号相对应。

**Jb0000431211　110kV 接头施工对环境有什么要求？（5分）**

**考核知识点：**110kV 接头施工

**难易度：**易

**标准答案：**

（1）施工区域温度宜为 10～30℃，湿度应小于 70%。

（2）操作区有风或尘土，应搭建工作间。

**Jb0000431212　电缆加热调直时，一般应对电缆进行多少温度下多长时间的加热？锡箔纸有什么用途？（5分）**

**考核知识点：**加热调直

**难易度：**易

**标准答案：**

（1）应对电缆进行 75～80℃，持续 4h 的加热。

（2）锡箔是热的良导体，在加热带与电缆之间包绕一层锡箔纸有助于使电缆均匀受热。

**Jb0000431213　电缆接头施工中，清洗交联电缆绝缘及外半导电层时应注意什么？（5分）**

**考核知识点：**电缆接头施工

**难易度：**易

**标准答案：**

（1）应使用不掉毛、不褪色的清洗材料。

（2）应自绝缘向半导电单方向清洗，清洗材料不得重复使用。

**Jb0000431214　充油电缆用的绝缘油有什么特性？（5分）**

**考核知识点：**充油电缆

**难易度：**易

**标准答案：**

（1）黏度低、流动性好。

（2）击穿强度高、介质损耗小。

（3）具有良好的吸气性能。

**Jb0000431215　110kV 电缆生产工艺中的三层共挤是指哪三层？（5分）**

**考核知识点：**110kV 电缆生产工艺

**难易度：**易

**标准答案：**

110kV 电缆生产工艺中的三层共挤是指内半导电层、绝缘层、外半导电层。

**Jb0000431216　110kV 电缆终端按照外绝缘介质的不同分为哪几类？外绝缘介质分别是什么？（5分）**

**考核知识点：**110kV 电缆终端

**难易度：**易

**标准答案：**

110kV 电缆终端按照外绝缘介质的不同分为空气终端、六氟化硫终端、油浸终端；外绝缘介质依次是空气、六氟化硫、变压器油。

**Jb0000431217　110kV 电缆放线施工用的机具主要有哪些？（5 分）**

**考核知识点：**110kV 电缆放线施工

**难易度：**易

**标准答案：**

110kV 电缆放线施工用的机具主要有电缆盘支架、放线机、牵引机具、滑车、电源控制系统、通信系统。

**Jb0000431218　使用机械放线时，对放线速度有什么要求？（5 分）**

**考核知识点：**机械放线

**难易度：**易

**标准答案：**

放线速度不得超过 15m/min。

**Jb0000431219　为提高充油电缆封铅的质量，需要采取哪些措施？（5 分）**

**考核知识点：**充油电缆

**难易度：**易

**标准答案：**

（1）采用双层封铅。

（2）在封铅外面密绕铜绑线，以加强封铅机械强度。

**Jb0000431220　机械拖放 110kV 交联电缆时，牵引头应如何制作？（5 分）**

**考核知识点：**机械拖放 110kV 交联电缆

**难易度：**易

**标准答案：**

应将牵引头拉杆与缆芯压接后，再用焊料把拉杆与铅（铝）包焊在一起。

**Jb0000431221　制作 110kV 交联电缆接头前，对电缆进行加热有什么作用？（5 分）**

**考核知识点：**制作 110kV 交联电缆接头

**难易度：**易

**标准答案：**

（1）便于调直电缆。

（2）可有效消除在电缆制造、敷设过程中形成的内部应力。

**Jb0000431222　电缆为什么采用铅做护套材料？（5 分）**

**考核知识点：**护套材料

**难易度：**易

**标准答案：**

（1）密封性能好。

（2）熔点低。

（3）韧性好，不影响电缆的可曲性。

（4）耐腐蚀性比一般金属好。

**Jb0000431223　说出 CYZQ202 电缆的结构。（5 分）**

**考核知识点：**电缆

**难易度：**易

**标准答案：**

铜芯、纸绝缘、铅包、钢带径向加强、无铠装、聚氯乙烯护套充油电缆。

**Jb0000431224　充油电缆有哪几种接头？（5 分）**

**考核知识点：**充油电缆

**难易度：**易

**标准答案：**

充油电缆有直通接头、绝缘接头、塞止接头、过渡接头四种接头。

**Jb0000431225　运行中充油电缆的电缆油应进行哪些预防性试验项目？（5 分）**

**考核知识点：**充油电缆

**难易度：**易

**标准答案：**

运行中充油电缆的电缆油应进行击穿强度、介质损耗试验。

**Jb0000431226　充油电缆哪种接头可实现电缆的分段供油？（5 分）**

**考核知识点：**充油电缆

**难易度：**易

**标准答案：**

塞止接头可实现电缆的分段供油。

**Jb0000431227　简述 110kV 电缆护层保护器的作用。（5 分）**

**考核知识点：**110kV 电缆护层保护器

**难易度：**易

**标准答案：**

系统过电压时，电缆金属护套开路端会出现很高的过电压。为防止护层绝缘击穿，开路端需装设护层保护器，以降低电缆护层绝缘所承受的过电压。

**Jb0000431228　制作 110kV 交联电缆接头时，用什么工具剥离 PVC 护套及金属护套？入刀深度有什么要求？（5 分）**

**考核知识点：**制作 110kV 交联电缆接头

**难易度：**易

**标准答案：**

应使用月牙刀剥离 PVC 护套及金属护套。入刀深度宜为被剥离层厚度的 1/2～3/4。

**Jb0000431229　机械敷设电缆时有哪些安全要求？（5 分）**

**考核知识点：**机械敷设

**难易度：**易

**标准答案：**

用机械敷设电缆时，应考虑牵引机具的强度。在牵引中应防止钢丝绳背花，或在尖硬的物体上刮磨。工作人员不许扶摸走动中的钢丝绳或电缆。如有故障应停车处理。

**Jb0000431230　说出型号为 YJLW02－1×400 电缆的数字和字母表示的含义。（5 分）**

**考核知识点：**电缆

**难易度：**易

**标准答案：**

表示铜芯、交联聚乙烯绝缘、皱纹铝包、无铠装、聚氯乙烯外护套、导线截面积为 400$mm^2$ 的单芯电缆。

**Jb0000431231　制作 110kV 交联电缆接头时，使用电动打磨机打磨电缆绝缘应注意什么？（5 分）**

**考核知识点：**制作 110kV 交联电缆接头

**难易度：**易

**标准答案：**

（1）操作人员不得戴手套。

（2）应合理调整打磨机转速，精细打磨时应使用慢速挡或手工打磨。

（3）打磨机应与电缆轴向及辐向成 15°左右夹角，用力均匀，不得划伤电缆，不得剃出波纹。

（4）不得使用污秽或打磨过半导电的砂带。

**Jb0000431232　使用玻璃片清理绝缘表面残余半导电时，应注意什么？（5 分）**

**考核知识点：**半导电

**难易度：**易

**标准答案：**

（1）操作人不得戴手套，以便于掌握力度。

（2）把持玻璃片力度适中，防止割伤。

（3）玻璃片应与电缆轴向及辐向成 30°～45°夹角，用力均匀，不得划伤电缆，不得剃出波纹。

**Jb0000431233　充油电缆油压报警系统有哪两种？（5 分）**

**考核知识点：**充油电缆

**难易度：**易

**标准答案：**

（1）电接点表。

（2）压差报警系统。

**Jb0000431234　用什么方法查找充油电缆漏油点？如需冷冻，冷冻剂是什么？（5 分）**

**考核知识点：**充油电缆

**难易度：**易

**标准答案：**

油流法用于查找充油电缆漏油点。冷冻剂是液氮。

**Jb0000431235　试验中发生的击穿故障有何特点？（5分）**

**考核知识点：**击穿故障

**难易度：**易

**标准答案：**

故障电阻值比较高，一般不能用绝缘电阻表直接测出。

**Jb0000431236　闪络性故障大多出现在电缆哪个部位？（5分）**

**考核知识点：**闪络性故障

**难易度：**易

**标准答案：**

闪络性故障大多出现在电缆接头和终端内。

**Jb0000431237　闪络性故障主要有哪两类？（5分）**

**考核知识点：**闪络性故障

**难易度：**易

**标准答案：**

闪络性故障主要有击穿故障和封闭性故障。

**Jb0000431238　电缆故障的测距方法主要有哪三种？（5分）**

**考核知识点：**故障测距

**难易度：**易

**标准答案：**

（1）回路电桥平衡法。

（2）低压脉冲反射法。

（3）闪络法。

**Jb0000431239　电缆故障定点方法主要有什么？（5分）**

**考核知识点：**故障定点

**难易度：**易

**标准答案：**

电缆故障定点方法主要有感应法、声测法、声磁同步定点法。

**Jb0000431240　闪络法分哪两种？（5分）**

**考核知识点：**闪络法

**难易度：**易

**标准答案：**

闪络法分直闪法和冲闪法。

**Jb0000431241　低压脉冲法测量断线故障，波形有何特点？（5分）**

**考核知识点：**低压脉冲法

**难易度：**易

**标准答案：**

发射脉冲与反射脉冲同极性，当发射为正脉冲时，反射也为正脉冲。

**Jb0000431242　低压脉冲法测量死接地故障，波形有何特点？（5分）**

**考核知识点：**低压脉冲法

**难易度：**易

**标准答案：**

发射脉冲与反射脉冲极性相反，当发射为正脉冲时，反射为负脉冲。

**Jb0000431243　闪测仪信号取样有哪两种？（5分）**

**考核知识点：**闪测仪

**难易度：**易

**标准答案：**

闪测仪信号取样有电流取样和电压取样。

**Jb0000431244　故障定点时，如何提高故障点放电声音？（5分）**

**考核知识点：**故障定点

**难易度：**易

**标准答案：**

适当加大球间隙或增大电容。

**Jb0000431245　高阻接地故障发射为正脉冲，反射波形有何特点？（5分）**

**考核知识点：**高阻接地故障

**难易度：**易

**标准答案：**

反射波形为前沿有负反冲的正脉冲。

**Jb0000431246　电缆故障产生的主要原因有哪些？请至少说出四种。（5分）**

**考核知识点：**电缆故障

**难易度：**易

**标准答案：**

电缆故障产生的主要原因有外力损坏、试验击穿、制造质量不良、绝缘老化、施工质量。

**Jb0000432247　户内电缆头为什么有时会产生电晕放电现象？（5分）**

**考核知识点：**户内电缆头

**难易度：**中

**标准答案：**

产生电晕放电现象的部位大多是在三芯分叉处电缆芯引出的部位，其主要原因是三芯分叉的距离较小，芯与芯之间的空隙形成一个大电容，当终端头周围通风不良，室内空气湿度较大时，在电压的作用下空气发生游离引起电晕现象，所以电缆头安装的环境与电晕放电有关系。

**Jb0000432248 电缆线路的原始记录，主要包括哪几点？（5分）**

**考核知识点：**原始记录

**难易度：**中

**标准答案：**

（1）电缆敷设记录。

（2）电缆接头记录。

（3）隐蔽工程中间验收的记录。

（4）试验记录。

**Jb0000432249 电力电缆为什么要焊接地线？（5分）**

**考核知识点：**接地线

**难易度：**中

**标准答案：**

（1）由于电缆的金属护套与线芯是绝缘的，当电缆发生绝缘击穿或线芯中流过较大故障电流时，金属护套的感应电压可能使得内衬层击穿，引起电弧，直到将金属护套烧熔成洞。

（2）为了消除这种危害，必须将金属护套、铠装层、电缆头保护壳和法兰支架等用导线与接地网连通。

**Jb0000432250 电缆故障发生的原因是什么？（5分）**

**考核知识点：**故障

**难易度：**中

**标准答案：**

（1）机械损伤。

（2）电缆外皮的电腐蚀。

（3）化学腐蚀。

（4）地面下沉。

（5）电缆绝缘物的流失。

（6）长期过负荷运行。

（7）震动破坏。

（8）施工质量和接头质量不合格。

（9）在潮湿的气候条件下做接头，使接头封装物内混入水蒸气而耐不住试验电压，往往形成闪络性故障。

**Jb0000432251 在挖掘电缆沟前，应做哪些准备工作？（5分）**

**考核知识点：**挖掘电缆沟

**难易度：**中

**标准答案：**

挖掘电缆工作，应由有经验的人员交代清楚后才能进行。挖到电缆保护板后，应由有经验的人员在场指挥方可继续工作。挖掘电缆沟前，应做好防止交通事故的安全措施。在挖出土堆的斜坡上，不得放置工具、材料等杂物。沟边应留有走道。

**Jb0000432252　鉴别纸绝缘电缆有无潮气的方法是什么？（5分）**

**考核知识点：**纸绝缘电缆

**难易度：**中

**标准答案：**

（1）可将电缆油加热到140～150℃，把纸带浸入油中。如纸带轻度受潮，可以看到油中泛有泡沫；受潮严重时，会发出嗞嗞声。

（2）将纸带撕下用火点燃，如果有潮气，纸带表面就会出现一些泡沫和裂皮凸起。

**Jb0000432253　防止电缆火灾延燃的措施有哪几项？（5分）**

**考核知识点：**电缆火灾

**难易度：**中

**标准答案：**

防止电缆火灾延燃的措施有封、堵、涂、隔、包、水喷雾及其他方法。

**Jb0000431254　振荡波试验方法有哪些优点？（5分）**

**考核知识点：**振荡波试验

**难易度：**易

**标准答案：**

（1）能有效地检测缺陷。

（2）与50Hz试验结果相一致。

（3）设备简单、便宜。

（4）没有电压限制。

**Jb0000432255　假设一根大截面电缆或两根小截面电缆并联运行，同样能满足用户需要，忽略经济因素，您选用哪种方式？为什么？（5分）**

**考核知识点：**经济运行

**难易度：**中

**标准答案：**

选用单根大截面电缆。由于电缆的导体电阻很小（约 0.05Ω/km），两根电缆并联运行时，如其中一个导体与线排发生松动，则接触电阻可能达到或超过导体电阻，那么流过与之并联的另一个导体的电流将成倍增加，从而导致热击穿。

**Jb0000432256　电缆的路径选择，应符合哪些规定？（5分）**

**考核知识点：**路径选择

**难易度：**中

**标准答案：**

（1）避免电缆遭受机械性外力、过热、腐蚀等危害。

（2）满足安全要求条件下使电缆较短。

（3）便于敷设、维护。

（4）避开将要挖掘施工的地方。

（5）充油电缆线路通过起伏地形时，使供油装置较合理配置。

**Jb0000432257　电缆接头的绝缘应有什么特性？（5分）**

**考核知识点：**电缆接头

**难易度：**中

**标准答案：**

（1）接头的额定电压及其绝缘水平，不得低于所连接电缆额定电压及其要求的绝缘水平。

（2）绝缘接头的绝缘环两侧耐受电压，不得低于所连电缆护层绝缘水平的2倍。

**Jb0000432258　交联聚乙烯电缆内半导体层、绝缘层和外半导电层同进挤出工艺的优点是什么？（5分）**

**考核知识点：**挤出工艺

**难易度：**中

**标准答案：**

（1）防止电缆主绝缘与导体屏蔽以及主绝缘与绝缘屏蔽之间引入外界杂质。

（2）防止在制造过程中造成导体屏蔽意外损伤，及其损伤后引起的局部放电。

（3）由于内外屏蔽与主绝缘紧密贴合，提高了电缆起始游离放电电压。

**Jb0000432259　什么是电气设备的交接试验？（5分）**

**考核知识点：**交接试验

**难易度：**中

**标准答案：**

电气设备的交接试验是指新安装的电气设备在投产前，根据国家颁布的有关规程规范的试验项目和试验标准进行的试验；以判明新安装设备是否可以投入运行，并保证安全。

**Jb0000432260　交流110kV及以上单芯电缆在哪些情况下，宜沿电缆邻近配置并行回流线？（5分）**

**考核知识点：**单芯电缆

**难易度：**中

**标准答案：**

（1）可能出现的工频或冲击感应电压，超过电缆护层绝缘的耐受强度时。

（2）需抑制对电缆邻近弱电线路的电气干扰强度时。

**Jb0000432261　防止误操作的“五防”内容是什么？（5分）**

**考核知识点：**五防

**难易度：**中

**标准答案：**

（1）防止误拉、误合断路器。

（2）防止带负荷拉、合隔离开关。

（3）防止带电合接地开关。

（4）防止带接地线合闸。

（5）防止误入带电间隔。

**Jb0000432262　说出型号为 YJLW02－110－1×800 电缆的数字和字母表示的含义。（5 分）**

**考核知识点：**电缆

**难易度：**中

**标准答案：**

表示铜芯、交联聚乙烯绝缘、皱纹铝包、无铠装、聚氯乙烯外护套、额定电压为 110kV、导线截面积为 $800mm^2$ 的单芯电缆。

**Jb0000432263　进入 $SF_6$ 配电室时必须遵守哪些规定？（5 分）**

**考核知识点：**$SF_6$ 配电室

**难易度：**中

**标准答案：**

工作人员进入 $SF_6$ 配电装配室，必须先通风 15min，并用检漏仪测量 $SF_6$ 气体含量。尽量避免一人进入 $SF_6$ 配电装配室室内进行巡视，不准一人进入从事检修工作。

**Jb0000431264　电力系统频率出现较大波动时有什么危害？（5 分）**

**考核知识点：**电力系统

**难易度：**易

**标准答案：**

频率波动较大时，会影响电机和其他电气设备的性能。轻则会影响工农业产品的质量和产量；重则会损坏汽轮机等设备，严重时会引起系统性的频率崩溃，造成大面积停电，使系统瓦解。

**Jb0000431265　电缆线路为何不设重合闸装置？（5 分）**

**考核知识点：**重合闸

**难易度：**易

**标准答案：**

由于电缆大多敷设于地下，不会发生鸟害、异物搭挂等故障，故障属于永久性的，所以电缆线路不设重合闸，也不应人为重合闸，以免扩大事故范围。

**Jb0000432266　单芯电缆护套一端接地方式中为什么必须安装一条沿电缆平行敷设的回流线？（5 分）**

**考核知识点：**单芯电缆

**难易度：**中

**标准答案：**

在金属护套一端接地的电缆线路上，为确保护套中的感应电压不超过允许标准，必须安装一条沿电缆线路平行敷设的导体，且导体的两端接地，这种导体称为回流线。当发生单相接地故障时，接地短路电流可以通过回流线流回系统中心点，由于通过回流线的接地电流产生的磁通抵消了一部分电缆导线接地电流所产生的磁通，因而可降低短路故障时护套的感应电压。

**Jb0000431267　运行中的电流互感器二次侧开路有什么危害？为什么？（5 分）**

**考核知识点：**电流互感器

**难易度：**易

**标准答案：**

电流互感器二次磁通势与一次磁通势方向相反及起去磁作用，故铁芯磁通密度较低，但当电流互感器二次开路时电流为零，磁通势也为零，对一次磁通势的去磁作用消失，铁芯中磁通密度增大很多，铁芯严重饱和，在二次绕组上感应出很高的电动势，危及设备和人身安全。

**Jb0000432268　触电时对人体伤害的严重程度与哪些因素有关？其中最主要的因素是什么？（5分）**

**考核知识点：**触电

**难易度：**中

**标准答案：**

触电时对人体伤害的严重程度与电流值、电流的频率、电流通过人体的时间、电流通过人体的路径以及人体的健康状况等因素有关，其中最主要的是电流值。

**Jb0000431269　铜导线长度 $L$=100m，截面积 $S$=0.1mm²，温度 $T_2$=50℃时求导线电阻 $R_2$。已知 $T_2$=50℃时铜导线电阻温度系数为 $\alpha$=0.004 1℃⁻¹。（5分）**

**考核知识点：**设备参数换算

**难易度：**易

**标准答案：**

**解：**根据题意，先求常温下（$T$=20℃）的电阻 $R_1$。

$R_1=\rho\times L/S=0.017\,2\times100/0.1=17.2$（Ω）

$R_2=R_1[1+\alpha(T_2-T_1)]=17.2\times[1+0.004\,1\times(50-20)]=17.2\times1.123\approx19.3$（Ω）

**答：**温度 $T_2$=50℃时导线电阻为19.3Ω。

**Jb0000431270　一条充油电缆线路两端落差为12m，问内部的电缆油产生油柱静压力为多少？（5分）**

**考核知识点：**充油电缆

**难易度：**易

**标准答案：**

$$p=0.1H_{\rm d}$$

低黏度矿物油或烷基苯合成油的密度为0.9g/cm³，则有

$$p=0.1\times1200\times0.9\times10^{-3}=0.108\ (\text{kg/cm}^3)$$

**答：**12m落差产生的电缆内油柱静压为0.108kg/cm³。

**Jb0000431271　设一条10kV电缆，最高允许温度为60℃，在周围土壤温度为15℃时，电流为325A，问当土壤温度为30℃时，其载流量为多少？后者为前者的几倍？（5分）**

**考核知识点：**载流量

**难易度：**易

**标准答案：**

$$\frac{I_1}{I_2}=\sqrt{\frac{\theta_{c1}-\theta_{01}}{\theta_{c2}-\theta_{02}}}$$

$$I_2=I_1\sqrt{\frac{60-30}{60-15}}=325\times0.82=266.5\text{（A）}$$

答：该电缆 30℃时载流量为266.5A，后者为前者的 82%。

**Jb0000431272　不考虑铜带搭盖，求 10kV XLPE 电缆金属屏蔽层面积。（已知铜屏蔽为两层，铜带厚度为 0.5mm，宽度为 25mm）（5 分）**

**考核知识点：**设备参数换算

**难易度：**易

**标准答案：**

**解：**根据题意

$$S=U_1T_1W_1=2\times0.5\times25=25\text{（mm}^2\text{）}$$

答：10kV 电缆金属屏蔽层面积为 $25mm^2$。

**Jb0000432273　某台三相电力变压器，其一次绕组的电压为 6kV，二次绕组的电压为 230V，求该变压器的变比，若一次绕组为 1500 匝，试问二次绕组应为多少匝？（5 分）**

**考核知识点：**设备参数换算

**难易度：**中

**标准答案：**

**解：**因为 $U_1/U_2=N_1/N_2=K$

其中，$U_1$、$U_2$ 分别为变压器一、二次侧电压值，$N_1$、$N_2$ 分别为变压器一、二次侧绕组匝数，$K$ 为变比。

所以 $K=U_1/U_2=6000/230\approx26$

$$N_2=N_1/K=1500/26\approx58\text{（匝）}$$

答：该变压器的变比为 26，二次绕组应为 58 匝。

**Jb0000432274　一条电缆全长 800m，发生了单相死接地故障，用低压脉冲法查找故障点，不知传播速度。现测得完好相时间 $t_1$ 为 10μs，故障相时间 $t_x$ 为 3μs。问波速在该电缆中为多少？故障点距离测量端多远？（5 分）**

**考核知识点：**故障定位

**难易度：**中

**标准答案：**

**解：**根据题意

$$V=2L/t_1=2\times800\div10=160\text{（m/μs）}$$

$$L_x=V\,t_x/2=160\times3\div2=240\text{（m）}$$

答：波速为 160m/μs，故障点距离为 240m。

**Jb0000431275　已知 $i=38\sin(\omega t+30^\circ)$，初相位是多少？电流的有效值是多少？（5 分）**

**考核知识点：**基础知识计算

**难易度：**易

**标准答案：**

**解：**当 $t=0$ 时，可得其初相位 $\omega t+30^\circ=30^\circ$

电流有效值 $i = 38/\sqrt{2} = 26.9$（A）

答：初相位为 30°，电流的有效值为 26.9A。

**Jb0000433276 图 Jb0000433276 所示的电桥电路，其参数如图中所示，当将开关 S 合上后，流过检流计的电流 *I* 为多少？（5 分）**

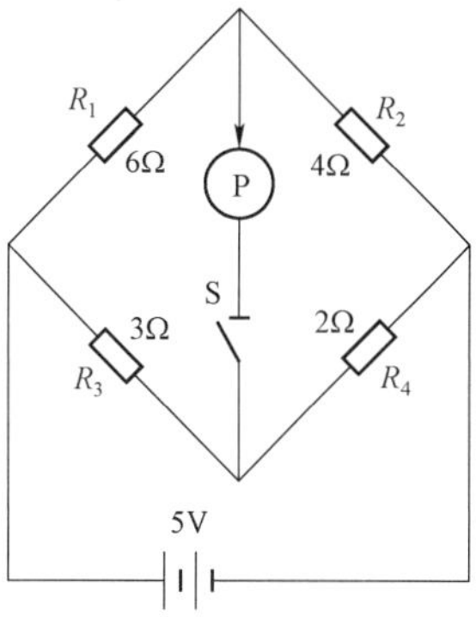


图 Jb0000433276

**考核知识点**：基础知识计算

**难易度**：难

**标准答案**：

**解**：$6\times2=3\times4$，即 $R_1R_4=R_2R_3$。

**答**：此时电桥已经平衡，所以 $I=0$A。

**Jb0000433277 图 Jb0000433277 所示是对称三相电源的三角连接，如果将 CA 绕组反接，试问三角形回路总电动势为多少？（5 分）**

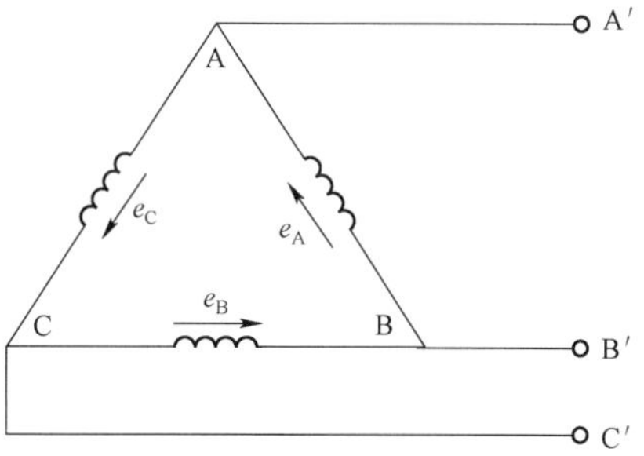


图 Jb0000433277

**考核知识点**：电动势

**难易度**：难

**标准答案**：

**解**：正接时，因三相对称电动势的瞬时值的代数和（或有效值相量的和）为零，即

$e_A + e_B + e_C = 0$ 或 $\dot{E}_A + \dot{E}_B + \dot{E}_C = 0$，故当 CA 绕组反接时，$\dot{E}_A + \dot{E}_B - \dot{E}_C = -2\dot{E}_C$。

**答**：当 CA 绕组反接时，三角形回路总电动势为 $-2\dot{E}_C$。

Jb0000432278　有一单相照明电路，电压为220V，接有40W日光灯25盏，配置电感式镇流器时，功率因数 $\cos\varphi=0.52$，改用电子镇流器时功率因数为0.73，试计算，改用电子镇流器后电流下降多少？（5分）

考核知识点：设备参数换算

难易度：中

标准答案：

解：

$$I_1=\frac{P_n}{U\cos\varphi}=\frac{40\times25}{220\times0.52}=\frac{1000}{114.4}=8.7\text{（A）}$$

$$I_2=\frac{P_n}{U\cos\varphi'}=\frac{40\times25}{220\times0.73}=\frac{1000}{160.6}=6.2\text{（A）}$$

$$I=I_1-I_2=8.7-6.2=2.5\text{（A）}$$

答：改用电子镇流器后电流下降了2.5A。

Jb0000432279　四台一组的BW0.4－12－3并联电容器，铭牌上标明电容值为239μF，当实际工作电压为380V时，其实际容量为多少？（5分）

考核知识点：基础知识计算

难易度：中

标准答案：

解：$Q_C=\omega CU^2\times10^{-3}=314\times239\times0.38^2\times10^{-3}=10.8$（kvar）

答：实际容量为10.8kvar。

Jb0000433280　为测量20V直流电压，今有两块表：A表为1.5级，量程为30V；B表为0.5级，量程为150V，试选择一块？（5分）

考核知识点：电能表

难易度：难

标准答案：

解：（1）A表的绝对误差为 $\Delta m=\pm K\%A_m=\pm1.5\%\times30=\pm0.45$（V）

测量20V电压时相对误差为 $r=\pm0.45/20=\pm0.022\,5=\pm2.3\%$

（2）B表的绝对误差为 $\Delta m=\pm K\%A_m=\pm0.5\%\times150=\pm0.75$（V）

测量20V电压时相对误差为 $r=\pm0.75/20=\pm0.037\,5=\pm3.8\%$

答：应选择A表。

Jb0000433281　R、L、C串联电路，已知 $L=20$mH、$C=200$pF、$R=100\Omega$，问电路的谐振频率为多少？（5分）

考核知识点：谐振频率

难易度：难

标准答案：

解：$f=\dfrac{1}{2\pi\sqrt{LC}}=\dfrac{1}{2\pi\sqrt{20\times10^{-3}\times200\times10^{-12}}}\approx80$（kHz）

答：电路的谐振频率为80kHz。

**Jb0000431282　画出电动势 $U=40\sin(\omega t+60°)$ V 的波形图。（5 分）**

**考核知识点：**画图

**难易度：**易

**标准答案：**

如图 Jb0000431282 所示。

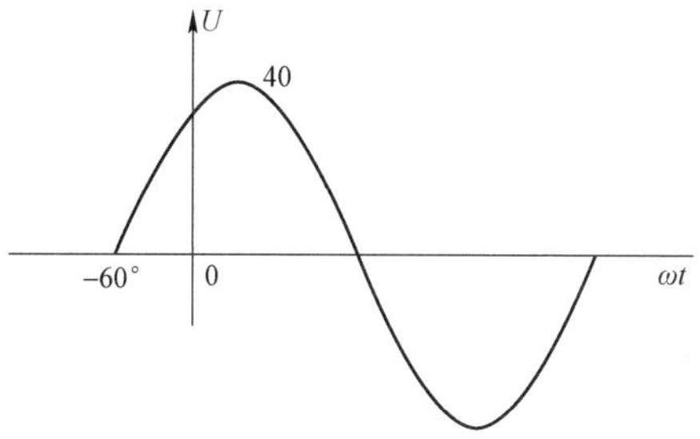


图 Jb0000431282

**Jb0000431283　试画图说明全面质量管理计划工作的 4 个阶段循环程序。（5 分）**

**考核知识点：**画图

**难易度：**易

**标准答案：**

如图 Jb0000431283 所示。

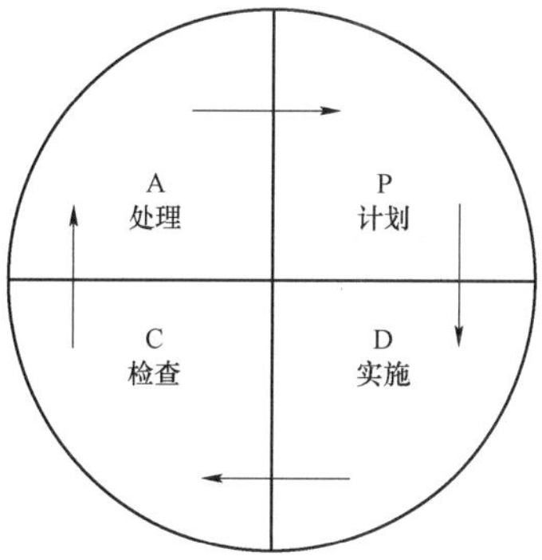


图 Jb0000431283

**Jb0000432284　请给图 Jb0000432284－1 所示单芯电缆线路绘出一种正确的交叉互联方式。（5 分）**

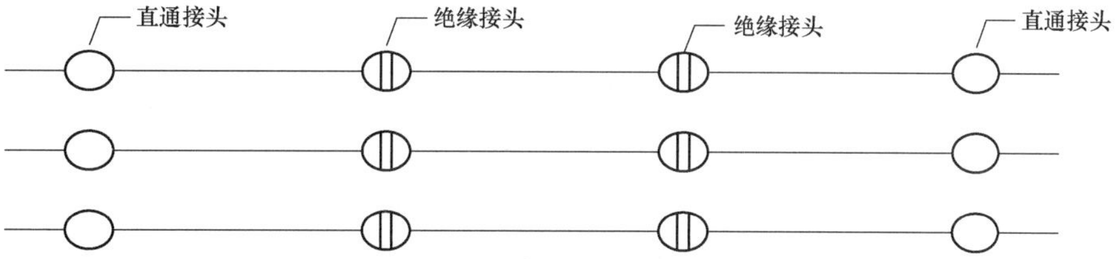


图 Jb0000432284－1

**考核知识点：**画图

**难易度**：中

**标准答案**：

答案①：如图 Jb0000432284－2 所示。

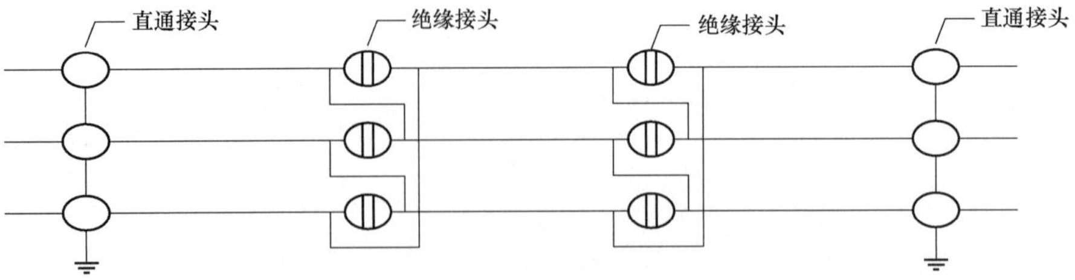


图 Jb0000432284－2

答案②：如图 Jb0000432284－3 所示。

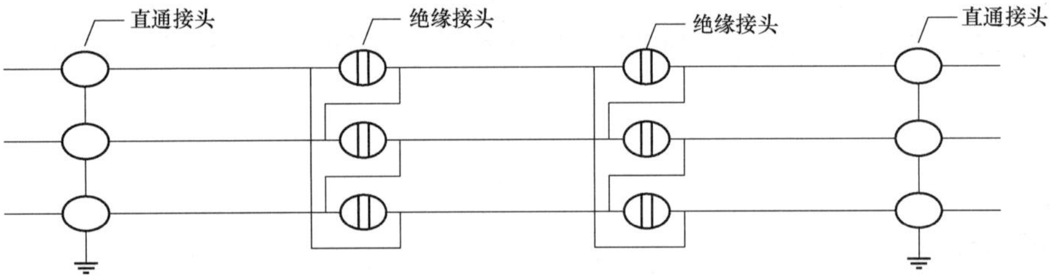


图 Jb0000432284－3

（说明：绘出其中一种即可）

**Jb0000432285　画出零序电流取得原理接线图。（5 分）**

**考核知识点**：画图

**难易度**：中

**标准答案**：

如图 Jb0000432285 所示。

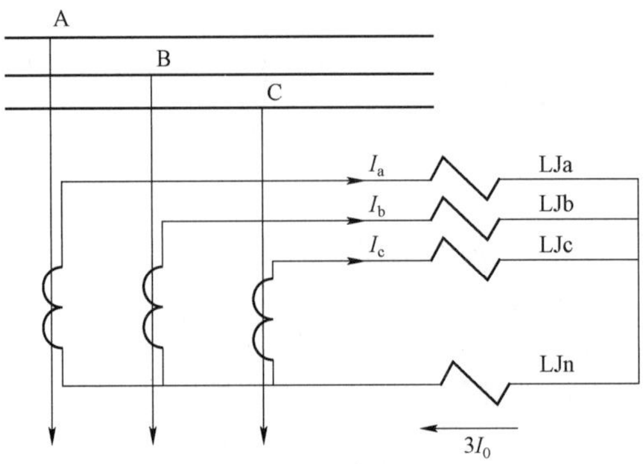


图 Jb0000432285

**Jb0000431286 画出电缆低阻接地故障电桥法测试故障点的原理图。（5分）**

**考核知识点：**画图

**难易度：**易

**标准答案：**

如图 Jb0000431286 所示。

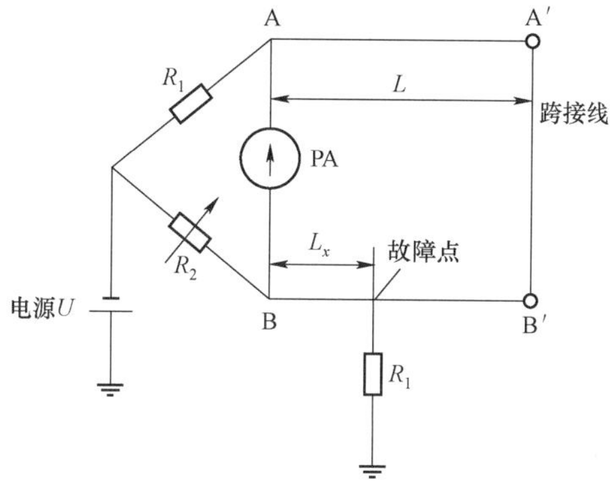


图 Jb0000431286

**Jb0000433287 电路功率因数过低是什么原因造成的？为什么要提高功率因数？（5分）**

**考核知识点：**功率因数

**难易度：**难

**标准答案：**

功率因数过低是因为电力系统的负载大，多数是感应电动机。在正常运行时，$\cos\varphi$一般在 0.7～0.85 之间。空载时功率因数只有 0.2～0.3，轻载时功率因数也不高。提高功率因数的意义在于：功率因数低，电源设备的容量就不能充分利用，功率因数低在线路上将引起较大的电压降落和功率损失。

**Jb0000433288 试论 XLPE 绝缘电缆半导电屏蔽层抑制树枝生长和热屏障的作用。（5分）**

**考核知识点：**XLPE 绝缘电缆

**难易度：**难

**标准答案：**

（1）当导体表面金属毛刺直接刺入绝缘层时，或者在绝缘层内部存在杂质颗粒、水汽、气隙时，这些将引起尖端产生高电场、场致发射而引发树枝。对于金属表面毛刺，半导电屏蔽将有效地减弱毛刺附近的场强，减少场致发射，从而提高耐电树枝放电特性。若在半导电屏蔽料中加入能捕捉水分的物质，就能有效地阻挡由线芯引入的水分进入绝缘层，从而防止绝缘中产生水树枝。

（2）半导电屏蔽层有一定的热阻，当线芯温度瞬时升高时，电缆有半导电屏蔽层的热阻，高温不会立即冲击到绝缘层，通过热阻的分温作用，使绝缘层上的温升下降。

**Jb0000433289 对电缆终端头和中间接头有哪些基本要求？（5分）**

**考核知识点：**接头

**难易度：**难

**标准答案：**

电缆终端头和中间接头，一般说来，是整个电缆线路的薄弱环节。根据我国各地电缆事故统计，约有 70%的事故发生在终端头和中间接头上。由此可见，确保电缆接头的质量，对电缆线路安全运行意义很大。对电缆接头制作的基本要求大致可归为下列几点：

（1）导体连接良好。对于终端头，要求电缆线芯和出线接头、出线鼻子有良好的连接。对于中间接头，则要求电缆线芯与连接管之间有良好的连接。所谓良好的连接，主要指接触电阻小而稳定，即运行中接头电阻不大于电缆线芯本身电阻的1.2倍。

（2）绝缘可靠。要有满足电缆线路在各种状态下长期安全运行的绝缘结构，并有一定的裕度。

（3）密封良好。可靠的绝缘要由可靠的密封来保证。一方面要使环境的水分及导电介质不侵入绝缘；另一方面要使绝缘剂不致流失，这就要求有良好的密封。

（4）有足够的机械强度，能适应各种运行条件。

除了上述四项基本要求之外，还要尽可能考虑到结构简单、体积小、材料省、安装维修简便，以及兼顾到造型美观。

**Jb0000433290　单芯交流电缆为什么不采用钢带铠装？（5分）**

**考核知识点：**单芯交流电缆

**难易度：**难

**标准答案：**

当电缆线芯通过电流时，使周围产生磁力线，磁力线与线芯通过的电流成正比。单芯电缆即使三相电流平衡，由于有护套，在护套内也有磁力线通过，护套中通过磁力线的数量与磁导率成正比。而钢带为磁性材料，磁导率很高，钢带中通过较多的磁力线，根据电磁感应定律，在钢带中将产生涡流，使电缆发热。当钢带在线路两端接地而形成闭合回路时，便在钢带中产生感应电流，其大小随电流的增大而增大，会产生较大损耗而发热，影响电缆的容量，因此在交流系统中使用的单芯电缆不能采用钢带铠装。

**Jb0000433291　如何确定运行中电力电缆的故障性质？（5分）**

**考核知识点：**故障

**难易度：**难

**标准答案：**

电缆绝缘长期在电压、电流的作用下工作，受到电压、电流的化学、热及机械作用，使绝缘受到老化、受潮、过热及机械损伤、腐蚀等破坏，此外电缆本身的材料缺陷、设计和制造等工艺问题也会引起故障。故障分为接地或短路故障、低阻或高阻故障、断线故障、闪络性故障及封闭式故障（多发接头中）。

确定故障性质是高阻还是低阻，是闪络性还是封闭式，是接地断线故障还是混合型故障，是单相还是多相故障。

确定故障性质时，需要进行绝缘电阻的测量（用绝缘电阻表），测量缆芯之间和线芯对地的绝缘电阻。还可进行“导通试验”，将电缆末端三相短路，用万用表在电缆首端测芯线之间的电阻。有时为了弄清故障点的损坏程度，还要进行直流耐压试验。

**Jb0000433292　怎样用声测法寻找电缆故障点的准确位置？（5分）**

**考核知识点：**声测法

**难易度：**难

**标准答案：**

声测法灵敏可靠，较为常用，基本都能适用于粗测电缆故障到测试端的距离后，在故障电缆的一端加上冲击电压，使故障点放电，在已知故障点的路径上，用定点仪接收故障点的放电声波，并将此声波在接收中放大，当耳机听到最大时即故障点的位置，断线和闪络性故障多发生在中间接头，应重点检查。

**Jb0000432293 习惯性违章的特点是什么？（5 分）**

**考核知识点：** 习惯性违章

**难易度：** 中

**标准答案：**

（1）危害巨大。

（2）具有一定的顽固性和排他性。

（3）隐蔽性。

（4）传染性。

**Jb0000431294 目标管理第一阶段的主要任务是什么？（5 分）**

**考核知识点：** 目标管理

**难易度：** 易

**标准答案：**

目标管理第一阶段的主要任务是目标的建立、分解。

**Jb0000432295 1kV 及以下热缩式电缆中间接头制作导体连接管压接后，连接管表面的棱角和毛刺必须用什么打磨光洁，并将金属粉末清洁干净？（5 分）**

**考核知识点：** 1kV 及以下热缩式电缆

**难易度：** 中

**标准答案：**

连接管表面的棱角和毛刺必须用锉刀、砂纸打磨光洁。

**Jb0000431296 在哪些情况巡线时应由两人进行？（5 分）**

**考核知识点：** 巡线

**难易度：** 易

**标准答案：**

在电缆隧道、偏僻山区、夜间巡线时应由两人进行。

**Jb0000431297 班组安全生产规章制度主要包括哪些？（5 分）**

**考核知识点：** 班组安全生产规章制度

**难易度：** 易

**标准答案：**

班组安全生产规章制度主要包括安全生产责任制和安全检查责任制。

**Jb0000431298 电缆桥架巡视检查要求及内容包括哪些方面？（5 分）**

**考核知识点：** 巡视

**难易度：** 易

**标准答案：**

（1）电缆桥架电缆保护管、沟槽是否脱开或锈蚀，盖板是否有缺损。

（2）电缆桥架主材是否存在损坏、锈蚀现象。

（3）电缆桥架是否出现倾斜、基础下沉、覆土流失等现象。
（4）桥架与过渡工作井之间是否产生裂缝和错位现象。

**Jb0000432299　新建电缆沟体哪些位置应符合设计要求？（5分）**
**考核知识点：**新建电缆沟体
**难易度：**中
**标准答案：**
新建电缆沟体的钢筋强度等级、型号、长度、间距应符合设计要求。

**Jb0000432300　按PN结的接触面大小的不同，二极管可分为哪些类型？（5分）**
**考核知识点：**PN结
**难易度：**中
**标准答案：**
按PN结的接触面大小的不同，二极管可分为点接触型、面接触型、平面型。

**Jb0000431301　红外热像仪对所测电缆设备进行全面扫描，应重点观察的部位有哪些？（5分）**
**考核知识点：**红外热像仪
**难易度：**易
**标准答案：**
（1）电缆终端和中间接头。
（2）电缆交叉互联箱。
（3）接地箱。
（4）电缆金属套接地点。

**Jb0000431302　电缆沟内敷设，进行电焊、起重、动用明火等作业时，特殊工作现场哪些手续应齐全？（5分）**
**考核知识点：**电缆沟内敷设
**难易度：**易
**标准答案：**
电缆沟内敷设，进行电焊、起重、动用明火等作业时，作业票、动火票应齐全。

**Jb0000431303　规章制度的运行程序是什么？（5分）**
**考核知识点：**规章制度
**难易度：**易
**标准答案：**
（1）建立过程要规范。
（2）公示程序要到位。
（3）执行措施要得力。

**Jb0000431304　电缆作业现场使用喷枪时应先检查本体是否漏气或堵塞，禁止在明火附近进行哪些工作？（5分）**
**考核知识点：**喷枪

**难易度：**易

**标准答案：**

电缆作业现场使用喷枪时应先检查本体是否漏气或堵塞，禁止在明火附近进行放气、点火。

**Jb0000432305　班组管理可大致分为哪两大领域？（5分）**

**考核知识点：**班组管理

**难易度：**中

**标准答案：**

班组管理可大致分为班组基础管理和班组业务管理两大领域。

**Jb0000432306　班组政治思想工作主要包括哪三个方面？（5分）**

**考核知识点：**班组政治思想工作

**难易度：**中

**标准答案：**

班组政治思想工作主要包括政治理论学习、日常思想工作、士气与情绪管理三个方面。

**Jb0000431307　电力电缆故障产生的主要原因有哪些？（5分）**

**考核知识点：**故障

**难易度：**易

**标准答案：**

电力电缆故障产生的主要原因有绝缘老化、过电压、绝缘受潮、机械损伤。

**Jb0000432308　电缆支架巡视检查要求及内容包括哪些？（5分）**

**考核知识点：**巡视

**难易度：**中

**标准答案：**

（1）电缆支架应稳固，是否存在缺件、锈蚀、破损现象。

（2）电缆支架接地是否良好。

**Jb0000432309　属于电缆线路施工依据性文件的有哪些？（5分）**

**考核知识点：**施工

**难易度：**中

**标准答案：**

（1）施工图设计书。

（2）路径规划和开挖批复文件。

（3）设计交底会和工程协调会议纪要及有关协议、工程施工合同、工程概预算书。

**Jb0000432310　通常把企业管理划分为哪三个层次？（5分）**

**考核知识点：**企业管理

**难易度：**中

**标准答案：**

通常把企业管理划分为决策层、管理层、作业层。

**Jb0000433311　电缆接地装置技术要求有哪些？（5分）**

**考核知识点：**接地装置

**难易度：**难

**标准答案：**

（1）接地箱、交叉互联箱内连接应与设计相符，铜牌连接螺栓应拧紧，连接螺栓无锈蚀现象。箱体完整，门锁完好，开关方便。

（2）接地箱、交叉互联箱内电气连接部分应与箱体绝缘。箱体本体不得选用铁磁材料，并应密封良好，固定牢固可靠，满足长期浸水要求，防护等级不低于IP68。

（3）电缆护层过电压限制器配置选择应符合GB 50217—2018《电力工程电缆设计标准》的要求。限制器和电缆金属护层连接线宜在5m内，连接线应与电缆护层的绝缘水平一致。

（4）接地箱、交叉互联箱置于地面上，接地箱、交叉互联箱安装应与基础匹配，膨胀螺栓安装稳固，箱内接地缆出线管口空隙应进行防火泥封堵。

**Jb0000431312　电缆沟敷设时，电缆如何依次展放？（5分）**

**考核知识点：**电缆沟敷设

**难易度：**易

**标准答案：**

电缆沟敷设时，电缆从里到外、从下层到上层依次展放。

**Jb0000431313　应用叠加原理进行电路计算时要注意哪些事项？（5分）**

**考核知识点：**叠加原理

**难易度：**易

**标准答案：**

（1）叠加原理只适用于线性电路。

（2）当某个电源单独作用时，其他电源不起作用。

（3）叠加原理只适用于电压和电流的计算，对功率计算不起作用。

**Jb0000431314　标准的表现形式有哪些？（5分）**

**考核知识点：**标准

**难易度：**易

**标准答案：**

标准的表现形式有导则、规范、制度、规程。

**Jb0000432315　在哪些情况，电缆应穿管敷设？（5分）**

**考核知识点：**穿管敷设

**难易度：**中

**标准答案：**

（1）在有爆炸危险场所明敷的电缆，露出地坪上需加以保护的电缆，地下电缆与公路、铁道交叉时。

（2）在地下管网较密的工厂区、城市道路狭窄且交通繁忙或道路挖掘困难的通道等。

**Jb0000431316　开展串联谐振所需要的试验装置包括哪些？（5分）**

**考核知识点：**串联谐振

**难易度：** 易

**标准答案：**

开展串联谐振所需要的试验装置包括变频电源、励磁变压器、谐振电抗器、电容分压器。

**Jb0000431317 目标管理分为哪些阶段？（5分）**

**考核知识点：** 目标管理

**难易度：** 易

**标准答案：**

目标管理分为目标建立、目标分解、目标控制、目标评定与考核。

**Jb0000432318 顶管施工测量应建立平面与地下测量控制系统，控制点应设在哪些位置？（5分）**

**考核知识点：** 顶管施工

**难易度：** 中

**标准答案：**

控制点应设在不易扰动、视线清楚、方便校核之处。

**Jb0000432319 隧道内宜配置环境监控系统，采用在线实时监控模式，对电缆隧道进行集中监控，宜具有哪些功能？（5分）**

**考核知识点：** 环境监控系统

**难易度：** 中

**标准答案：**

（1）实时监测隧道环境温度、火灾监控和报警。

（2）可燃气体浓度、氧气浓度、有害气体浓度监测。

（3）实时监控电缆隧道内积水水位。

（4）电缆井盖状态监测和远程开启。

**Jb0000431320 哪些缺陷属于电缆终端缺陷？（5分）**

**考核知识点：** 缺陷

**难易度：** 易

**标准答案：**

（1）设备线夹发热。

（2）支柱绝缘子破损、碎裂。

（3）引流线过紧。

（4）终端下方电缆保护管破损、封堵材料缺失。

**Jb0000433321 班组管理基础工作具有哪些特点？（5分）**

**考核知识点：** 班组管理

**难易度：** 难

**标准答案：**

班组管理基础工作具有民主性、先行性、监控性、动态性特点。

**Jb0000431322　运维单位宜对重要电缆隧道进行监测，监测内容应包括哪些？（5分）**

**考核知识点：**监测

**难易度：**易

**标准答案：**

（1）变形、沉降。

（2）隧道内水位。

（3）气体含量。

（4）空气温、湿度。

**Jb0000433323　工作井内电缆应有哪些防火措施？（5分）**

**考核知识点：**防火措施

**难易度：**难

**标准答案：**

（1）涂防火漆。

（2）绕包防火带。

（3）填砂。

**Jb0000431324　对金属电缆支架的要求有哪些？（5分）**

**考核知识点：**支架

**难易度：**易

**标准答案：**

（1）满足承载能力要求。

（2）焊接牢固。

（3）良好接地。

（4）防腐工艺符合要求。

**Jb0000432325　电缆在敷设牵引过程中，可能要承受的机械力有哪些？（5分）**

**考核知识点：**敷设牵引

**难易度：**中

**标准答案：**

电缆在敷设牵引过程中，可能要承受的机械力有牵引力、电应力、扭力、侧压力。

**Jb0000432326　电缆敷设过程中应严格控制什么？（5分）**

**考核知识点：**电缆敷设

**难易度：**中

**标准答案：**

电缆敷设过程中应严格控制牵引力、侧压力、弯曲半径。

**Jb0000432327　电缆隧道施工方法有哪些？（5分）**

**考核知识点：**隧道施工

**难易度：**中

**标准答案：**

电缆隧道施工方法有明挖法、暗挖法、预制水泥管法。

**Jb0000432328　电缆线路的检测包括哪些部件？（5分）**

**考核知识点：**检测

**难易度：**中

**标准答案：**

电缆线路的检测包括电缆本体、附件、附属设备、附属设施。

**Jb0000432329　定一个切实可行的计划，一般有哪些内容？（5分）**

**考核知识点：**计划

**难易度：**中

**标准答案：**

（1）做好分析和预测。

（2）提出目标与任务。

（3）计划草拟及讨论。

**Jb0000431330　电缆沟内常见的防火措施有哪些？（5分）**

**考核知识点：**防火措施

**难易度：**易

**标准答案：**

（1）电缆接头用防火槽盒封闭。

（2）包绕防火带等阻燃处理。

（3）将电缆置于沟底再用黄沙将其覆盖。

**Jb0000432331　地面电缆分支箱巡查的内容有哪些？（5分）**

**考核知识点：**电缆分支箱

**难易度：**中

**标准答案：**

（1）检查通风及防漏情况良好。

（2）检查门锁及螺栓铁件油漆状况。

（3）分支箱内电缆终端的检查内容与户内终端相同。

**Jb0000432332　班组绩效考核工作需要重视哪几个方面？（5分）**

**考核知识点：**绩效考核

**难易度：**中

**标准答案：**

（1）做好考核准备。

（2）确定绩效考核标准。

（3）组织绩效考核。

**Jb0000432333　电缆管道敷设的周围介质热阻，实际上是哪些热阻之和？（5分）**

**考核知识点：**管道敷设

**难易度：**中

**标准答案：**

电缆管道敷设的周围介质热阻，实际上是电缆表面到管道内壁的热阻、管道热阻、管道的外部热阻之和。

**Jb0000431334　班组长的重要作用表现在哪五方面？（5分）**

**考核知识点：**班组长

**难易度：**易

**标准答案：**

班组长的重要作用表现在组建团队、协调关系、执行决策、指挥生产、组织管理。

**Jb0000432335　接地箱标识牌宜选用怎样的黏胶带材制作？（5分）**

**考核知识点：**接地箱标识牌

**难易度：**中

**标准答案：**

接地箱标识牌宜选用防腐、防晒、防水、使用寿命长的黏胶带材制作。

**Jb0000432336　电力舱不宜与哪些舱紧邻布置？（5分）**

**考核知识点：**电力舱

**难易度：**中

**标准答案：**

电力舱不宜与天然气管道舱、热力管道舱紧邻布置。

**Jb0000432337　电缆线路运行分析内容包括哪些？（5分）**

**考核知识点：**运行分析

**难易度：**中

**标准答案：**

（1）运行指标。

（2）负荷水平。

（3）运行状况（事故、缺陷和异常等）。

（4）存在的问题、应对措施。

（5）下一步的重点工作。

**Jb0000431338　电缆本体外观检查包括哪些？（5分）**

**考核知识点：**外观检查

**难易度：**易

**标准答案：**

（1）检查电缆是否存在过度弯曲、过度拉伸、外部损伤等情况。

（2）检查充油电缆是否存在渗漏油情况。

（3）检查电缆抱箍、电缆夹具和电缆衬垫是否存在锈蚀、破损、缺失、螺栓松动等情况。

（4）检查电缆的蠕动变形是否造成电缆本体与金属件、构筑物距离过近。

**Jb0000431339　在线监测装置应有哪些措施？（5分）**

**考核知识点：**在线监测装置

**难易度：**易

**标准答案：**

在线监测装置应有防雨、防潮、防尘、防腐蚀措施。

**Jb0000431340　电缆线路金属护套接地方式有哪些？（5分）**

**考核知识点：**接地方式

**难易度：**易

**标准答案：**

（1）一端直接接地，另一端保护接地。

（2）两端直接接地。

（3）两端保护接地，中间直接接地。

**Jb0000431341　电化学击穿的类型有哪些？（5分）**

**考核知识点：**电化学击穿

**难易度：**易

**标准答案：**

电化学击穿的类型有电离性击穿、电导性击穿、电解性击穿、电阻性击穿。

**Jb0000431342　电缆保护管有哪几种？（5分）**

**考核知识点：**电缆保护管

**难易度：**易

**标准答案：**

电缆保护管有玻璃纤维管、聚氯乙烯塑料管、聚氯乙烯塑料波纹管、纤维水泥管。

**Jb0000431343　运维单位应制定缺陷管理流程，对缺陷的哪些环节实行闭环管理？（5分）**

**考核知识点：**缺陷管理

**难易度：**易

**标准答案：**

对缺陷的上报、定性、处理、验收环节实行闭环管理。

**Jb0000431344　运维单位应及时掌握电缆通道穿（跨）越哪些位置的详细分布状况？（5分）**

**考核知识点：**电缆通道

**难易度：**易

**标准答案：**

运维单位应及时掌握电缆通道穿（跨）越铁路、公路、河流的详细分布状况。

**Jb0000431345　排管建设新建沟体时，回填土方应采用哪些土质？（5分）**

**考核知识点：**排管

**难易度：**易

**标准答案：**

回填土方应采用自然土、黄沙、其他满足要求的回填料。

**Jb0000432346　1kV及以下热缩式电力电缆终端制作，终端附件安装工序包括哪些？（5分）**

**考核知识点：**热缩式电力电缆终端

**难易度：**中

**标准答案：**

终端附件安装工序包括热缩分支手套、压接接线端子、绝缘层恢复。

**Jb0000431347　电缆排管敷设的缺点有哪些？（5分）**

**考核知识点：**排管敷设

**难易度：**易

**标准答案：**

（1）散热差。

（2）施工较为复杂。

（3）工期较长。

（4）修理费用较大。

**Jb0000431348　每回电缆及通道应有明确的运维管理界限，应与哪些厂站的运行管理单位（包括用户）明确划分分界点，不应出现空白点？（5分）**

**考核知识点：**运维管理界限

**难易度：**易

**标准答案：**

应与发电厂、变电站、开关站明确划分分界点。

**Jb0000432349　主绝缘故障精确定位的方法有哪些？（5分）**

**考核知识点：**故障精确定位

**难易度：**中

**标准答案：**

主绝缘故障精确定位的方法有声测法、声磁同步法、音频感应法。

**Jb0000433350　绩效管理的重点是对员工的哪些方面来说的？（5分）**

**考核知识点：**绩效管理

**难易度：**难

**标准答案：**

（1）绩效改善。

（2）能力提升。

**Jb0000432351　电缆设备凡有哪些情况之一的设备，其绝缘定为三级绝缘？（5分）**

**考核知识点：**三级绝缘

**难易度：**中

**标准答案：**

（1）一个及以上主要试验项目漏试或结果不合格。

（2）耐压试验因故障低于试验标准。

（3）运行和检修中发现威胁安全运行的绝缘缺陷。

**Jb0000433352　班组长应具备哪七大管理技能？（5分）**

**考核知识点：**七大管理技能

**难易度：**难

**标准答案：**

（1）主持会议技巧。

（2）问题解决技巧。
（3）授权技巧。
（4）激励技巧。
（5）时间管理技巧。
（6）辅导下属技巧。
（7）沟通协调技巧。

**Jb0000432353 电缆线路及附属设备缺陷涉及范围包括哪些？（5 分）**
**考核知识点：**缺陷
**难易度：**中
**标准答案：**
（1）电缆线路上构筑物。
（2）电缆本体。
（3）电缆接头。
（4）接地设备。

**Jb0000433354 低压脉冲法可以测寻哪些故障？（5 分）**
**考核知识点：**低压脉冲法
**难易度：**难
**标准答案：**
（1）低阻故障。
（2）开路故障。
（3）外护套故障。

**Jb0000431355 建立电缆线路事故抢修机制，明确事故抢修的哪些方面的配置和要求？（5 分）**
**考核知识点：**抢修机制
**难易度：**易
**标准答案：**
（1）指挥、人员。
（2）资料、工具。
（3）物资、通信。
（4）车辆。

**Jb0000432356 目标设定的原则包括哪些？（5 分）**
**考核知识点：**目标设定
**难易度：**中
**标准答案：**
（1）协调性原则。
（2）时间性原则。
（3）明确性原则。
（4）定量化原则。
（5）现实性原则。

**Jb0000431357　初步设计的深度应满足规定的要求。设计方案经过哪些步骤？（5分）**

**考核知识点：** 设计

**难易度：** 易

**标准答案：**

设计方案经过优化比较、确定、论证。

**Jb0000432358　电缆的沟道敷设主要是指哪些方式？（5分）**

**考核知识点：** 沟道敷设

**难易度：** 中

**标准答案：**

电缆的沟道敷设主要是指电缆沟敷设、电缆隧道敷设。

**Jb0000432359　目标具有哪些特点？（5分）**

**考核知识点：** 目标

**难易度：** 中

**标准答案：**

目标具有多重性、层次性、动态性。

**Jb0000432360　按照防御外界磁场或者电场影响的能力分类包括哪些？（5分）**

**考核知识点：** 防御

**难易度：** 中

**标准答案：**

按照防御外界磁场或者电场影响的能力分类包括Ⅰ、Ⅱ、Ⅲ、Ⅳ。

**Jb0000433361　电缆隧道自然通风的要求是隧道长度超过300m的，应在电缆隧道哪些位置设立通风井，通风亭通风管直径不应小于800mm？（5分）**

**考核知识点：** 通风井

**难易度：** 难

**标准答案：**

（1）电力竖井。

（2）中间每隔250m适当位置。

（3）电缆中间接头附近。

**Jb0000431362　电缆隧道敷设需要安装哪些器具后方可进行？（5分）**

**考核知识点：** 隧道敷设

**难易度：** 易

**标准答案：**

电缆隧道敷设需要安装滑轮、防捻器、卷扬机、电话后方可进行。

**Jb0000433363　对于班组和个人的安全目标，班组应有相应的哪些措施来保证其执行？（5分）**

**考核知识点：** 安全目标

**难易度：** 难

**标准答案：**

班组应有组织措施、技术措施、管理措施来保证其执行。

**Jb0000433364 红外热像仪一般分为哪些成像系统？（5分）**

**考核知识点：**红外热像仪

**难易度：**难

**标准答案：**

红外热像仪一般分为光机扫描、非光机扫描成像系统。

**Jb0000433365 综合管廊电缆舱技术要求规定，电缆舱应具有哪些措施？（5分）**

**考核知识点：**综合管廊电缆舱

**难易度：**难

**标准答案：**

电缆舱应具有排水、防积水、防污水倒灌的措施。

**Jb0000432366 班组安全活动包括哪些内容？（5分）**

**考核知识点：**班组安全活动

**难易度：**中

**标准答案：**

班组安全活动包括班前会、班后会、安全日活动、定期例会。

**Jb0000433367 根据高压电缆线路地电流检测诊断依据，测试结果应全部满足哪些条件属于正常？（5分）**

**考核知识点：**地电流检测

**难易度：**难

**标准答案：**

（1）接地电流绝对值小于50A。

（2）接地电流与负荷电流比值小于20%。

（3）单相接地电流最大值/最小值小于3。

**Jb0000431368 同时具有哪些故障中两种以上性质的故障称为混合性故障？（5分）**

**考核知识点：**故障

**难易度：**易

**标准答案：**

同时具有接地、短路、断线、闪络中两种以上性质的故障称为混合性故障。

**Jb0000431369 电缆及其周围的介质热阻有哪些？（5分）**

**考核知识点：**热阻

**难易度：**易

**标准答案：**

电缆及其周围的介质热阻有绝缘热阻、内衬层热阻、土壤和管路热阻、屏蔽层热阻。

**Jb0000433370　防火设施技术要求有哪些？（5 分）**

**考核知识点：**防火

**难易度：**难

**标准答案：**

（1）在电缆穿过竖井、变电站夹层、墙壁、楼板或进入电气盘、柜的孔洞处，应做防火封堵。

（2）在隧道、电缆沟、变电站夹层和进出线等电缆密集区域应采用阻燃电缆或采取防火措施。

（3）在重要电缆沟和隧道中有非阻燃电缆时，宜分段或用软质耐火材料设置阻火隔离，孔洞应封堵。

（4）未采用阻燃电缆时，电缆接头两侧及相邻电缆 2～3m 长的区段应采取涂刷防火涂料、缠绕防火包带等措施。

**Jb0000433371　1kV 及以下热缩式电力电缆终端制作，电缆预处理工序包括哪些？（5 分）**

**考核知识点：**1kV 及以下热缩式电力电缆终端

**难易度：**难

**标准答案：**

（1）剥切外护套。

（2）锯除铠装层。

（3）核对电缆相位。

**Jb0000431372　充油电缆可采用哪些方法测寻漏油点，进而确定故障点？（5 分）**

**考核知识点：**充油电缆

**难易度：**易

**标准答案：**

充油电缆可采用流量法、冷冻法测寻漏油点，进而确定故障点。

**Jb0000431373　家族缺陷信息指经公司或各省（区、市）公司认定的哪些由于设计、材质、工艺等共性因素导致缺陷的信息？（5 分）**

**考核知识点：**家族缺陷

**难易度：**易

**标准答案：**

家族缺陷信息指同厂家、同型号、同批次设备由于设计、材质、工艺等共性因素导致缺陷的信息。

**Jb0000431374　电缆故障性质，按试验结果分为哪些？（5 分）**

**考核知识点：**电缆故障

**难易度：**易

**标准答案：**

电缆故障性质，按试验结果分为低阻接地、高阻接地、断线故障、短路故障。

**Jb0000431375　1kV 及以下热缩式电缆中间接头制作，电缆预处理的内容包括哪些？（5 分）**

**考核知识点：**1kV 及以下热缩式电缆中间接头

**难易度：**易

**标准答案：**

（1）剥切外护套。
（2）剥切内护套。
（3）剥切铠装层。
（4）核对接头相位。

**Jb0000432376　1kV 及以下热缩式电力电缆终端制作，接地处理工序包括哪些？（5 分）**
**考核知识点：**1kV 及以下热缩式电力电缆终端
**难易度：**中
**标准答案：**
（1）做防潮段。
（2）焊接铠装地线。

**Jb0000432377　设计电缆绝缘厚度应考虑的因素有哪些？（5 分）**
**考核知识点：**绝缘厚度
**难易度：**中
**标准答案：**
设计电缆绝缘厚度应考虑的因素有最小厚度、机械力、电压。

**Jb0000432378　按照获得测量结果的方式分类包括哪些？（5 分）**
**考核知识点：**获得测量结果
**难易度：**中
**标准答案：**
按照获得测量结果的方式分类包括直接测量、间接测量。

**Jb0000431379　电缆网络系统接线图是表明电缆线路哪些情况，能直观反映电缆线路停电范围的图纸？（5 分）**
**考核知识点：**电缆网络系统接线图
**难易度：**易
**标准答案：**
（1）电缆运行状态。
（2）在电力系统中的供电情况。
（3）在电力系统供电中的重要性负荷分布情况。

**Jb0000432380　改善环境包括哪三个方面？（5 分）**
**考核知识点：**改善环境
**难易度：**中
**标准答案：**
（1）改善工作条件。
（2）改进工作方法。
（3）改善人际关系。

**Jb0000431381　万用表可用来测量哪些变量？（5分）**

**考核知识点：**万用表

**难易度：**易

**标准答案：**

万用表可用来测量直流电压、直流电流、交流电压、交流电流、电阻。

**Jb0000431382　电缆通道维护包括哪些内容？（5分）**

**考核知识点：**通道维护

**难易度：**易

**标准答案：**

（1）抽水清淤。

（2）砍剪树枝。

（3）修复接地线。

（4）装设电缆标桩。

**Jb0000431383　排管路径应进行哪些计算？（5分）**

**考核知识点：**排管路径

**难易度：**易

**标准答案：**

排管路径应进行牵引力、侧压力计算。

**Jb0000432384　电缆隧道适用的场合有哪些？（5分）**

**考核知识点：**电缆隧道

**难易度：**中

**标准答案：**

电缆隧道适用的场合有大型电厂、变电站。

**Jb0000433385　班组应该根据生产实际，配合企业加强应急管理，定期组织全体成员开展哪些工作以提高成员处理事故和异常的能力？（5分）**

**考核知识点：**处理事故

**难易度：**难

**标准答案：**

（1）事故预想。

（2）反事故演习。

（3）事故分析活动。

**Jb0000432386　1kV及以下热缩式电力电缆终端安装，绝缘管收缩后应如何处理？（5分）**

**考核知识点：**1kV及以下热缩式电力电缆终端

**难易度：**中

**标准答案：**

绝缘管收缩后应平整、光滑、无皱纹、无气泡。

**Jb0000432387　对于电缆导体连接点的电阻要求有哪些？（5 分）**

**考核知识点：**电阻

**难易度：**中

**标准答案：**

（1）连接点的电阻小而且稳定。

（2）连接点的电阻与相同长度、相同截面的导体之比值，对于运行中的终端头和中间接头，这个比值不应大于 1.2。

**Jb0000431388　电缆敷设施工记录应包括哪些？（5 分）**

**考核知识点：**施工记录

**难易度：**易

**标准答案：**

电缆敷设施工记录应包括电缆敷设日期、天气状况、电缆检查记录、电缆生产厂家、电缆盘号、电缆原始记录。

**Jb0000432389　避雷器例行试验的内容有哪些？（5 分）**

**考核知识点：**例行试验

**难易度：**中

**标准答案：**

（1）直流 1mA 电压及在 $0.75U_{1mA}$ 下泄漏电流测量。

（2）避雷器底座绝缘电阻测量。

（3）放电计数器功能检查、电流表校验。

（4）计数器上引线绝缘检查。

**Jb0000431390　电缆隧道巡视工作中应注意哪些情况？（5 分）**

**考核知识点：**巡视

**难易度：**易

**标准答案：**

（1）隧道内支架是否锈蚀、破损。

（2）隧道内接地网接地电阻是否符合要求。

（3）隧道内地坪是否倾斜、变形及渗水。

**Jb0000432391　1kV 电力电缆终端安装结束后工作负责人依据施工验收规范对施工工艺、质量进行哪些处理？（5 分）**

**考核知识点：**1kV 电力电缆终端

**难易度：**中

**标准答案：**

（1）自查验收。

（2）清理施工现场。

（3）整理工具、材料。

（4）办理工作终结手续。

**Jb0000433392　按照计划期限的长短，可以把计划分为哪些类型？（5分）**

**考核知识点：**计划

**难易度：**难

**标准答案：**

按照计划期限的长短，可以把计划分为短期计划、中期计划、长期计划。

**Jb0000433393　班组长应树立哪些现代观念？（5分）**

**考核知识点：**班组长

**难易度：**难

**标准答案：**

班组长应树立服务、市场、安全、创新、质量、效益、竞争、法制等现代观念。

**Jb0000431394　基层管理者的称谓有哪些？（5分）**

**考核知识点：**基层管理者

**难易度：**易

**标准答案：**

基层管理者的称谓有班长、站（所）长、主管、领班。

**Jb0000432395　班组管理工作是对班组中什么方面的合理组织和有效利用，以顺利完成上级下达的各项任务，实现企业规定的目标和要求？（5分）**

**考核知识点：**班组管理

**难易度：**中

**标准答案：**

班组管理工作是对班组中人、物、财的合理组织和有效利用。

**Jb0000432396　纤维水泥电缆保护管具有哪些特点？（5分）**

**考核知识点：**纤维水泥电缆保护管

**难易度：**中

**标准答案：**

（1）摩擦系数低。

（2）抗压强度高。

（3）耐热性能好。

（4）耐腐蚀。

**Jb0000433397　直埋电缆在何处时，应将电缆埋设在满足强度要求的管道内？（5分）**

**考核知识点：**直埋电缆

**难易度：**难

**标准答案：**

（1）与公路交叉。

（2）穿过有载重车辆通过的大门。

（3）从地下引出到地面。

（4）进入建筑物墙角处。

**Jb0000431398　电缆穿越公路、铁路等地段时，不宜采用哪些方式？（5分）**

**考核知识点：**电缆敷设

**难易度：**易

**标准答案：**

电缆穿越公路、铁路等地段时，不宜采用电缆沟、水下敷设、直埋等方式。

**Jb0000432399　仪表的误差包括哪些？（5分）**

**考核知识点：**仪表

**难易度：**中

**标准答案：**

仪表的误差包括基本误差、附加误差。

**Jb0000432400　电缆沟电缆敷设后，应将盖板缝隙密封，以免什么等侵入？（5分）**

**考核知识点：**电缆沟

**难易度：**中

**标准答案：**

电缆沟电缆敷设后，应将盖板缝隙密封，以免水、汽、油、灰等侵入。

**Jb0000431401　高压单芯电缆外护层耐压试验标准是在每段电缆金属屏蔽或金属套与地之间施加什么？（5分）**

**考核知识点：**单芯电缆

**难易度：**易

**标准答案：**

在每段电缆金属屏蔽或金属套与地之间施加直流电压、10kV、加压时间1min。

**Jb0000431402　电力顶管施工中设备安装包括哪些？（5分）**

**考核知识点：**电力顶管施工

**难易度：**易

**标准答案：**

（1）导轨安装。

（2）工作平台安装。

（3）垂直起重运输设备安装。

（4）顶进设备安装施工。

**Jb0000432403　半导体二极管的主要参数包括哪些？（5分）**

**考核知识点：**半导体二极管

**难易度：**中

**标准答案：**

（1）最大正向电流。

（2）最大反向工作电压。

（3）最大反向电流。

**Jb0000432404　单芯电缆线路接地电流应同时满足哪些要求？（5 分）**

**考核知识点：**接地电流

**难易度：**中

**标准答案：**

（1）接地电流绝对值小于 100A。

（2）接地电流与负荷电流比值小于 20%。

（3）与历史数据比较无明显变化。

（4）单相接地电流最大值与最小值的比值小于 3。

**Jb0000431405　查找电缆故障时要用到的仪器仪表有哪些？（5 分）**

**考核知识点：**电缆故障

**难易度：**易

**标准答案：**

查找电缆故障时要用到的仪器仪表有绝缘电阻表、万用表。

**Jb0000431406　工作票签发人应由熟悉哪些情况，并具有相关工作经验的生产领导人、技术人员或经本单位批准的人员担任？（5 分）**

**考核知识点：**工作票签发人

**难易度：**易

**标准答案：**

（1）人员技术水平。

（2）设备情况。

（3）《国家电网公司电力安全工作规程（配电部分）》。

**Jb0000432407　电缆例行试验有哪些内容？（5 分）**

**考核知识点：**例行试验

**难易度：**中

**标准答案：**

（1）主绝缘及外护套绝缘电阻测试。

（2）主绝缘交流耐压试验。

（3）接地电阻测试。

（4）交叉互联系统试验。

**Jb0000432408　电缆敷设时，不应损坏哪些部位和人井的防水层？（5 分）**

**考核知识点：**电缆敷设

**难易度：**中

**标准答案：**

电缆敷设时，不应损坏电缆沟、电缆井、隧道的防水层。

**Jb0000432409　交联聚乙烯绝缘电缆附件安装时，正确的做法是什么？（5 分）**

**考核知识点：**附件安装

**难易度：**中

**标准答案：**
（1）应严格遵守制作工艺规程。
（2）一般在室外制作6kV及以上电缆终端和接头时，其空气相对湿度宜为70%及以下。

**Jb0000432410 排管敷设作业前，如发现排管内有异物，可用哪些工具来回牵拉清除？（5分）**
**考核知识点：**排管敷设
**难易度：**中
**标准答案：**
排管敷设作业前，如发现排管内有异物，可用钢丝刷、铁链、疏通器来回牵拉清除。

**Jb0000433411 各单位应针对电缆线路运行情况做好典型事故预案，需要制定哪些处理预案？（5分）**
**考核知识点：**典型事故预案
**难易度：**难
**标准答案：**
需要制定防灾、事故、异常处理预案。

**Jb0000432412 员工性格特征各有特点，一般有哪些比较典型的人格特征？（5分）**
**考核知识点：**员工性格
**难易度：**中
**标准答案：**
（1）想象力丰富的“创新者”。
（2）勇往直前的“冲刺者”。
（3）一团和气的“好先生”。
（4）不折不扣的“执行者”。
（5）勤劳肯干的“老实人”。

**Jb0000432413 应按照全寿命周期管理的要求，根据哪些情况和环境等合理选择电缆和附件结构型式？（5分）**
**考核知识点：**全寿命周期管理
**难易度：**中
**标准答案：**
根据线路输送容量、系统运行条件、电缆路径、敷设方式合理选择电缆和附件结构型式。

**Jb0000431414 中性点直接接地方式适用于哪些电压等级的电力系统？（5分）**
**考核知识点：**中性点直接接地
**难易度：**易
**标准答案：**
中性点直接接地方式适用于220/380V、110kV和220kV电力系统。

**Jb0000432415 红外测温仪根据原理可分为哪几种？（5分）**
**考核知识点：**红外测温仪

难易度：中

标准答案：

红外测温仪根据原理可分为单色测温仪、双色测温仪。

**Jb0000431416　合理安排电缆段长，尽量减少电缆接头的数量，严禁在哪些区域布置电力电缆接头？（5分）**

考核知识点：电缆段长

难易度：易

标准答案：

严禁在变电站电缆夹层、出站沟道、桥架、竖井布置电力电缆接头。

**Jb0000433417　在线监测装置应能实现被监测设备哪些状态参量的预处理功能；实现监测参量就地数字化和缓存；监测结果可根据需要定期上传？（5分）**

考核知识点：在线监测装置

难易度：难

标准答案：

（1）自动采集。

（2）信号调理。

（3）模数转换。

（4）数据存储。

**Jb0000431418　1kV及以下热缩式电缆中间接头制作，工作前准备的内容包括哪些？（5分）**

考核知识点：1kV及以下热缩式电缆中间接头

难易度：易

标准答案：

工作前需检查电缆、准备工器具、准备材料、阅读安装说明书。

**Jb0000432419　电缆路径探测一般采用哪些方法？（5分）**

考核知识点：路径探测

难易度：中

标准答案：

电缆路径探测一般采用音峰法、极大值法、音谷法。

**Jb0000431420　电缆隧道（综合管廊）高落差竖井敷设，可采用下降法或上引法，应结合现场实际情况通过计算对比明确适用的方法，确保电缆哪些条件满足技术要求？（5分）**

考核知识点：敷设

难易度：易

标准答案：

确保电缆牵引力、侧压力、扭力、弯曲半径满足技术要求。

**Jb0000431421　电缆沟内敷设电缆一般先放支架哪一部分的电缆？（5分）**

**考核知识点：**敷设

**难易度：**易

**标准答案：**

一般先放最下层、最里侧的电缆。

**Jb0000432422 导热系数测定方法主要有哪些？（5 分）**

**考核知识点：**导热系数测定

**难易度：**中

**标准答案：**

导热系数测定方法主要有同心圆筒法、平板法、探针法。

**Jb0000432423 使用排管时，应符合的规定有哪些？（5 分）**

**考核知识点：**排管

**难易度：**中

**标准答案：**

（1）管孔数宜按发展预留适当备用。

（2）缆芯工作温度相差大的电缆，宜分别配置于适当间距的不同排管组。

（3）管路纵向连接处的弯曲度，应符合牵引电缆时不致损伤的要求。

**Jb0000431424 检查电缆表面的实际温度应选择在哪些线段（一般不少于 10m）进行？（5 分）**

**考核知识点：**温度检查

**难易度：**易

**标准答案：**

选择在负荷最大时、散热条件最差的线段进行。

**Jb0000433425 什么是绩效管理最重要的两个主体？（5 分）**

**考核知识点：**绩效管理

**难易度：**难

**标准答案：**

管理者、员工是绩效管理最重要的两个主体。

**Jb0000432426 电缆设备凡有哪些情况之一的设备，其绝缘定为二级绝缘？（5 分）**

**考核知识点：**二级绝缘

**难易度：**中

**标准答案：**

（1）主要试验项目齐全，但有些项目处于缩短检测周期阶段。

（2）一个及以上次要试验项目漏试或结果不合格。

（3）运行和检修中发现暂不影响安全的缺陷。

**Jb0000431427 定性安全评价的方法有哪些？（5 分）**

**考核知识点：**定性安全评价

**难易度：**易

标准答案：
（1）逐项赋值评价法。
（2）单项加权计分法。

**Jb0000431428　电缆穿过哪些位置时，应做防火封堵？（5分）**
**考核知识点：**防火封堵
**难易度：**易
**标准答案：**
（1）竖井。
（2）变电站夹层。
（3）墙壁、楼板。
（4）进入电气盘、柜的孔洞。

**Jb0000433429　电缆沟内哪些位置应全部和接地装置连接？（5分）**
**考核知识点：**电缆沟
**难易度：**难
**标准答案：**
（1）金属支架。
（2）裸铠电缆金属护套。
（3）裸铠电缆铠装层。

**Jb0000432430　工作票统计整理内容包括哪些？（5分）**
**考核知识点：**工作票
**难易度：**中
**标准答案：**
（1）合格率计算。
（2）工作票种类。
（3）工作票号码。

**Jb0000431431　故障巡视未发现明显故障点，应对涉及的各段电缆使用哪些工具进一步查找故障点？（5分）**
**考核知识点：**故障巡视
**难易度：**易
**标准答案：**
使用绝缘电阻表、耐压设备进一步查找故障点。

**Jb0000432432　1kV及以下热缩式电缆中间接头制作，导体连接管压接前用清洁纸将哪些部位清洁干净？（5分）**
**考核知识点：**1kV及以下热缩式电缆中间接头
**难易度：**中
**标准答案：**
用清洁纸将连接管内表面、连接管外表面、导体表面清洁干净。

**Jb0000433433　终端站、终端塔（杆、T 接平台）应设置围墙或围栏，终端站宜采取哪些措施，内部地坪应采用水泥硬化？（5 分）**

**考核知识点：**终端站

**难易度：**难

**标准答案：**

终端站宜采取防盗、报警措施。

**Jb0000433434　电缆设备中一类设备的参数标准包括哪些？（5 分）**

**考核知识点：**参数标准

**难易度：**难

**标准答案：**

（1）规格能满足实际运行需要，无过热，接地正确可靠。

（2）各项试验符合规程要求，绝缘评为一级。

（3）电缆的固定和支架完好。

**Jb0000431435　班组作业管理包括哪些方面？（5 分）**

**考核知识点：**班组作业管理

**难易度：**易

**标准答案：**

（1）班组质量管理。

（2）班组设备、工具和物资管理。

（3）班组生产管理。

（4）班组技术管理。

（5）班组安全管理。

**Jb0000432436　高阻故障主要采用的故障测距方法有哪些？（5 分）**

**考核知识点：**高阻故障

**难易度：**中

**标准答案：**

（1）脉冲电流法。

（2）二次脉冲法。

**Jb0000432437　1kV 电力电缆终端安装危险点的控制措施中使用液化气枪应先检查哪些部位？（5 分）**

**考核知识点：**1kV 电力电缆终端

**难易度：**中

**标准答案：**

使用液化气枪应先检查液化气瓶、减压阀、液化喷枪。

**Jb0000431438　应采用哪些设备对电缆线路进行温度检测？（5 分）**

**考核知识点：**温度检测

**难易度：**易

**标准答案：**

应采用红外测温仪、携带式红外热像仪对电缆线路进行温度检测。

**Jb0000431439　工作票签发人应由熟悉人员技术水平、设备情况、《国家电网公司电力安全工作规程（配电部分）》，并具有相关工作经验的哪些人员担任？（5分）**

**考核知识点：**工作票签发人

**难易度：**易

**标准答案：**

由生产领导人、技术人员、经本单位批准的人员担任。

**Jb0000433440　哪些工具的机械强度和耐久性应符合设计和长期安全运行的要求，且无尖锐棱角？（5分）**

**考核知识点：**机械强度和耐久性

**难易度：**难

**标准答案：**

电缆支架、固定金具、排管的机械强度和耐久性应符合设计和长期安全运行的要求，且无尖锐棱角。

**Jb0000431441　个人防护工具有绝缘套袖、绝缘服及哪些？（5分）**

**考核知识点：**个人防护工具

**难易度：**易

**标准答案：**

个人防护工具有绝缘套袖、绝缘服、绝缘披肩、绝缘套鞋（靴）、绝缘安全帽。

**Jb0000432442　电缆隧道的防火可采取隔离方法自熄，还可以采用哪些措施？（5分）**

**考核知识点：**防火

**难易度：**中

**标准答案：**

（1）绕包防火包带。

（2）设置防火隔离。

（3）采用阻燃电缆。

**Jb0000431443　加强通道断面哪些方面的管理，运维单位应严格断面使用审批？（5分）**

**考核知识点：**通道断面

**难易度：**易

**标准答案：**

加强通道断面规划、设计、施工、验收方面的管理。

**Jb0000433444　在电缆线路耐压试验时，在何种情况下不允许接通试验电源？（5分）**

**考核知识点：**耐压试验

**难易度：**难

**标准答案：**

（1）加压端前。
（2）做防触电措施。
（3）做安全措施。

**Jb0000431445 电缆线路巡查的流程包括哪些？（5分）**
**考核知识点：**巡查
**难易度：**易
**标准答案：**
（1）巡查安排。
（2）巡查准备。
（3）检查设备。
（4）核对设备。

**Jb0000433446 运维单位宜对重要电缆、电缆附件等设备进行哪些监测？（5分）**
**考核知识点：**监测
**难易度：**难
**标准答案：**
运维单位宜对重要电缆、电缆附件等设备进行温度、局部放电、金属护层接地电流监测。

**Jb0000431447 1kV及以下热缩式电缆中间接头制作，中间接头附件安装的内容包括哪些？（5分）**
**考核知识点：**1kV及以下热缩式电缆中间接头
**难易度：**易
**标准答案：**
（1）压接连接管。
（2）包绕绝缘带。
（3）热缩绝缘管、外护套。
（4）连接两端铠装。

**Jb0000433448 安全性评价的内容一般包括哪三大部分？（5分）**
**考核知识点：**安全性评价
**难易度：**难
**标准答案：**
（1）设备系统。
（2）劳动安全与作业环境。
（3）安全管理。

**Jb0000431449 电缆短路（接地）故障按接地电阻值分为哪些？（5分）**
**考核知识点：**电缆短路（接地）故障
**难易度：**易
**标准答案：**
（1）金属接地故障。
（2）高电阻接地故障。

（3）低电阻接地故障。

**Jb0000431450　故障测距时，二次脉冲法综合了哪些方法的优势？（5分）**

**考核知识点：**故障测距

**难易度：**易

**标准答案：**

故障测距时，二次脉冲法综合了低压脉冲法、冲闪法的优势。

**Jb0000433451　电缆设备中二类设备仅能达到哪些标准的，绝缘评级为一级或二级？（5分）**

**考核知识点：**绝缘评级

**难易度：**难

**标准答案：**

（1）规格能满足实际运行需要且无过热现象。
（2）无机械损伤且接地正确可靠。
（3）绝缘良好且绝缘评为一级。

**Jb0000431452　电力电缆及通道特殊巡视应在什么时候进行？（5分）**

**考核知识点：**特殊巡视

**难易度：**易

**标准答案：**

（1）气候剧烈变化。
（2）自然灾害。
（3）外力影响。
（4）异常运行。
（5）对电网安全稳定运行有特殊要求。

**Jb0000432453　电缆沟主要指哪些电缆构筑物？（5分）**

**考核知识点：**电缆沟

**难易度：**中

**标准答案：**

（1）盖板可开启。
（2）盖板与地面相齐。
（3）盖板与地面稍有上下。

**Jb0000432454　施工期间应做好电缆和电缆附件的哪些措施？（5分）**

**考核知识点：**施工

**难易度：**中

**标准答案：**

施工期间应做好电缆和电缆附件的防潮、防尘、防外力损伤。

**Jb0000432455　电缆终端局部发热产生的原因有哪些？（5分）**

**考核知识点：**局部发热

**难易度：**中
**标准答案：**
（1）终端外绝缘破损。
（2）热缩、冷缩电缆终端进水。
（3）接地线/封铅虚焊。
（4）安装尺寸错误。

**Jb0000431456 安全检查包括哪些形式？（5分）**
**考核知识点：**安全检查
**难易度：**易
**标准答案：**
（1）员工自查。
（2）班组日常检查。
（3）定期检查。
（4）专项检查。

**Jb0000433457 玻璃钢电缆保护管具有哪些优点？（5分）**
**考核知识点：**玻璃钢电缆保护管
**难易度：**难
**标准答案：**
玻璃钢电缆保护管具有强度高、质量轻、耐腐蚀等优点。

**Jb0000433458 计划具有哪些特点？（5分）**
**考核知识点：**计划
**难易度：**难
**标准答案：**
计划具有预见性、可行性、指导性。

**Jb0000431459 班组基础资料管理工作的“五个确保”是指确保基础资料的什么？（5分）**
**考核知识点：**班组基础资料管理
**难易度：**易
**标准答案：**
“五个确保”是指确保基础资料的及时性、科学性、全面性、真实性、准确性。

**Jb0000431460 电缆施工完成后应将穿越过的孔洞进行封堵，以达到哪些效果？（5分）**
**考核知识点：**孔洞封堵
**难易度：**易
**标准答案：**
达到防水、防火、防小动物的效果。

**Jb0000431461 电缆沟敷设适用于哪些场合？（5分）**
**考核知识点：**电缆沟敷

**难易度：**易

**标准答案：**

电缆沟敷设适用于发电厂、变电站、工厂厂区、城市人行道。

**Jb0000431462　班组基础管理包括哪些？（5分）**

**考核知识点：**班组基础管理

**难易度：**易

**标准答案：**

（1）班组文化建设。

（2）班组基本建设。

（3）班组培训工作。

（4）班组目标管理。

（5）班组民主管理。

（6）班组组织管理。

（7）班组标准化工作。

**Jb0000431463　电缆本体巡视检查要求及内容包括哪些？（5分）**

**考核知识点：**巡视

**难易度：**易

**标准答案：**

（1）是否变形。

（2）表面温度是否过高。

（3）是否存在破损情况。

（4）是否存在龟裂现象。

**Jb0000431464　电缆通道井盖应设置两层子盖，并具有哪些功能？（5分）**

**考核知识点：**井盖

**难易度：**易

**标准答案：**

（1）防水、防坠落。

（2）防盗。

（3）防噪声。

（4）防滑。

（5）防位移。

**Jb0000433465　对临近电缆及通道的施工，运维人员应对施工方进行交底，包括哪些内容？（5分）**

**考核知识点：**交底

**难易度：**难

**标准答案：**

（1）路径走向。

（2）埋设深度。

（3）保护设施。

**Jb0000432466 电缆排管敷设的优点包括哪些？（5 分）**

**考核知识点：**排管敷设

**难易度：**中

**标准答案：**

（1）电缆不易受到外部机械损伤。

（2）占用空间小。

（3）运行可靠。

**Jb0000432467 电缆通道运维单位应参与哪些工作？（5 分）**

**考核知识点：**运维单位

**难易度：**中

**标准答案：**

（1）电缆及通道的规划。

（2）路径选择。

（3）设计审查。

（4）设备选型及招标。

**Jb0000433468 1kV 及以下热缩式电缆中间接头制作热缩绝缘管时从中部向两端如何进行加热收缩，把管内气体全部排除？（5 分）**

**考核知识点：**1kV 及以下热缩式电缆中间接头

**难易度：**难

**标准答案：**

制作热缩绝缘管时从中部向两端均匀、缓慢、环绕进行加热收缩。

**Jb0000432469 班组长的职位权利主要表现在哪些方面？（5 分）**

**考核知识点：**班组长

**难易度：**中

**标准答案：**

（1）安全监控全权。

（2）权益维护权。

（3）管理指挥权。

（4）资源调配权。

（5）考核奖惩权。

（6）工作建议权。

**Jb0000432470 电缆线路的建设应依据电网规划，结合哪些因素合理确定电缆线路工程建设方案？（5 分）**

**考核知识点：**电缆线路建设

**难易度：**中

**标准答案：**

（1）本地区市政规划。

（2）自然地理条件。

（3）经济发展水平。
（4）运行经验。

**Jb0000431471　电缆沟内敷设时，必须查明可能反送电的电源，并断开什么部件？（5分）**
**考核知识点：**电缆沟内敷设
**难易度：**易
**标准答案：**
电缆沟内敷设时，必须查明可能反送电的电源，并断开断路器、隔离开关。

**Jb0000431472　严禁将电缆平行敷设于地下管道的哪些方向？（5分）**
**考核知识点：**平行敷设
**难易度：**易
**标准答案：**
（1）两侧。
（2）正下方。
（3）正上方。
（4）交叉位置。

**Jb0000432473　标准由哪三类要素构成？（5分）**
**考核知识点：**标准
**难易度：**中
**标准答案：**
标准由概述要素、规范要素、补充要素构成。

**Jb0000431474　排管巡视检查要求及内容包括哪些？（5分）**
**考核知识点：**巡视
**难易度：**易
**标准答案：**
（1）排管包封是否破损、变形。
（2）排管包封混凝土层厚度是否符合设计要求。
（3）钢筋层结构是否裸露。
（4）预留管孔是否采取封堵措施。

**Jb0000432475　电缆线路诊断性试验包括哪些？（5分）**
**考核知识点：**诊断性试验
**难易度：**中
**标准答案：**
（1）超声波检测。
（2）高频局部放电测试。
（3）特高频局部放电测试。
（4）振荡波局部放电测试。

**Jb0000431476 电缆线路非定期巡视包括哪些？（5分）**

**考核知识点：**巡视

**难易度：**易

**标准答案：**

（1）故障巡视。

（2）特殊巡视。

（3）夜间巡视。

（4）监督性巡视。

**Jb0000432477 电缆通道防火设施巡视检查要求及内容包括哪些？（5分）**

**考核知识点：**巡视

**难易度：**中

**标准答案：**

（1）变电站或电缆隧道出入口是否按设计要求采取防火封堵措施。

（2）防火槽盒是否存在脱落。

（3）防火涂料是否存在脱落。

（4）防火阻燃带是否存在脱落。

**Jb0000431478 计划在实施过程中包括哪些过程？（5分）**

**考核知识点：**计划

**难易度：**易

**标准答案：**

（1）计划的执行。

（2）计划的控制。

（3）计划的调整。

**Jb0000433479 根据高压电缆线路地电流检测诊断依据，测试结果满足哪些任意条件应加强监视，适当缩短周期？（5分）**

**考核知识点：**地电流检测

**难易度：**难

**标准答案：**

（1）接地电流绝对值大于等于50A且小于等于100A。

（2）接地电流与负荷电流比值大于等于20%且小于等于50%。

（3）单相接地电流最大值/最小值大于等于3且小于等于5。

**Jb0000432480 挖掘出的电缆或接头盒，如下面需要挖空时，应采取哪些悬吊保护措施？（5分）**

**考核知识点：**悬吊保护

**难易度：**中

**标准答案：**

（1）电缆悬吊应每1～1.5m吊一道。

（2）接头盒悬吊应平放，不准使接头盒受到拉力。

（3）若电缆接头无保护盒，则应在该接头下垫上加宽加长木板，方可悬吊。

（4）电缆悬吊时，不准用铁丝或钢丝等。

**Jb0000432481　目标按层次可以分为哪些？（5分）**

**考核知识点：**目标

**难易度：**中

**标准答案：**

目标按层次可以分为高层目标、部门目标、班组目标、个人目标。

**Jb0000431482　预防事故措施主要包括哪些内容？（5分）**

**考核知识点：**预防事故措施

**难易度：**易

**标准答案：**

（1）防外力破坏、防污闪。

（2）防过热、防火、防有害气体。

（3）防虫害、防水。

（4）防渗漏、防塌陷。

**Jb0000433483　电缆保护管用哪几部分表示？（5分）**

**考核知识点：**电缆保护管

**难易度：**难

**标准答案：**

电缆保护管用公称内径、公称壁厚、公称长度、孔数表示。

**Jb0000431484　脉冲信号法鉴别电缆使用的设备由哪些组成？（5分）**

**考核知识点：**脉冲信号法

**难易度：**易

**标准答案：**

脉冲信号法鉴别电缆使用的设备由脉冲信号发生器、识别接收器组成。

**Jb0000431485　电缆排管敷设时，所谓“张力限制的间距处”主要是指哪些位置？（5分）**

**考核知识点：**排管敷设

**难易度：**易

**标准答案：**

“张力限制的间距处”主要指转弯处、分支处、接头处、管路坡度较大的地方。

**Jb0000431486　电缆附件安装前，施工前进行现场勘察，编制附件安装施工方案，明确哪些措施？（5分）**

**考核知识点：**附件安装

**难易度：**易

**标准答案：**

（1）安全措施。

（2）组织措施。

（3）技术措施。

**Jb0000433487 电缆桥架的组成结构应满足哪些要求？（5分）**

**考核知识点：**电缆桥架

**难易度：**难

**标准答案：**

电缆桥架的组成结构应满足强度、刚度、稳定性。

**Jb0000432488 电缆设备的绝缘定级，符合哪些指标的设备，其绝缘定为一级绝缘？（5分）**

**考核知识点：**绝缘定级

**难易度：**中

**标准答案：**

（1）试验项目齐全，结果合格。

（2）运行和检修中未发现绝缘缺陷。

**Jb0000431489 新建电缆沟盖板上下表面应符合什么情况？（5分）**

**考核知识点：**电缆沟盖板

**难易度：**易

**标准答案：**

（1）表面、边缘及四角不能有磕碰损伤。

（2）整洁、光滑。

（3）干净、平整、无弯折。

（4）无裂缝、无蜂窝麻面。

（5）无漏筋。

**Jb0000431490 巡视检查可以分为哪三类？（5分）**

**考核知识点：**巡视

**难易度：**易

**标准答案：**

巡视检查可以分为定期巡视、特殊巡视、故障巡视。

**Jb0000431491 电缆排管敷设时，排管内部应符合什么情况？（5分）**

**考核知识点：**排管敷设

**难易度：**易

**标准答案：**

电缆排管敷设时，排管内部应无积水、无杂物堵塞。

**Jb0000432492 规章制度包括组织的各种什么？（5分）**

**考核知识点：**规章制度

**难易度：**中

**标准答案：**

规章制度包括组织的各种标准、规程、程序、条例、章程、守则。

**Jb0000433493　电缆线路缺陷分为哪几类？（5分）**

**考核知识点：**缺陷

**难易度：**难

**标准答案：**

电缆线路缺陷分为危急缺陷、严重缺陷和一般缺陷。

**Jb0000432494　在下水道、煤气管线、潮湿地、垃圾堆或有腐质物等附近挖沟（槽），在挖深超过2m的沟（槽）内工作时，应采取的安全措施有哪些？（5分）**

**考核知识点：**安全措施

**难易度：**中

**标准答案：**

（1）戴防毒面具。

（2）向坑中送风。

（3）持续检测。

**Jb0000433495　热电偶是一种常用的温度传感器，它具有哪些特点？（5分）**

**考核知识点：**热电偶

**难易度：**难

**标准答案：**

（1）反应灵敏。

（2）准确度高。

（3）价格低。

（4）操作方便。

**Jb0000433496　作业标准化的主要目的是什么？（5分）**

**考核知识点：**标准化

**难易度：**难

**标准答案：**

（1）储备技术。

（2）提高效率。

（3）防止事故再发。

**Jb0000432497　企业班组的设置或组建方法，一般有哪些方法？（5分）**

**考核知识点：**企业班组

**难易度：**中

**标准答案：**

（1）按工艺特点组建。

（2）按工艺特点和专业特点结合起来组建。

（3）按专业特点组建。

**Jb0000432498　电缆工井按用途的不同可分为哪些工作井？（5分）**

**考核知识点：**电缆工井

**难易度：** 中
**标准答案：**
电缆工井按用途的不同可分为敷设、接头、过渡工作井。

**Jb0000432499　1kV 电力电缆中间接头电缆附件安装时室外作业应避免在哪些天气下进行?（5 分）**
**考核知识点：** 1kV 电力电缆中间接头
**难易度：** 中
**标准答案：**
室外作业应避免在雨天、雾天、大风天气下进行。

**Jb0000433500　综合致热性设备是由哪些原因引起发热的设备?（5 分）**
**考核知识点：** 综合致热性设备
**难易度：** 难
**标准答案：**
综合致热性设备是由电压效应、电流效应、电磁效应引起发热的设备。

**Jb0000432501　电缆排管在选择路径时遵循的技术要求有哪些?（5 分）**
**考核知识点：** 路径选择
**难易度：** 中
**标准答案：**
（1）尽可能取直线。
（2）在转弯和折角处，应增设工作井。
（3）两工作井之间的距离不宜大于 150m。
（4）排管连接处应设立管枕。

**Jb0000433502　按照高压电缆红外热像检测报告，记录被检测设备的哪些参数?（5 分）**
**考核知识点：** 红外热像
**难易度：** 难
**标准答案：**
（1）实际负荷电流。
（2）电压。
（3）被检物温度。
（4）环境参照体的温度值。

**Jb0000431503　电缆沟巡视检查要求及内容包括哪些?（5 分）**
**考核知识点：** 巡视
**难易度：** 易
**标准答案：**
（1）电缆沟墙体是否有裂缝。
（2）附属设施是否故障或缺失。
（3）竖井盖板是否缺失，爬梯是否锈蚀、损坏。
（4）电缆沟接地网接地电阻是否符合要求。

**Jb0000431504 电缆防火工程验收包含的检验项目有哪些？（5分）**

**考核知识点：**验收

**难易度：**易

**标准答案：**

（1）防火涂料。

（2）防火带。

（3）接头防火保护。

（4）防火槽盒。

**Jb0000432505 临近带电体作业项目包括哪些？（5分）**

**考核知识点：**临近带电

**难易度：**中

**标准答案：**

（1）修剪树枝。

（2）清除异物。

（3）拆除废旧设备。

**Jb0000431506 操作用绝缘工具有哪些？（5分）**

**考核知识点：**绝缘工具

**难易度：**易

**标准答案：**

操作用绝缘工具有绝缘钳、绝缘操作杆、支杆、拉杆。

**Jb0000433507 电缆终端与接头的型式、规格应与电缆类型的哪些参数一致？（5分）**

**考核知识点：**电缆终端

**难易度：**难

**标准答案：**

应与电压、芯数、截面、护层结构和环境要求一致。

**Jb0000432508 电缆线路资料主要包括哪些？（5分）**

**考核知识点：**电缆线路资料

**难易度：**中

**标准答案：**

（1）国家法律、法规。

（2）国家（行业）标准。

（3）上级单位技术标准、管理制度。

（4）线路建设、验收和运行相关资料。

**Jb0000432509 电桥法不适用于探测哪些故障？（5分）**

**考核知识点：**电桥法

**难易度：**中

**标准答案：**

电桥法不适用于探测高阻、闪络性故障。

**Jb0000432510　企业班组大致可分为哪四类？（5分）**

**考核知识点：**企业班组

**难易度：**中

**标准答案：**

企业班组大致可分为生产型班组、辅助型班组、职能型班组、服务型班组。

**Jb0000433511　电缆设备信息收集包括哪些？（5分）**

**考核知识点：**信息收集

**难易度：**难

**标准答案：**

（1）投运前信息。

（2）运行信息。

（3）检修试验信息。

（4）家族缺陷信息。

**Jb0000432512　电缆在支架上的敷设，应符合哪些规定？（5分）**

**考核知识点：**敷设

**难易度：**中

**标准答案：**

（1）交流三芯电力电缆，在普通支架上不宜超过1层，在桥架上不宜超过2层。

（2）交流单芯电力电缆，应布置在同侧支架上，并加以固定。

（3）交流单芯电力电缆，当按紧贴正三角形排列时，应每隔一定的距离用绑带扎牢，以免其松散。

**Jb0000432513　电缆的设计长度应包括实际路径长度与附加长度，宜计入附加长度的因素有哪些？（5分）**

**考核知识点：**电缆设计长度

**难易度：**中

**标准答案：**

（1）电缆敷设路径地形等高差变化、伸缩节或迂回备用裕量。

（2）终端或接头制作所需剥截电缆的预留段、电缆引至设备或装置所需的长度。

**Jb0000431514　电缆终端头和中间接头的设计应满足哪些要求？（5分）**

**考核知识点：**接头

**难易度：**易

**标准答案：**

（1）机械强度大，介质损失小。

（2）绝缘可靠，密封性强。

（3）结构简单，安装维修方便。

**Jb0000432515　电缆排管敷设适用于哪些地段？（5分）**

**考核知识点：**排管敷设

**难易度：**中

标准答案：
（1）交通比较繁忙。
（2）地下走廊比较拥挤。
（3）敷设电缆数较多。

**Jb0000433516　保护管的连接方式有哪些？（5分）**
**考核知识点：**保护管
**难易度：**难
**标准答案：**
保护管的连接方式有套管套接、承插式连接。

**Jb0000431517　制作电缆终端头需要切断哪些层？（5分）**
**考核知识点：**电缆终端头
**难易度：**易
**标准答案：**
制作电缆终端头需要切断绝缘层、内护套、半导电屏蔽层。

**Jb0000431518　班组长的三种角色是指面对上级是执行者、面对同级是协作者、面对下级是什么？（5分）**
**考核知识点：**班组长
**难易度：**易
**标准答案：**
面对下级是领导者、指挥者、教练员。

**Jb0000431519　电缆沟中的支架以材质来分有哪些？（5分）**
**考核知识点：**支架
**难易度：**易
**标准答案：**
电缆沟中的支架以材质来分有金属支架和塑料支架。

**Jb0000433520　电缆设备中三类设备达不到哪些标准的，绝缘评级为三级？（5分）**
**考核知识点：**三级绝缘
**难易度：**难
**标准答案：**
（1）规格能满足实际运行需要，无过热现象。
（2）无机械损伤，接地正确可靠。
（3）各项试验符合规程要求且绝缘评为一级。

**Jb0000433521　班组规章制度的基本原则有哪些？（5分）**
**考核知识点：**规章制度
**难易度：**难

**标准答案：**
（1）合法性原则。
（2）严肃性原则。
（3）民主性原则。
（4）可操作性原则。
（5）简明性原则。
（6）正激励原则。

**Jb0000431522 用于什么地方的电力电缆，应选铜芯导体电缆？（5 分）**
**考核知识点：**铜芯导体
**难易度：**易
**标准答案：**
（1）重要电源。
（2）腐蚀、易爆环境。
（3）耐火电缆。
（4）高温设备电缆。

**Jb0000431523 对电缆附件的基本技术要求有哪些？（5 分）**
**考核知识点：**电缆附件
**难易度：**易
**标准答案：**
（1）导电性能良好。
（2）机械强度良好。
（3）绝缘性能良好。
（4）密封性能良好。

**Jb0000433524 电缆沟敷设前，掀开电缆沟盖板后应如何做？（5 分）**
**考核知识点：**电缆沟敷设
**难易度：**难
**标准答案：**
（1）安放滑轮。
（2）清除沟内外杂物。
（3）检查支架预埋情况并修补。

**Jb0000433525 在电缆通道、夹层内使用的临时电源应满足哪些要求？（5 分）**
**考核知识点：**临时电源
**难易度：**难
**标准答案：**
在电缆通道、夹层内使用的临时电源应满足绝缘、防火、防潮。

**Jb0000432526 通道维护主要包括哪些工作？（5 分）**
**考核知识点：**通道维护

**难易度：** 中

**标准答案：**

（1）通道修复。

（2）加固。

（3）保护。

（4）清理。

**Jb0000433527　电缆接头装置类型的选择应符合哪些规定？（5分）**

**考核知识点：** 电缆接头

**难易度：** 难

**标准答案：**

（1）电缆线路分支接出的部位，除带有分支主干电缆或在电缆网络中设有分支箱、环网柜的情况外，其他采用T形接头。

（2）三芯电缆与单芯电缆直接相连的部位，应采用转换接头。

（3）在可能有水浸泡的场所，6kV及以上XPLE电缆接头应具有外包防水层。

**Jb0000433528　为减小电缆敷设过程中的牵引阻力，可以采取的措施有哪些？（5分）**

**考核知识点：** 牵引阻力

**难易度：** 难

**标准答案：**

（1）滑轮。

（2）润滑。

（3）多点牵引。

**Jb0000431529　在电缆哪些地方，应装设标识牌？（5分）**

**考核知识点：** 标识牌

**难易度：** 易

**标准答案：**

（1）终端头、电缆接头。

（2）拐弯处、夹层内。

（3）隧道及竖井的两端。

（4）工作井内。

**Jb0000431530　电缆敷设施工后，应将电缆所穿越的孔洞进行封堵，以达到哪些要求？（5分）**

**考核知识点：** 孔洞封堵

**难易度：** 易

**标准答案：**

（1）防水。

（2）防火。

（3）防小动物。

**Jb0000431531　班组安全生产考核方法有哪些？（5分）**

**考核知识点：**安全生产

**难易度：**易

**标准答案：**

（1）依据安全生产岗位责任进行考核。

（2）采取自评和互评相结合的方式进行考核。

（3）以月度、季度和年度为周期进行考核。

# 第四章　电力电缆安装运维工（配电）中级工技能操作

**Jc0000442001　10kV 电缆中间接头（一相）连接管压接的操作。（100 分）**

**考核知识点：** 电缆中间接头

**难易度：** 中

## 技能等级评价专业技能考核操作工作任务书

**一、任务名称**

10kV 电缆中间接头（一相）连接管压接的操作。

**二、适用工种**

电力电缆安装运维工（配电）中级工。

**三、具体任务**

根据现场提供的 10kV 电缆，制作中间接头连接管压接。

**四、工作规范及要求**

（1）现场实际操作。

（2）配合人员 1 人，考评员为监护人。

（3）考生参加考评过程中如违反安规等相关规定，涉及人身、设备安全的，考评员应立即制止考生操作，考生应按相关规定自行改正并经考评员同意后方可继续操作。考生因上述原因被考评员制止操作 2 次及以上的，本题得 0 分。

（4）安全文明生产，在规定时间内完成。

**五、考核及时间要求**

本考核时间共 40 分钟，每超过 1 分钟扣 1 分。

**技能等级评价专业技能考核操作评分标准**

| 工种 | 电力电缆安装运维工（配电） | | | | | 评价等级 | 中级工 |
|---|---|---|---|---|---|---|---|
| 项目模块 | 电力电缆安装运维工（配电）—电缆中间、终端接头制作 | | | | 编号 | Jc0000442001 | |
| 单位 | | | 准考证号 | | | 姓名 | |
| 考试时限 | 40 分钟 | 题型 | | | | 题分 | 100 分 |
| 成绩 | | 考评员 | | 考评组长 | | 日期 | |
| 试题正文 | 10kV 电缆中间接头（一相）连接管压接的操作 | | | | | | |
| 需要说明的问题和要求 | 安全文明生产，在规定时间内完成 | | | | | | |

| 序号 | 项目名称 | 质量要求 | 满分 | 扣分标准 | 扣分原因 | 得分 |
|---|---|---|---|---|---|---|
| 1 | 工作前准备 | | | | | |
| 1.1 | 着装及防护 | 工作服、工作鞋、安全帽等穿戴正确 | 3 | 未按要求正确着装扣 1 分；<br>未穿劳保鞋，鞋带未系牢扣 1 分；<br>未按要求使用安全帽扣 1 分 | | |

续表

| 序号 | 项目名称 | 质量要求 | 满分 | 扣分标准 | 扣分原因 | 得分 |
|---|---|---|---|---|---|---|
| 1.2 | 工具选择 | （1）正确使用压接钳，根据电缆线芯截面选择相应压模。<br>（2）检查压接钳完好、工作正常 | 6 | 未检查压接钳扣3分；<br>选用模具不正确扣3分 | | |
| 2 | 工作过程 | | | | | |
| 2.1 | 校直、清洁电缆 | （1）校直电缆。<br>（2）清洁绝缘体、电缆线芯外表面杂质或污渍 | 8 | 未校直电缆扣4分；<br>未清洁电缆扣4分 | | |
| 2.2 | 锯电缆 | （1）电缆线芯锯口要求平整。<br>（2）剥切绝缘体部分前做临时切割标记，主绝缘切口圆整。<br>（3）剥切主绝缘不能伤到导体 | 15 | 锯口不平扣5分；<br>主绝缘切口不圆整扣5分；<br>剥切主绝缘伤到导体扣5分 | | |
| 2.3 | 清洁连接管、做标示线 | （1）连接管在压接前标出模距等分线。<br>（2）清除连接管内腔或线芯导体表面氧化物 | 8 | 未标出等分线扣4分；<br>未清除连接管内腔和线芯导体表面氧化物扣4分 | | |
| 2.4 | 压接 | （1）压接钳与压接管压接应垂直，压接时不允许模具发生错位。<br>（2）压接顺序按照从里到外的原则进行。<br>（3）压接到位、牢固。<br>（4）连接管压接后无弯曲 | 20 | 压接不垂直扣5分；<br>压接顺序错误扣5分；<br>压接不牢固扣5分；<br>连接管弯曲扣5分 | | |
| 2.5 | 打磨连接管 | （1）打磨压接后的连接管凸出部分。<br>（2）打磨后的连接管表明光滑、无凸出部分 | 20 | 未打磨扣10分；<br>有凸出部分扣10分 | | |
| 2.6 | 清洁连接管 | （1）清洁打磨后的连接管。<br>（2）清洁后的连接管无金属粉末。<br>（3）清洗完连接管后用保鲜膜做防尘保护 | 15 | 未清洁连接管扣5分；<br>有金属粉末扣5分；<br>未做防尘保护扣5分 | | |
| 3 | 工作终结验收 | | | | | |
| 3.1 | 清理现场 | 操作完毕后，将工具整理后放在指定位置 | 3 | 未清理现场扣3分 | | |
| 3.2 | 结束报告 | 操作完毕后，向考评员汇报工作结束 | 2 | 未汇报工作完成扣2分 | | |
| 合计 | | | 100 | | | |

**Jc0000442002　10kV 杆上电缆固定抱箍安装。（100 分）**

**考核知识点：**抱箍

**难易度：**中

## 技能等级评价专业技能考核操作工作任务书

### 一、任务名称

10kV 杆上电缆固定抱箍安装。

### 二、适用工种

电力电缆安装运维工（配电）中级工。

### 三、具体任务

根据现场情况，对 10kV 电杆上电缆安装固定抱箍。

### 四、工作规范及要求

（1）现场实际操作。

（2）考生 1 人独立完成，验电器、接地线上下杆塔可以有人配合。

（3）考生参加考评过程中如违反安规等相关规定，涉及人身、设备安全的，考评员应立即制止考生操作，考生应按相关规定自行改正并经考评员同意后方可继续操作。考生因上述原因被考评员制止操作 2 次及以上的，本题得 0 分。

（4）安全文明生产，在规定时间内完成。

## 五、考核及时间要求

本考核时间共 20 分钟，每超过 1 分钟扣 1 分。

**技能等级评价专业技能考核操作评分标准**

| | | | | | | | |
|---|---|---|---|---|---|---|---|
| 工种 | 电力电缆安装运维工（配电） | | | | 评价等级 | 中级工 | |
| 项目模块 | 电力电缆安装运维工（配电）—施工与验收 | | | 编号 | Jc0000442002 | | |
| 单位 | | 准考证号 | | | 姓名 | | |
| 考试时限 | 20 分钟 | 题型 | | | 题分 | 100 分 | |
| 成绩 | | 考评员 | | 考评组长 | | 日期 | |
| 试题正文 | 10kV 杆上电缆固定抱箍安装 | | | | | | |
| 需要说明的问题和要求 | 安全文明生产，在规定时间内完成 | | | | | | |

| 序号 | 项目名称 | 质量要求 | 满分 | 扣分标准 | 扣分原因 | 得分 |
|---|---|---|---|---|---|---|
| 1 | 工作前准备 | | | | | |
| 1.1 | 着装及防护 | 工作服、工作鞋、安全帽等穿戴正确 | 3 | 未按要求着装扣 1 分；<br>未穿劳保鞋，鞋带未系牢扣 1 分；<br>未按要求使用安全帽扣 1 分 | | |
| 1.2 | 安全工具检查 | （1）选中并检查脚扣的出厂合格证、试验周期合格证在有效期内。<br>（2）选中并检查安全带的出厂合格证、试验周期合格证在有效期内。<br>（3）检查后将安全工具摆放整齐 | 9 | 未按要求选中并检查脚扣的出厂合格证、试验周期合格证在有效期内扣 3 分；<br>未按要求选中并检查安全带的出厂合格证、试验周期合格证在有效期内扣 3 分；<br>未按要求检查后将安全工具摆放整齐扣 3 分 | | |
| 1.3 | 个人工具选择与检查 | （1）工具包无破损。<br>（2）吊物绳摆放整齐，无打结、缠绕。<br>（3）接地桩无开裂、弯曲。<br>（4）手锤木柄与锤体无松动 | 4 | 工具包破损扣 1 分；<br>吊物绳打结、缠绕扣 1 分；<br>接地桩开裂、弯曲扣 1 分；<br>手锤木柄与锤体松动扣 1 分 | | |
| 2 | 工作过程 | | | | | |
| 2.1 | 登杆前检查 | （1）全身式安全带的穿戴规范。<br>（2）正确安装接地极，接地桩深度满足 0.6m。<br>（3）上杆前检查杆根。<br>（4）检查拉线有无缺陷。<br>（5）登杆前对安全带做冲击试验。<br>（6）对脚扣做冲击试验。<br>（7）不发生漏带吊物绳 | 20 | 安全带的穿戴不规范扣 3 分；<br>接地极安装不正确扣 3 分；<br>未检查杆根扣 3 分；<br>未检查拉线扣 3 分；<br>未对安全带做冲击试验扣 3 分；<br>未对脚扣做冲击试验扣 3 分；<br>漏带吊物绳扣 3 分；<br>以上扣分，扣完为止 | | |
| 2.2 | 上杆 | （1）登杆动作协调、熟练。<br>（2）使用安全带保护绳登杆。<br>（3）上杆不发生脚扣脱落。<br>（4）上杆过程中防坠落保护器高度与肩部齐平，起到保护作用。<br>（5）登杆过程中调整脚扣 | 15 | 登杆动作不协调、不熟练扣 3 分；<br>未使用安全带保护绳登杆扣 3 分；<br>上杆发生脚扣脱落扣 3 分；<br>上杆过程中防坠落保护器没有起到保护作用扣 3 分；<br>登杆过程中不会调整脚扣扣 3 分 | | |
| 2.3 | 固定抱箍安装 | （1）固定抱箍安装位置尺寸符合要求。<br>（2）螺杆、螺栓穿向符合要求。<br>（3）抱箍安装方向正确、牢固 | 30 | 固定抱箍安装位置尺寸不符合要求扣 10 分；<br>螺杆、螺栓穿向不符合要求扣 10 分；<br>抱箍安装方向不正确、不牢固扣 10 分 | | |

续表

| 序号 | 项目名称 | 质量要求 | 满分 | 扣分标准 | 扣分原因 | 得分 |
|---|---|---|---|---|---|---|
| 2.4 | 下杆 | （1）下杆动作协调、熟练。<br>（2）使用安全带保护绳下杆。<br>（3）下杆过程中不发生脚扣脱落。<br>（4）下杆过程中防坠落保护器高度与肩部齐平，起到保护作用。<br>（5）下杆过程中调整脚扣 | 15 | 下杆动作不协调、不熟练扣 3 分；<br>未使用安全带保护绳下杆扣 3 分；<br>下杆过程中发生脚扣脱落扣 3 分；<br>下杆过程中防坠落保护器没有起到保护作用扣 3 分；<br>下杆过程中不会调整脚扣扣 3 分 | | |
| 3 | 工作终结验收 | | | | | |
| 3.1 | 清理现场 | 操作完毕后，将工具整理后放在指定位置 | 2 | 未清理现场扣 2 分 | | |
| 3.2 | 结束报告 | 操作完毕后，向考评员汇报工作结束 | 2 | 未汇报工作完成扣 2 分 | | |
| 合计 | | | 100 | | | |

**Jc0000441003　10kV 开关站的巡视。（100 分）**

**考核知识点：**巡视

**难易度：**易

## 技能等级评价专业技能考核操作工作任务书

**一、任务名称**

10kV 开关站的巡视。

**二、适用工种**

电力电缆安装运维工（配电）中级工。

**三、具体任务**

根据现场设备情况，开展 10kV 开关站的巡视工作。

**四、工作规范及要求**

（1）现场实际操作。

（2）考评开始前，由考评员指定考试工位。

（3）考生参加考评过程中如违反安规等相关规定，涉及人身、设备安全的，考评员应立即制止考生操作，考生应按相关规定自行改正并经考评员同意后方可继续操作。考生凡是被考评员因上述原因被制止的，该环节不得分；考生因上述原因被考评员制止操作第二次的，终止后续作业，后续作业步骤按 0 分统计。

（4）安全文明生产，在规定时间内完成。

**五、考核及时间要求**

本考核时间共 20 分钟，每超过 1 分钟扣 1 分。

### 技能等级评价专业技能考核操作评分标准

<table>
<tr><td>工种</td><td colspan="5">电力电缆安装运维工（配电）</td><td>评价等级</td><td>中级工</td></tr>
<tr><td>项目模块</td><td colspan="4">电力电缆安装运维工（配电）—电缆设备运行与维护</td><td>编号</td><td colspan="2">Jc0000441003</td></tr>
<tr><td>单位</td><td colspan="3"></td><td>准考证号</td><td></td><td>姓名</td><td></td></tr>
<tr><td>考试时限</td><td colspan="2">20 分钟</td><td>题型</td><td colspan="2"></td><td>题分</td><td>100 分</td></tr>
<tr><td>成绩</td><td></td><td>考评员</td><td></td><td>考评组长</td><td></td><td>日期</td><td></td></tr>
<tr><td>试题正文</td><td colspan="7">10kV 开关站的巡视</td></tr>
</table>

续表

| 需要说明的问题和要求 | 安全文明生产，在规定时间内完成 | | | | | |
|---|---|---|---|---|---|---|
| 序号 | 项目名称 | 质量要求 | 满分 | 扣分标准 | 扣分原因 | 得分 |
| 1 | 工作前准备 | | | | | |
| 1.1 | 着装及防护 | 工作服、工作鞋、安全帽等穿戴正确，正确佩戴纱布手套 | 2 | 个人安全防护用品未检查、汇报扣2分 | | |
| 1.2 | 申请考试 | 报告考评员准备工作完成，考评员许可后指定工位，方可开展工作 | 2 | 未办理考试许可扣2分 | | |
| 2 | 工作过程 | | | | | |
| 2.1 | 工器具及材料的选用及检查 | （1）将10kV绝缘手套整齐地摆放在帆布或塑料布上，并正确汇报检查结果。<br>（2）将鸡毛扫整齐地摆放在帆布或塑料布上，对外观进行检查，并正确汇报检查结果。<br>（3）将个人工具包整齐地摆放在帆布或塑料布上，对外观进行检查，并正确汇报检查结果。<br>（4）正确选用作业表单、水性笔、白纸 | 4 | 未检查或检查不到位，每项扣1分，扣完为止；<br>未准备或准备不齐全扣1分 | | |
| 2.2 | 开关站周围环境检查 | （1）检查开关站周围是否堆放有杂物或危及设备安全运行的其他设施，应及时清理。<br>（2）检查开关站周围是否有杂草或树木，应及时清除。<br>（3）检查开关站周围是否存在开挖取土等外破施工作业，应立即勒令其停止施工，并发放安全隐患通知书。<br>（4）检查开关站周围的电缆走向标志桩和标示牌是否缺失和破损。<br>（5）检查开关站周围的电缆井盖是否缺失和破损。<br>（6）操作过程中要求熟悉巡视步骤、动作连贯、清楚记录问题 | 17 | 未检查或检查不到位，每项扣3分，扣完为止；<br>不熟练扣2分 | | |
| 2.3 | 开关站本体外观检查 | （1）检查开关站现场名称标示牌是否缺失及破损，核对双重编号与系统正确相符。<br>（2）检查开关站外观的完好情况，有无倾斜，基础有无塌方、破损等。<br>（3）检查开关站的夜间反光标志是否缺失及破损。<br>（4）检查开关站箱体表面是否有粘贴广告纸和其他乱写乱画等现象，应及时清除。<br>（5）检查开关站箱体、柜门是否有损坏、锈蚀，开关门是否灵活。<br>（6）检查开关站接地连线是否紧固，是否有掉漆和锈蚀等现象。<br>（7）操作过程中要求熟悉巡视步骤、动作连贯、清楚记录问题 | 26 | 未检查或检查不到位，每项扣4分，扣完为止；<br>不熟练扣2分 | | |
| 2.4 | 开关站内部设备检查 | （1）检查开关站内的系统图是否缺失和破损，核对是否与系统相符。<br>（2）检查 $SF_6$ 气压表气压指示针是否处于绿色区域。<br>（3）检查每个间隔的三相带电显示器的工作状况。<br>（4）按下自检故障指示器的自检按钮，检查是否动作正确。<br>（5）检查设备内的开关、接地开关编号标识是否缺失和破损，核对是否与系统相符。<br>（6）检查五防闭锁装置齐全、机械锁悬挂在接地开关位置，核对编号是否与系统相符。 | 38 | 未检查或检查不到位，每项扣4分，扣完为止；<br>不熟练扣2分 | | |

续表

| 序号 | 项目名称 | 质量要求 | 满分 | 扣分标准 | 扣分原因 | 得分 |
|---|---|---|---|---|---|---|
| 2.4 | 开关站内部设备检查 | （7）检查电缆终端有无放电现象和痕迹，接地设施完整、无断股和脱落，胶泥封堵是否完好。<br>（8）检查开关站内的操作把手是否缺失、生锈。<br>（9）检查开关站内是否存在烧焦和电离等异常气味。<br>（10）操作过程中要求熟悉巡视步骤、动作连贯、清楚记录问题 | 38 | 未检查或检查不到位，每项扣 4 分，扣完为止；<br>不熟练扣 2 分 | | |
| 2.5 | 清扫开关站内部设备 | 戴绝缘手套使用鸡毛扫清扫开关站空隙的灰尘 | 2 | 未清扫扣 2 分 | | |
| 2.6 | 填写巡视表单 | 正确填写巡视表单，将以上所巡视的缺陷记录 | 4 | 未填写记录扣 4 分 | | |
| 2.7 | 编写整洁 | 填写材料名称、规格、数量，书写工整、卷面整洁 | 2 | 方案不整洁扣 2 分 | | |
| 3 | 工作终结验收 | | | | | |
| 3.1 | 清理现场 | 操作完毕后，将工具整理后放在指定位置 | 2 | 未清理现场扣 2 分 | | |
| 3.2 | 结束报告 | 操作完毕后，向考评员汇报工作结束 | 1 | 未汇报工作完成扣 1 分 | | |
| 合计 | | | 100 | | | |

**Jc0000442004　使用低压脉冲法测量 10kV 交联电缆的长度。（100 分）**

**考核知识点：**低压脉冲法

**难易度：**中

## 技能等级评价专业技能考核操作工作任务书

**一、任务名称**

使用低压脉冲法测量 10kV 交联电缆的长度。

**二、适用工种**

电力电缆安装运维工（配电）中级工。

**三、具体任务**

根据现场提供的工器具，应用低压脉冲法测量被测 10kV 交联电缆的长度。

**四、工作规范及要求**

（1）现场实际操作。

（2）配合人员 1 人，考评员为监护人。

（3）考生参加考评过程中如违反安规等相关规定，涉及人身、设备安全的，考评员应立即制止考生操作，考生应按相关规定自行改正并经考评员同意后方可继续操作。考生因上述原因被考评员制止操作 2 次及以上的，本题得 0 分。

（4）安全文明生产，在规定时间内完成。

**五、考核及时间要求**

考核时间共 30 分钟，每超过 1 分钟扣 1 分。

## 技能等级评价专业技能考核操作评分标准

| 工种 | 电力电缆安装运维工（配电） | | | | 评价等级 | 中级工 |
|---|---|---|---|---|---|---|
| 项目模块 | 电力电缆安装运维工（配电）—电缆试验与检修 | | | 编号 | Jc0000442004 | |
| 单位 | | 准考证号 | | | 姓名 | |
| 考试时限 | 30分钟 | 题型 | | | 题分 | 100分 |
| 成绩 | | 考评员 | | 考评组长 | 日期 | |
| 试题正文 | 使用低压脉冲法测量10kV交联电缆的长度 | | | | | |
| 需要说明的问题和要求 | 安全文明生产，在规定时间内完成 | | | | | |

| 序号 | 项目名称 | 质量要求 | 满分 | 扣分标准 | 扣分原因 | 得分 |
|---|---|---|---|---|---|---|
| 1 | 工作前准备 | | | | | |
| 1.1 | 着装及防护 | 工作服、工作鞋、安全帽等穿戴正确 | 3 | 未按要求着装扣1分；<br>未穿劳保鞋扣1分；<br>未按要求使用安全帽扣1分 | | |
| 1.2 | 测距仪的检查 | （1）使用万用表检测测试线是否完好无破损。<br>（2）开机检查电缆故障测距仪能否使用。<br>（3）检查测距仪电源是否充足 | 3 | 未检查测试线扣1分；<br>未检查测距仪扣1分；<br>未检查测距仪电源扣1分 | | |
| 1.3 | 安全工具检查 | （1）选中并检查验电笔的出厂合格证、试验周期合格证在有效期内。<br>（2）选中并检查绝缘手套的试验周期合格证在有效期内<br>（3）选中并检查绝缘鞋的试验周期合格证在有效期内。<br>（4）选中并检查接地线的试验周期合格证在有效期内。<br>（5）选中并检查放电棒的试验周期合格证在有效期内 | 5 | 未检查验电笔的出厂合格证、试验周期合格证在有效期内扣1分；<br>未检查绝缘手套的试验周期合格证在有效期内扣1分；<br>未检查绝缘鞋的试验周期合格证在有效期内扣1分；<br>未检查接地线的试验周期合格证在有效期内扣1分；<br>未检查放电棒的试验周期合格证在有效期内扣1分 | | |
| 1.4 | 个人工具选择 | （1）工具包无破损。<br>（2）扳手是否灵活 | 2 | 未检查工具包扣1分；<br>未检查扳手扣1分 | | |
| 2 | 工作过程 | | | | | |
| 2.1 | 履行许可手续 | （1）口述已办理工作任务单或办理工作票。<br>（2）口述已办理工作许可手续 | 6 | 未口述已办理工作任务单或工作票扣3分；<br>未口述已办理工作许可手续扣3分 | | |
| 2.2 | 口述拆除电缆终端头 | （1）口述拆除电缆终端头前对电缆头验电。<br>（2）口述拆除电缆终端头前对电缆头已放电。<br>（3）口述验电时戴绝缘手套、穿绝缘鞋。<br>（4）口述装挂接地线才拆除电缆头。<br>（5）口述测试对端电缆头已派人看守。<br>（6）口述已在测试工作地点处安装安全围栏 | 18 | 未口述验电扣3分；<br>未口述已放电扣3分；<br>未口述验电时戴绝缘手套、穿绝缘鞋扣3分；<br>未口述装挂接地线扣3分；<br>未口述测试对端电缆头已派人看守扣3分；<br>未口述已在测试工作地点处安装安全围栏扣3分 | | |
| 2.3 | 使用测距仪测距 | （1）考生启动测试仪器的时间不能超过仪器正常开机时间。<br>（2）正确选择低压脉冲法。<br>（3）电缆测距仪与电缆连接正确且牢固。<br>（4）根据电缆绝缘材料正确设置测距仪器波速度。<br>（5）调节波形增益参数正确。<br>（6）正确打开或关闭测距仪夜间指示灯 | 30 | 不会启动仪器扣5分；<br>不会选择低压脉冲法扣5分；<br>仪器连接线不正确扣5分；<br>波速度设置不正确扣5分；<br>增益参数调整不正确扣5分；<br>不会打开或关闭夜间指示灯扣5分 | | |
| 2.4 | 判读并记录结果 | （1）测试后记录数据。<br>（2）根据测试波形正确判断电缆长度，准确度达到与现场电缆长度一致 | 13 | 未记录测试数据扣4分；<br>不能正确判断电缆长度扣9分 | | |

续表

| 序号 | 项目名称 | 质量要求 | 满分 | 扣分标准 | 扣分原因 | 得分 |
|---|---|---|---|---|---|---|
| 2.5 | 口述恢复电缆线路电缆终端头的过程 | （1）口述电缆已恢复连接。<br>（2）口述已拆除原挂装的接地线。<br>（3）口述所有工作人员撤离工作现场。<br>（4）口述已拆除各工作地点处原来安装的安全围栏。<br>（5）口述已办理工作票终结手续 | 15 | 未口述电缆已恢复连接扣3分；<br>未口述已拆除原挂装的接地线扣3分；<br>未口述所有工作人员撤离工作现场扣3分；<br>未口述已拆除各工作地点处原来安装的安全围栏扣3分；<br>未口述已办理工作票终结手续扣3分 | | |
| 3 | 工作终结验收 | | | | | |
| 3.1 | 清理现场 | 操作完毕后，将工具整理后放在指定位置 | 3 | 未清理现场扣3分 | | |
| 3.2 | 结束报告 | 操作完毕后，向考评员汇报工作结束 | 2 | 未汇报工作完成扣2分 | | |
| 合计 | | | 100 | | | |

**Jc0000442005　红外热成像仪测温。（100 分）**

**考核知识点：**红外热成像仪

**难易度：**中

## 技能等级评价专业技能考核操作工作任务书

### 一、任务名称

红外热成像仪测温。

### 二、适用工种

电力电缆安装运维工（配电）中级工。

### 三、具体任务

应用红外热成像仪，对目标设备开展测温。

### 四、工作规范及要求

（1）现场实际操作。

（2）要求独立完成。

（3）考生参加考评过程中如违反安规等相关规定，涉及人身、设备安全的，考评员应立即制止考生操作，考生应按相关规定自行改正并经考评员同意后方可继续操作。考生因上述原因被考评员制止操作 2 次及以上的，本题得 0 分。

（4）安全文明生产，在规定时间内完成。

### 五、考核及时间要求

本考核时间共 20 分钟，每超过 1 分钟扣 1 分。

**技能等级评价专业技能考核操作评分标准**

| 工种 | 电力电缆安装运维工（配电） | | | | 评价等级 | 中级工 |
|---|---|---|---|---|---|---|
| 项目模块 | 电力电缆安装运维工（配电）—电缆设备运行与维护 | | | 编号 | Jc0000442005 | |
| 单位 | | 准考证号 | | | 姓名 | |
| 考试时限 | 20 分钟 | 题型 | | | 题分 | 100 分 |
| 成绩 | | 考评员 | 考评组长 | | 日期 | |
| 试题正文 | 红外热成像仪测温 | | | | | |
| 需要说明的问题和要求 | 安全文明生产，在规定时间内完成 | | | | | |

续表

| 序号 | 项目名称 | 质量要求 | 满分 | 扣分标准 | 扣分原因 | 得分 |
|---|---|---|---|---|---|---|
| 1 | 工作前准备 | | | | | |
| 1.1 | 着装及防护 | 工作服、工作鞋、安全帽等穿戴正确 | 9 | 未按要求着装扣3分；<br>未穿劳保鞋扣3分；<br>未按要求使用安全帽扣3分 | | |
| 1.2 | 工具、材料选择 | （1）检验合格证在有效期内。<br>（2）外观检查。<br>（3）电池容量检查，开机并读出电池容量。<br>（4）使用专用清洁布将镜头擦拭干净 | 20 | 未检验合格证在有效期内扣5分；<br>未进行外观检查扣5分；<br>未检查电池容量扣5分；<br>未使用专用清洁布将镜头擦拭干净扣5分 | | |
| 2 | 工作过程 | | | | | |
| 2.1 | 测温 | （1）找到导线接头，把红外热像仪十字丝对准导线接头。<br>（2）设置红外测温仪得到清晰的图像。<br>（3）读出稳定的测温数值。<br>（4）记录 | 32 | 仪器内找不到导线接头扣8分；<br>仪器内图像不清晰扣8分；<br>未读出测温数值扣8分；<br>未记录扣8分 | | |
| 2.2 | 结论 | 判断被测电缆接头有无异常 | 20 | 无判断结论或判断不正确扣20分 | | |
| 2.3 | 要求 | 操作动作熟练、流畅 | 15 | 操作不熟练扣15分 | | |
| 3 | 工作终结验收 | | | | | |
| 3.1 | 清理现场 | 操作完毕后，将工具整理后放在指定位置 | 2 | 未清理现场扣2分 | | |
| 3.2 | 结束报告 | 操作完毕后，向考评员汇报工作结束 | 2 | 未汇报工作完成扣2分 | | |
| 合计 | | | 100 | | | |

**Jc0000443006　1kV热缩式电力电缆中间接头安装。（100分）**

**考核知识点：**1kV热缩式电力电缆中间接头

**难易度：**难

## 技能等级评价专业技能考核操作工作任务书

### 一、任务名称

1kV热缩式电力电缆中间接头安装。

### 二、适用工种

电力电缆安装运维工（配电）中级工。

### 三、具体任务

应用热缩工艺，开展1kV电力电缆中间接头安装。

### 四、工作规范及要求

（1）要求独立完成。

（2）明火作业，工作现场应配备灭火器，并及时清理杂物。

（3）使用移动电气设备时必须装设漏电保护器。

（4）用刀或其他切割工具时，正确控制切割方向。

（5）使用液化气枪前应先检查液化气瓶、减压阀，液化气喷枪点火时火头不准对人，以免人员烫伤，其他工作人员应对火头保持一定距离，用后及时关闭阀门。

（6）安全文明生产，在规定时间内完成。

（7）口述制作过程。

## 五、考核及时间要求

本考核时间共10分钟，每超过1分钟扣1分。

### 技能等级评价专业技能考核操作评分标准

| | | | | | | | |
|---|---|---|---|---|---|---|---|
| 工种 | 电力电缆安装运维工（配电） | | | | | 评价等级 | 中级工 |
| 项目模块 | 电力电缆安装运维工（配电）—电缆中间、终端接头制作 | | | | 编号 | Jc0000443006 | |
| 单位 | | | 准考证号 | | | 姓名 | |
| 考试时限 | 10分钟 | | 题型 | | | 题分 | 100分 |
| 成绩 | | 考评员 | | 考评组长 | | 日期 | |
| 试题正文 | 1kV热缩式电力电缆中间接头安装 | | | | | | |
| 需要说明的问题和要求 | 安全文明生产，在规定时间内完成 | | | | | | |

| 序号 | 项目名称 | 质量要求 | 满分 | 扣分标准 | 扣分原因 | 得分 |
|---|---|---|---|---|---|---|
| 1 | 工作前准备 | | | | | |
| 1.1 | 着装及防护 | 工作服、工作鞋、安全帽等穿戴正确 | 2 | 未按要求着装扣1分；<br>未按要求使用安全帽扣1分 | | |
| 1.2 | 工具选择 | 工具齐全、无破损，功能正常 | 2 | 未检查工具扣2分 | | |
| 1.3 | 材料选择 | 材料正确、无破损 | 2 | 未检查材料扣2分 | | |
| 2 | 工作过程 | | | | | |
| 2.1 | 选择电缆 | 选择一根YJV22－0.6/1kV－4×240交联聚乙烯绝缘电力电缆 | 10 | 电缆选择错误扣10分 | | |
| 2.2 | 压接连接管 | （1）压接前使用清洁纸将连接管内、外和导体表面清洗干净。检查连接管与导体截面及导体外径尺寸，以及压接磨具与连接管外径尺寸是否匹配。如连接管套入导体较松动，则应用单丝填实后进行压接。<br>（2）压接后，连接管表面的棱角和毛刺必须用锉刀和砂纸打磨光洁，并将金属粉末清洗干净。<br>（3）将连接管和绝缘连接处用自黏绝缘带拉伸后绕包填平，绝缘带绕包必须紧密、平整 | 20 | 连接管压接不紧实扣10分；<br>表面的棱角和毛刺未打磨光洁扣5分；<br>无绝缘带绕包扣5分 | | |
| 2.3 | 热缩绝缘管 | （1）将电缆线芯绝缘层用清洁纸清洁干净。<br>（2）将绝缘管移至连接管上，保证二者中心对正。从中部向两端均匀、缓慢、环绕进行加热收缩，把管内气体全部排出，保证均匀收缩 | 20 | 未将电缆线芯绝缘层清洁干净扣10分；<br>未均匀收缩绝缘管扣10分 | | |
| 2.4 | 连接两端铠装 | （1）编织带应焊在两层铠装上。<br>（2）焊接时，铠装焊区应用锉刀和砂纸砂光打毛，并先镀一层锡，将铜编织带两端分别接在铠装镀锡层上，同时用铜绑线扎紧并焊牢 | 20 | 编织带未焊在两层铠装上扣10分；<br>未打磨镀锡扣10分 | | |
| 2.5 | 热缩外护套 | （1）接头部位及两端电缆必须调整平直。<br>（2）外护套管定位前，必须将接头两端电缆外护套清洁干净并绕包一层密封胶。<br>（3）热缩时，由两端向中间均匀、缓慢、环绕加热，使其收缩到位 | 20 | 未调整平直扣5分；<br>未清洁电缆外护套并绕包密封胶扣5分；<br>未收缩到位扣10分 | | |
| 3 | 工作终结验收 | | | | | |
| 3.1 | 清理现场 | 操作完毕后，将工具整理后放在指定位置 | 2 | 未清理现场扣2分 | | |
| 3.2 | 结束报告 | 操作完毕后，向考评员汇报工作结束 | 2 | 未汇报工作完成扣2分 | | |
| 合计 | | | 100 | | | |

Jc0000442007　电力电缆第一种工作票的填写。( 100 分 )

**考核知识点：** 电力电缆第一种工作票

**难易度：** 中

## 技能等级评价专业技能考核操作工作任务书

### 一、任务名称

电力电缆第一种工作票的填写。

### 二、适用工种

电力电缆安装运维工（配电）中级工。

### 三、具体任务

根据现场提供的票面格式，填写电力电缆第一种工作票。

### 四、工作规范及要求

（1）要求独立填写。

（2）按照电气工作票填写规范进行填写。

（3）根据提供的素材及线路图信息填写工作票。

（4）填写应工整、清楚，工作票票面上的关键字不得任意涂改，如需涂改应使用规范的符号，字迹应清楚。

（5）工作票所涉日期、时间的填写应按公历及 24 小时制填写。

（6）安全文明生产，在规定时间内完成。

### 五、考核及时间要求

本考核时间共 60 分钟，每超过 1 分钟扣 1 分。

**技能等级评价专业技能考核操作评分标准**

| 工种 | 电力电缆安装运维工（配电） | | | | 评价等级 | 中级工 |
|---|---|---|---|---|---|---|
| 项目模块 | 电力电缆安装运维工（配电）—基本技能 | | | 编号 | Jc0000442007 | |
| 单位 | | 准考证号 | | | 姓名 | |
| 考试时限 | 60 分钟 | 题型 | | | 题分 | 100 分 |
| 成绩 | | 考评员 | | 考评组长 | 日期 | |
| 试题正文 | 电力电缆第一种工作票的填写 | | | | | |
| 需要说明的问题和要求 | 安全文明生产，在规定时间内完成 | | | | | |

| 序号 | 项目名称 | 质量要求 | 满分 | 扣分标准 | 扣分原因 | 得分 |
|---|---|---|---|---|---|---|
| 1 | 工作前准备 | | | | | |
| 1.1 | 着装及防护 | 工作服、工作鞋、安全帽等穿戴正确 | 10 | 未正确着装扣 10 分；<br>着装不规范扣 5 分 | | |
| 2 | 工作过程 | | | | | |
| 2.1 | 笔型选用 | 黑色或蓝色的钢（水）笔或圆珠笔 | 10 | 选错笔扣 10 分 | | |
| 2.2 | 字型、字迹要求 | 字型要易于辨认，字迹要清晰、端正，不可有污点 | 15 | 不符合要求扣 15 分 | | |
| 2.3 | 填写内容 | （1）按照电气工作票填写规范进行填写。<br>（2）填写的危险点及安全措施应符合题意 | 40 | 胡编乱造扣 40 分；<br>每缺一项扣 10 分，扣完为止 | | |
| 2.4 | 填写表格 | 格式正确、无遗漏 | 15 | 格式不正确扣 10 分<br>每遗漏一项扣 5 分，扣完为止 | | |

续表

| 序号 | 项目名称 | 质量要求 | 满分 | 扣分标准 | 扣分原因 | 得分 |
|---|---|---|---|---|---|---|
| 3 | 工作终结验收 | | | | | |
| 3.1 | 清理现场 | 操作完毕后，将工具整理后放在指定位置 | 5 | 未清理现场扣 5 分 | | |
| 3.2 | 结束报告 | 操作完毕后，向考评员汇报工作结束 | 5 | 未汇报工作完成扣 5 分 | | |
| 合计 | | | 100 | | | |

**Jc0000442008　电力电缆第二种工作票的填写。（100 分）**

**考核知识点：**电力电缆第二种工作票

**难易度：**中

## 技能等级评价专业技能考核操作工作任务书

**一、任务名称**

电力电缆第二种工作票的填写。

**二、适用工种**

电力电缆安装运维工（配电）中级工。

**三、具体任务**

根据现场提供的票面格式，填写电力电缆第二种工作票。

**四、工作规范及要求**

（1）要求独立填写。

（2）按照电气工作票填写规范进行填写。

（3）根据提供的素材及线路图信息填写工作票。

（4）填写应工整、清楚，工作票票面上的关键字不得任意涂改，如需涂改应使用规范的符号，字迹应清楚。

（5）工作票所涉日期、时间的填写应按公历及 24 小时制填写。

（6）安全文明生产，在规定时间内完成。

**五、考核及时间要求**

本考核时间共 40 分钟，每超过 1 分钟扣 1 分。

### 技能等级评价专业技能考核操作评分标准

| | | | | | | | |
|---|---|---|---|---|---|---|---|
| 工种 | 电力电缆安装运维工（配电） | | | | | 评价等级 | 中级工 |
| 项目模块 | 电力电缆安装运维工（配电）—基本技能 | | | | 编号 | Jc0000442008 | |
| 单位 | | 准考证号 | | | | 姓名 | |
| 考试时限 | 40 分钟 | 题型 | | | | 题分 | 100 分 |
| 成绩 | | 考评员 | | 考评组长 | | 日期 | |
| 试题正文 | 电力电缆第二种工作票的填写 | | | | | | |
| 需要说明的问题和要求 | 安全文明生产，在规定时间内完成 | | | | | | |

| 序号 | 项目名称 | 质量要求 | 满分 | 扣分标准 | 扣分原因 | 得分 |
|---|---|---|---|---|---|---|
| 1 | 工作前准备 | | | | | |
| 1.1 | 着装及防护 | 工作服、工作鞋、安全帽等穿戴正确 | 10 | 未正确着装扣 10 分；<br>着装不规范扣 5 分 | | |

续表

| 序号 | 项目名称 | 质量要求 | 满分 | 扣分标准 | 扣分原因 | 得分 |
|---|---|---|---|---|---|---|
| 2 | 工作过程 | | | | | |
| 2.1 | 笔型选用 | 黑色或蓝色的钢（水）笔或圆珠笔 | 10 | 选错笔扣 10 分 | | |
| 2.2 | 字型、字迹要求 | 字型要易于辨认，字迹要清晰、端正、不可有污点 | 15 | 不符合要求扣 15 分 | | |
| 2.3 | 填写内容 | （1）按照电气工作票填写规范进行填写。<br>（2）填写的危险点及安全措施应符合题意 | 40 | 胡编乱造扣 40 分；<br>每缺一项扣 10 分，扣完为止 | | |
| 2.4 | 填写表格 | 格式正确无遗漏 | 15 | 格式不正确扣 10 分<br>每遗漏一项扣 5 分，扣完为止 | | |
| 3 | 工作终结验收 | | | | | |
| 3.1 | 清理现场 | 操作完毕后，将工具整理后放在指定位置 | 5 | 未清理现场扣 5 分 | | |
| 3.2 | 结束报告 | 操作完毕后，向考评员汇报工作结束 | 5 | 未汇报工作完成扣 5 分 | | |
| 合计 | | | 100 | | | |

**Jc0000442009　对 10kV 电缆进行相序识别的操作。（100 分）**

**考核知识点：**相序识别

**难易度：**中

## 技能等级评价专业技能考核操作工作任务书

### 一、任务名称

对 10kV 电缆进行相序识别的操作。

### 二、适用工种

电力电缆安装运维工（配电）中级工。

### 三、具体任务

根据现场情况，对 10kV 电缆开展相序识别。

### 四、工作规范及要求

（1）相序识别应在双回路线路上进行。

（2）相序识别应由三人进行，其中一人监护、一人操作、一人读表。

（3）相序识别的杆上工作应戴安全帽。使用登杆工具、系好安全带，室内工作需与其他设备保持安全距离。

（4）相序识别考核最好不要在实际线路上进行，并站在绝缘垫上，运行线路应退出重合闸。

### 五、考核及时间要求

本考核时间共 30 分钟，每超过 1 分钟扣 1 分。

**技能等级评价专业技能考核操作评分标准**

| 工种 | 电力电缆安装运维工（配电） | | | | | 评价等级 | 中级工 |
|---|---|---|---|---|---|---|---|
| 项目模块 | 电力电缆安装运维工（配电）—电缆试验与检修 | | | | 编号 | Jc0000442009 | |
| 单位 | | | 准考证号 | | | 姓名 | |
| 考试时限 | 30 分钟 | 题型 | | | | 题分 | 100 分 |
| 成绩 | | 考评员 | | 考评组长 | | 日期 | |
| 试题正文 | 对 10kV 电缆进行相序识别的操作 | | | | | | |

续表

| 需要说明的问题和要求 | 在规定时间内完成 | | | | | |
|---|---|---|---|---|---|---|
| 序号 | 项目名称 | 质量要求 | 满分 | 扣分标准 | 扣分原因 | 得分 |
| 1 | 工作前准备 | | | | | |
| 1.1 | 着装、穿戴 | 工作服、工作鞋、安全帽等穿戴正确 | 5 | 未正确着装扣 5 分；<br>着装不规范扣 3 分 | | |
| 2 | 工作过程 | | | | | |
| 2.1 | 执行工作票制度 | 带电作业需开第二种工作票 | 15 | 未开工作票扣 15 分 | | |
| 2.2 | 严格执行监护制度 | 无监护人不得自行操作，操作时所站的最佳位置和姿势应事先选择 | 15 | 未在监护人监护指导下擅自操作扣 10 分；<br>操作动作、位置考虑不周扣 5 分 | | |
| 2.3 | 检查电阻杆电流表和接地 | 工作前应检查电阻杆是否合格，接地引线是否牢靠，表计指示是否正确 | 10 | 未检查接地引线、电阻杆、仪表扣 10 分 | | |
| 2.4 | 检查核相仪的指示正确性 | （1）操作人员操作时应戴绝缘手套。<br>（2）手应握在绝缘杆上，而不能握在电阻杆上。<br>（3）检查核相仪的指示 | 15 | 未戴绝缘手套扣 5 分；<br>手握位置不对扣 5 分；<br>未进行检查扣 10 分；<br>以上扣分，扣完为止 | | |
| 2.5 | 在被测线路上测试 | | | | | |
| 2.5.1 | 挂相 | 测量时应先挂一相线路再挂另一相线路 | 10 | 操作不正确扣 10 分 | | |
| 2.5.2 | 工作位置选择 | 测量人员身体不应接触测量引下线 | 10 | 引下线靠在人体身上扣 10 分 | | |
| 2.5.3 | 记录 | 测量相位时应画简图并做记录 | 10 | 绘图或记录不正确扣 10 分 | | |
| 3 | 工作终结验收 | 文明操作，禁止违章操作，不损坏仪器仪表及工器具，不发生安全生产事故 | 10 | 有不安全行为扣 5 分；<br>损坏仪器仪表、工器具扣 5 分 | | |
| 合计 | | | 100 | | | |

**Jc0000443010　对电缆故障所显示的几种不同波形的分析判断。（100 分）**

**考核知识点：**波形分析

**难易度：**难

## 技能等级评价专业技能考核操作工作任务书

### 一、任务名称

对电缆故障所显示的几种不同波形的分析判断。

### 二、适用工种

电力电缆安装运维工（配电）中级工。

### 三、具体任务

对低压脉冲波、断线故障波、一般单相接地波、特殊单相接地波、闪络故障波开展分析判断。

### 四、工作规范及要求

（1）虽然现在各地已广泛作用各种智能型电缆故障探测仪，但为了避免产生知其然不知其所以然的情况，仍要考核大家对波形的认识，从而加强对故障判断和分析的能力。

（2）需分析判断的波形有低压脉冲波、断线故障波、一般单相接地波、特殊单相接地波、闪络故障波。

（3）配操作人员一名，操作员显示某种波形后，再叫被考者观察、分析、判断。

## 五、考核及时间要求

本考核时间共 20 分钟，每超过 1 分钟扣 1 分。

### 技能等级评价专业技能考核操作评分标准

| | | | | | | | |
|---|---|---|---|---|---|---|---|
| 工种 | 电力电缆安装运维工（配电） | | | | | 评价等级 | 中级工 |
| 项目模块 | 电力电缆安装运维工（配电）—电缆试验与检修 | | | | 编号 | Jc0000443010 | |
| 单位 | | | 准考证号 | | | 姓名 | |
| 考试时限 | 30 分钟 | | 题型 | | | 题分 | 100 分 |
| 成绩 | | 考评员 | | 考评组长 | | 日期 | |
| 试题正文 | 对电缆故障所显示的几种不同波形的分析判断 | | | | | | |
| 需要说明的问题和要求 | 在规定时间内完成 | | | | | | |

| 序号 | 项目名称 | 质量要求 | 满分 | 扣分标准 | 扣分原因 | 得分 |
|---|---|---|---|---|---|---|
| 1 | 工作前准备 | | | | | |
| 1.1 | 着装、穿戴 | 工作服、工作鞋、安全帽等穿戴正确 | 5 | 未正确着装扣 5 分；<br>着装不规范扣 3 分 | | |
| 1.2 | 材料及工器具准备 | 工器具、材料选用准确、齐全 | 5 | 工器具、材料漏选或有缺陷扣 5 分 | | |
| 2 | 工作过程 | | | | | |
| 2.1 | 用低压脉冲法测试的三种波形 | 认识波形 | 5 | 不识波形扣 5 分 | | |
| 2.1.1 | 短路故障波形 | 两个波形相同 | 5 | 波形相反扣 5 分 | | |
| 2.1.2 | 断线故障波形 | 两波形相反 | 5 | 波形相同扣 5 分 | | |
| 2.1.3 | 测电缆全长 | 电缆另一端开路 | 5 | 电缆另一端未开路扣 5 分 | | |
| 2.2 | 用直流高压闪络法 | 掌握操作方法 | 10 | 不会操作扣 10 分 | | |
| 2.2.1 | 有一定距离的波形 | 距离应大于 100m | 5 | 距离不足扣 5 分 | | |
| 2.2.2 | 故障点靠近测试端的波形 | 波形分析 | 5 | 不会分析扣 5 分 | | |
| 2.3 | 用冲击高压闪络法 | 掌握操作方法 | 10 | 不会操作扣 10 分 | | |
| 2.3.1 | 全貌波形 | 认识波形 | 10 | 不识波形扣 10 分 | | |
| 2.3.2 | 故障点不放电或放电不完善时的波形 | 对电缆充分放电 | 10 | 故障点不放电扣 10 分 | | |
| 2.3.3 | 故障点在用户端或靠近他端的波形 | 认识波形 | 5 | 不识波形扣 5 分 | | |
| 2.3.4 | 故障点靠近测试端的波形 | 认识波形 | 10 | 不识波形扣 10 分 | | |
| 3 | 工作终结验收 | （1）文明操作，禁止违章操作，不损坏工器具，不发生安全生产事故。<br>（2）清理现场，清点工器具 | 5 | 有不安全行为扣 3 分；<br>清理不完全扣 2 分 | | |
| 合计 | | | 100 | | | |

# 第三部分
# 高级工

# 第五章　电力电缆安装运维工（配电）高级工技能笔答

**Jb0000331001　10kV 预制式电力电缆终端头安装终端头后应该怎么做？（5 分）**

**考核知识点：**预制式电力电缆终端头

**难易度：**易

**标准答案：**

10kV 预制式电力电缆终端头安装终端头后擦净挤出的硅脂，检查确认终端头下部与半导电带有良好的接触和密封，并在底部装上卡带，包缠相色带。

**Jb0000332002　10kV 预制式电力电缆中间接头制作预制体定位后，怎么处理可防止预制体变形和扭曲？（5 分）**

**考核知识点：**预制式电力电缆终端头

**难易度：**中

**标准答案：**

10kV 预制式电力电缆中间接头制作预制体定位后，必须用手从其中部向两端用力捏一捏，以消除推拉时产生的内应力，防止预制体变形和扭曲。

**Jb0000332003　在特殊或紧急条件下，必须在恶劣气候下进行带电抢修时，需要采取哪些安全措施方可进行？（5 分）**

**考核知识点：**安全措施

**难易度：**中

**标准答案：**

在特殊或紧急条件下，必须在恶劣气候下进行带电抢修时，应针对现场气候和工作条件，组织有关工程技术人员和全体作业人员充分讨论，制定可靠的安全措施，经本单位总工程师或主管生产的领导批准后方可进行。

**Jb0000331004　电缆附件的现场检查验收有哪些内容？（5 分）**

**考核知识点：**现场验收

**难易度：**易

**标准答案：**

电缆附件的现场检查验收中，按照施工设计和订货合同，电缆附件的产品说明书、电缆附件的检验合格证、电缆附件的安装图纸应齐全。

**Jb0000331005　电缆附件的例行试验检查哪些内容？（5 分）**

**考核知识点：**例行试验

**难易度：**易

**标准答案：**

电缆附件的例行试验时对橡胶预制件、热缩材料的内、外表面应光滑，没有因材质、工艺不良引起的肉眼可见的斑痕、凹坑、裂纹等缺陷。

**Jb0000331006 电缆的中间接头是连接电缆与其他电缆的哪些部分？（5分）**

**考核知识点：**电缆中间接头

**难易度：**易

**标准答案：**

电缆的中间接头是连接电缆与其他电缆的导体、绝缘层、屏蔽层、保护层，以使电缆线路连续的装置。

**Jb0000331007 10kV热缩式电力电缆中间接头制作工艺流程工作前准备的内容有哪些？（5分）**

**考核知识点：**10kV热缩式电力电缆中间接头

**难易度：**易

**标准答案：**

10kV热缩式电力电缆中间接头制作工艺流程工作前准备的内容有检查电缆、工器具准备、阅读安装说明书、材料准备。

**Jb0000331008 简述10kV热缩式电力电缆终端头制作、终端头附件安装的内容。（5分）**

**考核知识点：**10kV热缩式电力电缆终端头

**难易度：**易

**标准答案：**

10kV热缩式电力电缆终端头制作、终端头附件安装的内容包括热缩分支手套、屏蔽层恢复、绝缘层恢复、压接接线端子。

**Jb0000331009 简述红外热像检测方法主要针对的缺陷类型。（5分）**

**考核知识点：**红外热像检测

**难易度：**易

**标准答案：**

红外热像检测方法主要针对的缺陷类型为连接不良、受潮、绝缘缺陷。

**Jb0000331010 电缆工井按用途不同可分为哪几类？（5分）**

**考核知识点：**电缆工井

**难易度：**易

**标准答案：**

电缆工井按用途不同可分为敷设、接头、过渡工作井。

**Jb0000332011 电缆线路例行试验有哪些？（5分）**

**考核知识点：**例行试验

**难易度：**中

**标准答案：**

电缆线路例行试验包括主绝缘及外护套绝缘电阻测试、主绝缘交流耐压试验、接地电阻测试和交叉、交叉互联系统试验。

**Jb0000321012　电缆线路诊断性试验有哪些？（5 分）**

**考核知识点：**诊断性试验

**难易度：**易

**标准答案：**

电缆线路诊断性试验包括超声波检测、高频局部放电测试、特高频局部放电测试、振荡波局部放电测试。

**Jb0000321013　电缆构筑物土石方工程验收包括哪些内容？（5 分）**

**考核知识点：**验收

**难易度：**易

**标准答案：**

电缆构筑物土石方工程验收包括土石方竣工图、施工记录和有关试验报告、隐蔽工程验收记录。

**Jb0000321014　10kV 预制式电力电缆中间接头制作压接前应检查哪些内容？（5 分）**

**考核知识点：**10kV 预制式电力电缆中间接头

**难易度：**易

**标准答案：**

10kV 预制式电力电缆中间接头制作压接前应检查连接管直径尺寸与导体截面尺寸、压接模具型号、导体径向尺寸是否相符、配套。

**Jb0000321015　编写电缆作业指导书时，应体现现场作业的哪些内容？（5 分）**

**考核知识点：**电缆作业指导书

**难易度：**易

**标准答案：**

编写电缆作业指导书时，应体现对现场作业的全过程控制，包括设备验收、运行检修、技术监督等内容。

**Jb0000331016　电缆线路调试由哪些项目组成？（5 分）**

**考核知识点：**调试

**难易度：**易

**标准答案：**

电缆线路调试由信号系统调试、油压整定、绝缘测试、电缆常数测试、护层试验、油阻试验、油样试验、相位校核等项目组成。

**Jb0000331017　在工程中间环节验收时，电缆直埋敷设的验收标准是什么？（5 分）**

**考核知识点：**中间环节验收

**难易度：**易

**标准答案：**

在工程中间环节验收时，电缆直埋敷设时电缆沟底不应有石块或其他硬质杂物，沿电缆全长应在其上下各铺设 50mm 厚的细土或沙层，然后用预制钢筋混凝土盖板加以保护，保护板覆盖宽度应超过电缆两侧各 100mm。

**Jb0000331018　10kV 热缩式电力电缆中间接头制作切削“铅笔头”时，锥面应怎样处理？（5 分）**

**考核知识点：**10kV 热缩式电力电缆中间接头

**难易度：**易

**标准答案：**

10kV 热缩式电力电缆中间接头制作切削“铅笔头”时，锥面应圆整、均匀、对称，刀口不得划伤导体。

**Jb0000331019　10kV 冷缩式电力电缆中间接头制作，剥除铜屏蔽层及半导电层时，应注意哪些内容？（5 分）**

**考核知识点：**10kV 冷缩式电力电缆中间接头

**难易度：**易

**标准答案：**

10kV 冷缩式电力电缆中间接头制作，剥除铜屏蔽层及半导电层时，铜屏蔽及半导电层断口边缘应整齐、无毛刺。

**Jb0000332020　敷设电缆时怎么防止热机械力损伤电缆？（5 分）**

**考核知识点：**敷设电缆

**难易度：**中

**标准答案：**

为防止热机械力损伤电缆，一般将从排管口到接头之间电缆弯曲，其弯曲半径应不小于电缆的允许弯曲半径。

**Jb0000332021　10kV 热缩式电力电缆终端头制作防雨裙时，注意哪些内容？（5 分）**

**考核知识点：**10kV 热缩式电力电缆终端头

**难易度：**中

**标准答案：**

10kV 热缩式电力电缆终端头制作防雨裙加热收缩中，应及时对水平、垂直方向进行调整和对防雨裙边进行整形。

**Jb0000332022　电缆线路工程可以分为哪些分部工程？（5 分）**

**考核知识点：**线路工程

**难易度：**中

**标准答案：**

电缆线路工程可以分为电缆敷设、电缆接头、电缆终端、接地系统、信号系统、供油系统、调试七个分部工程。

**Jb0000332023　电缆线路及附属设备缺陷涉及哪些范围？（5 分）**

**考核知识点：**缺陷

**难易度：**中

标准答案：

电缆线路及附属设备缺陷涉及范围包括电缆本体、电缆接头、接地设备，电缆线路附属设备，电缆线路上构筑物。

**Jb0000332024　10kV 预制式肘型电力电缆终端头制作割切线芯绝缘层时如何防止损伤线芯？（5 分）**

**考核知识点：** 10kV 预制式肘型电力电缆终端头

**难易度：** 中

**标准答案：**

10kV 预制式肘型电力电缆终端头制作割切线芯绝缘层时，注意不得损伤线芯导体，剥除绝缘时，应顺着导线绞合方向进行。

**Jb0000332025　简述 10kV 热缩式电力电缆终端头制作剥除钢铠时绑扎钢铠的铜线规格。（5 分）**

**考核知识点：** 10kV 热缩式电力电缆终端头

**难易度：** 中

**标准答案：**

10kV 热缩式电力电缆终端头制作剥除钢铠时绑扎钢铠的铜线用$\phi$2.0 的铜线，每道 3～4 匝。

**Jb0000332026　简述 10kV 冷缩式电力电缆终端头制作安装终端绝缘主体前的清洁步骤。（5 分）**

**考核知识点：** 10kV 冷缩式电力电缆终端头

**难易度：** 中

**标准答案：**

10kV 冷缩式电力电缆终端头制作安装终端绝缘主体前用清洁纸从上至下把各相清洁干净，待清洁剂挥发后，在绝缘层表面均匀地涂上硅脂。

**Jb0000332027　简述 10kV 热缩式电力电缆终端头制作时连接管的处理方式。（5 分）**

**考核知识点：** 10kV 热缩式电力电缆终端头

**难易度：** 中

**标准答案：**

10kV 热缩式电力电缆终端头制作，连接管处应力处理，从连接管中部开始包至绝缘端部，与绝缘重叠 5mm。

**Jb0000333028　10kV 热缩式电力电缆中间接头制作时绕包应力控制胶如何使用？（5 分）**

**考核知识点：** 10kV 热缩式电力电缆中间接头

**难易度：** 难

**标准答案：**

10kV 热缩式电力电缆中间接头制作时，绕包应力控制胶时，必须拉薄拉窄，把外半导电层和绝缘层的交接处填实填平。

**Jb0000333029　10kV 预制式电力电缆中间接头制作如何清洁长端绝缘及屏蔽层表面？（5 分）**

**考核知识点：** 10kV 预制式电力电缆中间接头

**难易度：** 难

**标准答案：**

10kV 预制式电力电缆中间接头制作清洁长端绝缘及屏蔽层表面时，应由绝缘端部向外半导电屏蔽层方向进行，不可颠倒，清洁纸不得重复使用。

**Jb0000333030　电缆接头施工中，清洗交联电缆绝缘及外半导电层时应注意什么？（5分）**

**考核知识点：**电缆接头施工

**难易度：**难

**标准答案：**

（1）应使用不掉毛、不褪色的清洗材料。

（2）应自绝缘向半导电单方向清洗，清洗材料不得重复使用。

**Jb0000333031　电缆故障发生的原因有哪些？（5分）**

**考核知识点：**故障

**难易度：**难

**标准答案：**

（1）机械损伤。

（2）电缆外皮的电腐蚀。

（3）化学腐蚀。

（4）地面下沉。

（5）电缆绝缘物的流失。

（6）长期过负荷运行。

（7）振动破坏。

（8）施工质量和接头质量不合格。

（9）在潮湿的气候条件下作接头，使接头封装物内混入水蒸气而耐不住试验电压，往往形成闪络性故障。

**Jb0000333032　振荡波试验方法有哪些优点？（5分）**

**考核知识点：**振荡波试验

**难易度：**难

**标准答案：**

（1）能有效地检测缺陷。

（2）与 50Hz 试验结果相一致。

（3）设备简单、便宜。

（4）没有电压限制。

**Jb0000333033　运行中的电流互感器二次侧开路有什么危害？为什么？（5分）**

**考核知识点：**电流互感器

**难易度：**难

**标准答案：**

电流互感器二次磁通势与一次磁通势方向相反及起去磁作用，故铁芯磁通密封较低，但当电流互感器二次开路时电流为零，磁通势也为零，对一次磁通势的去磁作用消失，铁芯中磁通密度增大很多，铁芯严重饱和，在二次绕组上感应出很高的电动势，危及设备和人身安全。

**Jb0000333034　电缆导体压接有哪些工艺要点？（5分）**

**考核知识点：**电缆导体压接

**难易度：**难

**标准答案：**

（1）压接前要检查核对连接金具和压模，必须与电缆导体标称截面积、导体结构种类（紧压或非紧压）相符。

（2）用清洁剂清除导体、接管、接线端子表面污垢，使其表面出现光泽。

（3）导体经圆整后插入连接管或接线端子，插入长度必须充足。

（4）压接顺序、部位应符合工艺标准，压模合拢后，应停留10～15s，使压接部位金属塑性变形达到基本稳定后，才能松模。

（5）压接后，压接部位表面应光滑，不应有裂纹或毛刺，边缘处不得有尖端，点压的压坑深度应与阳模的压入部位高度一致，坑底应平坦无裂纹。

**Jb0000333035　对于电缆导体连接点的电阻要求有哪些？（5分）**

**考核知识点：**电阻

**难易度：**难

**标准答案：**

（1）连接点的电阻小而且稳定。

（2）连接点的电阻与相同长度、相同截面积的导体之比值，对于运行中的终端头和中间接头，这个比值不应大于1.2。

**Jb0000333036　不同情况下应采取的外力破坏防护措施有哪些？（至少5点）（5分）**

**考核知识点：**外力破坏防护措施

**难易度：**难

**标准答案：**

（1）在电缆及通道保护区范围内的违章施工、搭建、开挖等违反《电力设施保护条例》和其他可能威胁电网安全运行的行为，应及时进行劝阻和制止，必要时向有关单位和个人送达隐患通知书。对于造成事故或设施损坏者，应视情节与后果移交相关执法部门依法处理。

（2）允许在电缆及通道保护范围内施工的，运维单位必须严格审查施工方案，制定安全防护措施，并与施工单位签订保护协议书，明确双方职责。施工期间，安排运维人员到现场进行监护确保施工单位不得擅自更改施工范围。

（3）对临近电缆及通道的施工，运维人员应对施工方进行交底，包括路径走向，埋设深度、保护设施等。并接不同电压等级要求，提出相应的保护措施。

（4）对临近电缆通道的易燃、易爆等设施应采取有效隔离措施防止易燃、易爆物渗入。

（5）临近电缆通道的基坑开挖工程，要求建设单位做好电力设施专项保护方案，防止土方松动、坍塌引起沟体损伤，且原则上不应涉及电缆保护区。若为开挖深度超过5m的深基坑工程应根据电力部门提出的相关要求增加相应的电缆专项保护方案，并组织专家论证会讨论通过。

（6）市政管理、道路施工涉及非开挖电力管线时，要求建设单位邀请具有资质的探测单位做好管线探测工作，并召开专题会议讨论确定实施方案。

（7）因施工挖掘而暴露的电缆，应由运维人员在场监护，并告知施工人员有关施工注意事项和保护措施。对于被挖掘而露出的电缆应加装保护套。需要悬吊时，吊点间距不应大于1.5m。工程结束覆土前，运维人员应检查电缆及相关设施是否完好，安放位置是否正确，待恢复原状后，方可离开现场。

（8）禁止在电缆沟和隧道内同时埋设其他管道。有关单位应当协商采取安全措施达成协议后方可施工。

（9）电缆路径上应设立明显的警示标志，对可能发生外力破坏的区段应加强监视，并采取可靠的防护措施，对处于施工区域的电缆线路，应设置警告标志牌，标明保护范围。

（10）应监视电缆通道结构、周围土层和邻近建筑物等的稳定性，发现异常应及时采取防护措施。

（11）敷设于公用通道中的电缆应制定专项管理措施。

（12）当电缆线路发生外力破坏时，应保护现场，留取原始资料，及时向有关管理部门汇报。运维单位应定期对外力破坏防护工作进行总结分析，制定相应防范措施。

（13）电缆与热管道（沟）及热力设备平行、交叉时，应采取隔热措施。

（14）水底电缆线路应按水域管理部门的航行规定，划定一定宽度的防护区域，禁止船只抛锚，并按船只往来频繁情况，必要时设置瞭望岗哨或安装监控装置，配置能引起船只注意的设施。

（15）在水底电缆线路防护区域内，发生违反航行规定的事件，应通知水域管辖的有关部门，尽可能采取有效措施避免损坏水底电缆事故的发生。

**Jb0000333037　常用的高压电缆带电检测方法有哪些？（5分）**

**考核知识点：**带电检测

**难易度：**难

**标准答案：**

（1）红外检测。

（2）接地电流检测。

（3）高频局部放电检测。

（4）超高频局部放电检测。

（5）特高频局部放电检测。

（6）超声波局部放电检测。

**Jb0000333038　哪些工作可使用电力电缆第二种工作票？（5分）**

**考核知识点：**电力电缆第二种工作票

**难易度：**难

**标准答案：**

（1）带电线路杆塔上且与带电导线最小安全距离不小于相关规定。

（2）在运行中的配电设备上的工作。

（3）电力电缆不需要停电的工作。

（4）直流线路上不需要停电的工作。

（5）直流接地极线路上不需要停电的工作。

**Jb0000333039　避雷器安装完毕验收时应检查哪些项目？（5分）**

**考核知识点：**验收

**难易度：**难

**标准答案：**

竣工验收包括现场验收和资料验收。

（1）在验收时，应进行下列检查：

1）现场制作件应符合设计要求。

2）避雷器密封良好，外表应完整无缺损。

3）避雷器应安装牢固，其垂直度应符合要求，绝缘子宜在投运前进行超声波探伤试验，垂直安装的避雷器均压环应水平。

4）放电计数器和在线监测仪密封应良好，绝缘垫及接地应良好、牢固。

5）油漆应完整，相色正确。

6）交接试验合格。

7）产品有压力检测要求时，压力检测应合格。

（2）在验收时，应提交下列资料和文件：

1）设计变更的证明文件。

2）制造厂提供的产品说明书、装箱清单、试验记录、合格证及安装图纸等文件。

3）检验及评定资料。

4）试验报告。

5）备品、备件、专用工具及测试仪清单。

**Jb0000333040 电缆的路径选择，应符合哪些规定？ （5分）**

**考核知识点：**路径选择

**难易度：**难

**标准答案：**

（1）避免电缆遭受机械性外力、过热、腐蚀等危害。

（2）满足安全要求条件下使电缆较短。

（3）便于敷设、维护。

（4）避开将要挖掘施工的地方。

（5）充油电缆线路通过起伏地形时，使供油装置较合理配置。

**Jb0000333041 电缆接头的绝缘应有什么特性？（5分）**

**考核知识点：**绝缘

**难易度：**难

**标准答案：**

（1）接头的额定电压及其绝缘水平，不得低于所连接电缆额定电压及其要求的绝缘水平。

（2）绝缘接头的绝缘环两侧耐受电压，不得低于所连电缆护层绝缘水平的2倍。

**Jb0000333042 交联聚乙烯绝缘电缆金属屏蔽的结构形式有哪些？（5分）**

**考核知识点：**交联聚乙烯绝缘电缆

**难易度：**难

**标准答案：**

（1）一层或二层退火铜带螺旋搭盖绕包，形成一个圆柱同心导体。

（2）多根细铜丝绕包，外用铜带螺旋间隙绕包，以增加短路容量，绕包相反以抵消电感。

（3）铜带或铝带纵包方式。

**Jb0000333043 用压接钳压接铝导线接头前应做哪些工作？（5分）**

**考核知识点：**压接

**难易度：** 难

**标准答案：**

（1）检查压接工具有无问题，检查铝接管或铝鼻子及压模的型号、规格是否与电缆的线芯截面积相符合。

（2）应将线芯及铝接管内壁的氧化铝膜去掉，再涂一层中性凡士林。

（3）对于非圆形线芯可用鲤鱼钳将线芯夹成圆形并用绑线扎紧锯齐后插入管内。插入前应根据铝接管长度或铝鼻子孔深，在线上做好记号，中间接头应使两端插入线芯各占铝接管长度的一半，铝鼻子应插到底，插入线芯时，线芯不应出现单丝突起现象。

**Jb0000333044　电缆线路故障按性质主要分哪几种？（5 分）**

**考核知识点：** 故障

**难易度：** 难

**标准答案：**

（1）接地故障。

（2）短路故障。

（3）断线故障。

（4）闪络性故障。

（5）混合故障。

**Jb0000333045　电缆的外护层，应符合哪些要求？（5 分）**

**考核知识点：** 外护层

**难易度：** 难

**标准答案：**

（1）交流单相回路的电力电缆，不得有未经非磁性处理的金属带、钢丝铠装。

（2）在潮湿、含化学腐蚀环境或易受水浸泡的电缆，金属套、加强层、铠装层、铠装上应有挤塑外套，水中电缆的粗钢丝铠装上应有纤维外套。

（3）除低温−20℃以下环境或药用化学液体浸泡场所，以及有低毒难燃性要求的电缆挤塑外套宜用聚乙烯外，可采用聚氯乙烯外套。

（4）用在有水或化学液体浸泡场所的 6～35kV 重要性或 35kV 以上交联聚乙烯电缆，应具有符合使用要求的金属塑料复合阻水层、铅套或膨胀式阻水带等防水构造。敷设于水下的中、高压交联聚乙烯电缆还宜具有纵向阻水构造。

**Jb0000333046　如何进行停电电缆的判断？（5 分）**

**考核知识点：** 电缆判断

**难易度：** 难

**标准答案：**

（1）当多条电缆并列敷设时，要从中判别哪一条是停电的电缆是很困难的。如发生差错很容易造成人身和设备事故。感应法可以很容易地将停电电缆判别出来。

（2）听测时，在停电电缆的一端任意两芯接上音频信号发生器，在另一端将电缆接上音信号的两芯短路。在电缆外露部分用马蹄形线圈环绕电缆一周进行听测，则可听到在一周 360° 中有两处音频信号大的地方；再将线圈顺电缆长度方向沿电缆表面移动，则可听到如同短路故障一样，声音按电缆扭绞节距的规律一大一小地变化。而未加信号的电缆，虽有感应音频信号声，但都没有这种声音随位置不同而变化的规律。因此很容易判别已停电的电缆。

**Jb0000333047　为什么说铝线芯导体只能配铝接头压接，而不能配铜接头？（5分）**

**考核知识点：**铝线芯导体

**难易度：**难

**标准答案：**

（1）由于铜和铝这两种金属标准电极电位相差较大（铜为+0.345V，铝为-1.67V）。

（2）当有电介质存在时，将形成以铝为负极，铜为正极的原电池，使铝产生电化腐蚀，从而使接触电阻增大。

（3）由于铜铝的弹性模数和热膨胀系数相差很大，在运行中经多次冷热（通电与断电）循环后，会使接点处产生较大间隙，影响接触而产生恶性循环。

（4）铜铝连接是一个应该十分重视的问题。

**Jb0000333048　使用排管时，应符合哪些规定？（5分）**

**考核知识点：**排管

**难易度：**难

**标准答案：**

（1）管孔数宜按发展预留适当备用。

（2）缆芯工作温度相差大的电缆，宜分别配置于适当间距的不同排管组。

（3）管路顶部土壤覆盖厚度不宜小于0.5m。

（4）管路应置于经整平夯实土层且有足以保持连续平直的垫块上；纵向排水坡度不宜小于0.2%。

（5）管路纵向连接处的弯曲度，应符合牵引电缆时不致损伤的要求。

（6）管孔端口应有防止损伤电缆的处理。

（7）增设自动报警与专用消防装置。

**Jb0000333049　XLPE绝缘电缆附件在电气绝缘上有哪些要求？（5分）**

**考核知识点：**XLPE绝缘电缆附件

**难易度：**难

**标准答案：**

（1）电缆附件所用材料的绝缘电阻、介质损耗、介电常数、击穿强度，以及与结构确定的最大工作场强满足不同电压等级电缆的使用要求。

（2）此外，还应考虑干闪距离、湿闪距离、爬电距离等。

（3）有机材料作为外绝缘时还应考虑抗漏电痕迹、抗腐蚀性、自然老化等性能。只有满足这些要求才能说附件基本上达到了电气上满足。

**Jb0000333050　测量电缆线路绝缘电阻时应注意哪些事项？（5分）**

**考核知识点：**绝缘电阻

**难易度：**难

**标准答案：**

（1）试验前将电缆放电、接地，以保证安全及试验结果准确。

（2）绝缘电阻表应放置平稳的地方，以避免在操作时用力不匀使绝缘电阻表摇晃，致使读数不准。

（3）绝缘电阻表在不接被试品开路空摇时，指针应指在无限大“∞”位置。

（4）电缆绝缘头套管表面应该擦干净，以减少表面泄漏。

（5）从绝缘电阻表的接线柱“L”上接到被试品上的一条引线的绝缘电阻，相当于和被试设备的电阻并联，因此要求该引线的绝缘电阻较高，并且不应拖在地上。

（6）操作绝缘电阻表时，手摇发电机应以额定转数旋转，一般保持为120r/min左右。

（7）在测定绝缘电阻兼测定吸收比时，应该先把绝缘电阻表摇到额定速度，再把相线引线搭上，并从搭上时开始计算时间。

（8）电缆绝缘电阻测量完毕或需重复测量时，须将电缆放电，接地，电缆线路较长和绝缘好的电缆线路接地时间应长些，一般不少于1min。

（9）由于电缆线路的绝缘电阻值受到很多外界条件的影响，所以在试验报表上，应该把所有影响绝缘电阻数值的条件（例如温度、相对湿度、绝缘电阻表电压等）都记录下来。

**Jb0000333051　什么是集肤效应？如何应用？（5分）**

**考核知识点：**集肤效应

**难易度：**难

**标准答案：**

（1）当交变电流通过导体时，电流将集中在导体表面流通，这种现象称为集肤效应。

（2）为了减小电缆导体的集肤效应，大截面电缆导体采用分割导体型。

（3）为了有效地利用导体材料和使之散热，大电流母线常做成槽形或菱形。

（4）另外，在高压输配电线路中，利用钢芯绞线代替铝绞线，这样既节省了铝导体，又增加了导线的机械强度。

**Jb0000332052　通道维护的一般要求有哪些？（5分）**

**考核知识点：**通道维护

**难易度：**中

**标准答案：**

（1）通道维护主要包括通道修复、加固、保护和清理等工作。

（2）通道维护原则上不需停电，宜结合巡视工作同步完成。

（3）维护人员在工作中应随身携带相关资料、工具、备品备件和个人防护用品。

（4）在通道维护可能影响电缆安全运行时，应编制专项保护方案，施工时应采取必要的安全保护措施，并应设专人监护。

**Jb0000333053　按单相接地故障电容电流考虑，10kV配电网中性点接地方式选择应符合哪些原则？（5分）**

**考核知识点：**电容电流

**难易度：**难

**标准答案：**

（1）单相接地故障电容电流在10A及以下，宜采用中性点不接地方式。

（2）单相接地故障电容电流超过10A且小于100～150A，宜采用中性点经消弧线圈接地方式。

（3）单相接地故障电容电流超过100～150A以上，或以电缆网为主时，宜采用中性点经低电阻接地方式。

（4）同一规划区域内宜采用相同的中性点接地方式，以利于负荷转供。

**Jb0000331054 电缆线路截面的选择应符合哪些要求？（5 分）**

**考核知识点：**截面

**难易度：**易

**标准答案：**

（1）变电站馈出至中压开关站的干线电缆截面积不宜小于铜芯 300mm²，馈出的双环、双射、单环网干线电缆截面积不宜小于铜芯 240 mm²。

（2）满足动、热稳定要求下，亦可采用相同载流量的其他材质电缆，并满足 GB 50217—2018《电力工程电缆设计标准》的相关要求。其他专线电缆截面积应满足载流量及动、热稳定的要求。

（3）中压开关站馈出电缆和其他分支电缆的截面积应满足载流量及动、热稳定的要求。

**Jb0000331055 电缆线路接地系统由哪些接地装置组成？（5 分）**

**考核知识点：**接地系统

**难易度：**易

**标准答案：**

（1）终端接地。

（2）接头接地网。

（3）终端接地箱。

（4）护层交叉互联箱。

（5）分支箱接地网。

**Jb0000331056 电缆线路附属装置由哪些电缆附属设备组成？（5 分）**

**考核知识点：**附属装置

**难易度：**易

**标准答案：**

（1）避雷器。

（2）供油装置。

（3）接地装置。

（4）在线监测装置。

**Jb0000333057 电缆的敷设符合哪些要求？（5 分）**

**考核知识点：**敷设

**难易度：**难

**标准答案：**

（1）原则上 66kV 以下与 66kV 及以上电压等级电缆宜分开敷设。

（2）电力电缆和控制电缆不应配置在同一层支架上。

（3）同通道敷设的电缆应按电压等级的高低从下向上分层布置，不同电压等级电缆间宜设置防火隔板等防护措施。

（4）重要变电站和重要用户的双路电源电缆不宜同通道敷设。

**Jb0000333058 电缆固定应满足哪些要求？（5 分）**

**考核知识点：**电缆固定

**难易度：**难

**标准答案：**

（1）垂直敷设或超过45°倾斜敷设时电缆刚性固定间距不应大于2m。

（2）桥架敷设时电缆刚性固定间距不应大于2m。

（3）水平敷设的电缆，在电缆首末两端及转弯、电缆接头的两端处。

（4）当对电缆间距有要求时每隔5～10m处。

**Jb0000332059　属于电缆附件验收抽样试验项目的有哪些？（5分）**

**考核知识点：**抽样试验

**难易度：**中

**标准答案：**

（1）常温下局部放电试验。

（2）常温下冲击试验。

**Jb0000333060　在工程中间环节验收时，剥切电缆任一结构层时不能伤及其他结构层，以免对日后安全运行造成隐患。剥切时要注意哪些环节？（5分）**

**考核知识点：**中间环节验收

**难易度：**难

**标准答案：**

（1）剥内衬层时不可伤及铜屏蔽。

（2）剥铜屏蔽时不可伤及外半导屏蔽层，铜屏蔽不可松带，切断处不可翘起尖角。

（3）剥外半导屏蔽层时不可伤及主绝缘。

（4）剥主绝缘时不可伤及线芯。

**Jb0000331061　在电缆工程中间验收环节，电缆本体检查的项目包括哪些？（5分）**

**考核知识点：**中间环节验收

**难易度：**易

**标准答案：**

（1）电缆外观应无损伤。

（2）电缆型号、电压、规格、排列位置等应符合设计要求。

（3）电缆敷设时，电缆应从盘的上端引出，不应使电缆在支架上及地面摩擦拖拉。电缆应排列整齐，不得有铠装压扁、电缆绞拧、护套折裂等未消除的机械损伤。

（4）油浸纸绝缘电缆在切断后，应将端头立即铅封。塑料绝缘电缆应有可靠的防潮封端。

**Jb0000331062　10kV 热缩式电力电缆中间接头制作工艺流程中间接头附件安装内容有哪些？（5分）**

**考核知识点：**10kV 热缩式电力电缆中间接头

**难易度：**易

**标准答案：**

（1）绝缘层恢复。

（2）连接两端铜屏蔽。

（3）热缩内外护套。

**Jb0000332063　10kV 热缩式电力电缆中间接头制作，电缆分相扳弯线芯时注意哪些方面？（5分）**

**考核知识点：**10kV 热缩式电力电缆中间接头

**难易度：**中

**标准答案：**

电缆分相扳弯线芯时一定要保证弯曲半径符合规定要求，避免铜屏蔽层变形、折皱、损坏。

**Jb0000332064　10kV 热缩式电力电缆中间接头制作，压接连接管前用清洁纸将哪些部分清洁干净？（5分）**

**考核知识点：**10kV 热缩式电力电缆中间接头

**难易度：**中

**标准答案：**

（1）连接管内表面。

（2）连接管外表面。

（3）导体表面。

**Jb0000332065　10kV 热缩式电力电缆中间接头制作压接连接管后，连接管表面怎么处理？（5分）**

**考核知识点：**10kV 热缩式电力电缆中间接头

**难易度：**中

**标准答案：**

10kV 热缩式电力电缆中间接头制作压接连接管后，连接管表面的棱角、毛刺必须用锉刀和砂纸打磨光洁，并将金属粉屑清洁干净。

**Jb0000331066　简述制作 10kV 电力电缆中间接头时室外作业条件。（5分）**

**考核知识点：**10kV 电力电缆中间接头

**难易度：**易

**标准答案：**

制作 10kV 电力电缆中间接头时室外作业应避免在雨天、雾天、大风、湿度在 70%以上的天气环境下进行。

**Jb0000332067　纸绝缘电缆试验项目有哪些？（5分）**

**考核知识点：**纸绝缘电缆

**难易度：**中

**标准答案：**

（1）测量绝缘电阻。

（2）直流耐压试验及泄漏电流测量。

（3）检查电缆线路两端的相位。

**Jb0000332068　自容式充油电缆试验项目有哪些？（5分）**

**考核知识点：**自容式充油电缆

**难易度：**中

**标准答案：**
（1）测量绝缘电阻。
（2）检查电缆线路两端的相位。
（3）直流耐压试验及泄漏电流测量。
（4）交叉互联系统试验。

**Jb0000331069　电缆线路诊断性试验包括哪些？（5分）**
**考核知识点：**诊断性试验
**难易度：**易
**标准答案：**
（1）超声波检测。
（2）高频局部放电测试。
（3）特高频局部放电测试。
（4）振荡波局部放电测试。

**Jb0000333070　低压脉冲法可以测寻哪些故障？（5分）**
**考核知识点：**低压脉冲法
**难易度：**难
**标准答案：**
（1）低阻故障。
（2）开路故障。
（3）外护套故障。
（4）高阻故障。
（5）闪络性故障。

**Jb0000331071　电缆路径探测一般采用哪些方法？（5分）**
**考核知识点：**路径探测
**难易度：**易
**标准答案：**
（1）音峰法。
（2）极大值法。
（3）音谷法。

**Jb0000331072　充油电缆漏油故障查找方法有哪些？（5分）**
**考核知识点：**故障
**难易度：**易
**标准答案：**
（1）冻结法。
（2）流量法。
（3）压力差法。
（4）比较法。

**Jb0000332073　锯电缆前应做好哪些准备工作？（5分）**

**考核知识点：**锯电缆

**难易度：**中

**标准答案：**

（1）锯电缆前，确切证实电缆无电。

（2）锯电缆前，必须与电缆图纸核对是否相符。

（3）用接地的带木柄的铁钉钉入电缆芯，扶木柄的人应戴绝缘手套并站在绝缘垫上。

**Jb0000332074　哪些测试方法需要用到球间隙？（5分）**

**考核知识点：**球间隙

**难易度：**中

**标准答案：**

（1）用冲闪法查找电缆故障。

（2）用声测法进行故障精确定点。

**Jb0000332075　电缆在线检测方法主要有哪些？（5分）**

**考核知识点：**在线检测

**难易度：**中

**标准答案：**

（1）红外检测方法。

（2）金属护层接地电流检测方法。

（3）局部放电检测方法。

**Jb0000332076　电缆及其附件有哪些情况需要进行局部修补？（5分）**

**考核知识点：**局部修补

**难易度：**中

**标准答案：**

（1）未伤及主绝缘护层受损者。

（2）造成的外力破坏及单相主绝缘而未击穿者。

（3）热缩电缆无屏蔽层的主绝缘段碰触接地而形成放电。

**Jb0000332077　交联聚乙烯绝缘电缆附件安装时，应注意哪些方面？（5分）**

**考核知识点：**附件安装

**难易度：**中

**标准答案：**

（1）应严格遵守制作工艺规程。

（2）一般在室外制作6kV及以上电缆终端和接头时，其空气相对湿度宜为70%及以下。

**Jb0000332078　配电网可研报告的主要审查内容有哪些？（5分）**

**考核知识点：**可研报告

**难易度：**中

**标准答案：**

（1）应符合相关技术标准要求。

（2）应符合电网现状（变电站地理位置分布、现状情况及建设进度、供区负荷情况、变压器容量、无功补偿配置、出线能力等）。

（3）应采用合理的线路网架优化方案（配电网目标网架的合理优化、供电可靠性、线损率、电压质量、容载比、供电半径、负荷增长与割接等）。

（4）应采用合理的建设方案（主设备的技术参数、数量、长度等）。

**Jb0000331079　电缆温度检测有哪些注意事项？（5分）**

**考核知识点：**温度检测

**难易度：**易

**标准答案：**

（1）多条并联运行的电缆以及电缆线路靠近热力管或其他热源、电缆排列密集处，应进行土壤温度和电缆表面温度监视测量，以防电缆过热。

（2）测量电缆的温度，应在夏季或电缆最大负荷时进行。

（3）测量直埋电缆温度时，应测量同地段的土壤温度，测量土壤温度的热偶温度计的装置点与电缆间的距离不应小于3m，离土壤测量点3m 半径范围内应无其他热源。

（4）电缆同地下热力管交叉或接近敷设时，电缆周围的土壤温度在任何时候不应超过本地段其他地方同样深度的土壤温度10℃以上。

**Jb0000331080　站房类建（构）筑物的主要内容有哪些？（5分）**

**考核知识点：**站房类建（构）筑物

**难易度：**易

**标准答案：**

（1）建（构）筑物周围有无杂物，有无可能威胁配电网设备安全运行的杂草、蔓藤类植物等。

（2）建（构）筑物的门、窗、钢网有无损坏，房屋、设备基础有无下沉、开裂，屋顶有无漏水、积水，沿沟有无堵塞。

（3）户外环网单元、箱式变电站等设备的箱体有无锈蚀、变形。

（4）建（构）筑物、户外箱体的门锁是否完好。

（5）电缆盖板有无破损、缺失，进出管沟封堵是否良好，防小动物设施是否完好。

（6）室内是否清洁，周围有无威胁安全的堆积物，大门口是否畅通、是否影响检修车辆通行。

（7）室内温度是否正常，有无异声、异味。

（8）室内消防、照明设备、常用工器具是否完好齐备、摆放整齐，除湿、通风、排水设施是否完好。

**Jb0000331081　电力电缆线路通道维护的主要内容有哪些？（5分）**

**考核知识点：**通道维护

**难易度：**易

**标准答案：**

（1）修复破损的电缆隧道、排管包封、工井、井盖，补全缺失的井盖。

（2）加固保护管沟，调整管沟标高。

（3）封堵电缆孔洞，补全、修复防火阻燃措施。

（4）修复电缆隧道内部防火、防水、照明、通风、支架、爬梯等损坏的附属设施。
（5）修复锈蚀的电缆支架，更换或补全缺失、破损、严重锈蚀的支架部件。
（6）修复存在连接松动、接地不良、锈蚀等缺陷的接地引下线。
（7）清除电缆通道、工井、检修通道、电缆管沟、隧道内部堆积的杂物。
（8）补全、修复通道沿线缺失或损坏的标识标示，校正倾斜的标识桩。

**Jb0000331082　电力电缆线路电缆本体及附件维护的主要内容有哪些？（5 分）**

**考核知识点：**附件维护

**难易度：**易

**标准答案：**

（1）修复有轻微破损的外护套、接头保护盒。
（2）补全、修复防火阻燃措施。
（3）补全、修复缺失的电缆线路本体及其附件标识。

**Jb0000332083　电缆分支箱维护的主要内容有哪些？（5 分）**

**考核知识点：**分支箱维护

**难易度：**中

**标准答案：**

（1）清除柜体污秽，修复锈蚀、油漆剥落的柜体。
（2）修复、更换性能异常的带电显示器等辅助设备。

**Jb0000331084　站房类建（构）筑物维护的主要内容有哪些？（5 分）**

**考核知识点：**站房类建（构）筑物维护

**难易度：**易

**标准答案：**

（1）清理站所内外杂物，修缮、平整运行通道。
（2）修复破损的遮（护）栏、门窗、防护网、防小动物挡板等。
（3）修复锈蚀、油漆剥落的箱体及站所外体。
（4）补全、修复缺失或破损的一次接线图。
（5）更换不合格消防器具、常用工器具。
（6）修复出现性能异常的照明、通风、排水、除湿等装置。

**Jb0000331085　常用 35kV 及以下电缆接头按结构形式可分为哪几种？（5 分）**

**考核知识点：**电缆接头

**难易度：**易

**标准答案：**

常用 35kV 及以下电缆接头按结构形式可分为绕包式、热缩式、冷缩式、预制式、模塑式、浇铸式。

**Jb0000331086　什么叫电缆线路状态检修？（5 分）**

**考核知识点：**状态检修

**难易度：**易

**标准答案：**

以电缆线路的安全、可靠性、环境、成本为基础，通过电缆线路状态评价、风险评估和检修决策，达到运行安全可靠、检修成本合理的一种检修策略。

**Jb0000332087 什么是电缆线路的回流线？（5 分）**

**考核知识点：**回流线

**难易度：**中

**标准答案：**

单芯电缆金属屏蔽（金属套）单点互联接地时，为抑制单相接地故障电流形成的磁场对外界的影响和降低金属屏蔽（金属套）上的感应电压，沿电缆线路敷设一根阻抗较低的接地线。

**Jb0000331088 电缆线路进行直流耐压试验，升压速度为什么不能太快？（5 分）**

**考核知识点：**直流耐压试验

**难易度：**易

**标准答案：**

（1）在做直流耐压试验时，如果升压速度过快会使充电电流过大，以致损坏试验设备。

（2）同时，升压速度太快会使击穿电压有所降低，使试验结果不准确。

**Jb0000332089 为什么直埋敷设施工中要更换回填土？（5 分）**

**考核知识点：**回填土

**难易度：**中

**标准答案：**

在土壤热阻系数比较高的地区，当电缆运行中发热使土壤温度高于 50℃时，土壤中水分会向低温处扩散，即产生水分迁移现象，从而导致土壤热阻系数进一步增高，甚至引起电缆过热造成故障。电缆直埋敷设采取更换回填土措施，其意义在于降低土壤热阻系数，防止土壤中发生水分迁移现象，充分发挥电缆的输送容量。

**Jb0000331090 简述电缆巡视的分类。（5 分）**

**考核知识点：**巡视

**难易度：**易

**标准答案：**

定期巡视、特殊巡视、夜间巡视、故障巡视、监察性巡视。

**Jb0000332091 低压脉冲法的基本原理是什么？（5 分）**

**考核知识点：**低压脉冲法

**难易度：**中

**标准答案：**

在测试端向电缆线路注入一低压脉冲，仪器记录自测试端发射脉冲波至故障点返回的反射脉冲波的时间间距$\Delta t$，已知脉冲波在电缆中传播速度，即可计算出故障点距离。

**Jb0000331092 简述 10kV 冷缩式电力电缆中间接头的制作工艺流程。（5 分）**

**考核知识点：**10kV 冷缩式电力电缆中间接头

**难易度：**易

**标准答案：**

（1）施工前准备。

（2）剥除外护套、铠装、内护套及填料。

（3）剥切绝缘层，套中间接头管。

（4）压接连接管。

（5）安装中间接头管。

（6）连接两端铜屏蔽层。

（7）恢复内护套。

（8）连接两端铠装层。

（9）恢复外护套。

**Jb0000331093　微安表接在高压侧有什么优缺点？（5分）**

**考核知识点：**电力电缆试验

**难易度：**易

**标准答案：**

微安表接在高压侧的优点是受杂散电流的影响较小，测出的泄漏电流准确；缺点是微安表置于高压侧，需对地绝缘、屏蔽，在试验过程中切除微安表量程需要戴高压绝缘手套或站在绝缘垫上进行操作，操作不便。

**Jb0000331094　制作安装电缆接头或终端头对气象条件有何要求？（5分）**

**考核知识点：**安装电缆接头

**难易度：**易

**标准答案：**

（1）制作安装应在良好的天气下进行。

（2）尽量避免在雨天、风雪天或湿度较大的环境下施工，同时还有防止尘土和外来污物的措施。

**Jb0000332095　电缆标示牌应注明什么内容？编写有何要求？（5分）**

**考核知识点：**电力电缆运行与检修

**难易度：**中

**标准答案：**

标示牌上应注明电缆线路设计编号、电缆型号、规格及起始点，并联使用的电缆应有顺序号。要求字迹清晰、不易脱落。

**Jb0000331096　耐压试验前后为什么要测量电缆绝缘电阻？（5分）**

**考核知识点：**电力电缆试验

**难易度：**易

**标准答案：**

从绝缘电阻的数值可初步判断电缆是否受潮、老化，决定能否进行耐压试验，并可判断由耐压试验检查出的缺陷性质，所以在进行耐压试验前，要对电缆的绝缘电阻进行测量。

**Jb0000331097　在哪种情况下采用排管敷设？有什么优点？（5分）**

**考核知识点：**电力电缆敷设安装

**难易度：**易

**标准答案：**

（1）排管敷设一般用在与其他建筑物、公路或铁路相交叉的地方，有时也在建筑物密集区内采用。

（2）排管敷设主要优点是占地少，能承受大的荷重，电缆相互间互不影响，比较安全。

**Jb0000332098　决定电缆长期允许载流量的因素有哪些？（5 分）**

**考核知识点：**电力电缆基本知识

**难易度：**中

**标准答案：**

（1）导体电阻。载流量与导体材料的电阻率的平方根成反比，与导体截面积的平方根成正比。

（2）绝缘材料性能。载流量与绝缘材料的耐热性能、热阻和介质损耗角正切值有关。

（3）敷设环境，主要指周围环境温度、周围媒质热阻以及多根电缆并列对载流量的影响。

**Jb0000331099　什么是电缆故障？（5 分）**

**考核知识点：**电力电缆故障测寻

**难易度：**易

**标准答案：**

电缆故障是指电缆在预防性试验时发生绝缘击穿或在运行中，因绝缘击穿、导线烧断等而迫使电缆线路停电的故障。

**Jb0000331100　请说出 YJV30 电缆名称、特性及使用。（5 分）**

**考核知识点：**电力电缆基本知识

**难易度：**易

**标准答案：**

该电缆为交联聚乙烯绝缘、铜芯、聚氯乙烯护套、裸细钢丝铠装电缆；用于室内、隧道内及矿井中，能承受机械外力作用，能承受相当拉力。

**Jb0000332101　为什么要进行电缆的核相？（5 分）**

**考核知识点：**电力电缆试验

**难易度：**中

**标准答案：**

电力系统是三相供电系统，其三相之间有一个固定的相位差，当两个或两个以上的电力网并列时，其相位必须相同，否则会使电缆无法并列运行，甚至会损坏发、供电设备。电缆线路在电力系统中是将系统中某个部分两端的电气设备连接起来的，因此，就要求电缆每相连接的两端设备的相位要求同相，可是电缆的相位是无法用直观的方法来得到的，只能用仪器来进行判断，这就是电缆在与设备连接前要进行核相。

**Jb0000331102　电缆线路为何不设置重合闸？（5 分）**

**考核知识点：**电力电缆运行与检修

**难易度：**易

标准答案：

由于电缆大都敷设于地下，不会发生鸟害、异物搭挂等故障；一般故障属于永久性故障，所以线路不设重合闸，也不应人为重合闸，以免扩大事故范围。

**Jb0000331103　交联聚乙烯电缆的路径选择，应符合哪些规定？（5分）**

**考核知识点：**电力电缆敷设安装

**难易度：**易

**标准答案：**

（1）避免电缆遭受机械性外力、过热、腐蚀等危害。

（2）满足安全要求条件下使电缆较短。

（3）便于敷设、维护。

（4）避开将要挖掘施工的地方。

**Jb0000331104　简述电力系统中一、二次系统的组成。（5分）**

**考核知识点：**电力电缆识绘图

**难易度：**易

**标准答案：**

一次系统是指由发电机、送电线路、变压器、断路器等发电、输电、变电及配电等设备组成的系统。二次系统是由继电保护、安全自动控制、信号测量、仪表系统、通信及调度自动化等组成的系统。

**Jb0000332105　为什么要装防捻器？（5分）**

**考核知识点：**电力电缆敷设安装

**难易度：**中

**标准答案：**

电缆在敷设牵引过程中，牵引钢丝绳受张力后将产生退扭力，电缆铠装和加强层在受力时也会产生一定扭转机械力。这两种扭转机械力全部作用在电缆上，可能使电缆造成机械损伤。积聚在钢丝绳上的扭转应力能使钢丝绳在停止牵引时弹跳，可能击伤施工人员，所以要装防捻器。

**Jb0000331106　电缆终端和接头的选择应符合哪些原则？（5分）**

**考核知识点：**电力电缆附件安装

**难易度：**易

**标准答案：**

（1）优良的电气绝缘性能。

（2）合理的结构设计。

（3）满足安装环境要求。

（4）符合经济合理原则。

**Jb0000331107　电缆外护层具有的“三耐”“五护”功能是什么？（5分）**

**考核知识点：**电力电缆运行与检修

**难易度：**易

**标准答案：**

“三耐”是耐寒、耐热、耐油。“五护”是防潮、防雷、防鼠、防蚁、防腐蚀。

**Jb0000331108　电缆护层的主要作用是什么？（5分）**

**考核知识点：**电力电缆基本知识

**难易度：**易

**标准答案：**

电缆护层的主要作用是保护电缆绝缘不受水分、潮气及其他有害物质侵入，承受敷设条件下的机械外力，使电缆不受机械损伤和各种环境因素影响，确保电缆绝缘的电气性能在正常使用寿命期内长期稳定。

**Jb0000332109　较长电缆管路中的哪些部位，应设有工作井？（5分）**

**考核知识点：**电力电缆敷设安装

**难易度：**中

**标准答案：**

（1）电缆牵引张力限制的间距处。

（2）电缆分支、接头处。

（3）管路方向较大改变或电缆从排管转入直埋处。

（4）管道坡度较大且需防止电缆滑落的必要加强固定处。

**Jb0000332110　为什么交、直流回路不能共用一条电缆？（5分）**

**考核知识点：**电力电缆基本知识

**难易度：**中

**标准答案：**

交、直流回路都是独立系统，直流回路是绝缘系统，而交流回路是接地系统，若共用一条电缆，两者之间容易发生短路，发生相互干扰，降低对直流回路的绝缘电阻，所以交、直流回路不能共用一条电缆。

**Jb0000332111　巡视隧道内的电力电缆，应有哪些巡查要点？（5分）**

**考核知识点：**电力电缆运行与检修

**难易度：**中

**标准答案：**

隧道内的电缆要检查电缆位置是否正常；接头有无变形漏油；温度是否异常；构件是否失落；通风、排水、照明等设施是否完整；特别要注意防火设施是否完善。

**Jb0000332112　什么叫电力电缆长期允许载流量？（5分）**

**考核知识点：**电力电缆基本知识

**难易度：**中

**标准答案：**

在一个确定的使用条件下，当电缆导体上所通过的电流在电缆各部分所产生的热量能够与向周围媒质散发的热量平衡时，使绝缘层温度不超过长期允许工作温度，这时导体上所通过的电流值称为电缆载流量。

**Jb0000331113　根据红外温度热像仪进行缺陷判断的方法有哪几种？（5分）**

**考核知识点：**电力电缆运行与检修

**难易度：**易

**标准答案：**

（1）表面温度判断法。

（2）相对温差判断法。

（3）同类比较判断法。

（4）图像特征判断法。

（5）档案分析判断法。

**Jb0000331114　交联聚乙烯电缆热缩附件的特点是什么？（5分）**

**考核知识点：**电力电缆附件安装

**难易度：**易

**标准答案：**

热缩附件的最大特点是用应力管代替传统的绕包应力锥，它不仅简化了施工工艺，还缩小了接头的终端的尺寸，安装方便，省时省工，性能优越，节约金属。

**Jb0000331115　电缆线路绝缘电阻的测量结果与哪些因素有关？（5分）**

**考核知识点：**电力电缆试验

**难易度：**易

**标准答案：**

（1）与测量时环境温度有关，绝缘电阻随温度上升而下降。

（2）与测量时的空气相对湿度有关，湿度较大，绝缘电阻较低。

（3）与终端表面泄漏有关，表面脏污，绝缘电阻较低。

**Jb0000332116　电缆沟中支架安装距离的要求如何？（5分）**

**考核知识点：**电力电缆敷设安装

**难易度：**中

**标准答案：**

电缆固定于电缆沟和隧道的墙上，水平装置时，当电缆外径小于或等于 50mm 时应每隔 1m 加一支撑；外径大于 50mm 的电缆每隔 0.6m 加一支撑；排成三角形的单电缆，每隔 1m 应用绑带扎牢，垂直装置时，每隔 1～1.5m 加以固定。

**Jb0000332117　搪铅操作使用应注意什么？（5分）**

**考核知识点：**电力电缆附件安装

**难易度：**中

**标准答案：**

（1）封铅要与电缆金属护套和电缆附件的铜套管紧密连接，封铅致密性好，不应有杂质和气泡。

（2）搪铅时要掌握好温度，时间要短，温度不能过高，不能超过电缆绝缘最高允许工作温度。

（3）搪铅圆周方向应厚度均匀，外观要美观。

**Jb0000332118　电力电缆寻找故障点时，一般需先烧穿故障点，烧穿时采用交流有效还是直流有效？（5分）**

**考核知识点：**电力电缆故障测寻

**难易度：**中

**标准答案：**

高阻故障烧穿变为低阻故障利于电桥法寻找电缆故障点。若施加交流，因电缆的电容量大，设备的容量也要较大，另外，交流电压过零易于熄弧，故烧穿效果较差，若加以直流，只要通过足够的电流就可以烧穿故障点。另外，因电缆电容在直流电压作用下，不产生电容电流，设备的容量可较小。

**Jb0000332119　简述电力电缆塑料外护层破损的修补方法。（5 分）**

**考核知识点：**电力电缆运行与检修

**难易度：**中

**标准答案：**

（1）在破损点用自黏性橡胶带或塑料带包扎。

（2）停电情况下，用一块与电缆外护套相同材料的塑料覆盖在护套破损处，用塑料焊枪热风吹焊。

（3）停电情况下，在护层破损处采用拉链热收缩套管以热缩法修补。

以上三种方法修补后应测试护层绝缘电阻。

**Jb0000331120　一根 400mm$^2$ 与两根 95mm$^2$（双拼）的 10kV 铜芯交联聚乙烯电缆，在敷设条件相同时输送容量基本一样，你认为应当选择哪一种方式，为什么？（5 分）**

**考核知识点：**电力电缆基本知识

**难易度：**易

**标准答案：**

应当选择一根 400mm$^2$ 电缆。两根 95mm$^2$ 电缆双拼，在运行中可能会由于其中一根电缆终端与连接设备对接处接触电阻偏大，导致两根电缆电流分配不平均，甚至造成接触电阻较小的一根电缆过负荷。

**Jb0000331121　根据泄漏电流试验结果分析电缆线路的绝缘状况。（5 分）**

**考核知识点：**电力电缆试验

**难易度：**易

**标准答案：**

根据泄漏电流试验结果分析电缆绝缘状况，通常分以下三种情况：

（1）随着加压时间延长，泄漏电流减小，并趋于一个稳定数值，表示电缆绝缘良好。

（2）在加压后，泄漏电流很快趋向稳定值，而且稳定后的数值与初始值很接近，表示电缆绝缘较差。

（3）泄漏电流不随时间而下降，反而出现上升趋势。若延长加压时间或提高直流电压，泄漏电流增加的趋势会继续发展甚至绝缘击穿，表示电缆绝缘存在严重缺陷，此时必须查明原因。

**Jb0000332122　进电缆工井前应做好哪些安全措施？（5 分）**

**考核知识点：**电力电缆敷设安装

**难易度：**中

**标准答案：**

（1）排除井内浊气。

（2）井下工作应戴安全帽。

（3）做好防火、防水的措施。

（4）防止高空落物。

**Jb0000332123　为什么不允许采取三芯电缆加一根导线作为中性线的敷设方式？（5分）**

**考核知识点：**电力电缆基本知识

**难易度：**中

**标准答案：**

如果采用三芯电缆加一根绝缘导线作为中性线，在运行中电缆金属护套和铠装层中将会有不平衡电流通过而使电缆发热，从而影响电缆的输送容量。

**Jb0000331124　造成电缆线路故障的主要原因有哪些？（5分）**

**考核知识点：**电力电缆试验

**难易度：**易

**标准答案：**

（1）人员直接过失。

（2）设备不完善。

（3）自然灾害。

（4）正常老化。

（5）外力损坏。

（6）腐蚀或用户过失等。

**Jb0000332125　牵引端和牵引网套所能承受的牵引强度分别是多少？（5分）**

**考核知识点：**电力电缆敷设安装

**难易度：**中

**标准答案：**

使用牵引端时电缆能承受的牵引强度，铜导体电缆牵引强度为 $70N/mm^2$，铝导体电缆牵引强度为 $40N/mm^2$，充油电缆为不使油道变形，最大允许牵引力规定27kN。牵引网套的牵引强度取决于电缆护层结构，具有聚氯乙烯护套的电缆为 $7N/mm^2$，具有加强层铅护套的电缆为 $10N/mm^2$，具有波纹铝护套的电缆为 $20\ N/mm^2$。

**Jb0000331126　电缆导体压缩连接，怎样才能确保导体压接部位形成良好的导电通路，具有足够的机械强度，并保持性能稳定？（5分）**

**考核知识点：**电力电缆附件安装

**难易度：**易

**标准答案：**

（1）要正确选择连接金具。

（2）压接钳和压接模具要配套。

（3）要采用正确的压接工艺。

**Jb0000331127　某35kVXLPE电缆，全长2294.6m，在路面下走向比较复杂，大多是在车行道下面，运行中发生故障，在变电站内用绝缘电阻表测量绝缘电阻，A、C相对地为∞，B相对地为0，后用万用表测试B相对地为250Ω，说明该故障类型。（5分）**

**考核知识点：**电力电缆故障测寻

**难易度：**易

**标准答案：**

单相低阻接地故障。

**Jb0000332128 对于电缆孔洞的防火封堵有何要求？（5分）**

**考核知识点：**电力电缆运行与检修

**难易度：**中

**标准答案：**

对于较大的电缆贯穿孔洞，如电缆贯穿楼板处等，采用防火堵料封堵时，应根据实际情况，先在电缆表面涂4～6层防火涂料，长度自孔洞以下1.5m左右，再用耐火材料加工成具有一定强度的板托防火堵料，保证封堵后牢固并便于更换电缆时拆装，封堵密实无空隙以有效地堵烟堵火。

**Jb0000332129 电力电缆线路在什么条件才能达到并维持热稳定工作状态？（5分）**

**考核知识点：**电力电缆基本知识

**难易度：**中

**标准答案：**

电力电缆线路必须同时满足以下两个条件，才能达到并维持热稳定工作状态：

（1）电缆通过周围媒质向外散发的热量大于或等于电缆各部分所发出的热量之和。

（2）电缆散热量随温度的变化率大于电缆发热量随温度的变化率。

**Jb0000331130 简述电缆故障探测的步骤。（5分）**

**考核知识点：**电力电缆试验

**难易度：**易

**标准答案：**

（1）故障性质判断。

（2）故障测距。

（3）路径探测。

（4）精确定点。

**Jb0000331131 简述直埋电缆敷设流程。（5分）**

**考核知识点：**电力电缆敷设安装

**难易度：**易

**标准答案：**

准备工作→直埋电缆敷设→铺砂盖砖→回填土→埋桩标→挂标志牌→关口密封及防水处理。

**Jb0000332132 什么叫电缆线路的正序阻抗和零序阻抗？（5分）**

**考核知识点：**电力电缆基本知识

**难易度：**中

**标准答案：**

电缆导体的交流电阻和三相感抗的相量和称为正序阻抗；电缆零序回路电阻与部分以大地为回路的三相感抗的相量和称为零序阻抗。

**Jb0000331133　为什么交联聚乙烯电缆不适宜做直流耐压试验？（5分）**

**考核知识点：**电力电缆试验

**难易度：**易

**标准答案：**

（1）直流试验电压不能模拟交联聚乙烯电缆的运行状况，不能有效发现电缆及其附件绝缘的隐含缺陷。

（2）在直流试验电缆下形成的空间电荷可能造成绝缘损伤，以至于经直流耐压后投入运行不久，在交流工作电压下提早发生绝缘击穿事故。

**Jb0000332134　高压单芯电缆金属护套实行交叉互联有什么作用？（5分）**

**考核知识点：**电力电缆基本知识

**难易度：**中

**标准答案：**

（1）把电缆金属护套和屏蔽层均匀分割成三段或三的倍数段，使每段的金属护套感应电压限制在安全值内。

（2）将三段长度相等或基本相等的单芯电缆组成一个换位段，其中有两套绝缘接头。电缆金属护套实行交叉互联，使得每一相电缆金属护套的连续回路依次包围三相导体。由于三相感应电压的相角差为120°，合成电压接近于零。因此基本消除了在电缆金属护套中的环流损耗。

**Jb0000332135　用单纯钢丝绳牵引的敷设方法有什么特点？（5分）**

**考核知识点：**电力电缆敷设安装

**难易度：**中

**标准答案：**

这种敷设方法由于牵引力全部作用在牵引钢丝上，而牵引电缆的力通过绑扎点均匀作用在全部电缆上，因而不会对电缆造成损伤，且费用较小，比较适用于长度较短或截面小电压等级低的电缆。

**Jb0000331136　简述直埋敷设施工中更换回填土方法。（5分）**

**考核知识点：**电力电缆敷设安装

**难易度：**易

**标准答案：**

更换回填土的方法是：在挖好的电缆沟槽中，在电缆周围回填适当宽度和厚度的“新土”，这种新土应是热阻系数比较低而且比较稳定的材料，如细土、细砂或拌和水泥砂（砂和水泥的体积比为14:1）等。回填材料经过筛处理，回填后夯实。

**Jb0000331137　热缩式和冷缩式的收缩方式有什么不同？（5分）**

**考核知识点：**电力电缆附件安装

**难易度：**易

**标准答案：**

热缩式和冷缩式电缆附件收缩方法的不同是：热缩式是用燃烧器对其加热，当加热温度到120～140℃时，热收缩部件自行收缩；冷缩式是抽去螺旋状塑料支撑后，靠橡胶材料的弹性回缩力收缩。

**Jb0000331138　按对电网安全运行的影响程度，电缆线路缺陷分为哪几种？最严重的那种的含**

**义是什么？（5分）**

**考核知识点：**电力电缆运行与检修

**难易度：**易

**标准答案：**

电缆线路缺陷分为一般缺陷、严重缺陷、危急缺陷三种。紧急缺陷是指对安全运行已构成较大威胁，必须立即消除的缺陷，例如：接点过热发红、终端套管断裂、充油电缆失压等。

**Jb0000332139　用于三相四线制的电力电缆，它的中性线起什么作用？（5分）**

**考核知识点：**电力电缆基本知识

**难易度：**中

**标准答案：**

三相四线制中的电缆中性线的主要功能是通过三相不平衡电流，并有保护接地作用。

**Jb0000331140　根据GB 50168—2018《电气装置安装工程　电缆线路施工及验收标准》，交联电缆及其附件运抵施工现场后，应做哪些检查？（5分）**

**考核知识点：**电缆工程验收

**难易度：**易

**标准答案：**

产品的技术文件应齐全，电缆型号、规格、长度应符合订货要求；电缆外观不应受损，电缆封端应严密，当外观检查有怀疑时，应进行受潮判断或试验；附件部件应齐全，材质应符合产品技术要求。

**Jb0000333141　低压电缆的绝缘层厚度由什么因素确定？（5分）**

**考核知识点：**电力电缆基本知识

**难易度：**难

**标准答案：**

（1）低压小截面电缆主要由工艺允许的最薄绝缘决定其厚度。

（2）低压大截面的电缆主要根据安装和生产过程中可能受到的机械损伤（主要是弯曲）和绝缘的不均匀性来决定。

**Jb0000331142　电缆加温预热方法有哪几种？（5分）**

**考核知识点：**电力电缆敷设安装

**难易度：**易

**标准答案：**

（1）提高周围温度达25℃左右，维持24h。

（2）用电流通过导体的方法加热，使电缆表面温度升高到5℃以上。

**Jb0000331143　YJQ43是什么电缆的型号？这种电缆适用于什么敷设环境？（5分）**

**考核知识点：**电力电缆基本知识

**难易度：**易

**标准答案：**

YJQ43这一型号所表示的电缆是，交联聚乙烯绝缘铜芯铅包粗圆钢丝铠装聚乙烯外护套电缆。这种电缆适合用于水底敷设，能承受较大拉力。

**Jb0000332144　简述美式分支箱母排接板的安装步骤。（5分）**

**考核知识点：**电力电缆敷设安装

**难易度：**中

**标准答案：**

（1）先将母排接板安装在电缆分支箱上，调整合适的安装和操作距离，然后固定螺栓。

（2）卸下接头上防尘帽，将套管表面用清洁剂清洁，均匀涂上硅脂。

（3）将母排接板上的接地孔用接地线与接地体相连。

**Jb0000332145　电缆线路保护区的检查项目有哪些？（5分）**

**考核知识点：**电力电缆运行与维护

**难易度：**中

**标准答案：**

（1）电缆线路上的标志、符号是否完整。

（2）外露电缆是否有下沉及被砸伤的危险。

（3）电缆线路与铁路、公路及排水沟交叉处有无缺陷。

（4）电缆保护区内的土壤、构筑物有无下沉现象，电缆有无外露。

（5）与电缆线路交叉、并行电气机车路轨的电气连线是否良好。

（6）有无受机械或人为损伤的地方有无保护装置。

（7）是否有违反电缆保护区规定的现象。

**Jb0000331146　直埋敷设于非冻土地区时，10kV及以下电缆埋置深度应符合哪些规定？（5分）**

**考核知识点：**电力电缆敷设安装

**难易度：**易

**标准答案：**

（1）电缆外皮至地下构筑物基础，不得小于0.3m。

（2）电缆外皮至地面深度，不得小于0.7m。

（3）当位于车行道或耕地下时，应适当加深，且不宜小于1m。

**Jb0000331147　确定电缆线路敷设路径应遵守的原则有哪些？（5分）**

**考核知识点：**电力电缆敷设安装

**难易度：**易

**标准答案：**

确定电缆线路敷设路径应遵守的原则有统一规划原则、安全运行原则、经济合理原则。

**Jb0000332148　电缆在中间水域敷设施工时，一般可采取的敷设方法有哪些？（5分）**

**考核知识点：**电力电缆敷设安装

**难易度：**中

**标准答案：**

电缆在中间水域敷设施工时，一般可采取的敷设方法有自航敷设船的敷设、钢丝绳牵引平底船敷缆、敷设船移锚敷缆、拖航敷缆、装盘电缆敷设。

**Jb0000331149　电缆敷设在周期性振动的场所，应采取哪些措施能减少电缆承受附加应力或避**

**免金属疲劳断裂？（5 分）**

**考核知识点：**电力电缆敷设安装

**难易度：**易

**标准答案：**

（1）在支持电缆部位设置由橡胶等弹性材料制成的衬垫。

（2）使电缆敷设成波浪状且留有伸缩节。

**Jb0000331150　电缆线路工程验收按哪 7 个分部工程逐项进行？（5 分）**

**考核知识点：**电缆工程验收

**难易度：**易

**标准答案：**

电缆土建工程、支架和导管、电缆敷设、电缆终端和接头、接地系统、电气系统、电缆的防火与阻燃。

**Jb0000333151　电缆绝缘层厚度主要由什么因素确定？（5 分）**

**考核知识点：**电力电缆基本知识

**难易度：**难

**标准答案：**

（1）制造工艺规定的最小值。

（2）电缆在制造和使用过程中要求的机械性能。

（3）击穿强度。

**Jb0000331152　对电缆接头的制作基本技术要求有哪些？（5 分）**

**考核知识点：**电力电缆附件安装

**难易度：**易

**标准答案：**

对电缆接头的制作基本技术要求有：导体连接良好，绝缘可靠，密封良好，足够的机械强度。

**Jb0000332153　改善金属护套边缘处电场分布的措施有哪些？（5 分）**

**考核知识点：**电力电缆附件安装

**难易度：**中

**标准答案：**

（1）增大等效半径。

（2）增大周围媒质的相对介电常数。

（3）减小电缆绝缘材料的相对介电常数。

**Jb0000331154　牵引端和牵引网套两者有什么不同？（5 分）**

**考核知识点：**电力电缆敷设安装

**难易度：**易

**标准答案：**

牵引端和牵引网套的不同点在于，牵引端将牵引力传递到电缆导体和金属护套，而且牵引端又是电缆端部的密封套，具有密封性能。牵引网套则将牵引力传递到电缆护层上。

**Jb0000332155　怎样做好水底电缆线路防护工作？（5分）**

**考核知识点：**电力电缆运行与检修

**难易度：**中

**标准答案：**

（1）对于水底电缆线路按水域管辖部门的航行规定，划定一定宽度的防护区，禁止船只抛锚。

（2）按船只往来频繁情况，必要时设置瞭望岗哨，配置能引起船只注意的设施。

（3）在水底电缆线路防护区内，发生违反航行规定的事件，应通知水域管辖部门，尽可能采取有效措施。

**Jb0000332156　较短的高压单芯电缆平行敷设，当金属护套采取一端接地方式时，为什么要沿电缆线路敷设一条回流线？（5分）**

**考核知识点：**电力电缆基本知识

**难易度：**中

**标准答案：**

单芯电缆金属护套采用一端接地方式时，安装一条沿电缆线路平行敷设的回流线有两个作用：一是对邻近通信、信号电缆起到磁屏蔽作用，即当单芯电缆导体上有接地故障电流通过时，回流线上的感应电压将形成以大地为回路的逆向接地电流，从而抵消了电缆中通过的大部分故障电流的磁通，使得邻近通信，信号电缆导体上的感应电压明显降低；二是回流线为单芯电缆金属护套起分流作用，即当单芯电缆发生短路接地故障时，一部分短路电流将通过回流线流回系统中性点。

**Jb0000331157　什么叫电缆热机械力？（5分）**

**考核知识点：**电力电缆敷设安装

**难易度：**易

**标准答案：**

电缆在运行状态下由于负载变动和环境温差造成导体温度变化，引起导体热胀冷缩而产生的一种电缆内部机械力称为电缆热机械力。热机械力使电缆导体形成一种推力，在电缆末端这种推力可使导体与绝缘层之间产生一定位移。

**Jb0000331158　热收缩电缆附件中用的热熔胶和填充胶各有什么特点？（5分）**

**考核知识点：**电力电缆附件安装

**难易度：**易

**标准答案：**

热熔胶是加热熔融的胶状物，它与热收缩材料配套使用，起密封防潮作用。填充胶是填充接头和终端凹陷部位的胶泥状材料，用于接头导体连接部位的填充胶具有高介电常数，起到改善应力分布作用，称为应力驱散胶。

**Jb0000331159　简述电缆排管的三种结构形式。（5分）**

**考核知识点：**电力电缆敷设安装

**难易度：**易

**标准答案：**

电缆排管有混凝土加固式、直埋式、预制式三种结构形式。

**Jb0000332160　在电缆与固定夹具之间的衬垫起什么作用？（5分）**

**考核知识点：**电力电缆敷设安装

**难易度：**中

**标准答案：**

衬垫在电缆和固定夹具之间形成一个缓冲层，使得夹具既夹紧电缆，又不致夹伤电缆。裸金属护套和裸铠装电缆，以绝缘材料为衬垫，使电缆护层对地绝缘，以免受杂散电流或通过护套入地的短路电流的伤害。过桥电缆在夹具间加弹性衬垫，有防震作用。

**Jb0000331161　发现巡查的电缆线路有缺陷，巡查人员应如何处理？（5分）**

**考核知识点：**电力电缆运行与检修

**难易度：**易

**标准答案：**

（1）在巡视检查电缆线路中，如发现有较小缺陷或普通性缺陷，应记入缺陷记录簿内，据此安排编制维护小修或年度大修计划。

（2）发现重要缺陷，应立即报告主管人员，做好记录，填写重要缺陷通知单，运行管理人员接到报告后及时采取措施，消除缺陷。

**Jb0000331162　目前敷设电缆的方法可分为哪几类？（5分）**

**考核知识点：**电力电缆敷设安装

**难易度：**易

**标准答案：**

（1）人工敷设，在一人统一指挥下，多人按规定进行敷设。

（2）机械敷设，采用滚轮、牵引机、输送机进行，通过一同步电源进行控制。

（3）人工和机械相结合，有些现场由于转弯较多，施工难度大，全用机械较困难，可采用此方法。

**Jb0000331163　简述电缆故障性质的判断方法。（5分）**

**考核知识点：**电力电缆故障测寻

**难易度：**易

**标准答案：**

（1）应用1500V直流电源器或绝缘电阻表，测试电缆每相导体对地和导体之间的绝缘电阻，判断是否为一相或多相短路（接地）故障。

（2）如果三相绝缘电阻正常，则进行导体连续性试验，或测量导体直流电阻，判断电缆线路是否存在断线故障。

（3）如果用上述两种方法检查均无异常，可对电缆线路进行耐压试验，试验电压以不高于该线路的竣工试验电压为限。当耐压试验过程中出现不连续的击穿现象时，则判断电缆线路存在闪络故障。

**Jb0000331164　电缆敷设中需要建造土建设施的方式有哪些？（5分）**

**考核知识点：**电力电缆敷设安装

**难易度：**易

**标准答案：**

电缆敷设中需要建造土建设施的方式有排管敷设、电缆沟敷设、电缆桥架敷设、竖井敷设、隧道敷设。

**Jb0000331165　与架空线相比，电缆线路具有哪些优点？（5分）**

**考核知识点：**电力电缆基本知识

**难易度：**易

**标准答案：**

（1）电缆能适应各种敷设环境，敷设在地下，基本上不占用地面空间，同一地下电缆通道，可以容纳多回电缆线路。

（2）电缆线路供电可靠性较高，对人身比较安全。

（3）在城市电网中，电缆隐蔽于地下能满足美化市容的需要。

（4）电缆线路运行维护费用比较小。

（5）电缆的电容能改善电力系统功率因数，有利于降低供电成本。

**Jb0000332166　电缆敷设的常用设备有哪些？（5分）**

**考核知识点：**电力电缆敷设安装

**难易度：**中

**标准答案：**

（1）空气压缩机、动卷扬机或电缆牵引机、电缆输送机。

（2）电缆盘放线支架及牵引装置。

（3）滚轮装置、张力计。

（4）防捻器、电缆盘制动装置。

**Jb0000331167　交联聚乙烯电缆交接试验的试验项目有哪些？（5分）**

**考核知识点：**电力电缆试验

**难易度：**易

**标准答案：**

（1）测量绝缘电阻。

（2）直流耐压试验及泄漏电流测量。

（3）交流耐压试验。

（4）测量金属屏蔽层电阻和导体电阻比。

（5）检查电缆线路两端的相位。

（6）交叉互联系统试验。

**Jb0000331168　电缆线路运行维护的基本任务是什么？（5分）**

**考核知识点：**电力电缆运行与检修

**难易度：**易

**标准答案：**

电缆线路运行管理的基本任务是满足电网和用户不间断供电，确保电缆线路安全无事故运行。

**Jb0000331169　请说明交联聚乙烯电缆中“交联”一词的含义。（5分）**

**考核知识点：**电力电缆基本知识

**难易度：**易

**标准答案：**

“交联”是一种化学反应的术语，交联聚乙烯是由聚乙烯经过交联反应而产生的，即采用物理或化学方法，将聚乙烯分子从线型或支链型结构经交联反应成三维网状结构的交联聚乙烯大分子。

**Jb0000332170 简述对交联聚乙烯电缆进行加热矫直的必要性。(5 分)**

**考核知识点：**电力电缆敷设安装

**难易度：**中

**标准答案：**

（1）使终端或接头位置的一段电缆，由制造过程中形成的自然弧形状态改成平直状态，以利于预制装配件等组件的安装。

（2）通过加热矫直，消除部分在制造过程中存留于绝缘内部的热应力，减小安装后末端绝缘回缩量。

**Jb0000332171 电缆防火有哪些措施？（5 分）**

**考核知识点：**电力电缆运行与检修

**难易度：**中

**标准答案：**

（1）采用阻燃电缆。

（2）采用防火电缆托架。

（3）采用防火涂料。

（4）电缆隧道、夹层出口等处设置防火隔墙、防火挡板。

（5）架空电缆应避开油管道、防爆门，否则应采取局部穿管或隔热防火措施。

**Jb0000333172 电力电缆的绝缘层材料应具备哪些主要性能？（5 分）**

**考核知识点：**电力电缆基本知识

**难易度：**难

**标准答案：**

（1）高的击穿强度。

（2）低的介质损耗。

（3）相当高的绝缘电阻。

（4）优良的耐放电性能。

（5）具有一定的柔软性和机械强度。

（6）绝缘性能长期稳定。

**Jb0000332173 在交联聚乙烯电缆和附件绝缘中，可能有哪些因素会导致局部放电？（5 分）**

**考核知识点：**电力电缆运行与检修

**难易度：**中

**标准答案：**

（1）周围环境中的水分入侵使电缆绝缘局部受潮。

（2）在安装或检修中，使电缆绝缘受到局部损伤。

（3）长期在电场和水分作用下，交联聚乙烯绝缘中产生了水树枝。

（4）安装终端和接头时，在绝缘内留下气隙。

（5）在电缆或接头的导体表面上残存有毛刺。

**Jb0000331174　电缆线路反外力事故措施有哪些？（5分）**

**考核知识点：**电力电缆运行与检修

**难易度：**易

**标准答案：**

为电力电缆创造良好的运行环境；为电力电缆创造良好的施工环境；提高运行人员的业务素质和责任心；对电力电缆的运行探索行之有效的管理方法；特殊情况特殊处理，树立超前预防外力事故的思想。

**Jb0000331175　为什么要测电缆的直流电阻？（5分）**

**考核知识点：**电力电缆试验

**难易度：**易

**标准答案：**

（1）测直流电阻可以检查导体截面积是否与制造厂的规范相一致。

（2）电缆总的导电性能是否合格。

（3）导体是否存在断裂、断股等现象。

**Jb0000332176　电缆隧道内如何装设接地线？（5分）**

**考核知识点：**电力电缆敷设安装

**难易度：**中

**标准答案：**

隧道和沟的全长应装设连续的接地线，接地线应和所有的支架相连，两头和接地极连通。接地线的规格应符合设计要求。电缆铅包和铠装除了有绝缘要求外，应全部相互连接并和接地线相连，电缆支架和接地线均应涂防锈漆或镀锌。

**Jb0000331177　电力系统运行应满足哪些基本要求？（5分）**

**考核知识点：**电力电缆运行与检修

**难易度：**易

**标准答案：**

（1）保证供电的可靠性。

（2）保证良好的电能质量。

（3）保证供电的经济性。

**Jb0000332178　电缆支架有哪些要求？（5分）**

**考核知识点：**电力电缆敷设安装

**难易度：**中

**标准答案：**

（1）表面光滑无毛刺。

（2）适应使用环境的耐久稳固。

（3）满足所需的承载能力。

（4）符合工程防火要求。

**Jb0000331179　什么叫边缘效应或尖端效应？（5分）**

**考核知识点**：电力电缆基本知识

**难易度**：易

**标准答案**：

导体表面的电场强度与其表面电荷密度成正比；在导体边缘或尖端由于曲率半径最小，表面电荷密度最大，电场强度高，容易发生局部放电，这种现象称为边缘效应或尖端效应。

**Jb0000331180 简述10kV热缩式电力电缆户内终端头的制作工艺流程。（5分）**

**考核知识点**：电力电缆附件安装

**难易度**：易

**标准答案**：

（1）施工前准备。

（2）剥除外护套、铠装、内护套及填料。

（3）焊接地线、绕包密封填充胶。

（4）热缩分支手套，调整三相线芯。

（5）剥切铜屏蔽层、外半导电层，缠绕应力控制胶。

（6）热缩应力控制管。

（7）热缩绝缘管。

（8）剥除绝缘层，压接接线端子。

（9）热缩密封管和相色管。

（10）连接接地线。

**Jb0000331181 电缆线路维修计划的编制分为哪几类？（5分）**

**考核知识点**：电力电缆运行与检修

**难易度**：易

**标准答案**：

（1）预防性试验计划。

（2）日常维修计划。

（3）大修计划。

**Jb0000332182 简述感应法测定电缆故障原理。（5分）**

**考核知识点**：电力电缆故障测寻

**难易度**：中

**标准答案**：

感应法是给电缆芯通以音频电流，当音频电流通过故障点时，电流和磁场将发生变化，利用接收装置及音频信号放大设备听测或观察信号的变化，来确定故障点的具体位置。

**Jb0000331183 电力系统中高次谐波有什么危害？（5分）**

**考核知识点**：高次谐波

**难易度**：易

**标准答案**：

电力系统中出现的高次谐波，不仅对于各种电气设备会引起电的与热的各种危害，而且对电力系统本身也产生谐波现象。

高次谐波的电流产生的危害有：
（1）可能引起电力系统内的共振现象。
（2）电容器与电抗器的过热与损坏。
（3）同步电机或异步电机的转子过热、振动。
（4）继电器保护装置误动。
（5）计量装置不准确及产生通信干扰等。

**Jb0000333184　电缆本体及三头的检查项目有哪些？（5分）**

**考核知识点：**检查项目
**难易度：**难
**标准答案：**
（1）裸露电缆的外护套、裸钢带、中间接头、户外头有无损伤或锈蚀。
（2）户外头密封性能是否良好。
（3）户外头的接线端子、地线的连接是否牢固。
（4）终端头的引线有无爬电痕迹，对地距离是否充足。
（5）变电站、用户的电缆出、入口密度是否合格。
（6）对并列运行的电缆，应分别进行温度测试，当差别较大时，应用卡流测量电流分布情况。
（7）风暴、雷雨或线路自动开关跳闸时，应做特殊检查。

**Jb0000331185　使用接插件的电缆分支箱主要技术参数有哪些？（5分）**

**考核知识点：**分支箱
**难易度：**易
**标准答案：**
（1）额定电压。
（2）最高工作电压。
（3）额定电流。
（4）额定频率。
（5）热稳定电流。
（6）峰值电流。
（7）工频耐压值。
（8）雷电冲击耐压值。
（9）导体工作温度。
（10）潮湿试验。

**Jb0000331186　330kV铅包充油电缆例行试验项目有哪些？（5分）**

**考核知识点：**例行试验
**难易度：**易
**标准答案：**
（1）导线直流电阻。
（2）电容试验。
（3）介质损失角正切试验。
（4）铅护层密封性能试验。

（5）外护层直流耐压试验。
（6）油样试验。

**Jb0000332187 为防止电缆火灾，可采取哪些安全措施？（5分）**
**考核知识点：**防止电缆火灾
**难易度：**中
**标准答案：**
（1）实施阻燃防护或阻止延燃。
（2）选用具有难燃性的电缆。
（3）实施耐火防护或选用具有耐火性的电缆。
（4）实施防火构造。

**Jb0000331188 简述高压发生器的基本原理。（5分）**
**考核知识点：**高压发生器
**难易度：**易
**标准答案：**
50Hz工频低压通过转动机械放大，它的输出就是所需低频正弦信号。在信号零点处，低频电压通过变换装置送入一台高压变压器，变压器的二次侧上接检波器，消除50Hz电压，因此低频电压信号的正半波从通道1产生，同样，负半波从通道2产生。

**Jb0000333189 为什么塑料电缆也不允许进水？（5分）**
**考核知识点：**塑料电缆
**难易度：**难
**标准答案：**
（1）塑料电缆被水入侵后，会发生老化现象，这主要是由于水分呈树枝状渗透引起的。
（2）在导体内及绝缘体外都有水分在时，产生老化现象最严重，这可能是某种原因使水分容易集积绝缘内。
（3）当导体的温度较高时导体内有水分比绝缘外有水分所引起的水分渗透老化更快。
（4）必须对塑料电缆的进水问题给予重视，在运输、储存、敷设和运行中都要加以重视，应避免水分侵入塑料电缆芯。

**Jb0000331190 全面质量管理的含义是什么？（5分）**
**考核知识点：**全面质量管理
**难易度：**易
**标准答案：**
企业的全体职工及有关部门齐心协力，把专业技术经营管理、数据统计和思想教育结合起来，建立起从产品的研究、设计、施工生产制造，售后服务等活动全过程的质量保证体系，从而用最经济的手段，生产出用户满意的产品，它的基本核心是以强调提高人的工作质量、设计质量和制造质量，从而保证产品质量达到全面提高企业和社会的经济效益的目的。

**Jb0000331191 施工组织设计的专业设计一般内容有哪些？（5分）**
**考核知识点：**施工组织设计

难易度：易

标准答案：

（1）工程概况。

（2）平面布置图和临时建筑的布置与结构。

（3）主要施工方案。

（4）施工技术供应，物质供应，机械及工具配备力能供应及运输等各项计划。

（5）有关特殊的准备工作。

（6）综合进度安排。

（7）保证工程质量、安全，降低成本和推广技术革新项目等指标和主要技术措施。

**Jb0000331192　110kV 接头施工对环境有什么要求？（5 分）**

考核知识点：110kV 接头施工

难易度：易

标准答案：

（1）施工区域温度宜为 10～30℃，湿度应小于 70%。

（2）操作区有风或尘土，应搭建工作间。

**Jb0000331193　电缆加热调直时，一般应对电缆进行多少温度下多长时间的加热？锡箔纸有什么用途？（5 分）**

考核知识点：加热调直

难易度：易

标准答案：

（1）应对电缆进行 75～80℃，持续 4h 加热。

（2）锡箔是热的良导体，在加热带与电缆之间包绕一层锡箔纸有助于使电缆均匀受热。

**Jb0000331194　充油电缆用的绝缘油有什么特性？（5 分）**

考核知识点：充油电缆

难易度：易

标准答案：

（1）黏度低、流动性好。

（2）击穿强度高，介质损耗小。

（3）具有良好的吸气性能。

**Jb0000331195　110kV 电缆生产工艺中的三层共挤是指哪三层？（5 分）**

考核知识点：三层共挤

难易度：易

标准答案：

110kV 电缆生产工艺中的三层共挤是指内半导电层、绝缘层、外半导电层。

**Jb0000331196　110kV 电缆终端按照外绝缘介质的不同分为哪几类？外绝缘介质分别是什么？（5 分）**

考核知识点：110kV 电缆终端

**难易度：**易

**标准答案：**

110kV 电缆终端按照外绝缘介质的不同分为空气终端、六氟化硫终端、油浸终端；外绝缘介质依次是空气、六氟化硫、变压器油。

**Jb0000331197　110kV 电缆放线施工用的机具主要有哪些？（5 分）**

**考核知识点：**放线施工

**难易度：**易

**标准答案：**

110kV 电缆放线施工用的机具主要有电缆盘支架、放线机、牵引机具、滑车、电源控制系统、通信系统。

**Jb0000331198　使用机械放线时，对放线速度有什么要求？（5 分）**

**考核知识点：**机械放线

**难易度：**易

**标准答案：**

放线速度不得超过 15m/min。

**Jb0000331199　为提高充油电缆封铅的质量，有哪些措施？（5 分）**

**考核知识点：**充油电缆

**难易度：**易

**标准答案：**

（1）采用双层封铅。

（2）在封铅外面密绕铜绑线，以加强封铅机械强度。

**Jb0000331200　机械拖放 110kV 交联电缆时，牵引头应如何制作？（5 分）**

**考核知识点：**机械拖放

**难易度：**易

**标准答案：**

应将牵引头拉杆与缆芯压接后，再用焊料把拉杆与铅（铝）包焊在一起。

**Jb0000331201　制作 110kV 交联电缆接头前，对电缆进行加热有什么作用？（5 分）**

**考核知识点：**制作 110kV 交联电缆接头

**难易度：**易

**标准答案：**

（1）便于调直电缆。

（2）可有效消除在电缆制造、敷设过程中形成的内部应力。

**Jb0000331202　电缆为什么采用铅做护套材料？（5 分）**

**考核知识点：**护套材料

**难易度：**易

**标准答案：**

（1）密封性能好。
（2）熔点低。
（3）韧性好，不影响电缆的可曲性。
（4）耐腐蚀性比一般金属好。

**Jb0000331203　简述 CYZQ202 电缆的工艺要求。（5 分）**
**考核知识点：**电缆
**难易度：**易
**标准答案：**
铜芯、纸绝缘、铅包、钢带径向加强、无铠装、聚氯乙烯护套充油电缆。

**Jb0000331204　充油电缆有哪几种接头？（5 分）**
**考核知识点：**充油电缆
**难易度：**易
**标准答案：**
充油电缆有直通接头、绝缘接头、塞止接头、过渡接头四种接头。

**Jb0000331205　运行中充油电缆的电缆油应进行哪些预防性试验项目？（5 分）**
**考核知识点：**充油电缆
**难易度：**易
**标准答案：**
应进行击穿强度、介质损耗试验。

**Jb0000331206　充油电缆哪种接头可实现电缆的分段供油？（5 分）**
**考核知识点：**充油电缆
**难易度：**易
**标准答案：**
塞止接头可实现电缆的分段供油。

**Jb0000331207　简述 110kV 电缆护层保护器的作用。（5 分）**
**考核知识点：**护层保护器
**难易度：**易
**标准答案：**
系统过电压时，电缆金属护套开路端会出现很高的过电压。为防止护层绝缘击穿，开路端需装设护层保护器，以降低电缆护层绝缘所承受的过电压。

**Jb0000331208　制作 110kV 交联电缆接头时，用什么工具剥离 PVC 护套及金属护套？入刀深度有什么要求？（5 分）**
**考核知识点：**制作 110kV 交联电缆接头
**难易度：**易
**标准答案：**
应使用月牙刀。进刀深度宜为被剥离层厚度的 1/2～3/4。

**Jb0000331209　机械敷设电缆时的安全要求有哪些？（5 分）**

**考核知识点：**机械敷设

**难易度：**易

**标准答案：**

用机械敷设电缆时，应考虑牵引机具的强度。在牵引中应防止钢丝绳背花，或在尖硬的物体上刮磨。工作人员不许扶、摸走动中的钢丝绳或电缆。如有故障应停车处理。

**Jb0000331210　简述 110kV 及以上交联电缆线路的主要定期预防性试验项目。（5 分）**

**考核知识点：**预防性试验

**难易度：**易

**标准答案：**

（1）电缆主绝缘耐压试验。

（2）电缆外护套耐压试验。

（3）交叉互联系统耐压及电气性能试验。

**Jb0000331211　说出型号为 YJLW02—1×400 电缆的数字和字母表示的含义。（5 分）**

**考核知识点：**电缆

**难易度：**易

**标准答案：**

表示铜芯、交联聚乙烯绝缘、皱纹铝包、无铠装、聚氯乙烯外护套、导线截面积为 400$mm^2$ 的单芯电缆。

**Jb0000332212　制作 110kV 交联电缆接头时，使用电动打磨机打磨电缆绝缘应注意什么？（5 分）**

**考核知识点：**制作 110kV 交联电缆接头

**难易度：**中

**标准答案：**

（1）操作人员不得戴手套。

（2）应合理调整打磨机转速，精细打磨时应使用慢速挡或手工打磨。

（3）打磨机应与电缆轴向及辐向成 15° 左右夹角，用力均匀，不得划伤电缆，不得剃出波纹。

（4）不得使用污秽或打磨过半导电的砂带。

**Jb0000332213　使用玻璃片清理绝缘表面残余半导电时，应注意什么？（5 分）**

**考核知识点：**清理

**难易度：**中

**标准答案：**

（1）操作人不得戴手套，以便于掌握力度。

（2）把持玻璃片力度适中，防止割伤。

（3）玻璃片应与电缆轴向及辐向成 30°～45° 夹角，用力均匀，不得划伤电缆，不得剃出波纹。

**Jb0000331214　充油电缆油压报警系统有哪两种？（5 分）**

**考核知识点：**充油电缆

难易度：易

标准答案：

（1）电接点表。

（2）压差报警系统。

**Jb0000331215　用什么方法查找充油电缆漏油点？如需冷冻，冷冻剂是什么？（5分）**

考核知识点：充油电缆

难易度：易

标准答案：

油流法用于查找充油电缆漏油点。冷冻剂是液氮。

**Jb0000331216　电缆线路故障按性质主要分哪几种？（5分）**

考核知识点：故障

难易度：易

标准答案：

（1）接地故障。

（2）短路故障。

（3）断线故障。

（4）闪络性故障。

（5）混合故障。

**Jb0000331217　试验中发生的击穿故障有何特点？（5分）**

考核知识点：击穿故障

难易度：易

标准答案：

故障电阻值比较高，一般不能用绝缘电阻表直接测出。

**Jb0000331218　闪络性故障大多出现在电缆哪个部位？（5分）**

考核知识点：闪络性故障

难易度：易

标准答案：

大多出现在电缆接头和终端内。

**Jb0000331219　闪络性故障主要有哪两类？（5分）**

考核知识点：闪络性故障

难易度：易

标准答案：

闪络性故障主要有击穿故障和封闭性故障。

**Jb0000331220　硅堆的作用是什么？（5分）**

考核知识点：硅堆

**难易度：**易
**标准答案：**
硅堆的作用是把交流变为直流。

**Jb0000331221　电缆故障测距方法主要有哪三种？（5分）**
**考核知识点：**故障测距
**难易度：**易
**标准答案：**
（1）回路电桥平衡法。
（2）低压脉冲反射法。
（3）闪络法。

**Jb0000331222　对电缆一相故障进行查找时，另外两相应如何处理？（5分）**
**考核知识点：**故障
**难易度：**易
**标准答案：**
对电缆一相故障进行查找时，另外两相应接地。

**Jb0000331223　电缆故障定点时，对端应如何处理？（5分）**
**考核知识点：**故障定点
**难易度：**易
**标准答案：**
对端与其他电气设备断开，对端应派人看守或挂警示牌。

**Jb0000331224　电缆故障定点方法主要有什么？（5分）**
**考核知识点：**故障定点
**难易度：**易
**标准答案：**
电缆故障定点方法主要有感应法、声测法、声磁同步定点法。

**Jb0000331225　闪络法分哪两种？（5分）**
**考核知识点：**闪络法
**难易度：**易
**标准答案：**
（1）直闪法。
（2）冲闪法。

**Jb0000331226　低压脉冲法测量断线故障，波形有何特点？（5分）**
**考核知识点：**低压脉冲法
**难易度：**易
**标准答案：**
发射脉冲与反射脉冲同极性，当发射为正脉冲，反射也为正脉冲。

**Jb0000331227　低压脉冲法测量死接地故障，波形有何特点？（5分）**

**考核知识点：**低压脉冲法

**难易度：**易

**标准答案：**

发射脉冲与反射脉冲极性相反，当发射为正脉冲，反射为负脉冲。

**Jb0000331228　调压器的输入电压为220V，输出电压范围是多少？（5分）**

**考核知识点：**调压器

**难易度：**易

**标准答案：**

输出电压范围为0～250V。

**Jb0000331229　闪测仪信号取样有哪两种？（5分）**

**考核知识点：**闪测仪

**难易度：**易

**标准答案：**

闪测仪信号取样有电流取样和电压取样。

**Jb0000331230　冲闪完毕调压器和电源如何操作？（5分）**

**考核知识点：**冲闪

**难易度：**易

**标准答案：**

待最后一次冲击放电后，迅速将调压器退至零位，然后再切断电源。

**Jb0000331231　冲闪完毕应如何对电缆进行放电？（5分）**

**考核知识点：**冲闪

**难易度：**易

**标准答案：**

冲闪完毕，应用放电棒先在电缆侧进行放电，放电时应慢慢接近被试电缆，空气击穿后再完全放电。

**Jb0000331232　故障定点时，如何提高故障点放电声音？（5分）**

**考核知识点：**故障定点

**难易度：**易

**标准答案：**

适当加大球间隙或增大电容。

**Jb0000331233　高阻接地故障发射为正脉冲，反射波形有何特点？（5分）**

**考核知识点：**高阻接地

**难易度：**易

**标准答案：**

反射波形为前沿有负反冲的正脉冲。

**Jb0000331234 电缆故障产生主要原因有哪些？请说出至少四种。（5 分）**

**考核知识点：**故障

**难易度：**易

**标准答案：**

电缆故障产生主要原因有外力损坏、试验击穿、制造质量不良、绝缘老化、施工质量。

**Jb0000331235 电缆试验按实施阶段可分哪三类？（5 分）**

**考核知识点：**试验

**难易度：**易

**标准答案：**

（1）交接试验。

（2）预防性试验。

（3）修后试验。

**Jb0000331236 泄漏电流试验和直流耐压试验作用各是什么？（5 分）**

**考核知识点：**试验

**难易度：**易

**标准答案：**

泄漏电流试验是检查电缆的绝缘状况；直流耐压试验是考验电缆绝缘的耐电压强度。

**Jb0000331237 电缆谐振试验中产生谐振的方法主要有哪两种？（5 分）**

**考核知识点：**试验

**难易度：**易

**标准答案：**

电缆谐振试验中产生谐振的方法主要有变频谐振和变感谐振。

**Jb0000331238 标示为 2DL 150/0.1 的硅堆最大反峰电压为多少？最大整流电流为多少？（5 分）**

**考核知识点：**硅堆

**难易度：**易

**标准答案：**

最大反峰电压 150kV，最大整流电流 0.1A。

**Jb0000331239 冲闪时读取放电电流，如何操作电流表短路线？（5 分）**

**考核知识点：**冲闪

**难易度：**易

**标准答案：**

应从电流流入侧取下短路线。

**Jb0000331240 直流耐压试验属于破坏性试验还是非破坏性试验？（5 分）**

**考核知识点：**试验

**难易度：**易

**标准答案：**
是破坏性试验。

**Jb0000331241　户内电缆头为什么有时会产生电晕放电现象？（5分）**
**考核知识点：**电晕放电
**难易度：**易
**标准答案：**
产生电晕放电现象的部位大都是在三芯分叉处电缆芯引出的部位，其主要原因是三芯分叉的距离较小，芯与芯之间的空隙形成一个大电容，当终端头周围通风不良，室内空气湿度较大时，在电压的作用下空气发生游离引起电晕现象，所以电缆头安装的环境对电晕放电有关系。

**Jb0000331242　电缆线路的原始记录主要包括哪几点？（5分）**
**考核知识点：**原始记录
**难易度：**易
**标准答案：**
（1）电缆敷设记录。
（2）电缆接头记录。
（3）隐蔽工程中间验收的记录。
（4）试验记录。

**Jb0000331243　电力电缆为什么要焊接地线？（5分）**
**考核知识点：**接地线
**难易度：**易
**标准答案：**
（1）由于电缆的金属护套与线芯是绝缘的，当电缆发生绝缘击穿或线芯中流过较大故障电流时，金属护套的感应电可能使得内衬层击穿，引起电弧，直到将金属护套烧熔成洞。
（2）为了消除这种危害，必须将金属护套、铠装层、电缆头保护壳和法兰支架等用导线与接地网连通。

**Jb0000332244　交联聚乙烯绝缘电缆内半导体屏蔽层有何作用？（5分）**
**考核知识点：**交联聚乙烯绝缘电缆
**难易度：**中
**标准答案：**
（1）线芯表面采用半导电屏蔽层可以起到均匀线芯表面不均匀电势的作用。
（2）防止了内屏蔽与绝缘层间接触不紧而产生气隙，提高电缆起始放电电压。
（3）抑制电树或水树生长。
（4）通过半导体屏蔽层热阻的分温作用，使主绝缘温升下降，起到热屏蔽作用。

**Jb0000331245　固定交流单芯电缆的夹具有什么要求？为什么？（5分）**
**考核知识点：**夹具
**难易度：**易
**标准答案：**
夹具应无铁件构成闭合磁路，防止产生涡流使电缆发热，降低电缆载流量。

**Jb0000331246　在挖掘电缆沟前，应做哪些准备工作？（5分）**

**考核知识点：**挖掘电缆沟

**难易度：**易

**标准答案：**

挖掘电缆工作，应由有经验人员交代清楚后才能进行。挖到电缆保护板后，应由有经验的人员在场指挥方可继续工作。挖掘电缆沟前，应做好防止交通事故的安全措施。在挖出的土堆的斜坡上，不得放置工具、材料等杂物。沟边应留有走道。

**Jb0000331247　鉴别纸绝缘电缆有无潮气的方法是什么？（5分）**

**考核知识点：**纸绝缘电缆

**难易度：**易

**标准答案：**

（1）可将电缆油加热到140～150℃，把纸带浸入油中。如纸带轻度受潮，可以看到油中泛有泡沫，受潮严重时，会发出嗞嗞声。

（2）将纸带撕下用火点燃，如果有潮气，纸带表面会出一些泡沫和裂皮凸起。

**Jb0000331248　防止电缆火灾延燃的措施有几项？（5分）**

**考核知识点：**电缆火灾

**难易度：**易

**标准答案：**

防止电缆火灾延燃的措施有：封、堵、涂、隔、包、水喷雾及其他方法。

**Jb0000331249　简述安全工器具的使用要求。（5分）**

**考核知识点：**安全工器具

**难易度：**易

**标准答案：**

（1）绝缘工具应定期进行电气耐压试验。

（2）出勤携带绝缘工具与一般工具应分别存放，并应放在套内，以免扎伤，受潮，脏污绝缘体。

（3）绝缘工具严重损坏、受潮、脏污须经检修干燥，并试验鉴定合格后方可使用。

**Jb0000331250　假设一条大截面电缆与两根小截面电缆并联运行，同样能满足用户需要，忽略经济因素，您选用哪种方式？为什么？（5分）**

**考核知识点：**并联运行

**难易度：**易

**标准答案：**

选用单根大截面电缆。

由于电缆的导体电阻很小（约 0.05Ω/km），两根电缆并联运行时，如其中一个导体与线排发生松动，则接触电阻可能达到或超过导体电阻，那么流过与之并联的另一个导体的电流将成倍增加，从而导致热击穿。

**Jb0000331251　交联聚乙烯电缆内半导体层、绝缘层和外半导电层同进挤出工艺的优点是什么？（5分）**

**考核知识点：**挤出工艺

**难易度：**易

**标准答案：**

（1）可以防止主绝缘与半导体屏蔽以及主绝缘与绝缘屏蔽之间引入外界杂质。

（2）在制造过程中防止导体屏蔽的主绝缘发生意外的损伤，防止半导电层的损伤而引起的实判效应。

（3）由于内外屏蔽与主绝缘紧密结合，提高了起始游离放电电压。

**Jb0000331252　什么是电气设备的交接试验（5分）**

**考核知识点：**交接试验

**难易度：**易

**标准答案：**

电气设备的交接试验是指新安装的电气设备在投产前，根据国家颁布的有关规程规范的试验项目和试验标准进行的试验；以判明新安装设备是否可以投入运行，并保证安全。

**Jb0000331253　交流110kV及以上单芯电缆在哪些情况下，宜沿电缆邻近配置并行回流线？（5分）**

**考核知识点：**单芯电缆

**难易度：**易

**标准答案：**

（1）可能出现的工频或冲击感应电压，超过电缆护层绝缘的耐受强度时。

（2）需抑制对电缆邻近弱电线路的电气干扰强度时。

**Jb0000332254　防止误操作的“五防”内容是什么？（5分）**

**考核知识点：**五防

**难易度：**中

**标准答案：**

（1）防止误拉、误合断路器。

（2）防止带负荷拉、误合隔离开关。

（3）防止带电合接地开关。

（4）防止带接地线合闸。

（5）防止误入带电间隔。

**Jb0000331255　请说出五种电缆线路发生故障的主要原因。常见五种故障分别是什么？（5分）**

**考核知识点：**故障

**难易度：**易

**标准答案：**

（1）主要原因：外力损坏、绝缘老化、接头爆炸、制造质量不良、试验击穿。

（2）常见故障分别为：

1）接地故障。

2）短路故障。

3）断线故障。

4）闪络性故障。

5）混合故障。

**Jb0000331256 说出型号为 YJLW02—110—1×800 电缆的数字和字母表示的含义。（5 分）**

**考核知识点：**电缆

**难易度：**易

**标准答案：**

表示铜芯、交联聚乙烯绝缘、皱纹铝包、无铠装、聚氯乙烯外护套、额定电压 110kV、导线截面积为 800$mm^2$ 的单芯电缆。

**Jb0000332257 为什么要在输电线路中串联电容器？（5 分）**

**考核知识点：**电容器

**难易度：**中

**标准答案：**

输电线路有电阻和电感，线路输送功率时，不仅有有功功率损耗，还会产生电压降。在长距离、大容量送电线路上，感抗上会产生很大的电压降，但在线路中串联电容器后，一部分感抗被容抗所抵消，就可以减少线路的电压降起到补偿的作用，提高电压质量。

**Jb0000331258 进入 $SF_6$ 配电室时必须遵守哪些规定？（5 分）**

**考核知识点：**$SF_6$ 配电室

**难易度：**易

**标准答案：**

工作人员进入 $SF_6$ 配电室，必须先通风 15min，并用检漏仪测量 $SF_6$ 气体含量。尽量避免一人进入室内 $SF_6$ 配电室进行巡视，不准一人进入从事检修工作。

**Jb0000333259 电力系统频率出现较大波动时有什么危害？（5 分）**

**考核知识点：**系统频率

**难易度：**难

**标准答案：**

频率波动较大时，会影响电动机和其他电气设备的性能。轻则要影响工农业产品的质量和产量；重则会损坏汽轮机等设备，严重时会引起系统性的频率崩溃，造成大面积停电，使系统瓦解。

**Jb0000333260 单芯电缆护套一端接地方式中为什么必须安装一条沿电缆平行敷设的回流线？（5 分）**

**考核知识点：**单芯电缆护套

**难易度：**难

**标准答案：**

在金属护套一端接地的电缆线路上，为确保护套中的感应电压不超过允许标准，必须安装一条沿电缆线路平行敷设的导体，且导体的两端接地，这种导体称为回流线。当发生单相接地故障时，接地短路电流可以通过回流线流回系统中心点，由于通过回流线的接地电流产生的磁通抵消了一部分电缆导线接地电流所产生的磁通，因而可降低短路故障时护套的感应电压。

**Jb0000332261　触电时，对人体伤害的严重程度与哪些因素有关？其中最主要的因素是什么？（5分）**

**考核知识点：**触电

**难易度：**中

**标准答案：**

触电时对人体伤害的严重程度与电流值、电流的频率、电流通过人体的时间、电流通过人体的路径以及人体的健康状况等因素有关，其中最主要的是电流值。

**Jb0000311262　铜导线长度 $L$=100m，截面积 $S$=0.1mm²，温度 $T_2$=50℃时求导线电阻 $R_2$？已知 $T_2$=50℃时铜导线电阻温度系数为 $\alpha$=0.004 1（℃⁻¹）？（5分）**

**考核知识点：**设备参数换算

**难易度：**易

**标准答案：**

解：先求常温下（$T$=20℃）的电阻 $R_1$

$$R_1=\rho\times L/S=0.017\,2\times100/0.1=17.2\ (\Omega)$$

$$R_2=R_1[1+\alpha(T_2-T_1)]=17.2\times[1+0.004\,1\times(50-20)]=17.2\times1.123\approx19.3\ (\Omega)$$

答：温度 $T_2$=50℃时导线电阻为19.3Ω。

**Jb0000311263　一条充油电缆线路两端落差 $H$ 为 12m，问内部的电缆油产生油柱静压力为多少？（5分）**

**考核知识点：**充油电缆

**难易度：**易

**标准答案：**

解：$p=0.1H\rho$

低黏度矿物油或烷基苯合成油的密度$\rho$为0.9g/cm³，则

$$p=0.1\times1200\times0.9\times10^{-3}=0.108\ (\text{kg/cm}^2)$$

答：12m落差产生的电缆内静油压为0.108kg/cm²。

**Jb0000311264　设一条10kV电缆，最高允许温度$\theta_{cl}$为60℃，在周围土壤温度$\theta_{02}$为15℃时，电流 $I_1$ 为325A，问当土壤温度$\theta_{01}$为30℃时，其载流量 $I_2$ 为多少？后者为前者的几倍？（5分）**

**考核知识点：**载流量

**难易度：**易

**标准答案：**

解：$$\frac{I_1}{I_2}=\sqrt{\frac{\theta_{c1}-\theta_{01}}{\theta_{c2}-\theta_{02}}}$$

$$I_2=I_1\sqrt{\frac{60-30}{60-15}}=325\times0.82=266.5\ (\text{A})$$

答：该电缆30℃时载流量为266.5A，后者为前者的82%。

**Jb0000311265　不考虑铜带搭盖，求10kV XLPE电缆金属屏蔽层面积。（已知铜屏蔽为两层，铜带厚度 $T_1$ 为0.5mm，宽度 $W_1$ 为25mm）（5分）**

**考核知识点：**设备参数换算

难易度：易

标准答案：

解：$S=U_1T_1W_1$，其中 $U_1$ 为铜屏蔽层数。

$$S=2\times0.5\times25=25\ (\text{mm}^2)$$

答：10kV 电缆金属屏蔽层面积为 25mm²。

**Jb0000311266 某台三相电力变压器，其一次绕组的电压为 6kV，二次绕组电压为 230V，求该变压器的变比，若一次绕组为 1500 匝，试问二次绕组应为多少匝？（5 分）**

考核知识点：设备参数换算

难易度：易

标准答案：

解：因为 $U_1/U_2=N_1/N_2=K$

其中 $U_1$、$U_2$ 分别为变压器一、二次侧电压值。$N_1$、$N_2$ 分别为变压器一、二次侧绕组匝数，$K$ 为变比。

所以 $K=U_1/U_2=6000/230\approx26$

$N_2=N_1/K=1500/26\approx58$（匝）

答：该变压器的变比为 26，二次绕组应为 58 匝。

**Jb0000311267 一条电缆全长 $L$ 为 800m，发生了单相死接地故障，用低压脉冲法查找故障点，不知传播速度。现测得完好相时间 $t_1$ 为 10μs，故障相时间 $t_x$ 为 3μs。问波速在该电缆中为多少？故障点距离测量端多少？（5 分）**

考核知识点：故障定位

难易度：易

标准答案：

解：$V=2L/t_1$

$=2\times800\div10$

$=160$

$L_x=Vt_x/2$

$=160\times3\div2$

$=240$

答：波速为 160m/μs，故障点距离为 240m。

**Jb0000311268 已知 $i=38\sin(\omega t+30°)$ 的初相位是多少？电流的有效值是多少？（5 分）**

考核知识点：基础知识计算

难易度：易

标准答案：

解：当 $t=0$ 时，可得其初相位 $\omega t+30°=30°$

$$\text{电流有效值 } I=\frac{38}{\sqrt{2}}=26.9\ (\text{A})$$

答：初相位为 30°，电流的有效值为 26.9A。

**Jb0000311269　一段铜导线，当温度 $t_1=20℃$时，它的电阻 $R_1=5\Omega$，当温度升到 $t_2=25℃$时，它的电阻增大到 $R_2=5.1\Omega$，那么它的温度系数是多少？（5分）**

**考核知识点：**温度系数

**难易度：**易

**标准答案：**

**解：**温度变化值$\Delta t=t_2-t_1=25-20=5$（℃）

电阻变化值$\Delta R=R_2-R_1=5.1-5=0.1$（Ω）

温度每变化1℃时，所引起的电阻变化$\Delta R/\Delta t=0.1/5=0.02$（Ω/℃）

温度系数：$a=\Delta R/\Delta t/R_1=0.02/5=0.004$（$℃^{-1}$）

**答：**铜导线的温度系数为$0.004℃^{-1}$。

**Jb0000311270　图 Jb0000311284 所示的电桥电路，其参数如图中所示，当将开关S合上后，流过检流计的电流 *I* 为多少？（5分）**

**考核知识点：**基础知识计算

**难易度：**易

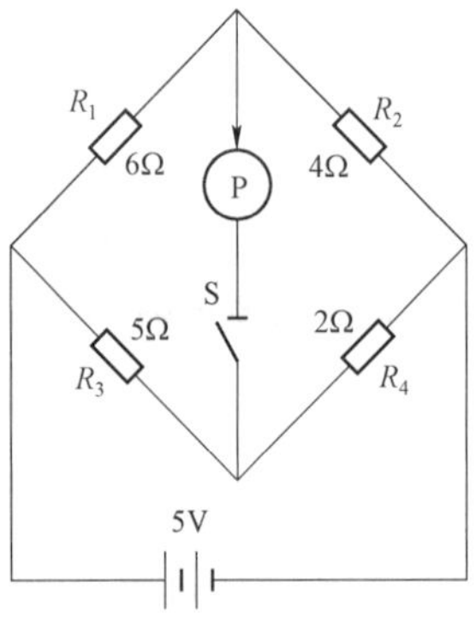


图 Jb0000311284

**标准答案：**

**解：**$6\times2=3\times4$ 即 $R_1R_4=R_2R_3$

**答：**此时电桥已经平衡，所以$I=0$（A）

**Jb0000312271　图 Jb0000312285 所示是对称三相电源的三角连接，如果将CA绕组反接，试问三角形回路总电动势为多少？（5分）**

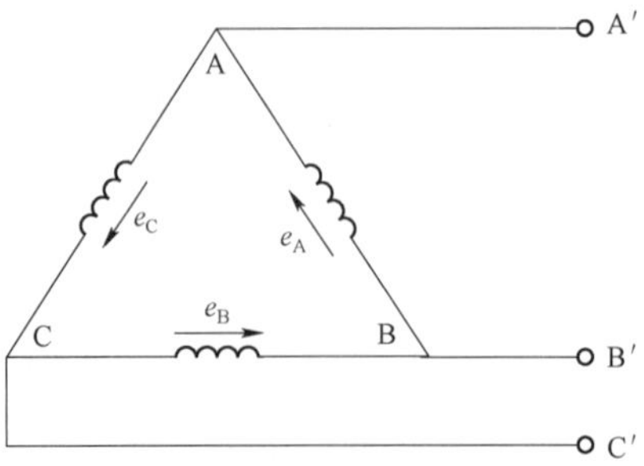


图 Jb0000312285

**考核知识点：**电动势

难易度：中

标准答案：

（1）正接时，因三相对称电动势的瞬时值的代数和（或有效值相量的和）为零。

（2）当 CA 绕组反接时，$\dot{E}_A+\dot{E}_B-\dot{E}_C=-2\dot{E}_C$。

**Jb0000312272　有一单相照明电路，电压 $U$ 为 220V，接有功率 $P_n$ 为 40W 日光灯 25 盏，配用电感式镇流器时，功率因数 $\cos\varphi$=0.52，改用电子镇流器时功率因数 $\varphi$ 为 0.73，试计算，改用电子镇流器后电流下降多少？（5 分）**

考核知识点：设备参数换算

难易度：中

标准答案：

解：$I_1=\dfrac{P_n}{U\cos\varphi}=\dfrac{40\times25}{220\times0.52}=\dfrac{1000}{114}=8.8\text{（A）}$

$I_2=\dfrac{P_n}{U\cos\varphi'}=\dfrac{40\times25}{220\times0.73}=\dfrac{1000}{160.6}=6.2\text{（A）}$

$I=I_1-I_2=8.8-6.2=2.6\text{（A）}$

答：改用电子镇流器后电流下降了 2.6A。

**Jb0000312273　四台一组的 BW0.4－12－3 并联电容器，铭牌上标明电容值 $C$ 为 239μF，当实际工作电压 $U$ 为 380V 时，其实际容量为多少？（5 分）**

考核知识点：基础知识计算

难易度：中

标准答案：$Q_C=\omega\cdot C\cdot U^2\times10^{-3}=314\times239\times0.38^2\times10^{-3}=10.8\text{（kvar）}$

**Jb0000313274　为测量 20V 直流电压，今有两块表：A 表为 1.5 级，量程为 30V，B 表为 0.5 级，量程为 150V，试选择一块？（5 分）**

考核知识点：电能表

难易度：难

标准答案：

解：（1）A 表的绝对误差为 $\Delta m=\pm K\%\times A_m=\pm1.5\%\times30=\pm0.45$（V）

测量 20V 电压时相对误差为 $r=\pm0.45/20=\pm0.0225=\pm2.3\%$

（2）B 表的绝对误差为 $\Delta m=\pm K\%\times A_m=\pm0.5\%\times150=\pm0.75$（V）

测量 20V 电压时相对误差为 $r=\pm0.75/20=\pm0.0375=\pm3.8\%$

答：应选择 A 表。

**Jb0000313275　$R$、$L$、$C$ 串联电路，已知 $L$=20mH、$C$=200PF、$R$=100Ω，问电路的谐振频率为多少？（5 分）**

考核知识点：谐振频率

难易度：难

标准答案：

解：$f=\dfrac{1}{2\pi\sqrt{LC}}=\dfrac{1}{2\pi\sqrt{20\times10^{-3}\times200\times10^{-3}}}\approx80\text{（kHz）}$

答：电路的谐振频率为 80kHz。

**Jb0000333276　电路功率因数过低是什么原因造成的？为什么要提高功率因数？（5 分）**

**考核知识点：**功率因数

**难易度：**难

**标准答案：**

功率因数过低是因为电力系统的负载大，多数是感应电动机。在正常运行时 $\cos\varphi$ 一般在 0.7～0.85 之间。空载时功率因数只有 0.2～0.3，轻载时功率因数也不高。提高功率因数的意义在于：功率因数低，电源设备的容量就不能充分利用。功率因数低在线路上将引起较大的电压降落和功率损失。

**Jb0000333277　试论 XLPE 绝缘电缆半导电屏蔽层抑制树枝生长和热屏障的作用。（5 分）**

**考核知识点：**XLPE 绝缘电缆

**难易度：**难

**标准答案：**

（1）当导体表面金属毛刺直接刺入绝缘层时，或者在绝缘层内部存地杂质颗粒、水汽、气隙时，这些将引起尖端产生高电场、场致发射而引发树枝。对于金属表面毛刺，半导电屏蔽将有效地减弱毛刺附近的场强，减少场致发射，从而提高耐电树枝放电特性。若在半导电屏蔽料中加入能捕捉水分的物质，就能有效地阻挡由线芯引入的水分进入绝缘层，从而防止绝缘中产生水树枝。

（2）半导电屏蔽层有一定热阻，当线芯温度瞬时升高时，电缆有半导屏蔽层的热阻，高温不会立即冲击到绝缘层，通过热阻的分温作用，使绝缘层上的温升下降。

**Jb0000333278　对电缆终端头和中间接头有哪些基本要求？（5 分）**

**考核知识点：**接头

**难易度：**难

**标准答案：**

电缆终端头和中间接头，一般说来，是整个电缆线路的薄弱环节。根据我国各地电缆事故统计，约有 70%的事故发生在终端头和中间接头上。由于可见，确保电缆接头的质量，对电缆线路安全运行意义很大。对电缆接头的制作的基本要求，大致可归为下列几点：

（1）导体连接良好。对于终端头，要求电缆线芯和出线接头、出线鼻子有良好的连接。对于中间接头，则要求电缆线芯与连接管之间有良好的连接。所谓良好的连接，主要指接触电阻小而稳定，即运行中接头电阻不大于电缆线芯本身电阻的 1.2 倍。

（2）绝缘可靠。要有满足电缆线路在各种状态下长期安全运行的绝缘结构，并有一定的裕度。

（3）密封良好。可靠的绝缘要有可靠的密封来保证。一方面要使环境的水分及导电介质不侵入绝缘，另一方面要使绝缘剂不致流失。这就要求有良好的密封。

（4）足够的机械强度，能适应各种运行条件。

除了上述 4 项基本要求之外，还要尽可能考虑到结构简单、体积小、材料省、安装维修简便，以及兼顾到造型美观。

**Jb0000333279　单芯交流电缆为什么不采用钢带铠装？（5 分）**

**考核知识点：**单芯交流电缆

**难易度：**难

**标准答案：**

当电缆线芯通过电流时，使周围产生磁力线，磁力线与线芯通过的电流成正比。单芯电缆即使三相电流平衡，由于有护套，在护套内有磁力线通过，护套中通过磁力线的数量与导磁率成正比。而钢带为磁性材料，导磁率很高，钢带中通过较多的磁力线，据电磁感应定律，在钢带中将产生涡流，使电缆发热。当钢带在线路两端接地，而形成闭合回路时，便在钢带中产生感应电流，其大小随电流的增大而增大，会产生较大损耗而发热，影响电缆的容量，因此在交流系统中使用的单芯电缆不能采用钢带铠装。

**Jb0000333280　如何确定运行中电力电缆的故障性质？（5分）**

**考核知识点：**故障

**难易度：**难

**标准答案：**

电缆绝缘长期在电压、电流的作用下工作，受到电压、电流的化学、热及机械作用，使绝缘受到老化、受潮、过热及机械损伤、腐蚀等破坏作用，此外电缆本身的材料缺陷、设计和制造等工艺问题引起故障。故障分类：接地或短路故障、低阻或高阻故障、断线故障、闪络故障及封闭故障（多发接头中）。

确定故障性质是高阻还是低阻，是闪络性还是封闭式，是接地断线故障还是混合型故障，是单相还是多相故障。

确定故障性质时，需要进行绝缘电阻的测量（用绝缘电阻表），测量缆芯之间和线芯对地的绝缘电阻。还可进行“导通试验”，将电缆末端三相短路，用万用表在电缆首端测芯线之间电阻。有时为了弄清故障点损坏程度还要进行直耐试验。

**Jb0000333281　怎样用声测法寻找电缆故障点的准确位置？（5分）**

**考核知识点：**声测法

**难易度：**难

**标准答案：**

声测法灵敏可靠，较为常用，基本都能适用。

粗测到电缆故障到测试端的距离后，在故障电缆的一端加上冲击电压，使故障点放电，在已知故障点的路径，用定点仪接收故障点的放电声波，并将此声波在接收中放大，当耳机听到最大时即故障点的位置，断线和闪络性故障多发生在中间接头应重点检查。

# 第六章　电力电缆安装运维工（配电）高级工技能操作

**Jc0000341001　电缆的直埋敷设方式及要求。（100分）**

**考核知识点：** 直埋敷设

**难易度：** 易

## 技能等级评价专业技能考核操作工作任务书

**一、任务名称**

电缆的直埋敷设方式及要求。

**二、适用工种**

电力电缆安装运维工（配电）高级工。

**三、具体任务**

口述或笔答电缆的直埋敷设方式及要求。

**四、工作规范及要求**

（1）单独操作。

（2）采用技能笔答或口述方式。

**五、考核及时间要求**

本考核操作时间为60分钟，时间到停止考评。

**技能等级评价专业技能考核操作评分标准**

| 工种 | 电力电缆安装运维工（配电） | | | | | 评价等级 | 高级工 |
|---|---|---|---|---|---|---|---|
| 项目模块 | 电力电缆安装运维工（配电）—基础知识 | | | | 编号 | | Jc0000341001 |
| 单位 | | | 准考证号 | | | 姓名 | |
| 考试时限 | 60分钟 | | 题型 | 单项操作 | | 题分 | 100分 |
| 成绩 | | 考评员 | | 考评组长 | | 日期 | |
| 试题正文 | 电缆的直埋敷设方式及要求 | | | | | | |
| 需要说明的问题和要求 | （1）口述或笔答。<br>（2）口述所选电缆型号为VLV22-4×50型 | | | | | | |

| 序号 | 项目名称 | 质量要求 | 满分 | 扣分标准 | 扣分原因 | 得分 |
|---|---|---|---|---|---|---|
| 1 | 工作前准备 | | | | | |
| 1.1 | 选择工器具 | 根据电缆规格，选择合适的工器具 | 5 | 工具、材料错、漏选一项扣1分；<br>未检查一项扣1分；<br>以上扣分，扣完为止 | | |
| 1.2 | 选择材料 | 根据操作内容，选择合适的材料 | 5 | 工具、材料错、漏选一项扣1分；<br>未检查一项扣1分；<br>以上扣分，扣完为止 | | |
| 1.3 | 着装、穿戴 | 工作服、工作鞋、安全帽等穿戴正确 | 5 | 不按规定穿着一项扣1分，扣完为止 | | |
| 2 | 工作过程 | | | | | |

续表

| 序号 | 项目名称 | 质量要求 | 满分 | 扣分标准 | 扣分原因 | 得分 |
|---|---|---|---|---|---|---|
| 2.1 | 电缆盘支架检查 | 电缆盘支架检查支架各连接部位有无开裂，连接是否良好 | 5 | 支架各连接部位未检查扣5分 | | |
| 2.2 | 电缆支架制动器检查 | 电缆支架制动器表面是否清洁，有无杂物、制动片磨损情况 | 5 | 电缆支架制动器未检查扣5分 | | |
| 2.3 | 滑轮及转向滑轮检查 | 转向滑轮转动是否灵活，滑轮有无卡涩现象 | 10 | 滑轮未检查扣6分；<br>转向滑轮未检查扣4分 | | |
| 2.4 | 牵引柔性钢丝绳 | 牵引柔性钢丝绳表面是否光滑，有无散股现象，钢丝绳有无锈蚀现象 | 10 | 牵引钢丝绳未检查扣10分 | | |
| 2.5 | 电源箱 | 电源箱漏电保护器动作是否可靠，外壳接地是否良好，接地线线径16mm | 10 | 电源箱漏电保护器未检查扣5分；<br>外壳接地未检查扣3分；<br>方法不正确扣2分 | | |
| 2.6 | 牵引机 | 牵引机外壳接地是否可靠，牵引机固定桩是否牢固，牵引绳有无断股现象 | 10 | 牵引机接地未检查扣5分；<br>牵引机固定桩未检查扣3分；<br>牵引绳未检查扣2分 | | |
| 2.7 | 电缆敷设 | 电缆外皮至地面的深度不应小于0.7m，并应在电缆上下分别均匀铺设1000mm厚的细沙或软土，并覆盖混凝土保护板或类似的保护层 | 5 | 电缆外皮至地面的深度不足扣3分；<br>电缆上下未覆盖保护板扣2分 | | |
| 2.8 | 电缆敷设 | 敷设时电缆弯曲半径要大于规定值，电缆敷设前、后用1000V绝缘电阻表测量电缆各导体之间绝缘电阻是否正常 | 5 | 电缆弯曲半径不足扣3分；<br>电缆敷设前，后未检测电缆的扣2分 | | |
| 3 | 工作终结验收 | | | | | |
| 3.1 | 电缆绝缘电阻 | 绝缘电阻值符合要求 | 5 | 一处不合格扣2分，扣完为止；<br>绝缘电阻表选用出错扣2分 | | |
| 3.2 | 电缆表面 | 外观检查要求表面光滑，电缆表皮无破损，电缆走向标示 | 10 | 电缆表皮破损一处扣1分；<br>电缆走向表示未安装一处扣3分；<br>以上扣分，扣完为止 | | |
| 3.3 | 安全文明生产 | 工作中无违章出现，操作过程中工器具损伤，电缆表皮损伤，工作完毕清理场地，交还工器具 | 10 | 未在规定时间完成，每延时1分钟扣1分，扣完为止 | | |
| 合计 | | | 100 | | | |

**Jc0000343002　10kV交联聚乙烯电力电缆热缩中间接头制作及试验。（100分）**

**考核知识点：**10kV交联聚乙烯电力电缆热缩中间接头

**难易度：**难

## 技能等级评价专业技能考核操作工作任务书

### 一、任务名称

10kV交联聚乙烯电力电缆热缩中间接头制作及试验。

### 二、适用工种

电力电缆安装运维工（配电）高级工。

### 三、具体任务

完成10kV交联聚乙烯电力电缆热缩中间接头制作及试验。

### 四、工作规范及要求

（1）一人操作，可有一人辅助实施，但不得有提示行为；电缆试验工作由两人进行，一人操作，一人监护。

（2）剥切尺寸正确，剥切绝缘不得损伤缆芯。
（3）绝缘表面处理应干净、光滑。
（4）剥除铜屏蔽层及半导电层不得伤及下一层。
（5）戴安全帽、穿工作服、穿绝缘鞋、带个人工器具。
（6）易燃用具单独放置；会正确使用，摆放整齐。
（7）规定时间内完成。

**五、考核及时间要求**

本考核操作时间为110分钟，时间到停止考评。

**技能等级评价专业技能考核操作评分标准**

| | | | | | | |
|---|---|---|---|---|---|---|
| 工种 | 电力电缆安装运维工（配电） | | | | 评价等级 | 高级工 |
| 项目模块 | 电力电缆安装运维工（配电）—电缆中间、终端接头制作 | | | 编号 | Jc0000343002 | |
| 单位 | | 准考证号 | | | 姓名 | |
| 考试时限 | 110分钟 | 题型 | 单项操作 | | 题分 | 100分 |
| 成绩 | | 考评员 | | 考评组长 | 日期 | |
| 试题正文 | 10kV交联聚乙烯电力电缆热缩中间接头制作及试验 | | | | | |
| 需要说明的问题和要求 | （1）一人操作，可有一人辅助实施，但不得有提示行为；电缆试验工作由两人进行，一人操作，一人监护。<br>（2）剥切尺寸正确，剥切绝缘不得损伤缆芯。<br>（3）绝缘表面处理应干净、光滑。<br>（4）剥除铜屏蔽层及半导电层不得伤及下一层。<br>（5）戴安全帽、穿工作服、穿绝缘鞋、带个人工器具。<br>（6）易燃用具单独放置；会正确使用，摆放整齐。<br>（7）规定时间内完成。<br>（8）实验设备：仪器仪表、线包 | | | | | |

| 序号 | 项目名称 | 质量要求 | 满分 | 扣分标准 | 扣分原因 | 得分 |
|---|---|---|---|---|---|---|
| 1 | 工作前准备 | | | | | |
| 1.1 | 材料及工器具准备 | 按要求准备好工器具及材料，并进行检查 | 3 | 错、漏选一项扣1分；<br>工器具和材料未检查一项扣1分；<br>以上扣分，扣完为止 | | |
| 1.2 | 着装、穿戴 | 工作服、工作鞋、安全帽等穿戴正确 | 2 | 不按规定穿着一项扣1分，扣完为止 | | |
| 2 | 工作过程 | | | | | |
| 2.1 | 支撑、矫直、外护套擦拭 | 为了便于操作，选好位置，将要进行施工的部分支架好，同时矫直，擦去外护套上的污迹 | 5 | 一项工作未做扣2分，扣完为止 | | |
| 2.2 | 将电缆断切面锯平 | 如果电缆三相线芯锯口不在同一平面上或导体切面不平应锯平 | 5 | 未按要求做扣5分 | | |
| 2.3 | 校对施工尺寸 | 根据附件供应商提供的图纸，确定施工尺寸 | 5 | 尺寸与图纸不符合扣2～5分 | | |
| 2.4 | 操作程序控制 | 操作程序应按图纸进行 | 5 | 程序错误扣5分；<br>遗漏工序扣5分；<br>以上扣分，扣完为止 | | |
| 2.4.1 | 剥出外护套、铠装、内护层、内衬、铜屏蔽及外半导电层等 | 剥切时切口不平，金属切口有毛刺或伤及其下一层结构，应视为缺陷；绝缘表面干净、光滑、无残质，均匀涂上硅脂 | 30 | 尺寸不对扣6分；<br>剥时伤及绝缘扣6分；<br>剥口没处理成小斜坡、有毛刺扣6分；<br>绝缘表面没处理干净扣6分；<br>未均匀涂上硅脂扣6分 | | |

续表

| 序号 | 项目名称 | 质量要求 | 满分 | 扣分标准 | 扣分原因 | 得分 |
|---|---|---|---|---|---|---|
| 2.5 | 绑扎和焊接 | 绑扎铠装及接地线；固定铜屏蔽要平整，不能松带；焊点应平滑、牢固，焊点厚度不大于 4mm | 15 | 焊点不牢固扣 5 分；<br>焊点厚度不大于 4mm 扣 5 分；<br>铜屏蔽不平整、松带扣 5 分；<br>接地线绑扎不紧扣 5 分；<br>以上扣分，扣完为止 | | |
| 2.5.1 | 剥削绝缘和导体压接端子 | 剥去绝缘，切口平整 | 10 | 一处未达标扣 5 分，扣完为止 | | |
| 2.6 | 绕包半导体带做好安装记号 | 用半导体带将铜屏蔽口包住，并向下覆盖热缩管，在热缩上用自粘带做好应力锥安装记号 | 5 | 未达到要求扣 5 分 | | |
| 2.7 | 安装应力锥 | 将硅脂涂在绝缘表面和应力锥内，把应力锥套进电缆并把其推至所做的记号处，端子外包两层硅橡胶带 | 5 | | | |
| 3 | 工作终结验收 | | | | | |
| 3.1 | 绝缘 | 外观检查要求接触良好，相色标志正确，应力锥安装正确，绝缘测试合格 | 5 | 验收不符合要求每项扣 1～2 分，扣完为止 | | |
| 3.2 | 安全文明生产 | 工作中无违章出现，工作结束，清理现场，交还工器具及剩余材料 | 5 | 未做清理扣 2 分；<br>未交还工器具及剩余材料扣 2 分；<br>未在规定时间完成，每延时 1 分钟扣 1 分；<br>以上扣分，扣完为止 | | |
| 合计 | | | 100 | | | |

**Jc0000352003　10kV 开关站出线由运行状态转为检修状态。（100 分）**

**考核知识点：**开关站运行转检修

**难易度：**中

## 技能等级评价专业技能考核操作工作任务书

### 一、任务名称

10kV 开关站出线由运行状态转为检修状态。

### 二、适用工种

电力电缆安装运维工（配电）高级工。

### 三、具体任务

完成 10kV 开关站出线由运行状态转为检修状态的操作。

### 四、工作规范及要求

（1）考评开始前，由考评员指定考试工位。

（2）配合人员由考评员指定人员担任，配合人员听从操作人指挥。

（3）在接受调度令办理操作票步骤中，如果不能正确填写合格的操作票，出现逻辑错误和存在误操作的，将不能进行后续操作，分值也扣除。

（4）考生参加考评过程中如违反安规等相关规定，涉及人身、设备安全的，考评员应立即制止考生暂停操作，考生应按相关规定自行改正并经考评员同意后方可继续操作。考生因上述原因被考评员制止操作 2 次及以上的，本题得 0 分。

（5）安全文明生产，在规定时间内完成。

## 五、考核及时间要求

本考核操作时间为30分钟，时间到停止考评。

**技能等级评价专业技能考核操作评分标准**

<table>
<tr><td>工种</td><td colspan="5">电力电缆安装运维工（配电）</td><td>评价等级</td><td>高级工</td></tr>
<tr><td>项目模块</td><td colspan="5">电力电缆安装运维工（配电）—电缆设备运行与维护</td><td>编号</td><td>Jc0000352003</td></tr>
<tr><td>单位</td><td colspan="3"></td><td>准考证号</td><td></td><td>姓名</td><td></td></tr>
<tr><td>考试时限</td><td colspan="2">30分钟</td><td>题型</td><td colspan="2">单项操作</td><td>题分</td><td>100分</td></tr>
<tr><td>成绩</td><td></td><td>考评员</td><td></td><td>考评组长</td><td></td><td>日期</td><td></td></tr>
<tr><td>试题正文</td><td colspan="7">10kV开关站出线由运行状态转为检修状态</td></tr>
<tr><td>需要说明的问题和要求</td><td colspan="7">（1）当开关站的供出线路需检修时，开关站相应间隔断路器由运行改检修。<br>（2）开关站设备为真空环网柜。<br>（3）开关站出线对侧无电源。<br>（4）非调度设备。<br>（5）倒闸操作应2人进行。<br>（6）安全文明生产，在规定时间内完成</td></tr>
</table>

| 序号 | 项目名称 | 质量要求 | 满分 | 扣分标准 | 扣分原因 | 得分 |
|---|---|---|---|---|---|---|
| 1 | 工作前准备 | | | | | |
| 1.1 | 着装及防护 | 工作服、工作鞋、安全帽等穿戴正确 | 3 | 未按要求着装扣1分；<br>未穿劳保鞋扣1分；<br>未按要求使用安全帽扣1分 | | |
| 1.2 | 申请考试 | 报告考评员准备工作完成，得到许可后方可开展工作 | 1 | 考评员未许可工作扣1分 | | |
| 2 | 工作过程 | | | | | |
| 2.1 | 工器具和材料选择、检查 | 将10kV绝缘手套整齐地摆放在帆布或塑料布上，对外观进行检查，并正确汇报检查结果 | 1 | 未将10kV绝缘手套整齐地摆放在帆布或塑料布上，未对外观进行检查，不正确汇报检查结果扣1分 | | |
| | | 将10kV绝缘靴整齐地摆放在帆布或塑料布上，对外观进行检查，并正确汇报检查结果 | 1 | 未将10kV绝缘靴整齐地摆放在帆布或塑料布上，未对外观进行检查，不正确汇报检查结果扣1分 | | |
| | | 将操作把手整齐地摆放在帆布或塑料布上，对外观进行检查，并正确汇报检查结果 | 1 | 未将操作把手整齐地摆放在帆布或塑料布上，未对外观进行检查，不正确汇报检查结果扣1分 | | |
| | | 将标示牌整齐地摆放在帆布或塑料布上，对外观进行检查，并正确汇报检查结果 | 1 | 未将标示牌整齐地摆放在帆布或塑料布上，未对外观进行检查，不正确汇报检查结果扣1分 | | |
| 2.2 | 接受调度令办理操作票 | 按典型操作票，根据操作任务填写操作票，操作步骤填写完毕后应有“以下空白”字样 | 4 | 未按典型操作票，根据操作任务填写操作票，操作步骤填写完毕后无“以下空白”字样扣4分 | | |
| | | 操作票填写应规范，整洁，不应错漏，涂改不能超过三个字 | 4 | 操作票填写不规范，不整洁，错漏，涂改超过三个字扣4分 | | |
| | | 操作票填写应规范，整洁，时间应按24h制两位数填写 | 4 | 操作票填写不规范，不整洁，时间未按24h制两位数填写扣4分 | | |
| | | 操作票填写应规范，整洁，每操作完一项任务在相应栏用红笔打钩 | 4 | 操作票填写不规范，不整洁，每操作完一项任务不在相应栏用红笔打钩扣4分 | | |
| | | 操作票填写应规范，整洁，全部操作结束后，操作人和监护人应立即相互签字确认 | 4 | 操作票填写不规范，不整洁，全部操作结束后，操作人和监护人未立即相互签字确认扣4分 | | |

续表

| 序号 | 项目名称 | 质量要求 | 满分 | 扣分标准 | 扣分原因 | 得分 |
|---|---|---|---|---|---|---|
| 2.3 | 核对设备名称及编号 | 核对现场设备双重命名及状态，正确汇报核对结果，并清晰洪亮读出来 | 4 | 不核对现场设备双重命名及状态，不正确汇报核对结果，不清晰洪亮读出来扣4分 | | |
| 2.4 | 操作步骤 | 检查气压表：<br>（1）监护人唱票操作任务后，操作人应复诵操作任务。<br>（2）复诵时应说普通话。<br>（3）声音洪亮，咬字清楚。<br>（4）不卡壳。<br>（5）同时手指向设备处，并检查 $SF_6$ 气压表指针在绿色区域 | 7 | 监护人唱票操作任务后，操作人不复诵操作任务扣2分；<br>声音不洪亮，咬字不清楚扣3分；<br>手不指向设备处，不检查 $SF_6$ 气压表指针在绿色区域扣2分 | | |
| | | 检查带电显示器：<br>（1）监护人唱票操作任务后，操作人应复诵操作任务。<br>（2）复诵时应说普通话。<br>（3）声音洪亮，咬字清楚。<br>（4）不卡壳。<br>（5）同时手指向设备处，并检查三相带电显示器监视灯全亮 | 7 | 监护人唱票操作任务后，操作人不复诵操作任务扣2分；<br>声音不洪亮，咬字不清楚扣3分；<br>手没有指向设备处，不检查三相带电显示器监视灯扣2分 | | |
| | | 操作断路器：<br>（1）按规范断开开关站断路器，站位合适。<br>（2）监护人唱票操作任务后，操作人应复诵操作任务，复诵时应说普通话，声音洪亮，咬字清楚，不卡壳，同时手指向设备处，并检查断路器确在分闸位置。<br>（3）监护人唱票操作任务后，操作人应复诵操作任务，复诵时应说普通话，声音洪亮，咬字清楚，不卡壳，同时手指向设备处，并检查三相带电显示器监视灯全灭 | 16 | 不按规范断开开关站断路器或站位不合适扣8分；<br>操作人不复诵操作任务扣2分；<br>复诵时声音不洪亮，咬字不清楚，卡壳扣2分；<br>手没指向设备处扣2分；<br>不检查断路器分闸位置扣2分 | | |
| | | 合接地开关：<br>（1）按规范合上开关站接地开关，站位合适。<br>（2）监护人唱票操作任务后，操作人应复诵操作任务，复诵时应说普通话，声音洪亮，咬字清楚，不卡壳，同时手指向设备处，并检查接地开关确在合闸位置 | 16 | 不按规范合上开关站接地开关，站位不合适扣8分；<br>操作人不复诵操作任务扣2分；<br>复诵时不说普通话，声音不洪亮，咬字不清楚，卡壳扣2分；<br>手没指向设备处扣2分；<br>不检查接地开关合闸位置扣2分 | | |
| | | 悬挂标示牌：<br>监护人唱票操作任务后，操作人应复诵操作任务，复诵时应说普通话，声音洪亮，咬字清楚，不卡壳，同时手指向设备处，并在操作面板上合适位置悬挂“禁止合闸，线路有人工作”标示牌 | 8 | 操作人不复诵操作任务扣2分；<br>复诵时声音不洪亮，咬字不清楚，卡壳扣2分；<br>手没指向设备处扣2分；<br>未在操作面板上合适位置悬挂标示牌扣2分 | | |
| 2.5 | 其他要求 | （1）操作人应正确穿戴绝缘鞋和绝缘手套。<br>（2）操作过程中要求熟悉操作步骤，动作连贯，不卡壳 | 10 | 操作人不正确穿戴绝缘鞋和绝缘手套扣4分；<br>操作过程中不熟悉操作步骤扣3分；<br>动作不连贯，卡壳扣3分 | | |
| 3 | 工作终结验收 | | | | | |
| 3.1 | 清理现场 | 操作完毕后，将工具整理后放在指定位置 | 2 | 未清理现场扣2分 | | |
| 3.2 | 结束报告 | 操作完毕后，向考评员汇报工作结束 | 2 | 未汇报工作完成扣2分 | | |
| 合计 | | | 100 | | | |

Jc0000362004　10kV 开关站施工验收。（100 分）

**考核知识点：**开关站施工验收

**难易度：**中

## 技能等级评价专业技能考核操作工作任务书

### 一、任务名称

10kV 开关站施工验收。

### 二、适用工种

电力电缆安装运维工（配电）高级工。

### 三、具体任务

单独进行 10kV 开关站施工验收。

### 四、工作规范及要求

（1）配合人员由考评员指定人员担任，配合人员听从操作人指挥。

（2）考评开始前，由考评员指定考试工位。

（3）考生参加考评过程中如违反安规等相关规定，涉及人身、设备安全的，考评员应立即制止考生暂停操作，考生应按相关规定自行改正并经考评员同意后方可继续操作。考生凡是被考评员因上述原因被制止的，该环节不得分；考生因上述原因被考评员制止操作第二次的，终止后续作业，后续作业步骤按 0 分统计。

（4）安全文明生产，在规定时间内完成。

### 五、考核及时间要求

本考核操作时间为 30 分钟，时间到停止考评。

**技能等级评价专业技能考核操作评分标准**

| 工种 | 电力电缆安装运维工（配电） | | | | 评价等级 | 高级工 |
|---|---|---|---|---|---|---|
| 项目模块 | 电力电缆安装运维工（配电）—施工与验收 | | | 编号 | Jc0000362004 | |
| 单位 | | 准考证号 | | | 姓名 | |
| 考试时限 | 30 分钟 | 题型 | 单项操作 | | 题分 | 100 分 |
| 成绩 | 考评员 | | 考评组长 | | 日期 | |
| 试题正文 | 10kV 开关站施工验收 | | | | | |
| 需要说明的问题和要求 | （1）考生参加考评过程中如违反安规等相关规定，涉及人身、设备安全的，考评员应立即制止考生暂停操作，考生应按相关规定自行改正并经考评员同意后方可继续操作。考生凡是被考评员因上述原因被制止的，该环节不得分；考生因上述原因被考评员制止操作第二次的，终止后续作业，后续作业步骤按 0 分统计。<br>（2）安全文明生产，在规定时间内完成 | | | | | |

| 序号 | 项目名称 | 质量要求 | 满分 | 扣分标准 | 扣分原因 | 得分 |
|---|---|---|---|---|---|---|
| 1 | 工作前准备 | | | | | |
| 1.1 | 着装及防护 | 工作服、工作鞋、安全帽等穿戴正确 | 2 | 未按要求着装扣 1 分；<br>未按要求使用安全帽扣 1 分 | | |
| 1.2 | 申请考试 | 报告考评员准备工作完成，考评员许可后指定工位，方可开展工作 | 1 | 考生未申请考试扣 1 分 | | |
| 2 | 工作过程 | | | | | |
| 2.1 | 资料审核 | （1）设备选型：按照技术规范书和工程设计图纸验收设备选型。<br>（2）试验报告：依据技术规范书，逐一验收试验报告技术参数 | 4 | 未审核设备选型扣 2 分；<br>未审核试验报告扣 2 分 | | |

续表

| 序号 | 项目名称 | 质量要求 | 满分 | 扣分标准 | 扣分原因 | 得分 |
|---|---|---|---|---|---|---|
| 2.2 | 工器具和材料选用及检查 | （1）个人工具箱、ZC-8 接地电阻表一只（包括接地极）、10kV 绝缘手套、10kV 绝缘靴、手锤、钢卷尺、纱手套，对其进行外观、性能、试验标签检查，并整齐摆放在工作布上；并正确汇报检查结果。<br>（2）验收表单、白纸、水性笔、测量线一套 40m、20m、5m，对其进行外观、性能检查，并整齐摆放在工作布上；并正确汇报检查结果 | 4 | 工器具及材料未检查、汇报扣 2 分；<br>材料准备不足扣 2 分 | | |
| 2.3 | 基础验收 | （1）设备基础严格按照设计图施工。<br>（2）基础表面密度均匀、光滑无毛刺，硬度达到要求，外表面用专用涂料批搪平整。<br>（3）开关站基础边分别向外延伸 500mm 形成的长方形闭合区域，应用 100mm 厚的水泥平整、打实 | 6 | 未按设计图检查基础扣 2 分；<br>未验收基础表面扣 2 分；<br>未验收基础闭合区域扣 2 分 | | |
| 2.4 | 测量接地电阻 | （1）解开引下线。<br>（2）打入地极钎。<br>（3）测量线敷设。<br>（4）连接测试线。<br>（5）起表。<br>（6）调挡。<br>（7）读数。<br>（8）校验。<br>（9）读数报出电阻值。<br>（10）恢复引下线。<br>（11）各项操作应熟练、流畅、连贯 | 38 | 未按要求解开接地引下线扣 2 分；<br>地极钎打入地下不满足要求扣 2 分；<br>测试线不满足要求扣 2 分；<br>测试线接线不正确扣 3 分；<br>联板不牢固扣 2 分；<br>扶表手未戴 10kV 绝缘手套扣 3 分；<br>接地电阻表摆放位置不合适扣 3 分；<br>转速不满足要求扣 3 分；<br>选择倍率不适当扣 3 分；<br>读数方法不正确扣 3 分；<br>未校验或校验不正确扣 3 分；<br>读数不正确扣 3 分；<br>未戴绝缘手套安装接地引下线扣 2 分；<br>螺栓未拧紧扣 2 分；<br>操作不熟练扣 2 分 | | |
| 2.5 | 接地电阻验收 | （1）开关站基础接地所有焊接点均应涂刷防锈漆，接地电阻不超过 10Ω。<br>（2）沿开关站的整个长度延伸方向应设有专用的铜质接地导体；扁钢接地体最小截面不得小于 100mm²，并应有明显的接地标志 | 6 | 未验收开关站基础接地所有焊接点均应涂刷防锈漆，接地电阻不超过 10Ω 扣 3 分；<br>未验收接地网扣 3 分 | | |
| 2.6 | 开关站电气部分验收 | （1）箱体安装后外壳无掉漆、划痕。<br>（2）安装好后结构部分螺栓无松动，变形，焊口无破裂、变形。<br>（3）开关位置、接地开关位置分、合试验到位，与标识显示位置对应，操作灵活无卡涩。<br>（4）气压表指针在规定允许的范围内（绿色区域）。<br>（5）电缆头的制作、安装规范，符合图纸或材料附件工艺规范要求；安装好后表面干净无污渍，密封良好，悬挂电缆头制作人铭牌（包括制作时间、人员姓名）。<br>（6）开关站每间隔电缆头均需安装三相故障指示器、带电显示器。<br>（7）电缆进出线封口密封采用防火胶泥密封 | 14 | 未验收箱体外壳扣 2 分；<br>未验收螺栓无松动，变形，焊口无破裂、变形扣 2 分；<br>未验收开关、接地开关扣 2 分；<br>未验收气压表扣 2 分；<br>未验收电缆头扣 2 分；<br>未验收每间隔三相故障指示器、带电显示器扣 2 分；<br>未验收防火胶泥密封扣 2 分 | | |
| 2.7 | 安全标示牌验收 | 开关站正门外左上侧张贴开关站名称标示牌。<br>开关站正门内左上侧张贴开关站一次接线图。<br>每个间隔开关、接地开关应在规定位置张贴设备命名。<br>开关站非备用间隔电缆室柜门张贴电缆去向名称。<br>开关站前后左右四面张贴“止步高压危险”警示标识 | 20 | 未验收开关站正门外左上侧张贴开关站名称标示牌扣 3 分；<br>未验收开关站正门内左上侧张贴开关站一次接线图扣 5 分；<br>未验收每个间隔开关、接地开关应在规定位置张贴设备命名扣 4 分；<br>未验收开关站非备用间隔电缆室柜门张贴电缆去向名称扣 4 分；<br>未验收开关站前后左右四面张贴“止步高压危险”警示标识扣 4 分 | | |

续表

| 序号 | 项目名称 | 质量要求 | 满分 | 扣分标准 | 扣分原因 | 得分 |
|---|---|---|---|---|---|---|
| 2.8 | 出具验收报告 | 根据现场验收情况，撰写设备验收报告 | 2 | 未填写验收报告扣 2 分 | | |
| 3 | 工作终结验收 | | | | | |
| 3.1 | 清理现场 | 操作完毕后，将工具整理后放在指定位置 | 2 | 未清理现场扣 2 分 | | |
| 3.2 | 结束报告 | 操作完毕后，向考评员汇报工作结束 | 1 | 未汇报工作完成扣 1 分 | | |
| 合计 | | | 100 | | | |

**Jc0000342005　10kV 氧化锌避雷器绝缘电阻测试。(100 分)**

**考核知识点：**绝缘电阻测试

**难易度：**中

## 技能等级评价专业技能考核操作工作任务书

**一、任务名称**

10kV 氧化锌避雷器绝缘电阻测试。

**二、适用工种**

电力电缆安装运维工（配电）高级工。

**三、具体任务**

完成 10kV 氧化锌避雷器绝缘电阻的测试。

**四、工作规范及要求**

（1）现场实际操作。

（2）单独操作。

（3）考生参加考评过程中如违反安规等相关规定，涉及人身、设备安全的，考评员应立即制止考生暂停操作，考生应按相关规定自行改正并经考评员同意后方可继续操作。考生因上述原因被考评员制止操作 2 次及以上的，本题得 0 分。

（4）安全文明生产，在规定时间内完成。

**五、考核及时间要求**

本考核操作时间为 40 分钟，时间到停止考评。

**技能等级评价专业技能考核操作评分标准**

<table>
<tr><td>工种</td><td colspan="8">电力电缆安装运维工（配电）</td><td>评价等级</td><td>高级工</td></tr>
<tr><td>项目模块</td><td colspan="7">电力电缆安装运维工（配电）—电缆试验与检修</td><td>编号</td><td colspan="2">Jc0000342005</td></tr>
<tr><td>单位</td><td colspan="3"></td><td colspan="2">准考证号</td><td colspan="3"></td><td>姓名</td><td></td></tr>
<tr><td>考试时限</td><td colspan="2">40 分钟</td><td colspan="2">题型</td><td colspan="4">单项操作</td><td>题分</td><td>100 分</td></tr>
<tr><td>成绩</td><td></td><td>考评员</td><td colspan="2"></td><td colspan="2">考评组长</td><td colspan="2"></td><td>日期</td><td></td></tr>
<tr><td>试题正文</td><td colspan="10">10kV 氧化锌避雷器绝缘电阻测试</td></tr>
<tr><td>需要说明的问题和要求</td><td colspan="10">（1）采用手摇式绝缘电阻表测量。<br>（2）派一人与操作者配合，所派人员听从操作者指挥。<br>（3）考生参加考评过程中如违反安规等相关规定，涉及人身、设备安全的，考评员应立即制止考生暂停操作，考生应按相关规定自行改正并经考评员同意后方可继续操作。考生因上述原因被考评员制止操作 2 次及以上的，本题得 0 分。<br>（4）安全文明生产，在规定时间内完成</td></tr>
</table>

续表

| 序号 | 项目名称 | 质量要求 | 满分 | 扣分标准 | 扣分原因 | 得分 |
|---|---|---|---|---|---|---|
| 1 | 工作前准备 | | | | | |
| 1.1 | 着装及防护 | 工作服、工作鞋、安全帽等穿戴正确 | 2 | 未按要求着装扣1分；<br>未按要求使用安全帽扣1分 | | |
| 1.2 | 工具选择 | （1）检查验电器，绝缘手套，绝缘杆，放电棒，绝缘垫，摇表，温湿度仪合格证是否在有效期内。<br>（2）检查验电器电压等级是否符合要求及绝缘手套的气密性是否良好 | 2 | 每错、漏一项的，扣1分，扣完为止 | | |
| 1.3 | 材料选择 | 检查有接地线，绝缘胶带，$2.5mm^2$测试线，鳄鱼夹 | 2 | 不检查材料是否齐全完备扣2分 | | |
| 2 | 工作过程 | | | | | |
| 2.1 | 布置安全措施 | （1）口述设备已停电。<br>（2）对被试品进行验电：验电器声光测试正常；首先到相应电压等级的带电设备验电正确后（可口述）然后再到被试品检查是否带电；验电时戴绝缘手套。<br>（3）对被试品进行充分放电（使用放电棒）。<br>（4）对被试品接地。<br>（5）设置合适的围栏。<br>（6）悬挂标示牌 | 20 | 不口述设备已停电扣2分；<br>验电时不口述设备已停电扣2分；<br>不对被试品进行验电扣2分；<br>不对被试品进行充分放电（使用放电棒）扣4分；<br>被试品不接地扣4分；<br>设置围栏时不口述设备已停电扣4分；<br>不悬挂标示牌扣2分 | | |
| 2.2 | 外观检查 | （1）检查避雷器是否脏污。<br>（2）检查避雷器是否有破损 | 4 | 不检查避雷器是否脏污扣2分；<br>不检查避雷器是否有破损扣2分 | | |
| 2.3 | 被试品外绝缘清擦 | 对外绝缘脏污的被试品用毛巾进行清擦，对于外绝缘较干净的被试品可向考评员口述 | 4 | 不对被试品外绝缘进行擦洗干净扣4分 | | |
| 2.4 | 被试品及测试设备铭牌参数抄录 | （1）对氧化锌避雷器铭牌参数进行抄录（至少抄录试品型号、编号、厂家、出厂日期）。<br>（2）对试验仪器参数、厂家等资料进行抄录（至少抄录仪器型号、编号、厂家、出厂日期）。<br>（3）向考评员索取出厂试验报告 | 10 | 共8项，每漏抄一项的，扣1分，扣完为止；<br>未向考评员索取出厂试验报告扣2分 | | |
| 2.5 | 温、湿度计的放置 | 在试品附近大约高1m通风阴凉处放置温、湿度计 | 4 | 不在试品附近大约高1m通风阴凉处放置温、湿度计扣4分 | | |
| 2.6 | 绝缘电阻测试 | （1）检查绝缘电阻表好坏。<br>（2）正确进行试验接线。<br>（3）检查确认现场安全后，拆除接地线。<br>（4）确认接线无误后，开始测试。<br>（5）试验结束，先取下测试线，再停止转动手柄。<br>（6）记录数据。<br>（7）对试品进行放电。<br>（8）挂接地线。<br>（9）试验结果判断 | 43 | 未按要求进行绝缘电阻表检查扣5分；<br>接线不正确扣5分；<br>未按要求拆除接地线扣3分；<br>未按要求先驱动绝缘电阻表，然后将测试线搭接在被试品上扣5分；<br>绝缘电阻表转速不正确扣5分；<br>未按要求先取下测试线，再停止转动手柄扣5分；<br>记录数据不正确扣3分；<br>未对试品放电或放电方法不正确扣4分；<br>未按要求挂回接地线扣3分；<br>未进行结果判断扣5分 | | |
| 2.7 | 记录其他数据 | 记录试验时间、地点、人员、环境温度、环境湿度 | 5 | 未记录试验时间、地点、人员、环境温度、环境湿度，每漏一项扣1分，扣完为止 | | |
| 3 | 工作终结验收 | | | | | |
| 3.1 | 清理现场 | 操作完毕后，将工具整理后放在指定位置 | 2 | 未清理现场扣2分 | | |
| 3.2 | 结束报告 | 操作完毕后，向考评员汇报工作结束 | 2 | 未汇报工作完成扣2分 | | |
| 合计 | | | 100 | | | |

**Jc0000363006　10kV 电缆故障距离的粗测并判断出故障点的距离和故障类型。（100 分）**

**考核知识点：** 脉冲电流法

**难易度：** 难

## 技能等级评价专业技能考核操作工作任务书

### 一、任务名称

10kV 电缆故障距离的粗测并判断出故障点的距离和故障类型。

### 二、适用工种

电力电缆安装运维工（配电）高级工。

### 三、具体任务

运用脉冲电流法完成 10kV 电缆故障距离的粗测，并判断出故障点的距离和故障类型。

### 四、工作规范及要求

（1）配合人员 1 人，考评员为监护人。

（2）工作环境：现场操作场地及设备材料已完备。

（3）考生参加考评过程中如违反安规等相关规定，涉及人身、设备安全的，考评员应立即制止考生暂停操作，考生应按相关规定自行改正并经考评员同意后方可继续操作。考生因上述原因被考评员制止操作 2 次及以上的，本题得 0 分。

（4）安全文明生产，在规定时间内完成。

### 五、考核及时间要求

本考核操作时间为 30 分钟，时间到停止考评。

**技能等级评价专业技能考核操作评分标准**

<table>
<tr><td>工种</td><td colspan="5">电力电缆安装运维工（配电）</td><td>评价等级</td><td>高级工</td></tr>
<tr><td>项目模块</td><td colspan="4">电力电缆安装运维工（配电）—电缆试验与检修</td><td>编号</td><td colspan="2">Jc0000363006</td></tr>
<tr><td>单位</td><td colspan="3"></td><td>准考证号</td><td></td><td>姓名</td><td></td></tr>
<tr><td>考试时限</td><td colspan="2">30 分钟</td><td>题型</td><td colspan="2">单项操作</td><td>题分</td><td>100 分</td></tr>
<tr><td>成绩</td><td></td><td>考评员</td><td></td><td>考评组长</td><td></td><td>日期</td><td></td></tr>
<tr><td>试题正文</td><td colspan="7">10kV 电缆故障距离的粗测并判断出故障点的距离和故障类型</td></tr>
<tr><td>需要说明的问题和要求</td><td colspan="7">（1）本操作设置监护人及辅助人员各一名，不得有提示行为。<br>（2）仪器仪表使用正确，故障性质判断正确，测试方法选用正确。<br>（3）波形判断正确，精确点误差不大于 1m。<br>（4）路径探测正确，电缆及电容需短接放电。<br>（5）安全文明生产，规定时间内完成</td></tr>
</table>

| 序号 | 项目名称 | 质量要求 | 满分 | 扣分标准 | 扣分原因 | 得分 |
|---|---|---|---|---|---|---|
| 1 | 工作前准备 | | | | | |
| 1.1 | 着装及防护 | 工作服、工作鞋、安全帽等穿戴正确 | 3 | 未按要求着装扣 1 分；<br>未穿劳保鞋扣 1 分；<br>未按要求使用安全帽扣 1 分 | | |
| 1.2 | 设备的检查 | （1）检查万用表及电源线盘是否完好无破损。<br>（2）检查电缆故障查找设备、故障测距仪是否完好。<br>（3）检查测距仪电源是否满足要求 | 3 | 未按要求检查万用表检测测试线是否完好无破损扣 1 分；<br>未按要求开机检查电缆故障测距仪能否使用扣 1 分；<br>未按要求检查测距仪电源是否充足扣 1 分 | | |

续表

| 序号 | 项目名称 | 质量要求 | 满分 | 扣分标准 | 扣分原因 | 得分 |
|---|---|---|---|---|---|---|
| 1.3 | 安全工具检查 | （1）选中并检查验电笔的出厂合格证，试验周期合格证在有效内。<br>（2）选中并检查绝缘手套试验周期合格证在有效内。<br>（3）选中并检查绝缘手套是否有漏气。<br>（4）选中并检查绝缘鞋试验周期合格证在有效内。<br>（5）选中并检查接地线试验周期合格证在有效内。<br>（6）选中并检查放电棒的试验周期合格证在有效内 | 6 | 共6项，每错、漏一项的，扣1分，扣完为止 | | |
| 1.4 | 个人工具选择 | （1）工具包无破损。<br>（2）工具完好 | 4 | 未按要求检查工具包无破损扣2分；<br>未按要求检查扳手是否灵活扣2分 | | |
| 2 | 工作过程 | | | | | |
| 2.1 | 履行许可手续 | （1）口述已办理工作任务单或办理工作票。<br>（2）口述已办理工作许可手续 | 6 | 未按要求口述已办理工作任务单或办理工作票扣3分；<br>未按要求口述已办理工作许可手续扣3分 | | |
| 2.2 | 口述拆除电缆终端头 | （1）口述拆除电缆终端头前对电缆头验电。<br>（2）口述拆除电缆终端头前对电缆头已放电。<br>（3）口述验电时戴绝缘手套、穿绝缘鞋。<br>（4）口述装挂接地线后拆除电缆头。<br>（5）口述测试对端电缆头已派人看守。<br>（6）口述已在测试工作地点处安装安全围栏 | 12 | 共6项，每错、漏一项的，扣2分，扣完为止 | | |
| 2.3 | 使用电缆故障查找设备、测距仪测距 | （1）设备接线正确、牢固。<br>（2）用万用表测量电源电压。<br>（3）设备仪器正常开机。<br>（4）正确熟练操作设备。<br>（5）正确选择脉冲电流法。<br>（6）根据电缆绝缘材料正确设置测距仪器波速度。<br>（7）升压方法正确。<br>（8）正确放电。<br>（9）调节波形增益参数正确。<br>（10）得出故障波形。<br>（11）正确关闭故障查找设备及测距仪。<br>（12）拔出电源插座。<br>（13）用放电棒放电后接触设备、穿绝缘鞋、绝缘手套 | 39 | 共13项，每错、漏一项的，扣3分，扣完为止 | | |
| 2.4 | 判断并记录结果 | （1）测试后记录数据。<br>（2）根据测试波形正确判断电缆长度。<br>（3）准确度达到与现场电缆长度一致 | 12 | 不能正确记录储存测试波形的扣4分；<br>不能根据测试波形正确判断电缆故障点距离的扣4分；<br>判断出的准确度达到与现场电缆长度误差超20m以上的扣4分 | | |
| 2.5 | 口述恢复电缆线路电缆终端头的过程 | （1）口述电缆已恢复连接。<br>（2）口述已拆除原挂装的接地线。<br>（3）口述所有工作人员撤离工作现场。<br>（4）口述已拆除各工作地点处原来安装的安全围栏。<br>（5）口述已办理工作票终结手续 | 10 | 未按要求口述电缆已恢复连接扣2分；<br>未按要求口述已拆除原挂装的接地线扣2分；<br>未按要求口述所有工作人员撤离工作现场扣2分；<br>未按要求口述已拆除各工作地点处原来安装的安全围栏扣2分；<br>未按要求口述已办理工作票终结手续扣2分 | | |

续表

| 序号 | 项目名称 | 质量要求 | 满分 | 扣分标准 | 扣分原因 | 得分 |
|---|---|---|---|---|---|---|
| 3 | 工作终结验收 | | | | | |
| 3.1 | 清理现场 | 操作完毕后，将工具整理后放在指定位置 | 3 | 未清理现场扣 3 分 | | |
| 3.2 | 结束报告 | 操作完毕后，向考评员汇报工作结束 | 2 | 未汇报工作完成扣 2 分 | | |
| 合计 | | | 100 | | | |

**Jc0000341007　10kV 杆上或铁塔上电缆终端头装挂接地线。（100 分）**

**考核知识点：**装挂接地线

**难易度：**易

## 技能等级评价专业技能考核操作工作任务书

**一、任务名称**

10kV 杆上或铁塔上电缆终端头装挂接地线。

**二、适用工种**

电力电缆安装运维工（配电）高级工。

**三、具体任务**

完成 10kV 杆上或铁塔上电缆终端头装挂接地线。

**四、工作规范及要求**

（1）考生 1 人独立完成，验电器、接地线上下杆塔可以有人配合。

（2）现场实际操作。

（3）考生参加考评过程中如违反安规等相关规定，涉及人身、设备安全的，考评员应立即制止考生暂停操作，考生应按相关规定自行改正并经考评员同意后方可继续操作。考生因上述原因被考评员制止操作 2 次及以上的，本题得 0 分。

（4）安全文明生产，在规定时间内完成。

**五、考核及时间要求**

本考核操作时间为 20 分钟，时间到停止考评。

**技能等级评价专业技能考核操作评分标准**

| 工种 | 电力电缆安装运维工（配电） | | | | | 评价等级 | 高级工 |
|---|---|---|---|---|---|---|---|
| 项目模块 | 电力电缆安装运维工（配电）—电缆设备运行与维护 | | | | 编号 | Jc0000341007 | |
| 单位 | | | 准考证号 | | | 姓名 | |
| 考试时限 | 20 分钟 | | 题型 | 单项操作 | | 题分 | 100 分 |
| 成绩 | | 考评员 | | 考评组长 | | 日期 | |
| 试题正文 | 10kV 杆上或铁塔上电缆终端头装挂接地线 | | | | | | |
| 需要说明的问题和要求 | （1）考生一人独立完成，验电器、接地线上下杆塔可以有人配合。<br>（2）现场实际操作。<br>（3）挂设接地线之前应验电，并设专人监护确定线路无电压后方可开始挂接地线。<br>（4）安全文明生产，在规定时间内完成 | | | | | | |

续表

| 序号 | 项目名称 | 质量要求 | 满分 | 扣分标准 | 扣分原因 | 得分 |
|---|---|---|---|---|---|---|
| 1 | 工作前准备 | | | | | |
| 1.1 | 着装及防护 | 工作服、工作鞋、安全帽等穿戴正确 | 3 | 未按要求着装扣1分；<br>未穿劳保鞋扣1分；<br>未使用安全帽扣1分 | | |
| 1.2 | 安全工具检查 | （1）选中并检查验电笔的出厂合格证，试验周期合格证在有效内。<br>（2）检查验电笔检测器的出厂合格证，试验周期合格证在有效内。<br>（3）检查验电笔检测器动作正确、可靠。<br>（4）选中并检查绝缘手套试验周期合格证在有效内。<br>（5）选中并检查绝缘手套是否有漏气。<br>（6）选中并检查接地线试验周期合格证在有效内。<br>（7）选中并检查脚扣的出厂合格证，试验周期合格证在有效内。<br>（8）选中并检查安全带的出厂合格证，试验周期合格证在有效内。<br>（9）检查后将安全工具摆放整齐 | 9 | 共9项，每错、漏一项扣1分，扣完为止 | | |
| 1.3 | 个人工具选择 | （1）工具包无破损。<br>（2）吊物绳摆放整齐无打结、缠绕。<br>（3）接地桩无开裂、弯曲。<br>（4）手锤木柄与锤体无松动 | 4 | 共4项，每错、漏一项扣1分，扣完为止 | | |
| 2 | 工作过程 | | | | | |
| 2.1 | 履行许可手续 | （1）口述已办理工作任务单或办理工作票。<br>（2）口述已办理工作许可手续 | 4 | 未按要求办理工作任务单或办理工作票扣2分；<br>未办理工作许可手续扣2分 | | |
| 2.2 | 登杆前检查 | （1）全身式安全带的穿戴规范。<br>（2）正确安装接地极；接地桩深度满足0.6m。<br>（3）上杆前检查杆根。<br>（4）检查拉线有无缺陷。<br>（5）登杆前对安全带做冲击试验。<br>（6）对脚扣做冲击试验。<br>（7）不发生漏带吊物绳。<br>（8）带验电笔；验电笔检测器。<br>（9）戴绝缘手套。<br>（10）检查完成后向考评员汇报 | 20 | 共10项，每错、漏一项的，扣2分，扣完为止 | | |
| 2.3 | 上杆 | （1）登杆动作协调、熟练。<br>（2）使用安全带保护绳登杆。<br>（3）上杆不发生脚扣脱落。<br>（4）上杆过程中防坠落保护器高度与肩部齐平起到保护作用。<br>（5）登杆过程中调整脚扣 | 10 | 共5项，每错、漏一项的，扣2分，扣完为止 | | |

续表

| 序号 | 项目名称 | 质量要求 | 满分 | 扣分标准 | 扣分原因 | 得分 |
|---|---|---|---|---|---|---|
| 2.4 | 杆上装设接地线 | （1）验电时与带电体保持 1.0m 以上的安全距离。<br>（2）验电时戴绝缘手套。<br>（3）验电前扣好双保险安全带。<br>（4）装设接地线过程中不发生接地线触碰人体。<br>（5）按照先装设近端再装设远端的顺序装设接地线。<br>（6）拆除接地线按照先拆除远端再拆除近端顺序。<br>（7）接地线螺栓与接地点连接牢固。<br>（8）装设接地线完毕后向考评员大声报告，得到许可再撤除接地线。<br>（9）接地线撤除后，不遗漏工具在杆上。<br>（10）不发生验电笔、验电检测器掉落。<br>（11）验电时按照先近端后远端顺序验电。<br>（12）不发生接地线掉落 | 36 | 共 12 项，每错、漏一项的，扣 3 分，扣完为止 | | |
| 2.5 | 下杆 | （1）下杆动作协调、熟练。<br>（2）使用安全带保护绳下杆。<br>（3）下杆过程中不发生脚扣脱落。<br>（4）下杆过程中防坠落保护器高度与肩部齐平起到保护作用。<br>（5）下杆过程中调整脚扣 | 10 | 共 5 项，每错、漏一项的，扣 2 分，扣完为止 | | |
| 3 | 工作终结验收 | | | | | |
| 3.1 | 清理现场 | 操作完毕后，将工具整理后放在指定位置 | 2 | 未清理现场扣 2 分 | | |
| 3.2 | 结束报告 | 操作完毕后，向考评员汇报工作结束 | 2 | 未汇报工作完成扣 2 分 | | |
| 合计 | | | 100 | | | |

**Jc0000362008　电力电缆工程竣工验收。（100 分）**

**考核知识点：**电力电缆线路知识

**难易度：**中

## 技能等级评价专业技能考核操作工作任务书

### 一、任务名称

电力电缆工程竣工验收。

### 二、适用工种

电力电缆安装运维工（配电）高级工。

### 三、具体任务

完成电缆隐蔽工程验收和电缆敷设及电缆附件的验收。

### 四、工作规范及要求

（1）考生 1 人独立完成。

（2）从以下三方面描述竣工验收（现场送电验收）的验收规范：10kV 电缆、电缆沟、电缆杆。

（3）考生参加考评过程中如违反安规等相关规定，涉及人身、设备安全的，考评员应立即制止考生暂停操作，考生应按相关规定自行改正并经考评员同意后方可继续操作。考生因上述原因被考评员制止操作 2 次及以上的，本题得 0 分。

（4）安全文明生产，在规定时间内完成。

## 五、考核及时间要求

本考核操作时间为 30 分钟，时间到停止考评。

**技能等级评价专业技能考核操作评分标准**

<table>
<tr><td>工种</td><td colspan="5">电力电缆安装运维工（配电）</td><td>评价等级</td><td>高级工</td></tr>
<tr><td>项目模块</td><td colspan="4">电力电缆安装运维工（配电）—施工与验收</td><td>编号</td><td colspan="2">Jc0000362008</td></tr>
<tr><td>单位</td><td colspan="2"></td><td>准考证号</td><td colspan="2"></td><td>姓名</td><td></td></tr>
<tr><td>考试时限</td><td colspan="2">30 分钟</td><td>题型</td><td colspan="2">单项操作</td><td>题分</td><td>100 分</td></tr>
<tr><td>成绩</td><td></td><td>考评员</td><td></td><td>考评组长</td><td></td><td>日期</td><td></td></tr>
<tr><td>试题正文</td><td colspan="7">电力电缆工程竣工验收</td></tr>
<tr><td>需要说明的问题和要求</td><td colspan="7">（1）考查电缆工程各个阶段的工程资料是否齐备。<br>（2）考查电缆工程施工现场与设计图纸是否一致。<br>（3）在规定时间内完成</td></tr>
</table>

| 序号 | 项目名称 | 质量要求 | 满分 | 扣分标准 | 扣分原因 | 得分 |
|---|---|---|---|---|---|---|
| 1 | 工作前准备 | | | | | |
| 1.1 | 着装及防护 | 工作服、工作鞋、安全帽等穿戴正确 | 5 | 未按要求着装扣 3 分；<br>未穿劳保鞋扣 3 分；<br>未按要求使用安全帽扣 3 分；<br>以上扣分，扣完为止 | | |
| 2 | 工作过程 | | | | | |
| 2.1 | 10kV 电缆 | （1）确认电缆与开关柜支母排连接可靠，垫圈、弹簧垫安装位置正确，且接触良好。<br>（2）确认电缆走向牌编号齐全、完好。<br>（3）电缆沿桥架或托盘敷设时，应单层敷设，排列整齐，不得出现交叉。<br>（4）拐弯处应以最大截面电缆允许弯曲半径为准。<br>（5）口述检查结果 | 30 | 共 5 项，每错、漏一项的，扣 6 分，扣完为止 | | |
| 2.2 | 电缆沟 | （1）竣工后，电缆沟用防水、耐火材料及时进行封堵。<br>（2）确认电缆沟内无积水，进出电缆孔洞应里外封堵。<br>（3）确认电缆沟盖板齐全，无丢失现象。<br>（4）确认电缆沟盖板安装紧固，无松动现象，无缝隙。<br>（5）口述检查结果 | 30 | 共 5 项，每错、漏一项的，扣 6 分，扣完为止 | | |

续表

| 序号 | 项目名称 | 质量要求 | 满分 | 扣分标准 | 扣分原因 | 得分 |
|---|---|---|---|---|---|---|
| 2.3 | 电缆杆 | （1）确认电缆杆避雷器及接地引下线安装良好。<br>（2）确认凡露出地面部分的电缆应套入具有一定机械强度的保护管加以保护。<br>（3）露出地面的保护管长度不应小于2m。<br>（4）电缆垂直敷设每个支持点之间的距离一般不宜大于1.5m。<br>（5）口述检查结果 | 30 | 共5项，每错、漏一项的，扣6分，扣完为止 | | |
| 3 | 工作终结验收 | | | | | |
| 3.1 | 安全文明生产 | 文明操作，禁止违章操作，不损坏仪器仪表及工器具，不发生安全生产事故 | 5 | 有不安全行为扣5分 | | |
| 合计 | | | 100 | | | |

**Jc0000342009　编制电缆线路施工方案的主要内容。(100分)**

**考核知识点：**施工方案

**难易度：**中

## 技能等级评价专业技能考核操作工作任务书

**一、任务名称**

编制电缆线路施工方案的主要内容。

**二、适用工种**

电力电缆安装运维工（配电）高级工。

**三、具体任务**

完成电缆线路施工方案的主要内容编制。

**四、工作规范及要求**

（1）口试或笔答。

（2）假设一个项目，并提出具体要求。

（3）安全文明生产，在规定时间内完成。

**五、考核及时间要求**

本考核操作时间为30分钟，时间到停止考评。

**技能等级评价专业技能考核操作评分标准**

<table>
<tr><td>工种</td><td colspan="5">电力电缆安装运维工（配电）</td><td>评价等级</td><td>高级工</td></tr>
<tr><td>项目模块</td><td colspan="4">电力电缆安装运维工（配电）—基本技能</td><td>编号</td><td colspan="2">Jc0000342009</td></tr>
<tr><td>单位</td><td colspan="2"></td><td>准考证号</td><td colspan="2"></td><td>姓名</td><td></td></tr>
<tr><td>考试时限</td><td>30分钟</td><td>题型</td><td colspan="3">单项操作</td><td>题分</td><td>100分</td></tr>
<tr><td>成绩</td><td></td><td>考评员</td><td></td><td>考评组长</td><td></td><td>日期</td><td></td></tr>
<tr><td>试题正文</td><td colspan="7">编制电缆线路施工方案的主要内容</td></tr>
</table>

续表

| 需要说明的问题和要求 | （1）口试或笔答。<br>（2）假设一个项目，并提出具体要求。<br>（3）安全文明生产，在规定时间内完成 | | | | | |
|---|---|---|---|---|---|---|
| 序号 | 项目名称 | 质量要求 | 满分 | 扣分标准 | 扣分原因 | 得分 |
| 1 | 工作前准备 | | | | | |
| 1.1 | 编制说明 | （1）编制依据。<br>（2）本方案适用范围。<br>（3）应遵守的规章制度。<br>（4）明确工日、工期 | 20 | 错一项扣4～5分，扣完为止 | | |
| 2 | 工作过程 | | | | | |
| 2.1 | 组织措施 | （1）成立工作组，明确负责人。<br>（2）明确各级机构、负责人的职权和职责。<br>（3）本项目的主要工作量及工作范围。<br>（4）工作分工、进度，应停电的范围、时间 | 20 | 错一项扣4～5分，扣完为止 | | |
| 2.2 | 技术措施 | （1）依据项目要求选择合理的施工方案。<br>（2）施工的质量标准。<br>（3）选择主要施工器具的规格型号。<br>（4）主要施工机器的强度校核 | 20 | 错一项扣4～5分，扣完为止 | | |
| 2.3 | 安全措施 | （1）危险点分析及其预防执行标准作业卡。<br>（2）执行电力安全工作规程中保证安全的组织措施。<br>（3）执行有关高空作业的规定。<br>（4）工器具检查和试验要求。<br>（5）大型操作项目的指挥，信号及工作人员的相互配合。<br>（6）出现异常情况的处理程序 | 30 | 错一项扣4～5分，扣完为止 | | |
| 3 | 工作终结验收 | | | | | |
| 3.1 | 竣工验收标准 | 参照有关条文执行 | 10 | 漏、错一项扣1分；<br>未在规定时间完成，每延时1分钟扣1分；<br>以上扣分，扣完为止 | | |
| 合计 | | | 100 | | | |

**Jc0000342010 脉冲信号法进行电缆鉴别。（100分）**

**考核知识点：**脉冲信号法

**难易度：**中

## 技能等级评价专业技能考核操作工作任务书

### 一、任务名称

脉冲信号法进行电缆鉴别。

### 二、适用工种

电力电缆安装运维工（配电）高级工。

### 三、具体任务

用脉冲信号法进行电缆鉴别。

## 四、工作规范及要求

（1）操作一人完成。

（2）了解电缆鉴别仪的工作原理，能熟练操作，并能准确在多条电缆中识别目标电缆。

（3）安全文明生产，规定时间内完成。

## 五、考核及时间要求

本考核操作时间为 40 分钟，时间到停止考评。

**技能等级评价专业技能考核操作评分标准**

| 工种 | 电力电缆安装运维工（配电） | | | 评价等级 | 高级工 |
|---|---|---|---|---|---|
| 项目模块 | 电力电缆安装运维工（配电）—电缆试验与检修 | | 编号 | Jc0000342010 | |
| 单位 | | 准考证号 | | 姓名 | |
| 考试时限 | 40 分钟 | 题型 | 单项操作 | 题分 | 100 分 |
| 成绩 | | 考评员 | | 考评组长 | | 日期 | |
| 试题正文 | 脉冲信号法进行电缆鉴别 | | | | |
| 需要说明的问题和要求 | （1）操作一人完成。<br>（2）了解电缆鉴别仪的工作原理，能熟练操作，并能准确在多条电缆中识别目标电缆。<br>（3）安全文明生产，规定时间内完成 | | | | |

| 序号 | 项目名称 | 质量要求 | 满分 | 扣分标准 | 扣分原因 | 得分 |
|---|---|---|---|---|---|---|
| 1 | 工作前准备 | | | | | |
| 1.1 | 着装、穿戴 | 工作服、工作鞋、安全帽等穿戴正确 | 5 | 未正确着装扣 5 分；<br>着装不规范扣 3 分 | | |
| 1.2 | 材料及工器具准备 | 工器具、材料选用准确、齐全，导体连接管的选择正确 | 5 | 工器具、材料漏选或有缺陷扣 3 分；<br>未正确进行导体连接管的选择扣 5 分；<br>以上扣分，扣完为止 | | |
| 2 | 工作过程 | | | | | |
| 2.1 | 电缆对端接地 | 在准备识别的一回电缆对端，用接地线可靠接地 | 10 | 没接地扣 10 分 | | |
| 2.2 | 发射脉冲信号 | 在测试端准备识别的目标相电缆加入脉冲信号，将信号线接在目标相电缆线芯上，同时接好脉冲电流法电缆鉴别仪的工作接地，打开信号发生器，调节脉冲电流不超过 100A，脉冲信号发生正常 | 35 | 接线正确扣 15 分；<br>脉冲信号调节不正确扣 10 分；<br>操作不熟练扣 10 分 | | |
| 2.3 | 接收识别 | 感应夹钳和识别信号接收器配合使用，将感应夹钳分别夹在三相电缆上，其中夹在加入脉冲信号的目标相电缆上时，接收器的电流指针会按周期摆动，频率和信号发生器的频率相同，其两相没有显示，则电缆即为目标相位电缆 | 35 | 接线不正确扣 15 分；<br>脉冲信号接收不正确扣 10 分；<br>操作不熟练扣 10 分 | | |
| 2.4 | 电缆标记 | 在识别出来的目标相电缆上用 PVC 胶带做好标记 | 5 | 未做标记扣 5 分 | | |
| 3 | 工作终结验收 | | | | | |
| 3.1 | 安全文明生产 | （1）文明操作，禁止违章操作，不损坏工器具，不发生安全生产事故。<br>（2）清理现场，清点工器具 | 5 | 有不安全行为扣 3 分；<br>清理不完全扣 2 分 | | |
| 合计 | | | 100 | | | |

**Jc0000342011　停电电缆的判别和裁截的操作。（100 分）**

**考核知识点：**电力电缆线路知识

**难易度：**中

## 技能等级评价专业技能考核操作工作任务书

**一、任务名称**

停电电缆的判别和裁截的操作。

**二、适用工种**

电力电缆安装运维工（配电）高级工。

**三、具体任务**

完成停电电缆的判别和裁截。

**四、工作规范及要求**

（1）在众多同型号电缆共处一处的场合，判断出其中一根需检修且已退出运行的电缆（其他电缆在运用中）。

（2）注意不得伤及其他带电电缆。

（3）安全文明生产，在规定时间内完成。

**五、考核及时间要求**

本考核操作时间为 50 分钟，时间到停止考评。

**技能等级评价专业技能考核操作评分标准**

| 工种 | 电力电缆安装运维工（配电） | | | | | 评价等级 | 高级工 |
|---|---|---|---|---|---|---|---|
| 项目模块 | 电力电缆安装运维工（配电）—电缆试验与检修 | | | | 编号 | Jc0000342011 | |
| 单位 | | | 准考证号 | | | 姓名 | |
| 考试时限 | 50 分钟 | | 题型 | 单项操作 | | 题分 | 100 分 |
| 成绩 | | 考评员 | | 考评组长 | | 日期 | |
| 试题正文 | 停电电缆的判别和裁截的操作 | | | | | | |
| 需要说明的问题和要求 | （1）在众多同型号电缆共处一处的场合，判断出其中一根需检修且已退出运行的电缆（其他电缆在运用中）。<br>（2）注意不得伤及其他带电电缆。<br>（3）安全文明生产，在规定时间内完成 | | | | | | |

| 序号 | 项目名称 | 质量要求 | 满分 | 扣分标准 | 扣分原因 | 得分 |
|---|---|---|---|---|---|---|
| 1 | 工作前准备 | | | | | |
| 1.1 | 着装、穿戴 | 按规定穿工作服、工作鞋，戴绝缘手套、安全帽等 | 5 | 未按规定着装扣 5 分 | | |
| 2 | 工作过程 | | | | | |
| 2.1 | 排除其他型号电缆 | 通过观察和电缆外径测量，排除其他电缆缩小鉴定范围 | 5 | 识别不准或不正确扣 5 分 | | |
| 2.2 | 信号发送 | | | | | |
| 2.2.1 | 拆连线 | 在终端处拆除被识别电缆与电气设备的连线，对电缆进行接地放电 | 10 | 未拆连线扣 5 分；<br>电缆未放电扣 5 分 | | |
| 2.2.2 | 电缆信号发生器接地线拆接 | 电缆接地线和信号发生器接地的拆接，因不同厂家产品使用方法各异 | 10 | 接线不对扣 10 分 | | |

续表

| 序号 | 项目名称 | 质量要求 | 满分 | 扣分标准 | 扣分原因 | 得分 |
| --- | --- | --- | --- | --- | --- | --- |
| 2.2.3 | 发送信号 | 以仪器说明为根据，将信号源接至电缆芯线发送信号 | 5 | 操作不正确扣 5 分 | | |
| 2.3 | 通信联络 | 与发收端保持通信联络 | 5 | 无通信联络准备扣 5 分 | | |
| 2.4 | 信号处理 | | | | | |
| 2.4.1 | 信号比较 | 用接收器检测所有同型号电缆，进行信号比较 | 10 | 比较不出区别扣 5 分；<br>不进行比较扣 10 分 | | |
| 2.4.2 | 精确鉴别和判断 | 根据仪器本身特点，进行在较长的路径上检测，判断 | 20 | 不会识别扣 10 分；<br>判断不正确扣 20 分 | | |
| 2.5 | 电缆裁截 | | | | | |
| 2.5.1 | 电缆的裁截 | 将已识别出的电缆做好记号，并把它放在比较好操作的位置上，并将信号源撤去，用破扎器进行刺扎，确信被检测电缆无电压后方可进行剪切 | 20 | 未对已鉴别的电缆做记号扣 10 分；<br>未进行破扎扣 10 分 | | |
| 2.5.2 | 封端处理 | 将被锯断电缆进行封端处理 | 5 | 未进行封端扣 5 分 | | |
| 3 | 工作终结验收 | | | | | |
| 3.1 | 安全文明生产 | 操作过程中无工器具损伤，柜内无遗留物，工作完毕应清理现场，交还工器具 | 5 | 未清理现场或未交还工器具扣 1 分；<br>工器具损伤扣 1 分；<br>未在规定时间完成，每延时 1 分钟扣 1 分，扣完为止 | | |
| 合计 | | | 100 | | | |

**Jc0000342012　电缆路径及埋设深度探测。（100 分）**

**考核知识点：**电力线路知识

**难易度：**中

## 技能等级评价专业技能考核操作工作任务书

### 一、任务名称

电缆路径及埋设深度探测。

### 二、适用工种

电力电缆安装运维工（配电）高级工。

### 三、具体任务

利用音频信号或脉冲磁场法进行电缆路径和埋设深度探测。

### 四、工作规范及要求

（1）用电缆路径探测仪进行电缆路径探测及埋深探测，电缆敷设路径至少有 2 个弯道，电缆深度探测 3 个点。

（2）必须正确、规范地使用仪器仪表。

（3）路径、埋深探测正确。

（4）安全文明生产，在规定时间内完成。

### 五、考核及时间要求

本考核操作时间为 60 分钟，时间到停止考核。

**技能等级评价专业技能考核操作评分标准**

| 工种 | 电力电缆安装运维工（配电） | | | | 评价等级 | 高级工 |
|---|---|---|---|---|---|---|
| 项目模块 | 电力电缆安装运维工（配电）—电缆试验与检修 | | | 编号 | Jc0000342012 | |
| 单位 | | 准考证号 | | | 姓名 | |
| 考试时限 | 60 分钟 | 题型 | | | 题分 | 100 分 |
| 成绩 | | 考评员 | | 考评组长 | 日期 | |
| 试题正文 | 电缆路径及埋设深度探测 | | | | | |
| 需要说明的问题和要求 | （1）用电缆路径探测仪进行电缆路径探测及埋深探测，电缆敷设路径至少有 2 个弯道，电缆深度探测 3 个点。<br>（2）必须正确、规范地使用仪器仪表。<br>（3）路径、埋深探测正确。<br>（4）安全文明生产，在规定时间内完成 | | | | | |

| 序号 | 项目名称 | 质量要求 | 满分 | 扣分标准 | 扣分原因 | 得分 |
|---|---|---|---|---|---|---|
| 1 | 工作前准备 | | | | | |
| 1.1 | 着装及防护 | 工作服、工作鞋、安全帽等穿戴正确 | 4 | 未按要求着装扣 2 分；<br>未穿劳保鞋扣 1 分；<br>未按要求使用安全帽扣 1 分 | | |
| 1.2 | 工具选择 | 工具齐全无破损，功能正常 | 2 | 未检查工具扣 2 分 | | |
| 2 | 工作过程 | | | | | |
| 2.1 | 路径探测 | （1）路径探测不少于 200m，且应至少两个弯道。<br>（2）操作应熟练、流畅、连贯 | 50 | 路径探测少于 200m 扣 20 分；<br>少一个弯道扣 10 分，扣完为止；<br>操作不熟练扣 10 分 | | |
| 2.2 | 深度探测 | （1）深度探测不少于 3 个点。<br>（2）操作应熟练、流畅、连贯 | 40 | 深度探测少一个点扣 10 分，扣完为止；<br>操作不熟练扣 10 分 | | |
| 3 | 工作终结验收 | | | | | |
| 3.1 | 清理现场 | 操作完毕后，将工具整理后放在指定位置 | 2 | 未清理现场扣 2 分 | | |
| 3.2 | 结束报告 | 操作完毕后，向考评员汇报工作结束 | 2 | 未汇报工作完成扣 2 分 | | |
| 合计 | | | 100 | | | |

**Jc0000342013　低压电缆热缩终端头制作。（100 分）**

**考核知识点：**低压电力电缆热缩附件安装

**难易度：**中

## 技能等级评价专业技能考核操作工作任务书

### 一、任务名称

低压电缆热缩终端头制作。

### 二、适用工种

电力电缆安装运维工（配电）高级工、技师。

### 三、具体任务

（1）完成 1kV 四芯橡塑绝缘电缆热缩型终端头制作。

（2）电缆型号为 VLV22－4×50 型。

### 四、工作规范及要求

（1）单独操作。

（2）所需材料：电缆 VLV22－4×50 型若干、1kV 热缩型电缆终端附件一套。

（3）专用工具：钢锯、锯条、锉刀、喷灯、万用表、绝缘电阻表、线鼻子 50mm$^2$ 若干、铜线、电烙铁、压接钳等。

## 五、考核及时间要求

本考核操作时间为 70 分钟，时间到停止考评。

**技能等级评价专业技能考核操作评分标准**

| | | | | | | | |
|---|---|---|---|---|---|---|---|
| 工种 | 电力电缆安装运维工（配电） | | | | | 评价等级 | 高级工 |
| 项目模块 | 电力电缆安装运维工（配电）—电缆中间、终端接头制作 | | | | 编号 | Jc0000342013 | |
| 单位 | | | 准考证号 | | | 姓名 | |
| 考试时限 | 70 分钟 | | 题型 | 单项操作 | | 题分 | 100 分 |
| 成绩 | | 考评员 | | 考评组长 | | 日期 | |
| 试题正文 | 低压电缆热缩终端头制作 | | | | | | |
| 需要说明的问题和要求 | 电缆型号为 VLV22－4×50 型 | | | | | | |

| 序号 | 项目名称 | 质量要求 | 满分 | 扣分标准 | 扣分原因 | 得分 |
|---|---|---|---|---|---|---|
| 1 | 工作前准备 | | | | | |
| 1.1 | 选择工器具 | 根据电缆规格，选择合适的工器具 | 5 | 工具错、漏选一项扣 1 分；<br>未检查一项扣 1 分；<br>以上扣分，扣完为止 | | |
| 1.2 | 选择材料 | 根据操作内容，选择合适的材料 | 5 | 材料错、漏选一项扣 1 分；<br>未检查一项扣 1 分；<br>以上扣分，扣完为止 | | |
| 1.3 | 着装、穿戴 | 工作服、工作鞋、安全帽等穿戴正确 | 5 | 未按规定穿着一项扣 1 分，扣完为止 | | |
| 2 | 工作过程 | | | | | |
| 2.1 | 剖削外护层 | 量好长度，剖削电缆外护层，根据剖削长度绑好铜扎线，锯好钢铠 | 5 | 剖削长度不合适扣 5 分 | | |
| 2.2 | 焊接地线 | 用锉刀或锯条将钢铠表面的氧化层除去，把接地线焊接在钢铠上，面积达到 300mm$^2$ | 5 | 伤及内护层扣 5 分 | | |
| 2.3 | 内护层处理 | 内护层保留长度 60mm，余者剥除，分开线芯，除去填料 | 5 | 不做处理扣 5 分 | | |
| 2.4 | 安装四芯指套 | 分开线芯，将四芯指套套至根部，然后用喷灯从中间向两端加热，使其完全收缩 | 10 | 一处不合格扣 2 分，扣完为止 | | |
| 2.5 | 导线绝缘层剖削 | 剥去线芯端子绝缘层，长度比线鼻子内孔深度大 5mm | 5 | 剥除方法有误扣 3 分；<br>端部绝缘剥除长度每±2mm 扣 1 分，扣完为止 | | |
| 2.6 | 安装端子 | 选择正确的压模型号压接端子，压好后用锉刀或砂纸抛光端子表面，并擦拭干净 | 10 | 方法不正确扣 5 分；<br>外观明显不平整扣 5 分 | | |
| 2.7 | 安装绝缘管 | 清洁线芯绝缘表面和四芯指套，套入绝缘管，使绝缘管的下端搭接四指套根部，上端包住端子的压痕，然后用喷灯由下向上加热，直至绝缘管完全收缩 | 15 | 失误一次扣 1～3 分，扣完为止 | | |
| 2.8 | 安装相色管 | 在端子脚部套入相色管，用喷灯加热至完全收缩 | 5 | 失误一次扣 1～3 分，扣完为止 | | |
| 3 | 工作终结验收 | | | | | |

续表

| 序号 | 项目名称 | 质量要求 | 满分 | 扣分标准 | 扣分原因 | 得分 |
|---|---|---|---|---|---|---|
| 3.1 | 端子连接 | 压后尺寸符合要求 | 5 | 一处不合格扣 2 分，扣完为止 | | |
| 3.2 | 绝缘 | 外观检查要求接触良好，绝缘管平整，相色标志正确 | 5 | 绝缘电阻表选用出错扣 5 分 | | |
| | | 绝缘测试合格 | 5 | 绝缘不合格扣本题的 50% | | |
| 3.3 | 安全文明生产 | 工作中无违章出现，操作过程中工器具损伤，无绝缘皮损伤，工作完毕清理场地，交还工器具及剩余材料 | 10 | 工具损坏一次扣 1 分；<br>未做清理扣 3 分；<br>未交还工器具及剩余材料扣 3 分；<br>未在规定时间完成，每延时 1 分钟扣 1 分，扣完为止 | | |
| 合计 | | | 100 | | | |

**Jc0000342014　低压电缆热缩中间接头制作。(100 分)**

**考核知识点：** 低压电力电缆热缩附件安装

**难易度：** 中

## 技能等级评价专业技能考核操作工作任务书

**一、任务名称**

低压电缆热缩中间接头制作。

**二、适用工种**

电力电缆安装运维工（配电）高级工。

**三、具体任务**

（1）完成 1kV 四芯橡塑绝缘电缆热缩型中间接头制作。

（2）电缆型号为 VLV22－4×50 型。

**四、工作规范及要求**

（1）单独操作。

（2）所需材料：电缆 VLV22－4×50 型若干、1kV 热缩型电缆中间接头附件一套。

（3）专用工具：钢锯、锯条、锉刀、喷灯、万用表、绝缘电阻表、线鼻子 50mm$^2$ 若干、铜线、电烙铁、压接钳、填充胶、PVC 带等。

**五、考核及时间要求**

本考核操作时间为 120 分钟，时间到停止考评。

### 技能等级评价专业技能考核操作评分标准

| | | | | | | | |
|---|---|---|---|---|---|---|---|
| 工种 | 电力电缆安装运维工（配电） | | | | | 评价等级 | 高级工 |
| 项目模块 | 电力电缆安装运维工（配电）—电缆中间、终端接头制作 | | | | 编号 | Jc0000342014 | |
| 单位 | | | 准考证号 | | | 姓名 | |
| 考试时限 | 120 分钟 | | 题型 | 单项操作 | | 题分 | 100 分 |
| 成绩 | | 考评员 | | 考评组长 | | 日期 | |
| 试题正文 | 低压电缆热缩中间接头制作 | | | | | | |
| 需要说明的问题和要求 | 电缆型号为 VLV22－4×50 型 | | | | | | |

续表

| 序号 | 项目名称 | 质量要求 | 满分 | 扣分标准 | 扣分原因 | 得分 |
|---|---|---|---|---|---|---|
| 1 | 工作前准备 | | | | | |
| 1.1 | 选择工器具 | 根据电缆规格，选择合适的工器具 | 5 | 工具错、漏选一项扣1分；<br>未检查一项扣1分；<br>以上扣分，扣完为止 | | |
| 1.2 | 选择材料 | 根据操作内容，选择合适的材料 | 5 | 材料错、漏选一项扣1分；<br>未检查一项扣1分；<br>以上扣分，扣完为止 | | |
| 1.3 | 着装、穿戴 | 工作服、工作鞋、安全帽等穿戴正确 | 5 | 未按规定穿着一项扣1分，扣完为止 | | |
| 2 | 工作过程 | | | | | |
| 2.1 | 剥切电缆外护层和线芯绝缘 | 将电缆两端重叠120mm，在重叠部分的中心做一标记，并锯断，分别取500mm和300mm剥除外护层 | 5 | 剥削长度不合适扣5分 | | |
| | | 保留50mm的铠装和10mm的内垫层，依次除去其余部分的铠装、内垫层和线芯绝缘 | 5 | 顺序错误扣5分 | | |
| | | 量取1/2连接管长加5mm，除去线芯绝缘 | 5 | 操作错误扣5分 | | |
| 2.2 | 压接连接管 | 在较长电缆端分别套入外护套管和四根绝缘管，清洁电缆的四根线芯导体和连接管，用砂纸擦去连接管内部的氧化层；<br>将两端电缆的线芯按线芯绝缘的颜色对应套入连接管的两端，然后压接，用锉刀或砂纸将连接管表面的棱角和毛刺打光，矫直电缆 | 5 | 操作错误扣5分 | | |
| | | 将两端电缆的线芯按线芯绝缘的颜色对应套入连接管的两端，然后压接，用锉刀或砂纸将连接管表面的棱角和毛刺打光，矫直电缆 | 10 | 操作错误扣10分 | | |
| 2.3 | 安装绝缘管 | 用填充胶或PVC带将压痕及连接管两端与线芯绝缘的连接部分填平 | 5 | 操作错误扣5分 | | |
| | | 将绝缘管从长端拉至中间，盖住连接管，从中间向两端依次加热绝缘管，火焰要适中，四周均匀加热，直至完全收缩 | 10 | 操作错误扣10分 | | |
| 2.4 | 安装地线和外护套管 | 将地线的两端分别焊接在两端的铠装层上 | 5 | 操作错误扣5分 | | |
| | | 矫直电缆，将四根线芯拢在一起，用塑料带绑牢 | 5 | 操作错误扣5分 | | |
| | | 将外护套拉至中间，从中部向两端加热，直至收缩完全 | 5 | 操作错误扣5分 | | |
| 3 | 工作终结验收 | | | | | |
| 3.1 | 端子连接 | 压后尺寸符合要求 | 5 | 一处不合格扣2分，扣完为止 | | |
| 3.2 | 绝缘 | 外观检查要求接触良好，绝缘管平整，相色标志正确 | 5 | 绝缘电阻表选用出错扣5分 | | |
| | | 绝缘测试合格 | 5 | 绝缘不合格扣本题的50% | | |
| 3.3 | 安全文明生产 | 工作中无违章出现，操作过程中工器具损伤，无绝缘皮损伤，工作完毕清理场地，交还工器具及剩余材料 | 10 | 工具损坏一次扣1分；<br>未做清理扣3分；<br>未交还工器具及剩余材料扣3分；<br>未在规定时间完成，每延时1分钟扣1分，扣完为止 | | |
| 合计 | | | 100 | | | |

**Jc0000342015　10kV交联电缆硅橡胶预制式热缩户内终端头制作。(100分)**

**考核知识点：**10kV电力电缆热缩附件安装

**难易度：**中

# 技能等级评价专业技能考核操作工作任务书

## 一、任务名称

10kV 交联电缆硅橡胶预制式热缩户内终端头制作。

## 二、适用工种

电力电缆安装运维工（配电）高级工。

## 三、具体任务

完成 10kV 交联电缆硅橡胶预制式热缩户内终端头制作。

## 四、工作规范及要求

（1）工作环境：现场操作场地及设备材料已完备。
（2）剥切尺寸正确，剥切绝缘不得损伤缆芯。
（3）绝缘表面处理应干净、光滑。
（4）剥除铜屏蔽层及半导电层不得伤及下一层。
（5）戴安全帽、穿工作服、穿绝缘鞋、带个人工器具。
（6）易燃用具单独放置，摆放整齐；会正确使用。
（7）规定时间内完成。

## 五、考核及时间要求

本考核操作时间为 60 分钟，时间到停止考评。

**技能等级评价专业技能考核操作评分标准**

| 工种 | 电力电缆安装运维工（配电） | | | | 评价等级 | 高级工 |
|---|---|---|---|---|---|---|
| 项目模块 | 电力电缆安装运维工（配电）—电缆中间、终端接头制作 | | | 编号 | Jc0000342015 | |
| 单位 | | 准考证号 | | | 姓名 | |
| 考试时限 | 60 分钟 | 题型 | 单项操作 | | 题分 | 100 分 |
| 成绩 | | 考评员 | | 考评组长 | 日期 | |
| 试题正文 | 10kV 交联电缆硅橡胶预制式热缩户内终端头制作 | | | | | |
| 需要说明的问题和要求 | （1）工作环境：现场操作场地及设备材料已完备。<br>（2）剥切尺寸正确，剥切绝缘不得损伤缆芯。<br>（3）绝缘表面处理应干净、光滑。<br>（4）剥除铜屏蔽层及半导电层不得伤及下一层。<br>（5）戴安全帽、穿工作服、穿绝缘鞋、带个人工器具。<br>（6）易燃用具单独放置；会正确使用，摆放整齐。<br>（7）规定时间内完成 | | | | | |

| 序号 | 项目名称 | 质量要求 | 满分 | 扣分标准 | 扣分原因 | 得分 |
|---|---|---|---|---|---|---|
| 1 | 工作前准备 | | | | | |
| 1.1 | 材料及工器具准备 | 按要求准备好工器具及材料，并进行检查 | 3 | 错、漏选一项扣 1 分；<br>工器具和材料未检查一项扣 1 分；<br>以上扣分，扣完为止 | | |
| 1.2 | 着装、穿戴 | 工作服、工作鞋、安全帽等穿戴正确 | 2 | 不按规定穿着一项扣 1 分，扣完为止 | | |
| 2 | 工作过程 | | | | | |
| 2.1 | 支撑、矫直、外护套擦拭 | 为了便于操作，选好位置，将要进行施工的部分支架好，同时矫直，擦去外护套上的污迹 | 2 | 一项工作未做扣 1 分，扣完为止 | | |
| 2.2 | 将电缆断切面锯平 | 如果电缆三相线芯锯口不在同一平面上或导体切面不平应锯平 | 3 | 未按要求做扣 3 分 | | |

续表

| 序号 | 项目名称 | 质量要求 | 满分 | 扣分标准 | 扣分原因 | 得分 |
|---|---|---|---|---|---|---|
| 2.3 | 校对施工尺寸 | 根据附件供应商提供的图纸，确定施工尺寸 | 5 | 尺寸与图纸不符合扣2～5分 | | |
| 2.4 | 操作程序 | | | | | |
| 2.4.1 | 操作程序控制 | 操作程序应按图纸进行 | 5 | 程序错误扣5分；<br>遗漏工序扣5分；<br>以上扣分，扣完为止 | | |
| 2.4.2 | 剥出外护套、铠装、内护层、内衬、铜屏蔽及外半导电层等 | 剥切时切口不平，金属切口有毛刺或伤及其下一层结构，应视为缺陷；绝缘表面干净、光滑、无残质，均匀涂上硅脂 | 25 | 尺寸不对扣5分；<br>剥切时伤及绝缘扣5分；<br>剥口没处理成小斜坡、有毛刺扣5分；<br>绝缘表面没处理干净扣5分；<br>未均匀涂上硅脂扣5分 | | |
| 2.5 | 绑扎和焊接及铠装接地与铜屏蔽接地 | （1）绑扎铠装及接地线；固定铜屏蔽要平整，不能松带；焊点应平滑、牢固，焊点厚度不大于4mm。<br>（2）两个接地应分开制作，相互之间有绝缘要求 | 10 | 焊点不牢固扣2分；<br>焊点厚度大于4mm扣1分；<br>铜屏蔽不平整、松带扣1分；<br>接地线绑扎不紧扣1分；<br>未分开制作扣5分 | | |
| 2.6 | 包绕填充胶和热缩三叉套管、绝缘管 | 填充胶包绕应成形（橄榄状或苹果状）；三叉套管、绝缘套管套入皆应到位，收缩紧密；管外表无烧伤痕迹，三叉套管由根部向两端加热，绝缘管由三叉根部向上加热 | 15 | 填充胶包绕不成形扣5分；<br>内外次序错误扣5分；<br>管外表有灼伤痕迹扣5分 | | |
| 2.7 | 剥削绝缘和导体压接端子 | 绝缘切口处应平整；压接端子既不可过度也不能不紧，以阴阳模接触为宜；压接后端子表面应打磨光滑 | 10 | 绝缘切口处不平整扣5分；<br>压接点少于4点扣5分；<br>连接管表面未打磨扣5分；<br>以上扣分，扣完为止 | | |
| 2.8 | 绕包半导体带做好安装记号 | 用半导体带将铜屏蔽口包住，并向下覆盖热缩管；在热缩管上用自黏胶带做好应力锥安装记号 | 5 | 绕包半导体带不连续、不光滑扣2分；<br>未做应力锥安装记号扣3分 | | |
| 2.9 | 安装预制式终端 | 将硅脂涂在绝缘表面和预制式终端内，把预制式终端套进电缆并将其推至所做记号处 | 5 | 预制式终端推不到位扣5分；<br>未涂硅脂扣3分；<br>以上扣分，扣完为止 | | |
| 3 | 工作终结验收 | | | | | |
| 3.1 | 绝缘 | 外观检查要求接触良好，相色标志正确，应力锥安装正确，绝缘测试合格 | 5 | 验收不符合要求每项扣1～2分，扣完为止 | | |
| 3.2 | 安全文明生产 | 工作中无违章出现，工作结束，清理现场，交还工器具及剩余材料 | 5 | 未做清理扣2分；<br>未交还工器具及剩余材料扣2分；<br>未在规定时间完成，每延时1分钟扣1分，扣完为止 | | |
| 合计 | | | 100 | | | |

**Jc0000342016　低压电缆冷缩头制作。（100分）**

**考核知识点：** 低压电缆附件安装

**难易度：** 中

## 技能等级评价专业技能考核操作工作任务书

### 一、任务名称

低压电缆冷缩头制作。

### 二、适用工种

电力电缆安装运维工（配电）高级工。

### 三、具体任务

（1）完成1kV四芯橡塑绝缘电缆头制作。

（2）电缆型号为 VLV22－4×95 型。

**四、工作规范及要求**

（1）独立进行 VLV22－4×95 电力电缆冷缩头制作。

（2）所需材料：电缆 VLV22－4×95 型若干、1kV 冷缩型电缆终端附件一套。

（3）专用工具：塑料袋若干、钢锯、锯条、小锉刀、万用表、绝缘电阻表、95mm$^2$ 线鼻子若干、压接钳、电烙铁、接地引线等。

（4）触碰红线得 0 分。

**五、考核及时间要求**

本考核操作时间为 60 分钟，时间到停止考评。

**技能等级评价专业技能考核操作评分标准**

| 工种 | 电力电缆安装运维工（配电） | | | | | 评价等级 | 高级工 |
|---|---|---|---|---|---|---|---|
| 项目模块 | 电力电缆安装运维工（配电）—电缆中间、终端接头制作 | | | | 编号 | Jc0000342016 | |
| 单位 | | | 准考证号 | | | 姓名 | |
| 考试时限 | 60 分钟 | | 题型 | 单项操作 | | 题分 | 100 分 |
| 成绩 | | 考评员 | | 考评组长 | | 日期 | |
| 试题正文 | 低压电缆冷缩头制作 | | | | | | |
| 需要说明的问题和要求 | 电缆型号为 VLV22－4×95 型 | | | | | | |

| 序号 | 项目名称 | 质量要求 | 满分 | 扣分标准 | 扣分原因 | 得分 |
|---|---|---|---|---|---|---|
| 1 | 工作前准备 | | | | | |
| 1.1 | 选择工器具 | 根据电缆规格，选择合适的工器具 | 5 | 工器具漏、错选一项扣 1 分；<br>未检查一项扣 1 分；<br>以上扣分，扣完为止 | | |
| 1.2 | 选择材料 | 根据操作内容，选择合适的材料 | 5 | 材料漏、错选一项扣 1 分；<br>未检查一项扣 1 分；<br>以上扣分，扣完为止 | | |
| 1.3 | 着装、穿戴 | 工作服、工作鞋、安全帽等穿戴正确 | 3 | 不按规定穿着一项扣 1 分，扣完为止 | | |
| 2 | 工作过程 | | | | | |
| 2.1 | 剖削外护层 | （1）根据需要剖削电缆外塑料护层。<br>（2）根据剖削长度绑好扎线，锯好钢铠 | 4 | 剖削长度不合适扣 4 分 | | |
| 2.2 | 钢铠除污 | 用小锉刀将钢铠表面的铁锈及氧化层除去 | 5 | 伤及内护层扣 5 分 | | |
| 2.3 | 焊接地线 | 接地线与钢铠焊接，牢固、平整、无毛刺，面积达到 300mm$^2$ | 6 | 方法错误扣 2 分；<br>不做处理扣 4 分 | | |
| 2.4 | 内护层处理 | 内护层保留长度 60mm，余者剥除，分开线芯，出去填料 | 6 | 保留长度±5mm 扣 2 分；<br>剥除方法有误扣 4 分 | | |
| 2.5 | 导线绝缘层剖削 | 量好引线长度，剥去线芯端子绝缘层，长度比线鼻子内孔深度大 5mm | 5 | 端部绝缘剥除长度每±2mm 扣 1 分，扣完为止 | | |
| 2.6 | 安装卡箍 | 钢铠安装卡箍，正确牢固 | 5 | 方法不正确扣 5 分 | | |
| 2.7 | 电缆头制作冷缩三叉管及绝缘管 | 塑料袋每周包缠压叠 1/2 带宽，层数符合要求，电缆头包缠密实度及外形符合要求 | 5 | 压叠不合格扣 2 分；<br>层数不合格扣 3 分 | | |
| | | 清洁绝缘表面，并涂上少许硅脂，三叉套管套于电缆根部，逆时针抽芯绳，先缩根部，后缩三叉。绝缘管与三叉套管有搭盖 | 5 | 未均匀涂上硅脂扣 3 分；<br>先缩三叉，后缩根部扣 3 分；<br>失误一次扣 1～3 分；<br>以上扣分，扣完为止 | | |
| 2.8 | 线鼻子安装 | 线鼻子连接处线头的除污符合要求 | 3 | 不符合要求扣 3 分 | | |
| | | 线鼻子型号与线芯匹配 | 4 | 不匹配扣 4 分 | | |
| | | 压接钳压模型号选择正确 | 4 | 型号选择不正确扣 4 分 | | |

续表

| 序号 | 项目名称 | 质量要求 | 满分 | 扣分标准 | 扣分原因 | 得分 |
|---|---|---|---|---|---|---|
| 3 | 工作终结验收 | | | | | |
| 3.1 | 线鼻子连接 | 压后尺寸符合要求 | 10 | 一处不合格扣 2 分，扣完为止 | | |
| 3.2 | 绝缘恢复 | （1）外观检查要求接触良好，塑料袋包缠均匀、平整，相色标志正确。<br>（2）绝缘测试合格 | 10 | 绝缘电阻表选错扣 2 分；<br>绝缘不合格扣本题的 50% | | |
| 3.3 | 安全文明生产 | 工作中无违章出现，操作过程中无工器具损伤，工作完毕清理场地，交还工器具及剩余材料 | 15 | 工具损坏一次扣 1 分；<br>未交还器具及剩余材料扣 3 分；<br>未在规定时间完成，每延时 1min 扣 1 分，扣完为止 | | |
| 合计 | | | 100 | | | |

# 第四部分
# 技　师

# 第七章　电力电缆安装运维工（配电）技师技能笔答

Jb0000233001　有一盘长 $L=250$m，截面积 $S=50\text{mm}^2$ 的电芯电缆，在 30℃时测得的导体每芯直流电阻 0.093Ω，已知 20℃时，因数 $a=0.003\ 93$。求该电缆 20℃时电阻为多少。（5 分）

考核知识点：电缆理论知识计算

难易度：难

标准答案：

$$R_{30}=R_{20}[1+a\times(30-20)]^{\frac{l}{S}}$$

$$0.093=R_{20}(1+0.003\ 93\times10)\times\frac{250}{50}$$

$$R_{20}=0.017\ 9\ (\Omega)$$

答：则该电缆 20℃时电阻为 0.017 9Ω。

Jb0000233002　一条电缆型号 YJLW02－64/110－1×630 长度为 $L=2300$m，导体外径 $D_c=30$mm，绝缘外径 $D_i=65$mm，线芯在 20℃时导体电阻率 $\rho_{20}=0.017\ 241\times10^{-6}\Omega\cdot\text{m}$，线芯温度为 90℃，线芯电阻温度系数 $\alpha=0.003\ 9℃^{-1}$，电缆间距 100mm，真空介电常数 $\varepsilon_0=8.86\times10^{-12}$F/m，绝缘介质相对介电常数 $\varepsilon=2.5$，集肤效应系数 $Y_s=0.064$，临近效应系数 $Y_p=0.02$，单位长度直流电阻 $R'=0.348\ 9\Omega\cdot\text{m}$，电缆交流电阻 $R_z=R'L(1+Y_S+Y_p)$。求电缆交流电阻为多少。（5 分）

考核知识点：电缆理论知识计算

难易度：难

标准答案：

由公式 $Y_S=X_{S4}/(192+0.8X_{S4})$，$X_{S4}=(8\pi f/R\times10^{-7}kS)^2$ 得：

$X_{S4}=(8\times3.14\times50/0.348\ 9\times10^{-4})\times10^{-14}=12.96$

$Y_S=12.96/(192+0.8\times12.96)=0.064$

由公式 $X_{P4}=(8\pi f/R'\times10^{-7}\text{kP})^2$ 得：

$X_{P4}=(8\times3.14\times50/0.348\ 9\times10^{-4})\times10^{-14}=12.96$

由公式

$Y_P=X_{P4}/(192+0.8X_{P4})(D_c/S)2\{0.312(D_c/S)2+1.18/[X_{P4}(192+0.8X_{P4})+0.27]\}$ 得：

$Y_P=12.96/(192+0.8\times12.96)(30/100)\{0.312\times(30/100)+1.18/[12.96/(192+0.8\times12.96)+0.27]\}=0.02$

由公式 $R=R'(1+Y_S+Y_P)$ 得：

$R=0.348\ 9\times10^{-4}(1+0.064+0.02)=0.378\times10^{-4}$（Ω/m）

该电缆交流电阻 $R_Z=0.378\times10^{-4}\times2300=0.869\ 9$（Ω）

则电缆交流电阻为 0.869 9Ω。

Jb0000233003　班组生产组织准备中需要考虑哪三个因素？（5 分）

考核知识点：班组生产组织

**难易度：**难

**标准答案：**

（1）计划衔接因素。

（2）员工培训/职业规划因素。

（3）人性化因素。

**Jb0000231004 在什么场景处需要进行光缆的熔接操作？（5分）**

**考核知识点：**光缆的熔接

**难易度：**易

**标准答案：**

不同光缆盘之间接续；光缆断点处；光缆较大损耗点处。

**Jb0000231005 管线探测仪器能快速准确地探测出地下自来水管道、金属管道、电缆等的哪些特征？（5分）**

**考核知识点：**管线探测仪器

**难易度：**易

**标准答案：**

位置；走向；深度。

**Jb0000231006 在封闭型、全干式交联电缆生产流水线上，采用三层同时挤出工艺包含哪几种？（5分）**

**考核知识点：**挤出工艺

**难易度：**易

**标准答案：**

导体屏蔽；绝缘层；绝缘屏蔽。

**Jb0000231007 锯电缆前应做好的准备工作是什么？（5分）**

**考核知识点：**锯电缆

**难易度：**易

**标准答案：**

确切证实电缆无电；锯电缆前，必须与电缆图纸核对是否相符；用接地的带木柄的铁钉钉入电缆芯，扶木柄的人应戴绝缘手套并站在绝缘垫上。

**Jb0000231008 高阻故障主要采用的故障测距方法有哪些？（5分）**

**考核知识点：**高阻故障

**难易度：**易

**标准答案：**

脉冲电流法；二次脉冲法。

**Jb0000231009 按工作内容及工作涉及范围，将电缆及通道检修工作分为四类：A类检修、B类检修、C类检修、D类检修。其中C类检修包含哪些项目？（5分）**

**考核知识点：**C类检修

难易度：易

标准答案：

外观检查；周期性维护；例行试验。

**Jb0000231010　制作35kV热缩式电力电缆终端，工作前准备包括哪些内容？（5分）**

考核知识点：制作35kV热缩式电力电缆终端

难易度：易

标准答案：

工器具准备；检查电缆。

**Jb0000231011　制作35kV预制式电力电缆中间接头附件安装包括哪些内容？（5分）**

考核知识点：35kV预制式电力电缆中间接头

难易度：易

标准答案：

推入硅橡胶预制体；压接连接管；预制体复位。

**Jb0000231012　制作35kV热缩式电力电缆中间接头，电缆预处理包括哪些内容？（5分）**

考核知识点：35kV热缩式电力电缆中间接头

难易度：易

标准答案：

剥切外护套；剥切内护套；锯除铠装层。

**Jb0000231013　制作35kV热缩式电力电缆终端头附件安装包括哪些步骤？（5分）**

考核知识点：35kV热缩式电力电缆终端头

难易度：易

标准答案：

热缩分支手套；绝缘层恢复；热缩延长管。

**Jb0000231014　制作35kV冷缩式电力电缆终端附件安装包括哪些步骤？（5分）**

考核知识点：35kV冷缩式电力电缆终端附件

难易度：易

标准答案：

安装终端套管；压接接线端子；连接接地线。

**Jb0000231015　制作35kV预制式电力电缆中间接头，电缆预处理包括哪些步骤？（5分）**

考核知识点：35kV预制式电力电缆中间接头

难易度：易

标准答案：

剥切内护套；剥切外护套；锯除铠装层。

**Jb0000231016　制作35kV热缩式电力电缆终端，电缆预处理包括哪些内容？（5分）**

考核知识点：35kV热缩式电力电缆终端

**难易度：** 易

**标准答案：**

剥切外护套；锯除铠装层；剥切内护套。

**Jb0000231017 制作 35kV 冷缩式电力电缆终端，接地处理包括哪些内容？（5 分）**

**考核知识点：** 35kV 冷缩式电力电缆终端

**难易度：** 易

**标准答案：**

做防潮段；焊接铠装地线；焊接铜屏蔽地线。

**Jb0000231018 制作 35kV 冷缩式电力电缆中间接头，电缆预处理包括哪些内容？（5 分）**

**考核知识点：** 35kV 冷缩式电力电缆中间接头

**难易度：** 易

**标准答案：**

剥切外护套；锯除铠装层；剥切内护套。

**Jb0000231019 制作 35kV 预制式电力电缆终端，工作前准备包括哪些内容？（5 分）**

**考核知识点：** 35kV 预制式电力电缆终端

**难易度：** 易

**标准答案：**

检查电缆；工器具准备；材料准备；阅读安装说明书。

**Jb0000231020 制作 35kV 冷缩式电缆终端，工作前准备包括哪些内容？（5 分）**

**考核知识点：** 35kV 冷缩式电缆终端

**难易度：** 易

**标准答案：**

检查电缆；工器具准备；材料准备。

**Jb0000231021 制作 35kV 预制式电力电缆终端附件安装包括哪些内容？（5 分）**

**考核知识点：** 35kV 预制式电力电缆终端附件

**难易度：** 易

**标准答案：**

热缩分支手套；热缩延长管；安装相位标识；连接接地线。

**Jb0000231022 制作 35kV 热缩式电力电缆中间接头，工作前准备包括哪些内容？（5 分）**

**考核知识点：** 35kV 热缩式电力电缆中间接头

**难易度：** 易

**标准答案：**

工器具准备；检查电缆；材料准备。

**Jb0000231023 制作 35kV 冷缩式电力电缆终端，电缆预处理包括哪些内容？（5 分）**

**考核知识点：** 35kV 冷缩式电力电缆终端

难易度：易

标准答案：

剥切外护套；锯除铠装层；剥切内护套；核对电缆相位。

**Jb0000232024 制作环氧树脂电缆头和调配环氧树脂工作过程中，应采取的安全措施有哪些？（5分）**

考核知识点：制作环氧树脂电缆头

难易度：中

标准答案：

防毒；防水；防尘；防火。

**Jb0000232025 电缆及其附件有哪种情况应进行局部更换？（5分）**

考核知识点：电缆及其附件

难易度：中

标准答案：

因试验击穿的故障段；因安装工艺不良造成的电缆局部故障；因配网设备更换造成附件不匹配者。

**Jb0000232026 电缆桥梁敷设施工方法与哪种电缆敷设方法相似？（5分）**

考核知识点：电缆桥梁敷设施工

难易度：中

标准答案：

排管；电缆沟。

**Jb0000232027 适用于电缆在中间水域敷设施工方式有哪些？（5分）**

考核知识点：水域敷设

难易度：中

标准答案：

装盘电缆敷设；拖航敷缆；自航敷设船敷设。

**Jb0000232028 适用于高压电缆局部放电检测手段的有哪几种？（5分）**

考核知识点：局部放电检测

难易度：中

标准答案：

高频局部放电检测；超声波局部放电检测；超高频局部放电检测。

**Jb0000232029 班组师徒制培训的实施步骤是什么？（5分）**

考核知识点：班组师徒制培训

难易度：中

标准答案：

确定师徒对象和培养目标；编制培养计划；签订师徒合同。

**Jb0000232030 班组长对班组成员进行个别辅导常采用哪几种方式？（5分）**

**考核知识点**：个别辅导
**难易度**：中
**标准答案**：
咨询式辅导；刺激式辅导；答疑式辅导。

**Jb0000232031 在交变电场下产生电老化有几种类型？（5分）**
**考核知识点**：电老化
**难易度**：中
**标准答案**：
电离性老化；电导性老化。

**Jb0000232032 制作35kV热缩式电缆终端时，在绝缘管与接线端子之间用绕包哪种物质将台阶填平？（5分）**
**考核知识点**：35kV热缩式电缆终端
**难易度**：中
**标准答案**：
填充胶；密封胶。

**Jb0000233033 电缆和附件的施工资料主要包括哪些？（5分）**
**考核知识点**：施工资料
**难易度**：难
**标准答案**：
电缆线路图；电缆接头和终端装配图；安装工艺和安装记录；电缆线路竣工试验报告。

**Jb0000233034 用于描述电力电缆中发生局部放电物理现象的状态参数有哪些？（5分）**
**考核知识点**：局部放电
**难易度**：难
**标准答案**：
等效放电量；放电重复率；放电相位；放电检测频率。

**Jb0000233035 电缆局部放电带电检测设备介质强度试验期间，被试设备不应发生哪种现象？（5分）**
**考核知识点**：局部放电
**难易度**：难
**标准答案**：
闪络；击穿；元器件损坏。

**Jb0000233036 以下为局部放电检测当中常用局部放电相位图谱关键参量的是什么？（5分）**
**考核知识点**：局部放电
**难易度**：难
**标准答案**：
同步电压相位；局部放电信号强度；局部放电次数。

**Jb0000233037　交联聚乙烯电缆采用多芯圆绞线优点是什么？（5分）**

**考核知识点：**交联聚乙烯电缆

**难易度：**难

**标准答案：**

电场较扇形导体分布均匀；对电缆提高电压等级有利；增加导体的柔软性和可曲度。

**Jb0000233038　一般随着含水率增大，油纸绝缘电缆的哪些性能发生变化？（5分）**

**考核知识点：**油纸绝缘电缆

**难易度：**难

**标准答案：**

绝缘材料性能降低；介质损耗角正切值增大。

**Jb0000233039　电缆的热机械特性有哪些特征？（5分）**

**考核知识点：**热机械特性

**难易度：**难

**标准答案：**

作用在电缆导体上的摩擦力；电缆末端导体自由膨胀位移。

**Jb0000233040　满足什么条件下，线路重合闸应退出运行？（5分）**

**考核知识点：**重合闸

**难易度：**难

**标准答案：**

纯电缆线路；含有电缆接头的线路；混合线路中电缆长度占比超过30%。

**Jb0000233041　电网企业班组生产管理的内容主要有什么？（5分）**

**考核知识点：**生产管理

**难易度：**难

**标准答案：**

生产计划管理；生产技术管理；生产组织管理；生产设备工具管理；生产现场作业管理；生产总结与改善等方面。

**Jb0000233042　振荡波局部放电测试试验电压应满足什么条件？（5分）**

**考核知识点：**振荡波局部放电测试

**难易度：**难

**标准答案：**

试验电压的波形为连续两个半波峰值呈指数规律衰减的近似正弦波；在整个试验过程中，试验电压的测量值应保持在规定电压值的±3%以内。

**Jb0000233043　试述电力电缆导体屏蔽层和绝缘屏蔽层的作用。（5分）**

**考核知识点：**电力电缆导体

**难易度：**难

**标准答案：**

（1）导体屏蔽层覆盖在导体表面，它与被屏蔽的导体等电位，使导体与绝缘层接触的表面光滑，并与绝缘层有良好接触，消除界面的空隙，避免在导体与绝缘层之间发生局部放电。

（2）同样，绝缘屏蔽层覆盖在绝缘层表面，使绝缘层表面与内护套（金属护套、金属屏蔽层）等电位，并与内护套（金属护套、金属屏蔽层）有良好接触，消除界面的空隙，避免在绝缘层与内护套（金属护套、金属屏蔽层）之间发生局部放电。

**Jb0000233044　冷缩附件的主要材料及工作特点是什么？（5 分）**

**考核知识点：**冷缩附件

**难易度：**难

**标准答案：**

（1）主要材料为硅橡胶或三元乙丙橡胶。

（2）利用上述材料所具有的弹性这一特性在现场抽去内衬螺旋管后使之回缩紧压在电缆绝缘和连接管（接线端子）外。

（3）其最大的优点是现场施工不必动用明火。

**Jb0000233045　电缆安装在哪些地点应有一定强度的保护管或加装保护罩？（5 分）**

**考核知识点：**保护罩

**难易度：**难

**标准答案：**

（1）电缆进入建筑物、隧道、穿过楼板或墙壁处。

（2）从沟道引到电杆、设备、墙外表面或屋内行人容易接近处，距地面高度 2m 以下的一段。

（3）经常受到振动的直线敷设电缆，应设置橡皮、沙袋等弹性衬垫。

**Jb0000233046　交联聚乙烯电缆所用线芯为什么采用紧压型线芯？（5 分）**

**考核知识点：**紧压型线芯

**难易度：**难

**标准答案：**

（1）使外表面光滑，防止导丝效应，避免引起电场集中。

（2）防止挤塑半导体电屏蔽层时半导体电料进入线芯。

（3）可有效地防止水分顺线芯进入。

（4）有利弯曲。

**Jb0000233047　在电缆线路工程验收时，应提交的资料和技术文件是？（5 分）**

**考核知识点：**技术文件

**难易度：**难

**标准答案：**

（1）直埋电缆线路的敷设位置图比例宜为 1:500，地下管线密集的地段不应小于 1:1000。平行敷设的电缆线路宜合用一张图纸，图上必须标明各线路的相对位置，并有标明地下管线的电缆线路原始记录：

1）电缆的型号、规格及其实际敷设总长度及分段长度，电缆终端和接头的型式及安装日期。

2）电缆终端和接头中填充的绝缘材料名称、型号。

（2）电缆线路的施工记录：

1）隐蔽工程隐蔽前检查记录或签证。

2）电缆敷设记录。

3）质量检验及评定记录。

4）调整记录、试验记录及交接记录。

**Jb0000233048　怎样使用相序表？（5分）**

**考核知识点：**相序表

**难易度：**难

**标准答案：**

（1）使用时先将仪器的三个接线柱和供电线路的三相导线相连接，按下按钮，圆盘旋转的方向若和仪表上箭头所指方向（顺时针旋转）相同，即表示三相交流电源的相序和仪器接线柱上所标的，从左到右的相序A、B、C相同。

（2）反之，圆盘旋转方向和箭头相反（逆时针旋转）则为逆相序，即从右到左的次序C、B、A。

**Jb0000233049　发现巡查的电缆线路有无缺陷，巡查人员应如何处理？（5分）**

**考核知识点：**巡查

**难易度：**难

**标准答案：**

（1）在巡视检查电缆线路中，如发现有较小缺陷或普遍性缺陷时，应记入缺陷记录簿内，据此安排编制维护小修或年度大修计划。

（2）发现重要缺陷，应立即报告主管人员，做好记录，填写重要缺陷通知单，运行管理人员接到报告后及时采取措施，消除缺陷。

**Jb0000233050　电缆保护管应符合哪些要求？（5分）**

**考核知识点：**电缆保护管

**难易度：**难

**标准答案：**

（1）内壁光滑无毛刺。

（2）满足使用条件所需的机械强度和耐久性。

（3）需穿管来抑制电气干扰的控制电缆，应采用钢管。

（4）交流单相电缆以单根穿管时，不得用未分隔磁路的钢管。

**Jb0000233051　电缆终端的绝缘应有什么特性？（5分）**

**考核知识点：**电缆终端

**难易度：**难

**标准答案：**

（1）终端的额定电压及其绝缘水平，不得低于所连接电缆额定电压及其要求的绝缘水平。

（2）终端的外绝缘，应符合安置处海拔高程、污秽环境条件所需泄漏比距的要求。

**Jb0000233052　内护套的作用和要求有哪些？（5分）**

**考核知识点：**内护套

**难易度：**难

**标准答案：**

（1）内护套的作用是密封和防腐。
（2）应采用密封性好、不透气、耐热、耐寒、耐腐蚀材料。
（3）要有一定机械强度，且柔软又可多次弯曲，容易制造和资源多的材料。

**Jb0000233053　耐压前后为什么要测量电缆绝缘电阻？（5分）**
**考核知识点：**耐压
**难易度：**难
**标准答案：**
（1）因从绝缘电阻的数值可初步判断电缆绝缘是否受潮、老化。
（2）耐压后可以判断由耐压试验检查出的缺陷的性质。

**Jb0000233054　为什么要测电缆的直流电阻？（5分）**
**考核知识点：**直流电阻
**难易度：**难
**标准答案：**
（1）测直流电阻可以检查导体截面积是否与制造厂的规范相一致。
（2）电缆总的导电性能是否合格。
（3）导体是否断裂、断股等现象存在。

**Jb0000233055　敷设电缆应满足哪些要求？（5分）**
**考核知识点：**敷设电缆
**难易度：**难
**标准答案：**
（1）安全运行方面，尽可能避免各种外来损坏，提高电缆线路的供电可靠性。
（2）经济方面，从投资最省的方面考虑。
（3）施工方面，电缆线路的路径必须便于施工和投运后的维修。

**Jb0000233056　电缆支架的主要种类有哪些？（5分）**
**考核知识点：**支架
**难易度：**难
**标准答案：**
（1）圆钢支架。
（2）角钢支架。
（3）装配式电缆支架。
（4）电缆托架。
（5）电缆桥架。

**Jb0000233057　冷缩电缆头具有哪些独特的优点？（5分）**
**考核知识点：**冷缩电缆头
**难易度：**难
**标准答案：**
（1）提供恒定持久的径向压力。

（2）与电缆本体同“呼吸”。

（3）不需明火加热，使施工更方便、更安全。

（4）绝缘裕度大，耐污性能好。

（5）采用独特的折射扩散法处理电应力，控制了轴向本体。

（6）无须胶粘，即可密封电缆本体。

**Jb0000232058　电缆线路接地装置技术要求有哪些？（5分）**

**考核知识点：**接地装置技术

**难易度：**中

**标准答案：**

（1）接地箱、交叉互联箱内连接应与设计相符，铜牌连接螺栓应拧紧，连接螺栓无锈蚀现象。箱体完整，门锁完好，开关方便。

（2）接地箱、交叉互联箱内电气连接部分应与箱体绝缘。箱体本体不得选用铁磁材料，并应密封良好，固定牢固可靠，满足长期浸水要求，防护等级不低于IP68。

（3）电缆护层过电压限制器配置选择应符合GB 50217—2018《电力工程电缆设计标准》的要求。限制器和电缆金属护层连接线宜在5m内，连接线应与电缆护层的绝缘水平一致。

（4）如接地箱、交叉互联箱置于地面上，接地箱、交叉互联箱安装应与基础匹配，膨胀螺栓安装稳固，箱内接地缆出线管口空隙应进行防火泥封堵。

（5）接地箱、交叉互联箱箱体正面应有不锈钢设备铭牌，铭牌上应有换位或接地示意图、额定短路电流、生产厂家、出厂日期、防护等级等信息。

（6）接地箱和交叉互联箱应有运行编号。

（7）金属护层接地电流绝对值应小于100A，或金属护层接地电流/负荷比值小于20%，或金属护层接地电流相间最大值/最小值比值小于3。

**Jb0000232059　电缆线路防火设施技术要求有哪些？（5分）**

**考核知识点：**防火设施技术

**难易度：**中

**标准答案：**

（1）在电缆穿过竖井、变电站夹层、墙壁、楼板或进入电气盘、柜的孔洞处，应做防火封堵。

（2）在隧道、电缆沟、变电站夹层和进出线等电缆密集区域应采用阻燃电缆或采取防火措施。

（3）在重要电缆沟和隧道中有非阻燃电缆时，宜分段或用软质耐火材料设置阻火隔离，孔洞应封堵。

（4）未采用阻燃电缆时，电缆接头两侧及相邻电缆2～3m长的区段应采取涂刷防火涂料、缠绕防火包带等措施。

（5）在封堵电缆孔洞时，封堵应严实可靠，不应有明显的裂缝和可见的缝隙，孔洞较大者应加耐火衬板后再进行封堵。

**Jb0000233060　电缆线路电缆沟技术要求有哪些？（5分）**

**考核知识点：**电缆沟技术

**难易度：**难

**标准答案：**

（1）电缆沟净宽不宜小于Q/GDW 1512—2014《电力电缆及通道运维规程》附录E的规定。

（2）电缆沟应有不小于0.5%的纵向排水坡度，并沿排水方向适当距离设置集水井。

（3）电缆沟应合理设置接地装置，接地电阻应小于5Ω。

（4）在不增加电缆导体截面且满足输送容量要求的前提下，电缆沟内可回填细砂。

（5）电缆沟盖板为钢筋混凝土预制件，其尺寸应严格配合电缆沟尺寸。盖板表面应平整，四周应设置预埋件的护口件，有电力警示标识。盖板的上表面应设置一定数量的供搬运、安装用的拉环。

**Jb0000233061　电缆线路排管技术要求有哪些？（5分）**

**考核知识点：**排管技术

**难易度：**难

**标准答案：**

（1）排管在选择路径时，应尽可能取直线，在转弯和折角处，应增设工作井。在直线部分，两工作井之间的距离不宜大于150m，排管连接处应设立管枕。

（2）排管要求管孔无杂物，疏通检查无明显拖拉障碍。

（3）排管管道径向段应无明显沉降、开裂等迹象。

（4）排管的内径不宜小于电缆外径或多根电缆包络外径的1.5倍，一般不宜小于150mm。

（5）排管在10%以上的斜坡中，应在标高较高一端的工作井内设置防止电缆因热伸缩而滑落的构件。

（6）排管端头宜设工作井，无法设置时，应在埋管端头地面上方设置标识。

（7）排管上方沿线土层内应铺设带有电力标识警示带，宽度不小于排管。

（8）用于敷设单芯电缆的管材应选用非铁磁性材料。

（9）管材内部应光滑无毛刺，管口应无毛刺和尖锐棱角，管材动摩擦系数应符合GB 50271—2009《金属切削机床安装工程施工及验收规范》中的规定。

**Jb0000232062　终端用的套管等易受外部机械损伤的绝缘件，应放于原包装箱内，用什么进行围遮包牢？（5分）**

**考核知识点：**终端

**难易度：**中

**标准答案：**

（1）泡沫塑料。

（2）草袋。

（3）木料。

**Jb0000231063　10kV冷缩式电力电缆终端头制作工作前的准备有哪些？（5分）**

**考核知识点：**10kV冷缩式电力电缆终端头

**难易度：**易

**标准答案：**

（1）工器具准备。

（2）材料准备。

（3）阅读安装说明书。

**Jb0000231064　10kV冷缩式电力电缆终端头制作接地处理内容有哪些？（5分）**

**考核知识点：**10kV冷缩式电力电缆终端头

**难易度：**易

**标准答案：**

（1）做防潮段。

（2）焊接铠装接地。

（3）焊接铜屏蔽接地。

**Jb0000232065　10kV 冷缩式电力电缆中间接头制作中间接头管套入前做哪些检查？（5 分）**

**考核知识点：**10kV 冷缩式电力电缆中间接头

**难易度：**中

**标准答案：**

10kV 冷缩式电力电缆中间接头制作中间接头管套入前应套在电缆铜屏蔽保留较长一端的线芯上，套入前必须将绝缘层、外半导电层、铜屏蔽层用清洁纸依次清洁干净。

**Jb0000232066　10kV 冷缩式电力电缆中间接头制作安装中间接头管后，应如何处理？（5 分）**

**考核知识点：**10kV 冷缩式电力电缆中间接头

**难易度：**中

**标准答案：**

用双手从接头中部向两端圆周捏一捏，使中间接头内壁结构与电缆绝缘、外半导电层、屏蔽层有更好的界面接触。

**Jb0000231067　振荡波局部放电测试试验电压应满足哪些内容？（5 分）**

**考核知识点：**振荡波局部放电

**难易度：**易

**标准答案：**

（1）试验电压的波形连续 8 个周期内的电压峰值衰减不应大于 50%。

（2）试验电压的频率应介于 20～500Hz。

**Jb0000231068　音频感应法的接线方式有哪些？（5 分）**

**考核知识点：**音频感应法

**难易度：**易

**标准答案：**

（1）相铠接法。

（2）相地接法。

（3）铠地接法。

（4）耦合线圈感应法。

**Jb0000231069　脉冲法是有哪些测试方法？（5 分）**

**考核知识点：**脉冲法

**难易度：**易

**标准答案：**

（1）低压脉冲法。

（2）直闪法。

（3）冲闪法。
（4）二次脉冲法。

**Jb0000231070 电缆接地系统有哪些？（5分）**
**考核知识点：**电缆接地系统
**难易度：**易
**标准答案：**
电缆接地系统包括终端接地、接头接地、护层交叉互联箱接地、分支箱接地、单芯电缆护层交叉互联系统。

**Jb0000231071 电缆线路常见故障中，造成机械损伤的原因有哪些？（5分）**
**考核知识点：**故障
**难易度：**易
**标准答案：**
造成机械损伤的原因主要有以下三种。
（1）直接受外力损坏。如因进行城市建设、交通运输，或进行地下管线工程的挖土、打桩、起重、搬运中误伤电缆。
（2）在电缆安装过程中损伤。如牵引力过大而拉损电缆，或电缆弯曲过小而损伤绝缘层或屏蔽层。
（3）因其他因素造成损伤。如接头或终端内的绝缘胶膨胀而胀裂外壳或附近电缆护套；未设置适当电缆伸缩弧，因热机械力的作用，致使安装在管口或支架上的电缆护套损伤；因土地沉降引起过大压力，拉断接头或导体；终端瓷套管的破碎；附近因大型机件或行驶车辆的振动使铅包损伤。

**Jb0000231072 电缆线路常见故障中，造成绝缘受潮的原因有哪些？（5分）**
**考核知识点：**故障
**难易度：**易
**标准答案：**
（1）因接头盒或终端盒结构不密封或安装不良而导致进水。
（2）电缆制造不良，电缆金属护套有小孔或裂缝。
（3）金属护套被外物刺穿或腐蚀穿孔。
在故障修理工作中，必须将受潮绝缘清除。并同时检验导体中有无水分，并予以清除。

**Jb0000231073 电缆线路常见故障中，造成绝缘老化的原因是什么？（5分）**
**考核知识点：**故障
**难易度：**易
**标准答案：**
电缆绝缘长期在电荷热的作用下运行，其物理性能发生变化，导致绝缘强度降低或介质损增加，最终引起绝缘击穿称为绝缘老化。运行时间超过电缆设计寿命，绝缘发生老化的称为正常老化，属于运行不当而较短年份内发生类似情况的，则为绝缘过早老化。

**Jb0000231074 电缆线路常见故障中，过电压的原因是什么？（5分）**
**考核知识点：**故障
**难易度：**易

**标准答案：**

因雷击或其他冲击过电压而损坏电缆设备，这种情况在电缆线路上不多见。一般瞬时 3～4 倍的过电压对于绝缘良好的电缆不会有影响。但电缆线路遭受雷击时被击穿的情况还是有的，例如有终端垂直部分的绝缘干枯等，在雷击时可能被击穿。

**Jb0000231075　电缆线路常见故障中，过热的因素有哪些？（5 分）**

**考核知识点：**故障

**难易度：**易

**标准答案：**

由于或者或受邻近其他电缆故障的影响等外来的过热损害，则多半能从电缆外面保护层的灼伤现象加以确定，比较易于识别。

**Jb0000231076　电缆线路常见故障中，材料缺陷的因素有哪些？（5 分）**

**考核知识点：**故障

**难易度：**易

**标准答案：**

（1）主要有铅护套机械损伤、铅护套含杂质，压铅有接缝等。这些在铠装外都不易看到，往往是在事故修理过程中才发现。塑料电缆的端部不密封，导体内进入大量水分后，在电压作用下会使绝缘逐步形成“水树枝”，导致绝缘击穿。

（2）属于电缆附件先天性缺陷，如锈铁件有砂眼、瓷件的机械强度不够、组装部分的加工粗糙不紧密或防水胶圈不符规格、橡胶老化等。如安装单位有健全验收制度，就基本上能够发现这些弊病，堵塞漏洞。

**Jb0000231077　电缆线路常见故障中，设计不良的因素有哪些？（5 分）**

**考核知识点：**故障

**难易度：**易

**标准答案：**

如接头和终端防水设计不周密、选用材料不当，工艺要求不严，机械强度较差等。对新设备、新材料，新工艺应先安排试用行，根据运行经验成熟与否，再逐步推广使用，这样即使发生问题后也容易改正。

**Jb0000232078　为什么要测量电缆终端尾线接点的温度？检查接点温度的主要方法有哪些？（5 分）**

**考核知识点：**接点温度

**难易度：**中

**标准答案：**

电缆终端的尾线接点（特别是户外，有时以铜铝两种不同金属过渡连接），在长期负载和故障电流的影响下，其接触电阻会增大，从而导致过热。在线路发生故障时，接点处流过故障电流，更会烧毁接点。在不停电的条件下测量接点温度，即进行带电测温（最好又是在负载较大的时候），是监视检查接点状况的一个有效措施。

检查接点温度的方法主要有以下三种。

（1）粘贴示温蜡片：示温蜡片分为 60、70、80℃三种，并分别以不同颜色表示，常用的有黄、绿、红三色。用示温蜡片只能粗略地检查温度范围，反应时间较慢，粘贴不方便，目前已较少使用。

（2）变色测温笔：这种变色测温笔是一种表面测量工具，原先是在造船工业中监视焊接时受热工作件温度用的，它是根据笔中色素在一定温度下能变色的特性来指示温度，测温迅速、使用简便。用在电缆线路上，一般可选择温度较低的一种。例如选用变色温度为70℃的变色测温笔，划上去是本色，若温度超过70℃，就会变成湖蓝色。这种变色测温笔价格也较便宜，测温反应又快（仅1～2s），使用比较方便。

（3）红外线测温仪和热成像仪：贴士温蜡片和用变色测温笔均需直接与带电设备接触，要用绝缘棒操作。红外线测温仪和热成像仪，可以在距被测点一定距离外进行测温，因此安全可靠，其测量精度远比上述两种高。常用的红外线测温仪或热成像仪一般都采用携带型的，测量距离有5、10、100m，甚至更大范围，热成像仪能显示温度分布的图像，可将图像资料存入磁盘或电脑，效果比较好。但这种价格比较贵，使用、保养上都要有专人负责。

**Jb0000232079 直流耐压试验有哪些注意事项？（5分）**

**考核知识点：**直流耐压试验

**难易度：**中

**标准答案：**

（1）整流电路不同，硅整流堆所受方向工作电压不尽相同，采用半波整流电路时，使用的方向工作电压不要超过硅整流堆的方向峰值电压的一般，不同设备的试验要注意整流管的极性。

（2）硅整流堆串联运用时应采取均压措施。如果没有采取均压措施，则应降低硅整流堆的使用电压。

（3）试验时升压可分五个阶段均压升压，升压速度一般保持1～2kV/s，每个阶段停留1min，并读取泄漏电流值。

（4）所有试验用器具及接线应放置稳固，并保证有足够的绝缘安全距离。

（5）电缆直流耐压试验后进行放电：通常先让电缆通过自身绝缘电阻放电，然后通过80kΩ/1kV左右的电阻放电，不得使用树枝放电。最后再直接接地放电。当电缆线路较长时，试验电压较高时，可以采用几根水电阻串联放电。放电棒端部要渐渐接近微安表的金属扎线，反复放电几次，待不再有火花产生时，再用连接有接地线的放电棒直接接地。

（6）泄漏电流只能用作判断绝缘情况的参与；电缆泄漏电流具有下列情况之一者，说明电缆绝缘有缺陷，应找出缺陷部位，并进行处理：

1）泄漏电流很不稳定。

2）泄漏电流随时间有上升现象。

3）泄漏电流随试验电压升高急剧上升。

**Jb0000232080 对高压电缆进行剥切的基本工艺要求有哪些？（5分）**

**考核知识点：**剥切

**难易度：**中

**标准答案：**

剥切是电缆终端和接头安装中非常重要的第一步骤。剥切顺序应由表及里，逐层进行，剥切工艺应符合以下要求：

（1）严格按工艺尺寸剥切，正确使用剥切工具，操作要小心。

（2）剥切过程要层次分明，在剥切外层时，不得切伤内层结构。尤其是在剥切绝缘层时，不得切伤内半导体层和导体。

（3）剥铠装、金属护套或金属屏蔽层，应先清除油污，必要时进行加热。在剥切起点用铜丝扎 2 圈，再沿圆周划一道深痕，切不可划穿。

（4）使用切剥刀要先根据电缆绝缘层厚度和导体外径对刀片进行调节。切剥绝缘层应使刀片旋转直径略大于电缆导体外径，为防止损伤导体，切剥时应套入内衬管。切剥外半导电层，刀片旋转直径应略大于电缆绝缘外径，切剥后用玻璃片小心地刮清残留外半导电层，注意不要刮伤绝缘层。

（5）使用刀切剥反应力锥卷刀时，必须根据电缆绝缘厚度和导体外径对刀片进行调节，并套入内衬管。切剥后用玻璃片对锥面进行修整，并用细砂皮做打光处理。

**Jb0000233081　交联聚乙烯绝缘电缆进入潮气后，常用的处理方法是什么？（5 分）**

**考核知识点：** 交联聚乙烯绝缘电缆

**难易度：** 难

**标准答案：**

（1）去潮处理的原理：在电缆的一端用压缩气体介质（通常用干燥的氮气或干燥空气）强制灌入电缆绝缘线芯内，在电缆的另一端同时抽真空，让干燥气体吸收电缆的潮气后抽出。

（2）去潮专用设备及材料：真空泵（要求极限真空小于 0.5Pa）1 台、空气压缩机 1 台、抽真空用塑料管、铅套管（直径略大于电缆绝缘、长度 300mm 左右）6 个以及 PE 自黏带、变色硅胶、温度计、湿度计等。

（3）去潮回路接线示意图。

（4）去潮操作步骤：

1）将需要去潮电缆的头部打开，露出电缆导体 40mm，设法将电缆倾斜，让电缆内的进水从电缆两端自然流出，根据电缆内的进水程度控制滴水时间，一般为 12～16h。

2）用湿度计观察周围环境的相对湿度，当空气湿度达到 50%以下时，启动真空泵开始抽真空，在最初的 8h，真空度可以达到 250～300Pa，继续抽真空，维持 20h。

3）停止抽真空，将干燥气体以一定压力充入电缆内，等电缆两端的压力值读数一致时，维持 4h，让电缆内的干燥空气充分吸收潮气。

4）启动真空泵再次抽真空，抽去电缆内吸了潮气的气体，真空平衡后，重复上述 3）工作。

5）重复 3）、4）工作数次。

6）接上变色硅胶灌抽真空，2～4h 后，如果硅胶灌不变色，说明去潮处理意见完成。

**Jb0000232082　低压触电时脱离电源方法及注意事项。（5 分）**

**考核知识点：** 触电

**难易度：** 中

**标准答案：**

（1）发现有人低压触电，立即寻找最近的电源开关，进行紧急断电，不能断开关则采用绝缘的方法切断电源。

（2）在触电人脱离电源的同时，救护人应防止自身触电，还应防止触电人脱离电源后发生二次伤害。

（3）让触电者在通风暖和的处所静卧休息，根据触电者的身体特征，做好急救前的准备工作。

（4）如触电人触电后已出现外伤，处理外伤不应影响抢救工作。

（5）夜间有人触电，急救时应解决临时照明问题。

**Jb0000232083　高压触电时脱离电源方法及注意事项。（5 分）**

**考核知识点：**触电

**难易度：**中

**标准答案：**

（1）发现有人高压触电，应立即通知上级有关供电部门，进行紧急断电，不能断电则采用绝缘的方法挑开电线，设法使其尽快脱离电源。

（2）在触电人脱离电源的同时，救护人应防止自身触电，还应防止触电人脱离电源后发生二次伤害。

（3）根据触电者的身体特征，派人严密观察，确定是否请医生前来或送往医院诊察。

（4）让触电者在通风暖和的处所静卧休息，根据触电者的身体特征，做好急救前的准备工作；夜间有人触电，急救时应解决临时照明问题。

（5）如触电人触电后已出现外伤，处理外伤不应影响抢救工作。

**Jb0000232084 单人徒手心肺复苏操作。（5 分）**

**考核知识点：**心肺复苏操作

**难易度：**中

**标准答案：**

（1）判断意识：拍患者肩部，大声呼叫患者。

（2）呼救：环顾四周，请人协助救助，解衣扣、松腰带，摆体位。

（3）判断颈动脉搏动：手法正确（单侧触摸，时间不少于 5s）。

（4）定位：胸骨中下 1/3 处，一手掌根部放于按压部位，另一手平行重叠于该手手背上，手指并拢，以掌根部接触按压部位，双臂位于患者胸骨的正上方，双肘关节伸直，利用上身重量垂直下压。

（5）胸外按压：按压速率每分钟至少 100 次，按压幅度至少 5cm（每个循环按压 30 次，时间 15～18s）。

（6）畅通气道：摘掉假牙，清理口腔。

（7）打开气道：常用仰头抬颏法、托颌法，标准为下颌角与耳垂的连线与地面垂直。

（8）吹气：吹气时看到胸廓起伏，吹气毕，立即离开口部，松开鼻腔，视患者胸廓下降后，再吹气（每个循环吹气 2 次）。

（9）完成 5 次循环后判断有无自主呼吸、心跳、观察双侧瞳孔。

（10）整体质量判定有效指征：有效吹气 10 次，有效按压 150 次，并判定效果（从判断颈动脉搏动开始到最后一次吹气，总时间不超过 130s）。

（11）安置患者，整理服装，摆好体位，整理用物。

（12）整体评价：个人着装整齐。

**Jb0000231085 灭火器选择和使用。（5 分）**

**考核知识点：**灭火器

**难易度：**易

**标准答案：**

（1）准备工作：检查灭火器压力、铅封、出厂合格证、有效期、瓶体、喷管。

（2）火情判断：根据火情；选择合适灭火器迅速赶赴火场；正确判断风向。

（3）灭火操作：站在火源上风口；离火源 3～5m 距离迅速拉下安全环；手握喷嘴对准着火点，压下手柄，侧身对准火源根部由近及远扫射灭火；在干粉将喷完前（3s）迅速撤离火场，火未熄灭应继续更换操作。

（4）检查确认：检查灭火效果；确认火源熄灭；将使用过的灭火器放到指定位置；注明已使用；报告灭火情况。

（5）清点收拾工具，清理现场。

**Jb0000231086　在高压设备上工作必须遵守哪三项？（5分）**

**考核知识点：**高压设备上工作

**难易度：**易

**标准答案：**

（1）填用工作票或口头，电话命令。

（2）至少应有两人在一起工作。

（3）完成保证工作人员安全的组织措施和技术措施。

**Jb0000231087　什么是电力电缆？（5分）**

**考核知识点：**电缆

**难易度：**易

**标准答案：**

用于电力传输和分配的电缆称为电力电缆。

**Jb0000231088　按传输电能形式电力电缆分为哪几类？（5分）**

**考核知识点：**电缆

**难易度：**易

**标准答案：**

可分为交流电缆和直流电缆或高压电缆和低压电缆。

**Jb0000231089　电缆的导体有哪几种？（5分）**

**考核知识点：**电缆

**难易度：**易

**标准答案：**

分铜和铝两种。按缆芯数目分：单芯、双芯、三芯和四芯四种。

**Jb0000231090　电缆的常见敷设方式有哪几种？（5分）**

**考核知识点：**电缆

**难易度：**易

**标准答案：**

（1）直埋地下。

（2）敷设在电缆沟。

（3）敷设在隧道内。

（4）安装在建筑物内部墙上或天棚上。

（5）敷设在水底。

（6）敷设在排管内。

（7）安装在桥梁构架上。

**Jb0000231091 发现环氧树脂受潮应如何处理？（5分）**

**考核知识点：** 环氧树脂

**难易度：** 易

**标准答案：**

可用加热方法去潮，将受潮的环氧树脂加热至120～140℃，使水分挥发，环氧树脂恢复其本来的透明琥珀色为止。

**Jb0000231092 制作10kV环氧树脂电缆头需要哪些常用工具？（5分）**

**考核知识点：** 环氧树脂

**难易度：** 易

**标准答案：**

机械压钳、喷灯、切削电缆护套专用刀、手锤、鲤鱼钳、专用容器、医用手套、圆锉、钢锯、胀铝器等。

**Jb0000231093 直埋电缆有什么优点？（5分）**

**考核知识点：** 直埋电缆

**难易度：** 易

**标准答案：**

优点是经济，便于敷设，工程速度快，技术简单。

**Jb0000231094 低压四芯电缆的中性线起什么作用？（5分）**

**考核知识点：** 低压四芯电缆

**难易度：** 易

**标准答案：**

多采用三相四线制，中性线除作为保护接地外，还要通过不平衡电流，有时这种不平衡电流的数值比较大，通常中性线的截面积达到三相截面积的30%～60%。

**Jb0000231095 环氧树脂常用的固化剂有哪几种？（5分）**

**考核知识点：** 环氧树脂

**难易度：** 易

**标准答案：**

常用的固化剂有二乙烯三胺，三乙烯四胺，多乙烯多胺，四乙烯五胺，聚酰胺树脂（650，651）等。

**Jb0000231096 绝缘电阻表的转速对测量有什么影响？（5分）**

**考核知识点：** 绝缘电阻表

**难易度：** 易

**标准答案：**

使用绝缘电阻表时，应使手摇发电机处于额定转速，一般为120r/min，如果转速时快时慢，将使绝缘电阻表指针晃动不定，带来测量上的误差。

**Jb0000231097 电缆在进行直流耐压试验时，升压速度为什么不能太快？（5分）**

**考核知识点：** 直流耐压试验

**难易度：**易

**标准答案：**

升压速度如果太快，会使充电电流过大而损坏试验设备，同时击穿电压随着升压速度的升高会有所降低，而使试验结果不准，因此一般控制在1～2kV/s。

**Jb0000231098　制作电缆头封铅（搪铅）工作有什么要求？（5分）**

**考核知识点：**封铅

**难易度：**易

**标准答案：**

（1）搪铅时间不宜过长，在铅封未冷前不得撬动电缆。

（2）铝护套电缆搪铅时，应先涂擦铝焊料。

（3）充油电缆的铅封应分二层进行，以增加铅封的密封性，铅封和铅套均应加固。

**Jb0000231099　确定电缆长期允许载流量时应注意哪几个主要因素？（5分）**

**考核知识点：**载流量

**难易度：**易

**标准答案：**

（1）电缆长期允许工作温度。

（2）电缆本体散热性能。

（3）电缆安装地点散热环境。

（4）并列电位的条数。

**Jb0000231100　何为一级负荷？（5分）**

**考核知识点：**一级负荷

**难易度：**易

**标准答案：**

给冶炼厂、瓦斯矿井、化工工厂等连续性生产的重要用户以及国家重要机关、重要市政、邮电等供电的用电负荷，称为一级负荷。

**Jb0000231101　何为二级负荷？（5分）**

**考核知识点：**二级负荷

**难易度：**易

**标准答案：**

给机械加工、纺织系统等连续性生产的用户供电的用电负荷，称为二级负荷。

**Jb0000231102　万用表能进行哪些数据的测量？（5分）**

**考核知识点：**万用表

**难易度：**易

**标准答案：**

能测量直流电流、交直流电压、直流电阻等，较高级的还能测交流电流、电感、电容、音频电压、音频功率、电平及晶体管的直流放大倍数等。

**Jb0000231103 电缆为什么采用铅做护套材料？（5 分）**

**考核知识点：**护套材料

**难易度：**易

**标准答案：**

（1）密封性能好。

（2）熔化点低。

（3）韧性好，不影响电缆的可曲性。

（4）耐腐性比一般金属好。

**Jb0000231104 在制作电缆头时，弯电缆芯应注意什么？（5 分）**

**考核知识点：**制作电缆头

**难易度：**易

**标准答案：**

首先在各相缆芯外顺纸带方向绕包一层油浸纱带，然后扳弯电缆芯，这时应特别注意缆芯的弯曲半径不得小于其直径的 10 倍，扳弯时不可损伤纸绝缘。

**Jb0000231105 泄漏试验中对高压引线有什么要求？为什么？（5 分）**

**考核知识点：**泄漏试验

**难易度：**易

**标准答案：**

在泄漏试验中所用的高压引线应是屏蔽线，这样可使外界泄漏电流不通过微安表，以减少由于外界因素影响泄漏电流的数值提高试验精度。

**Jb0000231106 叙述安全规程中规定电气工作人员应具备哪些条件？（5 分）**

**考核知识点：**电气工作人员

**难易度：**易

**标准答案：**

（1）经医师鉴定，无妨碍工作的病症（体格检查约两年一次）。

（2）具备必要的电气知识，且按其职务和工作性质熟悉《电业安全工作规程》（电气线路热力机械）的有关部分，并经考试合格。

（3）学会紧急救护法，首先学会触电解救法和人工呼吸法。

**Jb0000231107 一只 2000W 的电炉子，每天使用 12h，使用一年消耗多少电能（一年按 365 天计算）？（5 分）**

**考核知识点：**基础知识计算

**难易度：**易

**标准答案：**

解：使用一年所消耗的电能：

$W=2000\times12\times365=8\ 760\ 000$（Wh）$=8760$kWh。

答：使用一年消耗 8760kWh 电能。

**Jb0000231108 采用电力电缆比用架空线路有何优点？（5 分）**

**考核知识点：**电力电缆

**难易度：**易

**标准答案：**

（1）占地面积小，作地下敷设不占地面，不受路面建筑物的影响，也不需在路面架设杆塔和导线，易于向城市供电而使市容整齐美观。

（2）对人身比较安全。

（3）供电可靠，不受外界的影响，不会产生如雷击、风害挂冰、风筝和鸟害等造成如架空线的短路和接地等故障。

（4）作地下敷设，比较隐蔽，宜于战备。

（5）运行比较简单方便，维护工作量少。

（6）电缆的电容较大，有利于提高电力系统的功率因数。

**Jb0000231109　采用电力电缆比架空线路有何缺点？（5分）**

**考核知识点：**电力电缆

**难易度：**易

**标准答案：**

（1）成本高，投资费用较大。

（2）敷设后不易更动不宜作临时性的使用。

（3）线路不易分支。

（4）故障测寻困难。

（5）检修费时，费工，费用大。

（6）电缆头的制作工艺要求较高。

**Jb0000231110　简述电力电缆的基本结构。（5分）**

**考核知识点：**电力电缆

**难易度：**易

**标准答案：**

电缆的基本结构主要包括导体、绝缘层和保护层三部分。导体必须具有高度的导电性以减少输电时线路上能量的损耗，绝缘层用以将导体与邻相导体以及保护层隔离，它必须绝缘性能良好，经久耐用，有一定的耐热性能，保护层又可分为内护层和外护层两部分，它用来保护绝缘层使电缆在运输、储存、敷设和运行中，绝缘层不受外力的损伤和防止水分的侵入，所以它应具有一定的机械强度。

**Jb0000231111　电力电缆为什么要焊接地线？（5分）**

**考核知识点：**电力电缆

**难易度：**易

**标准答案：**

由于电缆的金属护套与线芯是绝缘的，当电缆发生绝缘击穿或线芯中流过较大故障电流时，金属护套的感应电压可能使得内衬层击穿，引起电弧，直到将金属护套烧熔成洞，为了消除这种危害，必须将金属护套、铠装层、电缆头、外壳和法兰等用导线与接地网连通。

**Jb0000232112　使用电工钢钳或尖嘴钳带电作业时，应注意什么？（5分）**

**考核知识点：**电工钢钳

**难易度：**中

**标准答案：**

使用钢丝钳或尖嘴钳进行带电作业时应先检查钳柄的绝缘是否良好可靠，剪切带电的电线时，不能同时剪两根，以防造成短路，若发现手柄绝缘部分有开裂或其他伤痕，必须经过试验检查，在未得出结论前绝不能用来进行带电作业。

**Jb0000232113 用喷灯工作时必须注意什么？（5分）**

**考核知识点：**喷灯

**难易度：**中

**标准答案：**

（1）喷灯附近不得有易燃物。

（2）尽可能在空气流通的地方工作，以免可燃气体充满室内。

（3）不可在火焰附近加油，放油或拆喷灯零件点火时须先点着碗内注的汽油，待喷嘴烧热后，才可打气，再逐渐拧开节油阀，而且不可开放过急。

（4）喷灯使用时间不宜过长，筒体发烫时应停止使用。

（5）喷焊时，下面不准站人。

**Jb0000232114 常用固化剂有哪几种？各有哪些特性？（5分）**

**考核知识点：**固化剂

**难易度：**中

**标准答案：**

常用的固化剂有聚酰胺树脂，多乙烯多胺类及B–羟乙基乙二胺等种类，它们的主要特性有：

（1）聚酰胺树脂：微毒，用量配比可不必严格控制，与金属的黏附力很好。

（2）多乙烯多胺类固化剂，主要有二乙烯三胺、三乙烯四胺、四乙烯五胺、多乙烯多胺等四种，此类固化剂有一定的刺激性，对人体有一些不良影响。电气性能，机械性能较好，配比较严格。

（3）B–羟乙基乙二胺：微毒，电气性能、机械性能较好。

**Jb0000232115 如何进行铜铝的连接？（5分）**

**考核知识点：**铜铝连接

**难易度：**中

**标准答案：**

目前最常用的是采用铜–铝闪光焊和铜–铝摩擦焊作过渡，户内电缆可用铜铝线鼻子，户外电缆头有铜名过渡梗，中间接头可用铜铝过渡棒材车制铜铝连接管，由于铜铝接触极易产生电化腐蚀，因此应尽量避免铜铝直接连接。

**Jb0000232116 如何用“戳铅法”进行封铅？（5分）**

**考核知识点：**戳铅法

**难易度：**中

**标准答案：**

戳沿法封铅，是用喷灯加热封焊部位，再用硬脂酸清除待封铅部位的氧化层，同时熔化封铅焊条，将其均匀地戳于封焊部位，并用喷灯继续加热，同时用专用的抹布将封铅揩抹成所要求的形状。

**Jb0000232117　如何用“浇铅法”进行封铅？（5 分）**

**考核知识点：**浇铅法

**难易度：**中

**标准答案：**

浇铅法封铅，是将配制好的封铅焊料放在铅缸中，加热熔化，其温度一般不宜过高，最普通的检查温度的方法是将白纸放在铅缸后纸呈焦黄色时，温度正合适，封铅时用铁勺舀取焊料泼浇在封焊部位，然后用喷灯不断烘热封铅，用抹布揩抹成所要求的封铅形状。

**Jb0000233118　如何配制封铅？（5 分）**

**考核知识点：**封铅

**难易度：**难

**标准答案：**

配制封铅时，先将铅、锡按重量 65:35 称好，然后将铅放入铅缸内加热熔化，再将锡加入，待锡全部溶化后温度升至 260℃左右，即可使用勺将铅锡搅拌均匀，浇封封焊条，在浇制封焊条前，应先用勺舀一点焊料进行封焊试验，检查焊料是否好用，当焊料内含锡量少时，加热后较硬不容易抹动，且表面粗糙像豆腐渣一样不好封焊，当含锡过多时，虽表面光滑但成浆糊状的温度范围缩小了，在喷灯移去后可揩抹的时间缩短且锡容易从合金中分离出来，往下流淌形成锡疙瘩，增加了封焊的困难。

**Jb0000233119　在铝线局部压接前如何处理压接体？（5 分）**

**考核知识点：**压接体

**难易度：**难

**标准答案：**

压接前应将线芯及铝接管内的氧化铝膜去掉，其方法：可在线芯和铝接管内壁涂上一层中性凡士林，然后用钢丝刷（管内用钢丝刷）刷去氧化铝膜，擦去铝屑后，再涂层中性凡士林，将线芯插入铝接管进行压接，因氧化铝膜极易形成，因此在用钢丝刷刷时也应让铝导体表面有一层凡士林，以保护铝的表面不再被氧化。

**Jb0000233120　对于非圆形线芯在进行压接时如何处理？（5 分）**

**考核知识点：**压接

**难易度：**难

**标准答案：**

对于非圆形线芯可用专用模具将线芯压圆，也可用绑线将线芯扎成圆形并扎紧锯齐后再插入压接管内，插入前应根据铝接管长度或铝鼻子孔深，在线上做好记号，若是中间接头应使两端插入的长度相等，即各占铝接管长度的一半，铝鼻子应插到底，插入线芯时，线芯不应出现单丝突起现象，不宜用硬物敲打铝鼻子，防止变形，影响接触面积增加接触电阻。

**Jb0000233121　使用螺钉旋具时应注意什么？（5 分）**

**考核知识点：**螺钉旋具

**难易度：**难

**标准答案：**

在工作中使用螺钉旋具时，必须选用与旋螺钉相配合的螺钉旋具，使用时应对正螺钉垂直用力，带电作业时，最好把金属杆及金属箍用绝缘软管套上，以防带电作业时触电或引起短路，更不准用螺钉旋具代替凿子砸用或硬撬过紧件，以防止螺钉旋具的手柄砸坏和将螺杆撬弯。

**Jb0000233122 使用活扳手时应注意什么？（5 分）**

**考核知识点：**活扳手

**难易度：**难

**标准答案：**

使用活扳手时，应根据螺母的规格选用尺寸适合的扳手，扳口应调节适当，扳唇应夹正，要均衡，不可过猛，并应让固定板唇受主要作用力，以防扳口打滑，损伤螺母、扳口，或碰伤手指。

**Jb0000233123 使用电工刀时应注意什么？（5 分）**

**考核知识点：**电工刀

**难易度：**难

**标准答案：**

使用电工刀剥削电线绝缘层时，手要握住电线的下面，被削件部分在上面，刀口向外削，电工刀在用完后应将刀身折入柄槽内。

**Jb0000231124 《110（66）千伏及以上电缆及通道分级、风险评估和治理工作方案》规定 110（66）kV 及以上电缆通道分级标准是？（5 分）**

**考核知识点：**电缆通道分级标准

**难易度：**易

**标准答案：**

（1）一级电缆通道：正常方式下，因通道原因可造成 4 级及以上电网事件的电缆通道；正常方式下，因通道原因可造成 1 座及以上 220kV 及以上变电站全停的电缆通道，或造成 3 座及以上 110kV 变电站全停的高压电缆通道；一级电缆线路所在通道。

（2）二级电缆通道：正常方式下，因通道原因可造成 5 级电网事件的电缆通道；正常方式下，因通道原因可造成 2 座及以下 110kV 变电站全停的电缆通道；二级电缆线路所在通道。

（3）三级电缆通道：未列入一、二级的电缆通道。

**Jb0000231125 Q/GDW 1512—2014《电力电缆及通道运维规程》规定的工作井巡视检查要求及内容？（5 分）**

**考核知识点：**巡视

**难易度：**易

**标准答案：**

（1）接头工作井内是否长期存在积水现象，地下水位较高、工作井内易积水的区域敷设的电缆是否采用阻水结构。

（2）工作井是否出现基础下沉、墙体坍塌、破损现象。

（3）盖板是否存在缺失、破损、不平整现象。

（4）盖板是否压在电缆本体、接头或者配套辅助设施上。

（5）盖板是否影响行人、过往车辆安全。

**Jb0000231126 Q/GDW 1512—2014《电力电缆及通道运维规程》规定的电力电缆运行资料包括哪些内容？（5 分）**

**考核知识点：**运行资料

**难易度：**易

**标准答案：**

（1）巡视检查记录。

（2）外力破坏防护记录。

（3）隐患排查治理及缺陷处理记录。

（4）温度测量（电缆本体、附件、连接点等）记录。

（5）相关带电检测记录。

（6）电缆通道可燃、有害气体监测记录。

（7）单芯电缆金属护层接地电流监测记录。

（8）土壤温度测量记录。

**Jb0000231127　简述家族缺陷的定义及分级。（5分）**

**考核知识点：**家族缺陷

**难易度：**易

**标准答案：**

经确认由于制造厂设计、材质、工艺等同一共性因素导致的设备缺陷或隐患称为家族缺陷。

根据家族缺陷对人身、电网或设备的影响程度分为重大和一般两级。重大家族缺陷是指可能造成人身伤害、电网事故或设备损坏，需尽快治理的家族缺陷。一般家族缺陷是指对电网、设备安全运行暂不构成较大影响，可适时安排治理的家族缺陷。

**Jb0000231128　电缆隧道照明、通风、排水、监控用低压配电系统有哪些要求？（5分）**

**考核知识点：**低压配电系统

**难易度：**易

**标准答案：**

（1）应采取放入阻燃管或防火槽盒等防火隔离措施。

（2）应采用双电源供电，每路电源均应满足该供电范围内全部设备同时投时用电的需求。照明、插座、风机、水泵及消防控制箱回路均应接自不同回路。

（3）电源分电箱和低压配电箱外壳防护等级不应低于IP54，安装高度宜为箱底距地面1.5m。箱内每回路宜设漏电保护装置。

**Jb0000231129　隧道电缆通道的内部巡视应重点查看的内容有哪些？（5分）**

**考核知识点：**巡视

**难易度：**易

**标准答案：**

（1）结构本体有无形变，支架、爬梯、楼梯等附属设施及标识、标志是否完好。

（2）是否存在火灾、坍塌、盗窃、积水等隐患。

（3）是否存在温度超标、通风不良、杂物堆积等缺陷，缆线孔洞的封堵是否完好。

（4）电缆固定金具是否齐全，隧道内接地箱、交叉互联箱的固定、外观情况是否良好。

（5）机械通风、照明、排水、消防、通信、监控、测温等系统或设备是否运行正常，是否存在隐患和缺陷。

（6）测量并记录氧气和可燃、有害气体的成分和含量。

**Jb0000232130 请简述高频局部放电检测的步骤。(5分)**

**考核知识点：**高频局部放电检测

**难易度：**中

**标准答案：**

（1）测试前检查测试环境，排除干扰源。

（2）将传感器（高频 TA 或其他传感器）安装于检测部位。

（3）选择适合的频率范围，可采用仪器的推荐值。

（4）对所有检测部位进行高频局部放电检测，在检测过程保证高频传感器方向一致。

（5）测量数据记录。

（6）当监测到异常时，记录异常信号放电谱图、分类谱图以及频谱图，并给出初步分析判断结论。

**Jb0000231131 局部放电测量时的干扰一般有哪些？(5分)**

**考核知识点：**局部放电测量

**难易度：**易

**标准答案：**

（1）电源网络的干扰。

（2）各类电磁场辐射的干扰。

（3）试验回路接触不良、各部位电晕及试验设备的内部放电。

（4）接地系统的干扰。

（5）金属物体悬浮电位的放电。

**Jb0000231132 列出红外精确检测的要求。(5分)**

**考核知识点：**红外精确检测

**难易度：**易

**标准答案：**

除满足一般检测的环境要求外，还满足以下要求：

（1）风速一般不大于 0.5m/s。

（2）设备通电时间不小于 6h，最好在 24h 以上。

（3）检测期间天气为阴天、夜间或晴天日落 2h 后。

（4）被检测设备周围应具有均衡的背景辐射，应尽量避开附近热辐射源的干扰，某些设备被检测时还应避开人体热源等的红外辐射。

（5）避开强电磁场，防止强电磁场影响红外热像仪的正常工作。

**Jb0000232133 简述变频谐振试验下局部放电检测步骤。(5分)**

**考核知识点：**变频谐振试验

**难易度：**中

**标准答案：**

（1）测试前检查测试环境，排除干扰源。

（2）将传感器（高频 TA 或其他传感器）安装于检测部位，在检测过程中保证高频传感器方向一致。

（3）选择适合的频率范围，可采用仪器的推荐值。

（4）试验电压应逐渐升到额定电压 $U_0$ 并保持 10min，然后慢慢地升到 $1.4U_0$ 并保持 10min，直至升到试验电压，并保持一定的试验时间。

（5）对所有检测部位（对具备条件的所有电缆终端、接头）进行高频局部放电检测。

（6）测量数据记录。

（7）当检测到异常时，记录异常信号放电谱图、分类谱图以及频谱图，并给出初步分析判断结论。

**Jb0000231134　有一回待投运的 110kV 交联电缆线路，每根电缆长 1km（此种电缆电容量为 0.16μF/km），现有高压试验设备为：1 台 100H、4A、150kV 电抗器，变频电源频率范围是 30～200Hz，利用上述设备开展串谐试验，请计算出谐振频率。（5 分）**

**考核知识点：**谐振频率

**难易度：**易

**标准答案：**

**解：**根据题意试品电容量 $C=1\times0.16=0.16$（μF）

谐振频率为

$$f=\frac{1}{2\pi\sqrt{LC}}=\frac{1}{2\times3.14\times\sqrt{100\times0.16\times10^{-6}}}=\frac{1}{2\times3.14\times0.004}=39.8\text{（Hz）}$$

**答：**谐振频率为 39.8Hz。

**Jb0000231135　电力电缆的金属护套或屏蔽层接地方式的选择应符合哪些要求？（5 分）**

**考核知识点：**接地方式

**难易度：**易

**标准答案：**

（1）三芯电缆应在线路两终端直接接地，如在线路中有电缆接头，应在电缆接头处另加设接地。

（2）单芯电缆的金属护套或屏蔽层，在线路上至少有一点直接接地，且在金属护套或屏蔽层上任一点非接地处的正常感应电压，应符合下列要求：

1）未采取能防止人员任意接触金属护套或屏蔽层的安全措施时，满载情况下不得大于 50V。

2）采取能防止人员任意接触金属护套或屏蔽层的安全措施时，满载情况下不得大于 100V。

（3）长距离单芯水底电缆线路应在两岸的接头处直接接地。

**Jb0000231136　电缆外护套破损严重导致接地的处理方法是什么？（5 分）**

**考核知识点：**接地处理

**难易度：**易

**标准答案：**

（1）外护套故障找寻，找到故障点后将故障点及两侧 100mm 内电缆外护套用砂纸打毛，先后绕包绝缘带、防水带，然后用半导电带恢复外电极，最后绕包 PVC 带。

（2）修复后再次测量外护套绝缘电阻，并进行直流耐压试验，直流电压 5kV，加压时间 60s，不应击穿。

**Jb0000231137　简述声测定点法精确定点的原理。（5 分）**

**考核知识点：**声测定点法

**难易度：**易

**标准答案：**

利用与冲击闪络法相同的高压设备，使故障点击穿放电。故障间隙放电时产生的机械振动传到地面，利用声电传感器检测，可以比较准确地对电缆故障点进行定位。

**Jb0000231138 高压电缆线路附属设备中关于接地装置的技术要求有哪些？（5分）**

**考核知识点：**接地装置

**难易度：**易

**标准答案：**

（1）接地箱、交叉互联箱内连接应对，铜排连接螺栓应紧固且无锈蚀、松动现象。箱体完整，开关方便。

（2）接地箱、交叉互联箱内电气连接部分应与箱体绝缘。箱体本体不得选用铁磁材料，并应密封良好，固定牢固可靠，防护等级不低于IP68标准。

（3）电缆护层过电压限制器配置选择应符合GB 50217—2018《电力工程电缆设计标准》的要求，连接电缆应与电缆护层绝缘水平一致。

**Jb0000231139 对电力电缆及附件进行高频局部放电检测时，高频局部放电传感器应安装在什么部位？（5分）**

**考核知识点：**高频局部放电检测

**难易度：**易

**标准答案：**

（1）对于电力电缆及附件，可以在电缆终端头接地线、电缆中间接头接地线、电缆中间接头交叉互联接地线、电缆本体上安装高频局部放电传感器，在电缆单相本体上安装相位信息传感器。

（2）如果存在无外接地线的电缆终端头，高频局部放电传感器也可以安装在该段电缆本体上，使用时应注意放置方向，应保证电流入地方向与传感器标记方向一致。

**Jb0000231140 请说明电缆交叉互联箱的功能和组成。（5分）**

**考核知识点：**交叉互联箱

**难易度：**易

**标准答案：**

用于在长电缆线路中，为降低电缆护层感应电压，依次将一相绝缘接头一侧的金属套和另一相绝缘接头另一侧的金属套相互连接后再集中分段接地的一种密封装置。包括护层过电压限制器、接地排、换位排、公共接地端子等。

**Jb0000231141 在电缆发生故障后应做好哪些巡视工作？（5分）**

**考核知识点：**故障

**难易度：**易

**标准答案：**

（1）故障巡视应在电缆发生故障后立即进行，巡视范围为发生故障的区段或全线。

（2）对引发事故的证物证件应妥善保管设法取回，并对事故现场应进行记录、拍摄，以便为事故分析提供证据和参考。

（3）具有交叉互联的电缆跳闸后，应同时对电缆上的交叉互联箱、接地箱进行巡视，还应对给同一用户供电的其他电缆开展巡视工作以保证用户供电安全。

**Jb0000231142　由于接地线/封铅虚焊导致的电缆接头发热应如何处理？（5分）**

**考核知识点：**接头发热

**难易度：**易

**标准答案：**

（1）应先将电缆停电。

（2）检查电缆主绝缘表面，无明显变化的，重新进行接地线焊接/封铅。

（3）若放电现象严重，电缆主绝缘出现变色、碳化等情况，切除电缆接头及受损电缆，重新安装电缆接头。

**Jb0000231143　电缆线路交接试验项目有哪些？（5分）**

**考核知识点：**交接试验项目

**难易度：**易

**标准答案：**

电缆主绝缘及外护套绝缘电阻测量、主绝缘交流耐压试验、单芯电缆外护套直流耐压试验、电缆两端的相位检查、金属屏蔽（金属套）电阻和导体电阻比、采用交叉互联接地电缆线路的交叉互联系统试验和局部放电检测试验。

**Jb0000231144　请解释电缆校直的方法和目的。（5分）**

**考核知识点：**电缆校直

**难易度：**易

**标准答案：**

（1）在电缆附件施工时，将电缆端部一定区域绕包加热带并按照规定的时间和温度加热后，固定在一平直的物体上自然冷却至环境温度，使电缆端部成为直线。

（2）目的在于消除电缆生产和敷设过程中产生的机械应力，保证电缆和附件界面良好配合，也可减少电缆投运后因绝缘受热而导致的回缩。

**Jb0000231145　采用封铅方式对电缆接头进行接地或密封时，应满足哪些技术要求？（5分）**

**考核知识点：**封铅

**难易度：**易

**标准答案：**

（1）封铅应与电缆金属套和电缆附件的金属套管紧密连接，封铅致密性应良好，不应有杂质和气泡，且厚度不应小于12mm。

（2）封铅时不应损伤电缆绝缘，应掌握好加热温度，封铅操作时间应尽量缩短。

（3）圆周方向的封铅厚度应均匀，外形应光滑对称。

**Jb0000231146　投入运行前的电缆线路的参数试验包括哪些？（5分）**

**考核知识点：**参数试验

**难易度：**易

**标准答案：**

包括测量电缆的正序阻抗、负序阻抗、零序阻抗、电容量和导体直流电阻等。

**Jb0000231147 简述接地装置巡视检查的内容。（5分）**

**考核知识点：**巡视

**难易度：**易

**标准答案：**

（1）接地箱箱体（含门、锁）是否缺失、损坏，基础是否牢固可靠。

（2）交叉互联换位是否正确，母排与接地箱外壳是否绝缘。

（3）主接地引线是否接地良好，焊接部位是否做防腐处理。

（4）接地类设备与接地箱接地母排及接地网是否连接可靠，是否松动、断开。

（5）同轴电缆、接地单芯引线或回流线是否缺失、受损。

**Jb0000231148 简述电缆金属护层接地电流现场检测方法的要求。（5分）**

**考核知识点：**接地电流

**难易度：**易

**标准答案：**

（1）检测前钳型电流表处于正确挡位，量程由大至小调节。

（2）测试接地电流应记录当时的负荷电流。

（3）记录接地电流异常互联段、缺陷部位、实际负荷、互联段内所有互联线、接地线的接地电流。

**Jb0000231149 高压电缆线路地电流检测诊断依据中，结果判断为缺陷的判据是什么？（5分）**

**考核知识点：**缺陷

**难易度：**易

**标准答案：**

满足下面任何一项条件时：

（1）接地电流绝对值大于100A。

（2）接地电流与负荷比值大于50%。

（3）单相接地电流最大值/最小值的比值大于5。

**Jb0000231150 什么是高频局部放电检测设备检测校验功能？（5分）**

**考核知识点：**高频局部放电检测

**难易度：**易

**标准答案：**

高频局部放电检测设备应具备检测校验功能，在一定的频率范围内通过输入的标准脉冲幅值与检出的等效放电量相比较，调整输入信号的传输阻抗修正系数，实现对检测回路的校正。

**Jb0000231151 电缆线路高频局部放电缺陷状态的诊断依据是什么？（5分）**

**考核知识点：**缺陷

**难易度：**易

**标准答案：**

测试结果：具有具备放电特征且放电幅值较大；图谱特征：有可疑放电特征，放电相位图谱180°分布特征明显，幅值正负分明；建议策略：密切监视，观察其发展情况，必要时停电处理。

**Jb0000231152　试述电缆过负荷运行的危害性。（5分）**

**考核知识点：**过负荷

**难易度：**易

**标准答案：**

（1）DL/T 1253—2013《电力电缆线路运行规程》中规定，电缆线路原则上不允许过负荷，即使在处理事故时出现的过负荷，也应迅速恢复正常。

（2）过负荷将缩短电缆的使用寿命。过负荷电流的大小和过负荷时间长短不同，对电缆危害程度也不一样，在电缆线路设备上因过负荷反映出来的损坏部件基本可分为以下几类：

1）造成导体接点的损坏，或是造成终端头外部接点的损坏。

2）因过热造成固体绝缘变形，降低绝缘水平，加速绝缘老化。

3）使金属铅护套发生龟裂现象，整条电缆铅护套膨胀，在铠装隙缝处裂开。

4）电缆终端盒和中间接头盒因灌注在盒内的沥青绝缘胶受热膨胀而胀裂。

**Jb0000231153　交联聚乙烯绝缘电缆内半导体屏蔽层有何作用？（5分）**

**考核知识点：**交联聚乙烯绝缘

**难易度：**易

**标准答案：**

（1）线芯表面采用半导体屏蔽层可以均匀线芯表面不均匀电场的作用。

（2）防止了内屏蔽与绝缘层间接触不紧而产生气隙，提高电缆起始放电电压。

（3）抑制电树或水树生长。

（4）通过半导体屏蔽层热阻的分温作用，使主绝缘温升下降，起热屏蔽作用。

**Jb0000231154　进电缆工井前应做好哪些安全措施？（5分）**

**考核知识点：**工井

**难易度：**易

**标准答案：**

（1）排除井内浊气。

（2）井下工作应戴安全帽。

（3）做好防火、防水的措施。

（4）防止高空落物。

**Jb0000231155　简述电缆及通道缺陷的分类情况，各类缺陷对消除时间的要求。（5分）**

**考核知识点：**缺陷

**难易度：**易

**标准答案：**

（1）电缆及通道缺陷分为危急缺陷、严重缺陷、一般缺陷三类。

（2）危急缺陷是指严重威胁设备的安全运行，不及时处理随时有可能导致事故的发生，必须尽快消除或采取必要的安全技术措施进行处理的缺陷。

（3）严重缺陷是指设备处于异常状态，可能随时发展为事故，但设备仍可在一定时间内继续运行，须加强监视并进行大修处理的缺陷。

（4）一般缺陷是指设备本身及周围环境出现不正常情况，一般不威胁设备的安全运行，可列入小修计划进行处理的缺陷。

（5）消除时间要求：

1）危急缺陷消除时间不得超过 1 天。

2）严重缺陷应在 30 天内消除。

3）一般缺陷可结合检修计划尽早消除，但必须处于可控状态。

**Jb0000231156 简述电力电缆带电检测的周期。（5 分）**

**考核知识点：**检测周期

**难易度：**易

**标准答案：**

（1）测温检测。新设备投运及 A、B 类检修后应在 1 个月内完成检测，在运橡塑绝缘电缆 330kV 及以上每 1 个月检测 1 次、220kV 每 3 个月检测 1 次、110（66）kV 及以下每 6 个月检测 1 次，在运充油电缆 220kV/330kV 每 3 个月检测 1 次、110（66）kV 及以下每 6 个月检测 1 次。

（2）金属护层接地电流检测。新设备投运、解体检修后应在 1 个月内完成检测，在运设备 330kV 及以上每 1 个月检测 1 次、220kV 每 3 个月检测 1 次、110（66）kV 及以下每 6 个月检测 1 次。

（3）超声波、高频、超高频局部放电检测。新设备投运、解体检修 1 周内完成检测，在运设备每 6 年检测 1 次。

**Jb0000231157 什么是状态检测？（5 分）**

**考核知识点：**状态检测

**难易度：**易

**标准答案：**

利用红外热成像、局部放电、接地电流检测等专业无损检测技术手段，综合评估并诊断电力设备的运行状况、绝缘老化、工艺缺陷等潜伏性故障。

**Jb0000231158 设备台账应包括哪些内容？（5 分）**

**考核知识点：**设备台账

**难易度：**易

**标准答案：**

（1）电缆设备台账，应包括电缆的起讫点、电缆型号规格、附件形式、生产厂家、长度、敷设方式、投运日期等信息。

（2）电缆通道台账，应包括电缆通道地理位置、长度、断面图等信息。

（3）备品备件清册。

**Jb0000231159 35kV 及以上单芯电缆金属护套或屏蔽层单点直接接地时，哪种情况下宜考虑沿电缆邻近平行敷设一根两端接地的绝缘回流线？（5 分）**

**考核知识点：**接地

**难易度：**易

**标准答案：**

（1）系统短路时电缆金属护套或屏蔽层上的工频感应电压，超过电缆金属护层绝缘耐受强度或过电压限制器的工频耐压。

（2）需抑制电缆对邻近弱电线路的电气干扰强度。

**Jb0000231160　电缆的防火阻燃应采取哪些措施？（5分）**

**考核知识点：**防火阻燃

**难易度：**易

**标准答案：**

（1）按设计采用耐火或阻燃型电缆。

（2）按设计设置报警和灭火装置。

（3）防火重点部位的出入口，应按设计要求设置防火门或防火卷帘。

（4）改、扩建工程施工中，对于贯穿已运行的电缆孔洞、阻火墙，应及时恢复封堵。

**Jb0000231161　影响高压电缆线路载流量的因素有哪些？（5分）**

**考核知识点：**载流量

**难易度：**易

**标准答案：**

（1）电缆导体的允许工作温度。

（2）电缆各部分的损耗和热阻。

（3）敷设方式。

（4）并列回路数。

（5）环境温度以及散热条件等。

**Jb0000231162　高压电缆的敷设要求有哪些？（5分）**

**考核知识点：**敷设

**难易度：**易

**标准答案：**

（1）原则上66kV以下与66kV及以上电压等级电缆宜分开敷设。

（2）电力电缆和控制电缆不应配置在同一层支架上。

（3）同通道敷设的电缆应按电压等级的高低从下向上分层布置，不同电压等级电缆间宜设置防火隔板等防护措施。

（4）重要变电站和重要用户的双路电源电缆不宜同通道敷设。

（5）通信光缆应布置在最上层且应设置防火隔槽等防护措施。

（6）交流单芯电缆穿越的闭合管、孔应采用非铁磁性材料。

**Jb0000231163　运行人员应具备的基本知识和技能包括哪些内容？（5分）**

**考核知识点：**运行人员技能

**难易度：**易

**标准答案：**

（1）相关法律法规、制度、规程、标准等。

（2）电力电缆线路的基本理论知识。

（3）电缆线路走向图的绘制。

（4）电缆故障查找方法。

（5）电缆试验及带电检测技术。

（6）电缆线路的各种敷设方法。

（7）各种电缆附件工艺施工方法要点。

（8）塔杆上的高空作业。

（9）状态评价和状态管理要求。

**Jb0000231164 简述交接试验的一般要求。（5分）**

**考核知识点：** 交接试验

**难易度：** 易

**标准答案：**

（1）对电缆的主绝缘进行耐压试验或绝缘电阻测量时，应分别在每一相上进行，对一相进行试验或测量时，其他两相导体和金属屏蔽（金属套）一起接地，试验结束后应对被试电缆进行充分放电。

（2）对金属屏蔽（金属套）一端接地，另一端由护层电压限制器的单芯电缆主绝缘做耐压试验时，应将护层电压限制器短接，使这一端的电缆金属屏蔽（金属套）临时接地，对于采用交叉互联接地的电缆线路，应将交叉互联箱做分相短接处理，并将护层电压保护器短接。

**Jb0000231165 简述局部放电检测试验要求。（5分）**

**考核知识点：** 局部放电检测

**难易度：** 易

**标准答案：**

（1）对35kV及以下电缆线路，交接试验宜开展局部放电检测。

（2）对66kV及以上电缆线路，在主绝缘交流耐压试验期间应同步开展局部放电检测。

**Jb0000231166 简述外护层接地电流测试仪的基本要求。（5分）**

**考核知识点：** 接地电流测试仪

**难易度：** 易

**标准答案：**

（1）钳型电流表应携带方便、操作简单、测量精度高，交流电流测量分辨率达到0.2A，测量结果重复性好。

（2）应具备多量程交流电流挡。

（3）钳型电流表钳头开口直径应略大于接地线直径。

**Jb0000232167 电缆固定应满足哪些要求？（5分）**

**考核知识点：** 电缆固定

**难易度：** 中

**标准答案：**

（1）垂直敷设或超过45°倾斜敷设时电缆刚性固定间距不应大于2m。

（2）桥架敷设时电缆刚性固定间距不应大于2m。

（3）水平敷设的电缆，在电缆首末两端及转弯、电缆接头的两端处。

（4）当对电缆间距有要求时每隔5～10m处。

（5）交流单芯电缆的固定夹具应采用非铁磁性材料。

**Jb0000232168　电缆及通道验收时应做好哪些资料的验收和归档？（5分）**

**考核知识点：**验收

**难易度：**中

**标准答案：**

（1）电缆及通道走廊以及城市规划部门批准文件。包括建设规划许可证、规划部门对于电缆及通道路径的批复文件、施工许可证等。

（2）完整的设计资料，包括初步设计、施工图及设计变更文件、设计审查文件等。

（3）电缆及通道沿线施工与有关单位签署的各种协议文件。

（4）工程施工监理文件、质量文件及各种施工原始记录。

（5）隐蔽工程中间验收记录及签证书。

（6）施工缺陷处理记录及附图。

（7）电缆及通道竣工图纸应提供电子版，三维坐标测量成果。

（8）电缆及通道竣工图纸和路径图，比例尺一般为1:500，地下管线密集地段为1:100，管线稀少地段，为1:1000。在房屋内及变电所附近的路径用1:50的比例尺绘制。平行敷设的电缆，应标明各条线路相对位置，并标明地下管线剖面图。电缆如采用特殊设计，应有相应的图纸和说明。

（9）电缆敷设施工记录，应包括电缆敷设日期、天气状况、电缆检查记录、电缆生产厂家、电缆盘号、电缆敷设总长度及分段长度、施工单位、施工负责人等。

（10）电缆附件安装工艺说明书、装配总图和安装记录。

（11）电缆原始记录：长度、截面积、电压、型号、安装日期、电缆及附件生产厂家、设备参数，电缆及电缆附件的型号、编号、各种合格证书、出厂试验报告、结构尺寸、图纸等。

（12）电缆交接试验记录。

（13）单芯电缆接地系统安装记录、安装位置图及接线图。

（14）有油压的电缆应有供油系统压力分布图和油压整定值等资料，并有警示信号接线图。

（15）电缆设备开箱进库验收单及附件装箱单。

（16）一次系统接线图和电缆及通道地理信息图。

（17）非开挖定向钻拖拉管竣工图应提供三维坐标测量图，包括两端工作井的绝对标高、断面图、定向孔数量、平面位置、走向、埋深、高程、规格、材质和管束范围等信息。

**Jb0000232169　电力电缆运行阶段应注意哪些方面来防止电缆绝缘击穿事故？（5分）**

**考核知识点：**绝缘击穿

**难易度：**中

**标准答案：**

（1）运行部门应加强电缆线路负荷和温度的检（监）测，防止过负荷运行，多条并联的电缆应分别进行测量。巡视过程中应检测电缆附件、接地系统等关键接点的温度。

（2）严禁金属护层不接地运行。应严格按照试验规程对电缆金属护层的接地系统开展运行状态检测、试验。

（3）运行部门应开展电缆线路状态评价，对异常状态和严重状态的电缆线路应及时检修。

（4）应监视重载和重要电缆线路因运行温度变化产生的伸缩位移，出现异常应及时处理。

（5）电缆线路发生运行故障后，应检查全线接地系统是否受损，发现问题应及时修复。

（6）人员密集区域或有防爆要求场所的瓷套终端应更换为复合套管终端。

**Jb0000232170 为防止电缆外力破坏和设施被盗，在运行阶段应注意哪些问题？（5分）**

**考核知识点：**运行阶段

**难易度：**中

**标准答案：**

（1）电缆路径上应设立明显的警示标志，对可能发生外力破坏的区段应加强监视，并采取可靠的防护措施。

（2）工井正下方的电缆，应采取防止坠落物体打击的保护措施。

（3）应监视电缆通道结构、周围土层和邻近建筑物等的稳定性，发现异常应及时采取防护措施。

（4）敷设于公用通道中的电缆应制定专项管理和技术措施，并加强巡视检测。通道内所有电力电缆及光缆应明确设备归属及运维职责。

（5）对盗窃易发地区的电缆设施应加强巡视，接地箱（互联箱）、工井盖等应采取相应的技防措施。退运报废电缆应随同配套工程同步清理。

**Jb0000232171 《国家电网公司十八项电网重大反事故措施》中防止电缆火灾中设计和基建阶段的要求有哪些？（5分）**

**考核知识点：**十八项电网重大反事故措施

**难易度：**中

**标准答案：**

（1）电缆线路的防火设施必须与主体工程同时设计、同时施工、同时验收，防火设施未验收合格的电缆线路不得投入运行。

（2）变电站内同一电源的 110（66）kV 及以上电压等级电缆线路同通道敷设时应两侧布置。同一通道内不同电压等级的电缆，应按照电压等级的高低从下向上排列，分层敷设在电缆支架上。

（3）110（66）kV 及以上电压等级电缆在隧道、电缆沟、变电站内、桥梁内应选用阻燃电缆，其成束阻燃性能应不低于 C 级。与电力电缆同通道敷设的低压电缆、通信光缆等应穿入阻燃管，或采取其他防火隔离措施。应开展阻燃电缆阻燃性能到货抽检试验，以及阻燃防火材料（防火槽盒、防火隔板、阻燃管）防火性能到货抽检试验，并向运维单位提供抽检报告。

（4）中性点非有效接地方式且允许带故障运行的电力电缆线路不应与 110kV 及以上电压等级电缆线路共用隧道、电缆沟、综合管廊电力舱。

（5）非直埋电缆接头的外护层及接地线应包覆阻燃材料，充油电缆接头及敷设密集的 10～35kV 电缆的接头应用耐火防爆槽盒封闭。密集区域（4 回及以上）的 110（66）kV 及以上电压等级电缆接头应选用防火槽盒、防火隔板、防火毯、防爆壳等防火防爆隔离措施。

（6）在电缆通道内敷设电缆需经运行部门许可。施工过程中产生的电缆孔洞应加装防火封堵，受损的防火设施应及时恢复，并由运维部门验收。

（7）隧道、竖井、变电站电缆层应采取防火墙、防火隔板及封堵等防火措施。防火墙、阻火隔板和阻火封堵应满足耐火极限不低于 1h 的耐火完整性、隔热性要求。建筑内的电缆井在每层楼板处采用不低于楼板耐火极限的不燃材料或防火封堵材料封堵。

（8）变电站夹层宜安装温度、烟气监视报警器，重要的电缆隧道应安装火灾探测报警装置，并应定期检测。

**Jb0000232172 《国家电网公司十八项电网重大反事故措施》中防止电缆火灾中运行阶段的要求有哪些？（5分）**

**考核知识点：**十八项电网重大反事故措施

**难易度：**中

**标准答案：**

（1）电缆密集区域的在役接头应加装防火槽盒或采取其他防火隔离措施。输配电电缆同通道敷设应采取可靠的防火隔离措施。变电站夹层内在役接头应逐步移出，电力电缆切改或故障抢修时，应将接头布置在站外的电缆通道内。

（2）运维部门应保持电缆通道、夹层整洁、畅通，消除各类火灾隐患，通道沿线及其内部、隧道通风口（亭）外部不得积存易燃、易爆物。

（3）电缆通道临近易燃、易爆或腐蚀性介质的存储容器、输送管道时，应加强监视并采取有效措施，防止其渗漏进入电缆通道，进而损害电缆或导致火灾。

（4）在电缆通道、夹层内使用的临时电源应满足绝缘、防火、防潮要求，并配置漏电保护器。工作人员撤离时应立即断开电源。

（5）在电缆通道、夹层内动火作业应办理动火工作票，并采取可靠的防火措施。

（6）严格按照运行规程规定对通道进行巡检，并检测电缆和接头运行温度。

（7）与 110（66）kV 及以上电压等级电缆线路共用隧道、电缆沟、综合管廊电力舱的中性点非有效接地方式的电力电缆线路，应开展中性点接地方式改造，或做好防火隔离措施并在发生接地故障时立即拉开故障线路。

**Jb0000231173　在电力线路上工作，保证安全的组织措施应包括哪些内容？（5 分）**

**考核知识点：**组织措施

**难易度：**易

**标准答案：**

（1）现场勘察制度。
（2）工作票制度。
（3）工作许可制度。
（4）工作监护制度。
（5）工作间断制度。
（6）工作终结和恢复送电制度。

**Jb0000231174　填用第一种工作票的工作有哪些？（5 分）**

**考核知识点：**第一种工作票

**难易度：**易

**标准答案：**

在停电的线路或同杆（塔）架设多回线路中的部分停电线路上的工作；在停电的配电设备上的工作；高压电力电缆需要停电的工作；在直流线路停电时的工作；在直流接地极线路或接地极上的工作。

**Jb0000231175　在电力线路上工作，保证安全的技术措施有哪些？（5 分）**

**考核知识点：**技术措施

**难易度：**易

**标准答案：**

停电；验电；接地；使用个人保安线；悬挂标示牌和装设遮栏（围栏）。

**Jb0000231176 电力电缆工作的基本要求有哪些？（5 分）**

**考核知识点：**基本要求

**难易度：**易

**标准答案：**

（1）工作前应详细核对电缆标志牌的名称与工作票所填写的相符，安全措施正确可靠后，方可开始工作。

（2）填用电力电缆第一种工作票的工作应经调控人员许可。填用电力电缆第二种工作票的工作可不经调控人员许可。若进入变、配电站、发电厂工作，都应经运维人员许可。

（3）电力电缆设备的标志牌要与电网系统图、电缆走向图和电缆资料的名称一致。

（4）变、配电站的钥匙与电力电缆附属设施的钥匙应专人严格保管，使用时要登记。

**Jb0000231177 电力电缆管道非开挖施工的安全措施包括哪些？（5 分）**

**考核知识点：**安全措施

**难易度：**易

**标准答案：**

（1）采用非开挖技术施工前，应首先探明地下各种管线及设施的相对位置。

（2）非开挖的通道，应离开地下各种管线及设施足够的安全距离。

（3）通道形成的同时，应及时对施工的区域进行灌浆等措施，防止路基的沉降。

**Jb0000231178 脱离电源后，触电伤员如意识丧失，应在开放气道后 10s 内用哪些方法判定伤员有无呼吸？（5 分）**

**考核知识点：**触电急救

**难易度：**易

**标准答案：**

脱离电源后，触电伤员如意识丧失，应在开放气道后 10s 内用看、听、试的方法判定伤员有无呼吸。

（1）看：看伤员的胸、腹壁有无呼吸起伏动作。

（2）听：用耳贴近伤员的口鼻处，听有无呼气声音。

（3）试：用颜面部的感觉测试口鼻部有无呼气气流。

**Jb0000231179 哪些安全工器具应进行试验？（5 分）**

**考核知识点：**安全工器具

**难易度：**易

**标准答案：**

（1）规程要求进行试验的安全工器具。

（2）新购置和自制的安全工器具。

（3）检修后或关键零部件经过更换的安全工器具。

（4）对安全工器具的机械、绝缘性能产生疑问或发现缺陷时。

**Jb0000231180 工作终结报告应包含哪些内容？（5 分）**

**考核知识点：**工作终结报告

**难易度：**易

**标准答案：**

工作终结的报告应简明扼要，并包括下列内容：工作负责人姓名，某线路上某处（说明起止杆塔号、分支线名称等）工作已经完工，设备改动情况，工作地点所挂的接地线、个人保安线已全部拆除，线路上已无本班组作业人员和遗留物，可以送电。

**Jb0000231181　若工作期间工作负责人必须长时间离开工作现场时，有何规定？（5分）**

**考核知识点：** 工作负责人

**难易度：** 易

**标准答案：**

应由原工作票签发人变更工作负责人，履行变更手续，并告知全体工作人员及工作许可人。原、现工作负责人应做好必要的交接。

**Jb0000231182　工作票签发人的安全责任有哪些？（5分）**

**考核知识点：** 工作票签发人

**难易度：** 易

**标准答案：**

（1）确认工作必要性和安全性。

（2）确认工作票上所填安全措施是否正确完备。

（3）确认所派工作负责人和工作班人员是否适当和充足。

**Jb0000231183　安装高压交联聚乙烯绝电缆终端前，应检查电缆附件材料，并符合哪些要求？（5分）**

**考核知识点：** 交联聚乙烯绝电缆终端

**难易度：** 易

**标准答案：**

（1）电缆附件型号、规格应与电缆相匹配。检查货箱在运输过程中是否有损伤。开箱，按安装指导书中所附的材料清单核实各零部件，并检查是否在运输过程中受损伤。

（2）绝缘材料不应受潮。密封材料不得失效，壳体结构附件应预先组装，内壁清洁。结构尺寸符合工艺要求。

（3）各类消耗材料齐备。清洁绝缘表面的溶剂宜遵循工艺要求准备齐全。

（4）必要时应进行附件试装配。

**Jb0000231184　110kV电缆户外终端装配应力锥有哪些技术要求？（5分）**

**考核知识点：** 110kV电缆户外终端

**难易度：** 易

**标准答案：**

（1）安装应力锥前应确保电缆已经固定牢靠，保证安装应力锥时电缆不会上下移动。

（2）根据产品安装图纸的规定标记尺寸。

（3）确保应力锥内表面无任何污染物，应力锥的内表面应均匀涂抹必要的润滑剂。

（4）安装应力锥前应以正确的顺序把以后要装配的终端尾管、密封圈等部件套入电缆。

（5）套装应力锥时应做好应力锥内表面防护措施。

（6）用手工或专用工具套入应力锥，应力锥安装到位后应清除应力锥末端多余润滑剂。

（7）应做好相应的检查措施，确保电缆在应力锥安装过程中没有发生滑移。

**Jb0000231185 电力电缆线路试验有哪些安全措施？（5分）**

**考核知识点：**安全措施

**难易度：**易

**标准答案：**

（1）电力电缆试验要拆除接地线时，应征得工作许可人的许可（根据调控人员指令装设的接地线，应征得调控人员的许可），方可进行。工作完毕后立即恢复。

（2）电缆耐压试验前，加压端应做好安全措施，防止人员误入试验场所，另一端应设置围栏并挂上警告标示牌。如另一端是上杆的或是锯断电缆处，应派人看守。

（3）电缆耐压试验前，应先对设备充分放电。

（4）电缆的试验过程中，更换试验引线时，应先对设备充分放电，作业人员应戴好绝缘手套。

（5）电缆耐压试验分相进行时，另两相电缆应接地。

（6）电缆试验结束，应对被试电缆进行充分放电，并在被试电缆上加装临时接地线，待电缆尾线接通后才可拆除。

（7）电缆故障声测定点时，禁止直接用手触摸电缆外皮或冒烟小洞。

**Jb0000231186 XLPE 绝缘电缆附件在电气绝缘上有哪些要求？（5分）**

**考核知识点：**XLPE 绝缘电缆附件

**难易度：**易

**标准答案：**

（1）电缆附件所用材料的绝缘电阻、介质损耗、介电常数、击穿强度，以及与结构确定的最大工作场强满足不同电压等级电缆的使用要求。

（2）应考虑干闪距离、湿闪距离、爬电距离等。

（3）有机材料作为外绝缘时还应考虑抗漏电痕迹、抗腐蚀性、自然老化等性能。

只有满足这些要求才能说附件基本上达到了电气上满足。

**Jb0000231187 电缆附件制作时，对电缆终端头和中间接头有哪些基本要求？（5分）**

**考核知识点：**电缆附件制作

**难易度：**易

**标准答案：**

（1）导体连接良好。对于终端头，要求电缆线芯和出线接头、出线鼻子有良好的连接。对于中间接头，则要求电缆线芯与连接管之间有良好的连接。所谓良好的连接，主要指接触电阻小而稳定，即运行中接头电阻不大于电缆线芯本身电阻的 1.2 倍。

（2）绝缘可靠。要有满足电缆线路在各种状态下长期安全运行的绝缘结构，并有一定的裕度。

（3）密封良好。可靠的绝缘要有可靠的密封来保证。一方面要使环境的水分及导电介质不侵入绝缘；另一方面要使绝缘剂不致流失。这就要求有良好的密封。

（4）足够的机械强度，能适应各种运行条件。

除了上述 4 项基本要求之外，还要尽可能考虑到结构简单、体积小、材料省、安装维修简便，以及兼顾到造型美观。

**Jb0000232188　110kV 电力电缆户外终端制作工艺流程有哪些步骤？（5 分）**

**考核知识点：**110kV 电力电缆户外终端

**难易度：**中

**标准答案：**

（1）施工准备。

（2）切割电缆及电缆外护套的处理。

（3）电缆加热校直处理。

（4）绝缘屏蔽及电缆绝缘的处理。

（5）安装应力锥。

（6）压接出线杆。

（7）安装套管及金具。

（8）接地与密封收尾处理。

（9）质量验评。

**Jb0000231189　安装交联电缆终端时为什么要对电缆进行加热校直？（5 分）**

**考核知识点：**加热校直

**难易度：**易

**标准答案：**

在 110kV 及以上电压等级的高压交联电缆生产过程中，电缆绝缘内部会留有应力。这种应力会使电缆导体附件的绝缘有向绝缘体中间收缩的趋势。当切断电缆时，就会出现电缆端部绝缘逐渐回缩并露出线芯。一旦电缆绝缘回缩后，电缆终端内就会产生气隙。在高电场作用下，气隙很快会产生局部放电，导致终端被击穿。因此，在 110kV 电缆终端制作过程中，必须做好电缆加热校直工艺，确保上述应力的消除和电缆的笔直度。

**Jb0000231190　电缆终端安装时导体连接有哪些技术要求？（5 分）**

**考核知识点：**电缆终端安装

**难易度：**易

**标准答案：**

导体连接包括电缆接头中导体与导体的连接，终端头中导体与接线端子的连接。其连接要满足：

（1）接触电阻小而且稳定。包括连接金具在内的一定长度试样的电阻不应大于相同长度电缆导体的电阻。经运行后，连接处电阻与相同长度导体电阻之比值不应大于 1.2 倍。

（2）有足够的机械强度。对于固定敷设的电缆，其连接点的抗拉强度应不低于电缆导体本身抗拉强度的 60%。

（3）能够经受一定次数的短路冲击。

（4）具有耐振动和耐腐蚀性能。

**Jb0000232191　高压交联电缆附件制作，采用围压压接法进行导体连接时应满足哪些要求？（5 分）**

**考核知识点：**围压压接法

**难易度：**中

**标准答案：**

（1）压接前应检查核对连接金具和压接模具，选用合适的接线端子、压接模具和压接机。

（2）压接前应清除导体表面污迹与毛刺。

（3）压接前应检查金具与电缆是否在一直线上。

（4）压接时导体插入长度应满足工艺要求。

（5）压接顺序按相关工艺要求。

（6）压接前，检查压金具的平直度。围压压接每压一次，在压模合拢到位后应停留 10～15s，使压接部位金属塑性变形达到稳定。压接完成后应确认金具延伸的长度符合工艺要求。

（7）在压接部位，围压形成的边应各自在同一个平面上。

（8）压缩比宜控制在 15%～25%。

（9）分割导体分块间的分隔纸（压接部分）宜在压接前去除。

（10）围压压接后，应对压接部位进行处理。压接后连接金具表面应清洁和光滑处理。

**Jb0000232192 绝缘接头与直通接头有何不同？能否互相代替使用？为什么？（5 分）**

**考核知识点：**绝缘接头与直通接头

**难易度：**中

**标准答案：**

（1）绝缘接头的结构和工艺尺寸与直线接头大致相同。

（2）不同处是其增绕绝缘外缠绕的外屏蔽和金属屏蔽层只分别与两侧电缆本体的对应部分接通，而相互之间必须隔开，而且接头的铜外壳间亦须用绝缘材料隔开，因此能用于需要隔断外护层的单芯电缆的连接上。

（3）但直线接头则连通，没有隔断电缆的外护层，因此直线接头无法代替绝缘接头。

（4）绝缘接头却能代替直线接头使用，只需施工时将两端的外屏蔽和金属屏蔽层以及铜外壳的两个接地端连通即可；已投入运行的绝缘接头只需将铜外壳的两个接地端连通。

**Jb0000232193 简述电缆检修策略的一般要求。（5 分）**

**考核知识点：**电缆检修策略

**难易度：**中

**标准答案：**

（1）电缆线路的状态检修策略既包括年度检修计划的制订，也包括缺陷处理、试验、不停电的维修和检查等。检修策略应根据设备状态评价的结果动态调整。

（2）年度检修计划每年至少修订一次。根据最近一次设备的状态评价结果，考虑设备风险评估因素，并参考制造厂家的要求确定下一次停电检修时间和检修类别。在安排检修计划时，应协调相关设备检修周期，统一安排、综合检修，避免重复停电。

（3）对于设备缺陷，根据缺陷性质，按照缺陷管理相关规定处理。同一设备存在多种缺陷，也应尽量安排在一次检修中处理，必要时，可调整检修类别。

（4）C 类检修正常周期宜与试验周期一致。不停电维护和试验根据实际情况安排。

**Jb0000232194 简述正常状态电缆接头 C 类检修的检修内容与技术要求。（5 分）**

**考核知识点：**C 类检修

**难易度：**中

**标准答案：**

（1）检修内容：

1）检查电缆接头外观有无异常。

2）检查电缆接头两侧伸缩节有无明显变化。

3）检查电缆接头托架、夹具有无偏移、锈蚀、破损、部件缺失等情况。

4）检查电缆接头防火设施是否完好。

（2）技术要求：

1）外观应无异常。

2）电缆接头两侧伸缩节应无明显变化。

3）电缆接头托架、夹具应无偏移、锈蚀、破损、部件缺失等情况。

4）电缆接头防火设施应完好。

**Jb0000232195　简述电缆缺陷管理的内容。（5 分）**

**考核知识点：**缺陷管理

**难易度：**中

**标准答案：**

（1）运维单位应制定缺陷管理流程，对缺陷的上报、定性、处理和验收等环节实行闭环管理。

（2）根据对运行安全的影响程度和处理方式进行分类并记入生产管理系统。

（3）危急缺陷消除时间不得超过 24h，严重缺陷应在 30 天内消除，一般缺陷可结合检修计划尽早消除，但应处于可控状态。

（4）电缆及通道带缺陷运行期间，运维单位应加强监视，必要时制定相应应急措施。

（5）运维单位应定期开展缺陷统计分析工作，及时掌握缺陷消除情况和缺陷产生的原因，采取有针对性相应措施。

**Jb0000232196　正常状态电缆本体 C 类检修项目中的电缆本体外观检查包括哪些内容？（5 分）**

**考核知识点：**C 类检修项目

**难易度：**中

**标准答案：**

（1）检查电缆是否存在过度弯曲、过度拉伸、外部损伤等情况，检查充油电缆是否存在渗漏油情况。

（2）检查电缆抱箍、电缆夹具和电缆衬垫是否存在锈蚀、破损、缺失、螺栓松动等情况。

（3）检查电缆的蠕动变形，是否造成电缆本体与金属件、构筑物距离过近。

（4）检查电缆防火设施是否存在脱落、破损等情况。

**Jb0000231197　保护器与电缆金属护层的连接线选择应符合哪些规定？（5 分）**

**考核知识点：**保护器

**难易度：**易

**标准答案：**

（1）连接线应尽量短，宜在 5m 内且采用同轴电缆。

（2）连接线应与电缆护层的绝缘水平一致。

（3）连接线的截面，应满足最大电流通过时的热稳定要求。

**Jb0000232198　感应法电力电缆故障仪有哪些用途？（5 分）**

**考核知识点：**感应法电力电缆故障仪

**难易度：**中

**标准答案：**

（1）寻找电缆路径。

（2）测量电缆埋置深度。

（3）寻找电缆接头位置。

（4）测量低压电阻接地故障。

（5）测量相间短路故障。

**Jb0000233199 在进行电缆线路高频局部放电检测时，当根据相位图谱特征判断测量信号具备50Hz 相关性后，应继续哪些操作？（5 分）**

**考核知识点：**高频局部放电检测

**难易度：**难

**标准答案：**

（1）排除外界环境干扰，即排除与电缆有直接电气连接的设备（如变压器、GIS 等）或空间的放电干扰。

（2）根据各检测部位的幅值大小（即信号衰减特性）初步定位局部放电部位。

（3）根据各检测部位三相信号相位特征，定位局部放电相别。

（4）根据单个脉冲时域波形、相位图谱特征初步判断放电类型。

（5）在条件具备时，综合应用超声波局部放电仪、示波器等仪器进行精确的定位。

**Jb0000232200 电缆支架有哪些要求？（5 分）**

**考核知识点：**支架

**难易度：**中

**标准答案：**

（1）表面光滑无毛刺。

（2）适应使用环境的耐久稳固。

（3）满足所需的承载能力。

（4）符合工程防火要求。

**Jb0000232201 对正常状态避雷器绝缘套管 C 类检修的技术要求有哪些？（5 分）**

**考核知识点：**C 类检修

**难易度：**中

**标准答案：**

（1）外观无异常，高压引线、接地线连接正常。

（2）套管外绝缘有无污秽及放电痕迹。

（3）均压环无错位。

（4）复合套管严禁使用酒精、乙醚等有机溶剂清扫，对于污秽等级上升的区域，更换时应提高避雷器爬距。

**Jb0000232202 避雷器例行试验的内容有哪些？（5 分）**

**考核知识点：**例行试验

**难易度**：中

**标准答案**：

（1）直流 1mA 电压及在 $0.75U_{1mA}$ 下泄漏电流测量。

（2）避雷器底座绝缘电阻测量。

（3）放电计数器功能检查、电流表校验。

（4）计数器上引线绝缘检查。

**Jb0000232203　简述感应法测定电缆故障原理及适用范围。（5 分）**

**考核知识点**：感应法

**难易度**：中

**标准答案**：

感应法是给电缆芯通以音频电流，当音频电流通过故障点时，电流和磁场将发生变化，利用接收装置及音频信号放大设备听测或观察信号的变化，来确定故障点的具体位置。这种方法，一般只适用于听测低阻相间短路故障，有时在特殊情况下能听测低阻的接地或断线故障。感应法可用于听测电缆埋设位置、深度及接头盒位置，有助于准确地找出电缆故障。

**Jb0000232204　请说出五种电缆线路发生故障的主要原因。常见五种故障分别是什么？（5 分）**

**考核知识点**：故障

**难易度**：中

**标准答案**：

（1）主要原因：外力损坏、绝缘老化、接头爆炸、制造质量不良、试验击穿。

（2）常见故障分别为：

1）接地故障。

2）短路故障。

3）断线故障。

4）闪络性故障。

5）混合故障。

**Jb0000232205　简述什么是闪络性故障。（5 分）**

**考核知识点**：闪络性故障

**难易度**：中

**标准答案**：

（1）这类故障一般发生于电缆耐压试验击穿中，并多出现在电缆中间接头或终端头内。

（2）试验时绝缘被击穿，形成间隙性放电，当试验电压达到某一定值时，发生击穿放电，而当击穿后放电电压降至某一值时，绝缘又恢复而不发生击穿；有时在特殊条件下，绝缘击穿后又恢复正常，即使提高试验电压，也不再击穿的现象。

**Jb0000232206　简述交叉互联系统对地绝缘的直流耐压试验的测试要求。（5 分）**

**考核知识点**：交叉互联系统

**难易度**：中

**标准答案**：

试验时必须事先将护层电压限制器断开，并在互联箱中将另一侧的三段电缆金属套全部接地，使绝缘接头的绝缘环部分也同时进行试验。在每段电缆金属屏蔽（金属套）与地之间施加直流电压 10kV，加压时间 1min，交叉互联系统对地绝缘部分不应击穿。

**Jb0000232207 对电缆接头有哪些要求？（5 分）**

**考核知识点：**电缆接头

**难易度：**中

**标准答案：**

对电缆接头的要求有：

（1）良好的导电性，要与电缆本体一样，能长期稳定地传输允许载流量规定的电流，且不引起局部发热。

（2）满足在各种状况下具有良好的绝缘性能。

（3）优良的防护结构，要求具有耐气候性和防腐蚀性，以及良好的密封性和足够的机械强度。

**Jb0000232208 交联聚乙烯绝缘的电力电缆有何优点？（5 分）**

**考核知识点：**交联聚乙烯绝缘

**难易度：**中

**标准答案：**

（1）有高的电气性能，击穿强度高、绝缘电阻大、介质损耗正切值低、介电常数小。

（2）长期允许工作温度高，输电容量大。

（3）质量轻。

（4）适宜使用在垂直、高落差和有振动的场所。

（5）耐腐蚀性能好。

**Jb0000232209 单芯电缆为什么不采用钢带铠装层？（5 分）**

**考核知识点：**单芯电缆

**难易度：**中

**标准答案：**

单芯电缆护层采用钢带铠装，当导体通过电流时，将产生交变磁场，由于这个磁场的作用，在钢带上会感应出一个感应电压；且电缆钢带在线路两端接地而形成一个闭合回路时，感应电压就会产生感应电流，使电缆发热导致绝缘损坏，所以必须降低电缆载流量。为了避免这种情况，因此单芯电缆的护层铠装不采用钢带，而采用非磁性材料。

**Jb0000232210 电缆搪铅应注意哪些事项？（5 分）**

**考核知识点：**电缆搪铅

**难易度：**中

**标准答案：**

（1）搪铅时间不宜过长，在铅封未冷却前不得撬动电缆。

（2）铝护套搪铅时，应先涂擦铝焊料。

（3）充油电缆的搪铅应分两层进行，以增加铅封的密实性。

**Jb0000232211 试述点压和围压各自的优点。（5 分）**

**考核知识点：**点压和围压

**难易度**：中

**标准答案**：

（1）点压的优点是所需压力较小，较容易使局部压接处接触面产生金属表面渗透。

（2）围压的优点是压接后接管的形状比较平直，容易解决接管处电场过分集中的问题。

**Jb0000232212　高压单芯电缆线路护层保护器与电缆金属护层的连接线选择，应符合哪些规定？（5分）**

**考核知识点**：单芯电缆

**难易度**：中

**标准答案**：

（1）连接线应尽量短，宜在3m以上且采用同轴电缆。

（2）连接线应与电缆护层的绝缘水平一致。

（3）连接线的截面，应满足最大电流通过时的热稳定要求。

**Jb0000232213　交联电缆接头和终端的制作要注意哪些事项？（5分）**

**考核知识点**：交联电缆接头和终端

**难易度**：中

**标准答案**：

（1）电缆须加热矫直，尤其是预制式接头和终端；绝缘表面一定要光滑，尤其是套应力锥和预制件的部位。

（2）外半导电层的处理要平滑过渡，特别是采用涂半导电漆的工艺要均匀；套入应力锥和预制件时要用专用工具，应力锥和预制件不能有损伤；整个施工过程和施工环境要保持清洁。

**Jb0000231214　电缆采取铅作护套料的优点有哪些？（5分）**

**考核知识点**：铅作护套料

**难易度**：易

**标准答案**：

（1）密封性好。

（2）熔化点低。

（3）韧性好，不影响电缆的可曲性。

（4）耐腐蚀性比一般金属好。

**Jb0000231215　试述电缆导体连接的技术要求。（5分）**

**考核知识点**：导体连接

**难易度**：易

**标准答案**：

（1）连接点的接触电阻小而稳定，连接点电阻比值应不大于1。

（2）连接点具有足够的机械强度，应能耐振动。

（3）连接点应抗腐蚀。

（4）连接点应连续、光滑、无毛刺。

**Jb0000232216　电缆导体压接有哪些工艺要点？（5分）**

**考核知识点：**导体压接

**难易度：**中

**标准答案：**

（1）压接前要检查核对连接金具和压模，必须与电缆导体标称截面、导体结构种类（紧压或非紧压）相符。

（2）用清洁剂清除导体、接管、接线端子表面污垢，使其表面出现光泽。

（3）导体经圆整后插入连接管或接线端子，插入长度必须充足。

（4）压接顺序、部位应符合工艺标准，压模合拢后，应停留 10～15s，使压接部位金属塑性变形达到基本稳定后，才能松模。

（5）压接后，压接部位表面应光滑，不应有裂纹或毛刺，边缘处不得有尖端，点压的压坑深度应与阳模的压入部位高度一致，坑底应平坦无裂纹。

**Jb0000232217　简述电力电缆路径仪的基本功能特性。（5 分）**

**考核知识点：**电缆路径仪

**难易度：**中

**标准答案：**

（1）探测电缆走向。

（2）探测电缆埋设深度。

（3）具有输出短路保护及指示功能。

**Jb0000232218　安装电缆 GIS 终端前，应检查电缆附件材料，并符合哪些要求？（5 分）**

**考核知识点：**电缆附件材料

**难易度：**难

**标准答案：**

（1）规格与电缆一致，零部件应齐全无损伤。

（2）绝缘材料不得受潮，密封材料不应失效，壳体结构附件应预先组装，内壁清洁，结构尺寸符合工艺要求。

（3）各类消耗材料齐备，清洁绝缘表面的溶剂宜遵循工艺要求准备齐全。

**Jb0000232219　使用输送机敷设电缆时，输送速度过快会导致哪些问题的发生？（5 分）**

**考核知识点：**输送机敷设

**难易度：**中

**标准答案：**

（1）电力电缆容易脱出滑轮。

（2）造成侧压力过大损伤电力电缆外护套，如使外护套起纹等。

（3）使外护套和内部绝缘产生滑动，破坏电力电缆整体结构。

**Jb0000232220　请简述电缆故障的粗测和精确定位的使用方法。（5 分）**

**考核知识点：**电缆故障

**难易度：**中

**标准答案：**

（1）粗测：

1）电桥法。

2）脉冲法。

（2）精确定点：

1）冲击放电声测法。

2）声磁信号同步接受定点法。

3）音频信号法。

4）跨步电压法。

**Jb0000232221　请简述低压脉冲法在电缆故障点查找中的作用。（5 分）**

**考核知识点：**低压脉冲法

**难易度：**中

**标准答案：**

低压脉冲法可以测试电缆故障距离，主要用于测量电缆断线、短路和低阻接地故障的距离，还可用于测量电缆的长度、波速度和识别定位电缆的中间接头、T 形接头与终端头等。

**Jb0000232222　请简述使用二次脉冲法测试电缆故障点距离时，需要满足的条件。（5 分）**

**考核知识点：**二次脉冲法

**难易度：**中

**标准答案：**

（1）故障点处能在高电压的作用下发生弧光放电。

（2）测量装置能够对故障点加入延长弧光放电的能量。

（3）测距仪能在弧光放电的时间内发出并能接收到低压脉冲反射信号。

**Jb0000232223　什么叫搪铅操作中的触铅法及其要求？（5 分）**

**考核知识点：**搪铅操作

**难易度：**中

**标准答案：**

（1）将铜套管或铜尾管搪铅部位的污垢和氧化层清除，以焊锡膏为助焊剂，均匀地涂上一层焊锡。

（2）搪铅前应用硬脂酸清除搪铅部位的氧化层和污垢。

（3）触铅时燃烧器加热封铅部位，同时加热封铅焊条，将其均匀地在封铅部位涂一层。

（4）将熔融的封铅焊条堆积于封铅部位，然后继续加热，使用电缆油浸渍过的揩布将封铅加工成形。

**Jb0000232224　方案收资阶段，设计单位应完成哪些工作？（5 分）**

**考核知识点：**方案收资阶段

**难易度：**中

**标准答案：**

设计单位应完成电缆路径沿线土壤地质、地面环境和地下管线等可研方案编制需要的收资工作；利用原有通道的项目方案应完成通道内现状的收资工作；应审查开井核查、竣工试验（耐压同步局部放电）、改接工程调换原有铭牌、搬迁通道内电力电缆及其余市政管线、开挖路面和绿化带的赔偿、电缆线路及通道三维测量等费用是否列支。

**Jb0000232225 电缆及附件选型应符合哪些环境要求？（5 分）**

**考核知识点：**电缆及附件选型

**难易度：**中

**标准答案：**

腐蚀性较强的区域应选用铅包电缆；隧道、沟道内应选用阻燃电缆；运行在潮湿或浸水环境中的高压电缆应有纵向阻水功能；人流密集区域的电缆终端应选用复合材料套管；户外终端应满足当地污秽等级要求。

**Jb0000233226 电缆金属护层接地方式应符合设计规范标准，具体要求是哪些？（5 分）**

**考核知识点：**接地方式

**难易度：**难

**标准答案：**

（1）高压电缆线路宜采用交叉互联换位系统；对于较短的线路，可采用中间一点接地或单端接地加回流线方式；通常变电站段设置直接接地，用户站端设置经保护器接地；一端在站内另一端在站外的高压电缆线路，站内端应设置为直接接地，站外设置为保护接地；接地线和回流线的截面积应满足系统短路容量要求。

（2）电缆单段长度应合理，排管内电缆的单段长度不宜超过 600m，隧道内不宜超过 700m；电缆的换位段设置应均衡，3 个换位小段长度差应不会导致感应电流超标。

**Jb0000233227 初设阶段，电缆排列布置应符合哪些设计规范标准？（5 分）**

**考核知识点：**初设阶段

**难易度：**难

**标准答案：**

电缆的敷设断面（孔位）已经电缆运维部门同意并符合运行要求；三相单芯电缆应采用三角形或一字形布置；同一通道内的电缆按电压等级高低由下向上布置；排管的孔数应满足规划需要，并保留一定的裕度（预留检修孔）；隧道、沟槽和竖井内电缆应采取蛇形布置。

**Jb0000233228 隧道的设计应满足哪些运行、检修的要求？（5 分）**

**考核知识点：**隧道设计

**难易度：**难

**标准答案：**

隧道的吊物孔及人孔位置应满足施工和运行要求；隧道的检修通道符合设计规范标准；隧道与其他通道的连接方式合理；隧道的出入口、通风口等宜高于地面 500mm，并设置防倒灌措施；隧道的排水泵积水井有效容积是否满足最大排水泵 15～20min 的流量；隧道的总体标高应避免较大起伏造成局部容易积水。

**Jb0000233229 电缆通道的安防、辅控系统、监测（控）系统等附属设备设计应符合哪些运行要求？（5 分）**

**考核知识点：**附属设备

**难易度：**难

**标准答案：**

电缆终端场站、隧道出入口、重要区域的工井井盖应有安防措施，满足防水、防盗、防坠落、防位移等功能，应设置二层子盖，二层子盖宜选用复合材料，并加装在线监控装置；隧道应采用双电源供电，每路电源均应满足该供电范围内全部设备同时投时用电的需求；隧道内电源分电箱和低压配电箱等外壳防护等级不应低于 IP56；换位箱和接地箱应设置在人行道、绿化带等便于检测工作开展的位置。

**Jb0000233230　可研阶段，高压电缆线路路径选择应注意哪些方面？（5 分）**

**考核知识点：**可研阶段

**难易度：**难

**标准答案：**

电缆路径应合法，满足安全运行要求。电缆路径、附属设备及设施（互联箱、出入口、通风亭、余缆井等）的设置应通过规划部门审批；电缆路径不应进入规划红线范围；不应邻近热力管线和腐蚀性介质管道。

**Jb0000233231　简述综合管廊电力舱验收时应注意的消防要求。（5 分）**

**考核知识点：**电力舱验收

**难易度：**难

**标准答案：**

电力舱应做好防火隔断及封堵，电缆应选用阻燃电缆、技术成熟可靠的电缆附件，应安装火灾报警和灭火装置；电缆密集敷设区域的电缆接头，应加装防火槽盒或其他防火隔离措施，应设置无源清洁可靠的灭火装置。

**Jb0000233232　简述验收时对新建线路的交流耐压试要求。（5 分）**

**考核知识点：**验收

**难易度：**难

**标准答案：**

（1）将试验设备调试并准备就位，试验场地四周装设警示围栏，悬挂“止步，高压危险！”标示牌。设专人监护。

（2）设按试验规定方法布置试验接线，将试验引线接上被试验电缆相，其余两相接地，并留有影像资料。

（3）测量该试验相电缆绝缘电阻，并留有影像资料。

（4）检查试验回路所有接线，检查测量仪表，准备开始试验。

（5）合上试验电源，开始试验，将试验回路调至谐振。

（6）将输出电压逐渐升至试验电压，保持试验电压 60min 后，快速降至零，断开试验电源，高压端挂接地线。

（7）试验过程中如发生闪络、击穿或异常情况，应立即暂停试验。安排施工人员检查电缆是否需要处理，确定能否再次进行耐压试验。同时试验人员应检查试验设备是否损坏，如有损坏应立即检修。

（8）重新试验时如再次发生闪络或击穿现象，施工人员必须确认电缆经检查处理后符合耐压试验要求，重复执行第“（6）”步骤直到试验完成。

（9）再次测量该相电缆绝缘电阻。以此完成其他两相的试验。

**Jb0000233233　简述插入式 GIS 终端安装工艺。（5 分）**

**考核知识点**：插入式 GIS 终端安装工艺

**难易度**：难

**标准答案**：

插入式 GIS 终端安装，内锥环氧套管装入 GIS 电缆筒体后应安装封盖，以防止潮气或杂质进入。电缆终端应对正内锥环氧套管轴线安装，避免终端前端的触头损伤环氧套管内壁。电缆终端不宜多次插拔，不得超过附件制造商允许的插拔次数。

**Jb0000232234 到货验收包括哪些内容？（5 分）**

**考核知识点**：到货验收

**难易度**：中

**标准答案**：

（1）设备到货后，运维单位应参与现场物资验收。

（2）重点检查设备外观、设备参数是否符合技术标准和现场运行条件，检查设备合格证、试验报告、专用工器具、设备安装与操作说明书、设备运行检修手册等是否齐全。

（3）对于首次中标的电缆敷设单位或附件厂家，运维单位应加强对厂家关键工艺的现场监督和质量把控，明确具体考核关键节点和需提供的技术资料。

**Jb0000232235 工程投运前，电缆运检部门应完成哪些工作？（5 分）**

**考核知识点**：工程投运

**难易度**：中

**标准答案**：

工程投运前，电缆运检部门应完成生产装备、安全工器具配置，提前收集设备信息、基础数据相关资料，建立设备基础台账（PMS 台账），完成标识牌的制作安装，做好基建移交工器具与备品备件的接收。

**Jb0000231236 验收工作包括哪些内容？（5 分）**

**考核知识点**：验收

**难易度**：易

**标准答案**：

验收工作包括到货验收、验收方案编制和交底、隐蔽工程验收、土建验收和竣工验收。

**Jb0000231237 竣工验收建设单位和监理单位应该提供哪些资料？（5 分）**

**考核知识点**：验收

**难易度**：易

**标准答案**：

（1）建设单位应提供相应的设计图、工程竣工完工报告和竣工图等书面资料，包括验收申请、施工总结、路径图、管位剖面图、具体结构图、隐蔽工程和附件关键工序影像资料、设计变更联系单等。

（2）监理单位应提供相应的工程监理报告。

**Jb0000232238 验收前工作准备包括哪些内容？（5 分）**

**考核知识点**：验收

**难易度：** 中

**标准答案：**

（1）建设单位提供相应的设计图、工程竣工完工报告和竣工图等书面资料，包括验收申请、施工总结、路径图、管位剖面图、具体结构图、设计变更联系单等。

（2）监理单位应提供相应的工程监理报告。

（3）建设单位应做好有限空间作业准备工作，做好通风、杂物和积水清理，提前开井，确保验收工作顺利进行。

**Jb0000231239　非开挖定向钻拖拉管竣工图提供三维坐标测量图，包括哪些内容？（5 分）**

**考核知识点：** 验收

**难易度：** 易

**标准答案：**

两端工作井的绝对标高、断面图、定向孔数量、平面位置、走向、埋深、高程、规格、材质和管束范围等信息。

**Jb0000231240　电缆接头质量评定及验收资料应包括哪些内容？（5 分）**

**考核知识点：** 电缆接头质量评定

**难易度：** 易

**标准答案：**

资料应包括接头安装记录及质量评定记录、制造厂提供的产品合格证、试验证明及安装图纸等技术文件。

**Jb0000231241　生产准备工作包含哪些内容？（5 分）**

**考核知识点：** 生产准备

**难易度：** 易

**标准答案：**

生产准备工作包括相关生产人员的组织、装备的配置、管理制度的编写等，220kV 及以上电缆工程应编制专项生产准备方案。

**Jb0000231242　电缆户外终端安装中接地线焊接需注意什么？（5 分）**

**考核知识点：** 接地线

**难易度：** 易

**标准答案：**

金属表面搪底铅、接地线焊接时，应控制好温度，避免损伤电缆外屏蔽及绝缘。对于全预制式干式终端，接地线接触面与金属套端口应缠绕 PVC 带加以保护。

**Jb0000231243　简述电缆隧道验收中通风设施验收标准。（5 分）**

**考核知识点：** 电缆隧道验收

**难易度：** 易

**标准答案：**

通风亭符合设计要求，表面平整、洁净、色泽一致，无裂痕和缺损；通风亭顶板应有排水坡度，避免积水；百叶窗应安装牢固，叶片间隙应均匀，防尘网安装齐全；通风亭内应具备防坠篦子，避免重物掉落。

**Jb0000231244 简述隐蔽工程验收的要求。（5 分）**

**考核知识点：**隐蔽工程验收

**难易度：**易

**标准答案：**

电缆运检部门应不定期对施工现场进行检查；现场应核查监理和施工单位关键工序的影像资料；对检查过程中发现的问题，书面反馈并督促整改。

**Jb0000232245 电缆 GIS 终端安装质量应满足什么要求？（5 分）**

**考核知识点：**GIS 终端安装

**难易度：**中

**标准答案：**

（1）导体连接可靠。

（2）绝缘恢复满足设计要求。

（3）接地与密封牢靠。

（4）如有外接供油设备、过电压保护装置等，应固定在可靠支架上。

（5）电缆 GIS 终端安装质量还应满足变电站防火封堵要求，并与周边环境协调。

（6）电缆 GIS 终端安装时电缆弯曲半径不宜小于电缆外径的 20 倍。

（7）电缆 GIS 终端安装时应确保开关设备气室与电缆 GIS 终端之间密封可靠、无渗漏。

**Jb0000231246 安装电缆终端前，应检查电缆，并符合什么要求？（5 分）**

**考核知识点：**安装电缆终端

**难易度：**易

**标准答案：**

（1）电缆绝缘状况良好，无受潮。

（2）电缆绝缘偏心度满足标准要求。

（3）电缆相位正确，护层绝缘合格。

**Jb0000232247 初设阶段中，初步设计的深度应满足哪些要求？（5 分）**

**考核知识点：**初设阶段

**难易度：**中

**标准答案：**

（1）设计单位应完成现场勘探。

（2）设计方案经过优化比较、论证和确定。

（3）通道路径的规划部门批准文件及有关协议应落实主要设备。

（4）型号及材料用量应明确。

（5）应进行工程投资分析。

**Jb0000231248 额定电压 66kV、220kV 交联聚乙烯绝缘电力电缆户外终端安装施工现场应具备什么？（列出至少 3 项）（5 分）**

**考核知识点：**户外终端安装

**难易度：**易

**标准答案：**

（1）安装工艺图纸。

（2）施工方案。

（3）施工组织设计。

（4）作业指导书出处。

**Jb0000232249　电缆接头安装工艺中，电缆加热校直处理工艺要求是什么？（5 分）**

**考核知识点：**加热校直

**难易度：**中

**标准答案：**

电缆接头安装前应对安装接头部分的电缆按照厂家工艺要求进行加热校直，若无规定，校直应达到每 600mm 长度，弯曲偏移不应大于 2mm 的工艺要求，加热校直的温度宜控制在 75℃±3℃，保温时间宜大于 4h 或按工艺要求。采用校直管校直后，应自然冷却至常温。

**Jb0000232250　高电压、大截面积电缆敷设后，应采取哪些措施释放热应力？（5 分）**

**考核知识点：**释放热应力

**难易度：**中

**标准答案：**

高电压、大截面积电缆敷设后，应采取措施，满足热应力释放的要求。如在高压大截面积电缆敷设后，锯开电缆密封头，重新封上既满足热机械应力伸出长度又满足密封防水要求的密封专用装置，根据厂家要求，给予一定的放置时间以释放热机械应力。

**Jb0000232251　简述电缆户外终端安装时，导体连接安装工艺。（5 分）**

**考核知识点：**户外终端安装

**难易度：**中

**标准答案：**

导体连接方式宜采用机械压力连接方法；导体压接前，应检查一遍各零部件的数量、安装顺序和方向；检查导体尺寸，清除导体表面污迹与毛刺；按工艺图纸要求，准备压接模具和压接钳；按工艺要求的顺序压接导体；压接完毕后对压接部分进行处理，测量压接延伸量；要求接管压接部分不得存在尖锐和毛刺，要求压接完毕后电缆之间仍保持足够的笔直度。

**Jb0000232252　简述电缆接头安装中切割电缆及电缆护套的处理工艺。（5 分）**

**考核知识点：**电缆接头安装

**难易度：**中

**标准答案：**

先将电缆临时固定于运行位置，做好接头中心位置标记，根据工艺图纸要求确定最终切割位置；按工艺要求剥除电缆外护层后，将接头施工范围内的外护层表面半导电层处理干净；按工艺要求剥除金属套，应严格控制切口深度，严禁切口过深而损坏电缆内部结构，应去除尖口及残余金属碎屑。

**Jb0000232253　电缆隧道验收时，对防火设施的要求是什么？（5 分）**

**考核知识点：**隧道验收

**难易度：**中

**标准答案：**

隧道两侧支架上方防火隔板安装齐全，防火槽盒安装齐全，表面应平整、无缝隙，无破损，槽盒盖板封盖严密，尺寸符合设计要求，材料达到阻燃 B1 级别；支架各层间防火隔板安装齐全，表面应平整，无缝隙、无破损，槽盒盖板封盖严密，尺寸符合设计要求，材料达到阻燃 B1 级别；管孔防火封堵密实，无机堵料封堵表面光洁，无粉化、硬化、开裂等缺陷，材料达到阻燃 B1 级别。

**Jb0000232254 电缆隧道验收时，对接地装置的要求是什么？（5 分）**

**考核知识点：**隧道验收

**难易度：**中

**标准答案：**

焊接牢固饱满、无虚焊，焊接位置两侧 100mm 范围内及锌层破损处应做防腐处理并刷防锈漆；地线焊接要求搭接长度为 2 倍扁铁宽，三面焊牢，清渣后施做防腐并涂灰色防锈漆，遇电力隧道转弯处，为保证地线搭接长度，转弯处扁铁需冷压麻花状过渡；接地电阻检测符合设计要求，不大于 5Ω，综合接地电阻不大于 1Ω。

# 第八章　电力电缆安装运维工（配电）技师技能操作

## Jc0000242001　电缆敷设牵引头安装。(100分)

**考核知识点**：电缆敷设牵引头安装

**难易度**：中

### 技能等级评价专业技能考核操作工作任务书

**一、任务名称**

电缆敷设牵引头安装。

**二、适用工种**

电力电缆安装运维工（配电）技师。

**三、具体任务**

电缆敷设牵引头检查与安装。

**四、工作规范及要求**

（1）电缆牵引头型号选择。

（2）电缆牵引头安装。

（3）防捻器安装。

（4）规定时间内完成。

**五、考核及时间要求**

本考核操作时间为45分钟，时间到停止考评。

### 技能等级评价专业技能考核操作评分标准

| 工种 | 电力电缆安装运维工（配电） | | | | | 评价等级 | 技师 |
|---|---|---|---|---|---|---|---|
| 项目模块 | 电力电缆安装运维工（配电）—施工与验收 | | | | 编号 | Jc0000242001 | |
| 单位 | | 准考证号 | | | | 姓名 | |
| 考试时限 | 45分钟 | 题型 | 单项操作 | | | 题分 | 100分 |
| 成绩 | | 考评员 | | 考评组长 | | 日期 | |
| 试题正文 | 电缆敷设牵引头安装 | | | | | | |
| 需要说明的问题和要求 | （1）电缆牵引头型号应与工器具相匹配。<br>（2）电缆牵引头务必正确使用。<br>（3）防捻器务必安装可靠 | | | | | | |

| 序号 | 项目名称 | 质量要求 | 满分 | 扣分标准 | 扣分原因 | 得分 |
|---|---|---|---|---|---|---|
| 1 | 工作前准备 | | | | | |
| 1.1 | 着装、穿戴 | 工作服、工作鞋、安全帽等穿戴正确 | 5 | 未正确着装扣5分；<br>着装不规范扣3分 | | |
| 1.2 | 材料及工器具准备 | 按要求准备好工器具及材料，并进行检查 | 20 | 电缆牵引头选择错误扣10分；<br>未进行工器具检查扣10分 | | |

续表

| 序号 | 项目名称 | 质量要求 | 满分 | 扣分标准 | 扣分原因 | 得分 |
|---|---|---|---|---|---|---|
| 2 | 工作过程 | | | | | |
| 2.1 | 三芯交联电缆头安装 | （1）电缆端外护套剖塑 150mm。<br>（2）电缆端剖铅 60mm。<br>（3）导体绝缘处理，向电缆末端加防水填料 50mm。<br>（4）电缆牵引头夹紧。<br>（5）电缆牵引头安装检查 | 30 | 电缆端外护套剖塑误差超过±8mm 扣 6 分；<br>电缆端剖铅误差超过±5mm 扣 6 分；<br>向电缆末端未加注防水填料扣 6 分，不合要求扣 3 分；<br>电缆牵引头未夹紧封铅扣 6 分；<br>电缆牵引头安装未检查扣 6 分；<br>电缆牵引头安装不合格本项不得分 | | |
| 2.2 | 网套安装 | （1）电缆端头铜（铅）扎线捆绑扎线。<br>（2）电缆牵引网套安装 | 20 | 电缆端头铜（铅）扎线未绑扎线扣 5 分；<br>电缆牵引网套安装未检查扣 5 分；<br>电缆牵引网套安装不合格扣 10 分 | | |
| 2.3 | 防捻器安装 | （1）回答防捻器的作用。<br>（2）安装防捻器 | 20 | 回答错误扣 10 分；<br>回答不完整扣 5 分；<br>安装防捻器不合格扣 10 分 | | |
| 3 | 工作终结验收 | | | | | |
| 3.1 | 安全文明生产 | 文明操作，禁止违章操作，不损坏工器具，不发生安全生产事故 | 5 | 有不安全行为扣 5 分；<br>损坏工器具扣 5 分；<br>安装拆卸还原不完整扣 5 分；<br>以上扣分，扣完为止；<br>发生安全生产事故本项考核不及格 | | |
| 合计 | | | 100 | | | |

**Jc0000263002　组织一般电缆事故抢修。（100 分）**

**考核知识点：**事故抢修

**难易度：**难

## 技能等级评价专业技能考核操作工作任务书

**一、任务名称**

组织一般电缆事故抢修。

**二、适用工种**

电力电缆安装运维工（配电）技师。

**三、具体任务**

组织一般电缆事故排查并尽早恢复供电。

**四、工作规范及要求**

（1）模拟操作采用口头答辩。

（2）要求思路清晰、条理清楚。

（3）可根据常见事故进行设置事故类型。

（4）安全文明生产，在规定时间内完成。

**五、考核及时间要求**

本考核操作时间为 20 分钟，时间到停止考评。

## 技能等级评价专业技能考核操作评分标准

| | | | | | | | |
|---|---|---|---|---|---|---|---|
| 工种 | 电力电缆安装运维工（配电） | | | | | 评价等级 | 技师 |
| 项目模块 | 电力电缆安装运维工（配电）—基本技能 | | | | 编号 | Jc0000263002 | |
| 单位 | | | 准考证号 | | | 姓名 | |
| 考试时限 | 20 分钟 | | 题型 | 单项操作 | | 题分 | 100 分 |
| 成绩 | | 考评员 | | 考评组长 | | 日期 | |
| 试题正文 | 组织一般电缆事故抢修 | | | | | | |
| 需要说明的问题和要求 | （1）述组织电缆事故抢修要点、顺序措施。<br>（2）要求语言流畅声音洪亮。<br>（3）根据常见故障判断事故类型 | | | | | | |

| 序号 | 项目名称 | 质量要求 | 满分 | 扣分标准 | 扣分原因 | 得分 |
|---|---|---|---|---|---|---|
| 1 | 工作前准备 | | | | | |
| 1.1 | 现场勘查 | 明确停电范围、施工方法、危险点和应采取措施、配合工作等 | 5 | 缺一项扣 5 分，扣完为止 | | |
| 1.2 | 制订抢修方案 | 根据现场勘查情况，制订抢修方案 | 5 | 缺一项扣 5 分，扣完为止 | | |
| 1.3 | 工器具、材料准备 | 选择施工工器具、安全工器具、材料满足施工要求 | 5 | 错、漏选一项扣 1 分，扣完为止 | | |
| 1.4 | 停电申请 | 向调度部门办理线路停电申请 | 5 | 不进行停电申请扣 5 分 | | |
| 1.5 | 办理事故应急抢修单 | 填写电力线路事故应急抢修单 | 5 | 未填写应急抢修单扣 5 分 | | |
| 1.6 | 着装、穿戴 | 工作服、工作鞋、安全帽等穿戴正确 | 5 | 未按规定穿着一项扣 1 分，扣完为止 | | |
| 2 | 工作过程 | | | | | |
| 2.1 | 工作许可 | 按规定办理许可手续 | 5 | 不办许可手续扣 5 分 | | |
| 2.2 | 站班会 | 工作前对工作班成员进行危险点告知，交代安全措施和技术措施，并确定每一个工作班成员都已知晓 | 5 | 未进行危险点告知扣 5 分 | | |
| 2.3 | 补充安全措施 | 按抢修单要求实施补充安全措施 | 5 | 不按工作票实施补充安全措施扣 5 分 | | |
| 2.4 | 施工作业 | 按规定组织施工 | 30 | 缺一项扣 5 分，扣完为止 | | |
| 3 | 工作终结验收 | | | | | |
| 3.1 | 质量检查 | 按验收规范及运行规程进行验收 | 5 | 质量检查内容不符，一项扣 1～2 分，扣完为止 | | |
| 3.2 | 工作终结 | 拆除接地线，所有人员撤离，办理工作终结 | 10 | 不办理工作终结手续扣 10 分 | | |
| 3.3 | 安全文明生产 | 工作时无违章，工作结束，清理现场，交还工器具 | 10 | 未做清理扣 3 分；<br>未在规定时间完成，每延时 1 分钟扣 1 分，扣完为止 | | |
| 合计 | | | 100 | | | |

**Jc0000242003　10kV 开关站（真空环网柜）出线由运行转检修的操作。（100 分）**

**考核知识点：**运行转检修

**难易度：**中

## 技能等级评价专业技能考核操作工作任务书

### 一、任务名称

10kV 开关站（真空环网柜）出线由运行转检修的操作。

### 二、适用工种

电力电缆安装运维工（配电）技师。

## 三、具体任务

10kV 开关站（真空环网柜）出线由运行转检修的具体操作方法。

## 四、工作规范及要求

（1）当开关的供出线路需检修时，开关站相应间隔开关由运行改检修。

（2）倒闸操作应 2 人进行。

（3）安全文明生产，在规定时间内完成。

## 五、考核及时间要求

本考核操作时间为 15 分钟，时间到停止考评。

**技能等级评价专业技能考核操作评分标准**

| 工种 | 电力电缆安装运维工（配电） | | | | | 评价等级 | 技师 |
|---|---|---|---|---|---|---|---|
| 项目模块 | 电力电缆安装运维工（配电）—电缆设备运行与维护 | | | | 编号 | Jc0000242003 | |
| 单位 | | 准考证号 | | | | 姓名 | |
| 考试时限 | 15 分钟 | 题型 | 单项操作 | | | 题分 | 100 分 |
| 成绩 | | 考评员 | | 考评组长 | | 日期 | |
| 试题正文 | 10kV 开关站（真空环网柜）出线由运行转检修的操作 | | | | | | |
| 需要说明的问题和要求 | （1）当开关的供出线路需检修时，开关站相应间隔开关由运行改检修。<br>（2）开关站设备为真空环网柜。<br>（3）开关站出线对侧无电源。<br>（4）非调度设备。<br>（5）倒闸操作应 2 人进行。<br>（6）安全文明生产，在规定时间内完成 | | | | | | |

| 序号 | 项目名称 | 质量要求 | 满分 | 扣分标准 | 扣分原因 | 得分 |
|---|---|---|---|---|---|---|
| 1 | 工作前准备 | | | | | |
| 1.1 | 办理操作票 | 按典型操作票，根据实际情况填写操作票，并审票合格 | 5 | 不办理操作票扣 5 分 | | |
| 1.2 | 准备工器具 | 根据工作需要选择工器具及安全用具 | 5 | 工器具每漏、错选一项扣 1 分，扣完为止 | | |
| 1.3 | 着装、穿戴 | 按规定穿工作服、工作鞋，戴绝缘手套、安全帽等 | 5 | 不按规定穿着一项扣 1 分，扣完为止 | | |
| 2 | 工作过程 | | | | | |
| 2.1 | 核对命名 | 核对开关站名称后进入，核对间隔双重命名及状态 | 5 | 不核对命名扣 5 分 | | |
| 2.2 | 操作开关设备 | 先拉开断路器，检查线路侧带电显示器或指示仪表情况，再拉开线路侧隔离开关，后拉开母线侧隔离开关 | 25 | 操作顺序错误扣 15～25 分 | | |
| 2.3 | 验电挂接地 | 用验电器在线路隔离开关侧验电、放电；<br>验明确无电后，立即在线路隔离开关电路侧装设接地线 | 20 | 不验电就装设接地线扣 10 分；<br>不规范扣 1～10 分 | | |
| 2.4 | 悬挂警告牌 | 悬挂“禁止合闸，线路有人工作”警告牌 | 5 | 不悬挂警告牌扣 5 分 | | |
| 2.5 | 唱票复诵 | 倒闸操作时，有唱票复诵 | 5 | 无唱票复诵扣 5 分 | | |
| 2.6 | 熟练程度 | 操作熟练、顺利 | 5 | 不熟练扣 1～5 分 | | |
| 3 | 工作终结验收 | | | | | |
| 3.1 | 开关操作 | 断路器、隔离开关操作到位 | 5 | 不到位或不牢靠扣 1～5 分 | | |
| 3.2 | 接地线装设 | 接地线装设牢靠，警示牌挂设正确 | 5 | 接地线装设不牢靠扣 3 分，警示牌挂设不正确扣 2 分 | | |
| 3.3 | 安全文明生产 | 操作过程中无工具损伤，柜内无遗留物，工作完毕应清理现场，交还工器具 | 10 | 未清理现场或未交还工器具扣 3 分；<br>未在规定时间完成，每延时 1 分钟扣 1 分，扣完为止 | | |
| 合计 | | | 100 | | | |

Jc0000252004 10kV 开关站（全密封 $SF_6$ 环网柜）出线由运行转检修的操作。（100 分）

**考核知识点：** 运行转检修

**难易度：** 中

## 技能等级评价专业技能考核操作工作任务书

### 一、任务名称

10kV 开关站（全密封 $SF_6$ 环网柜）出线由运行转检修的操作。

### 二、适用工种

电力电缆安装运维工（配电）技师。

### 三、具体任务

10kV 开关站（全密封 $SF_6$ 环网柜）出线由运行转检修的具体操作。

### 四、工作规范及要求

（1）当开关站的供出线路需检修时，开关站相应间隔断路器由运行转检修的具体方法。

（2）倒闸操作应由 2 人进行。

### 五、考核及时间要求

本考核操作时间为 15 分钟，时间到停止考评。

**技能等级评价专业技能考核操作评分标准**

| 工种 | 电力电缆安装运维工（配电） | | | | | 评价等级 | 技师 |
|---|---|---|---|---|---|---|---|
| 项目模块 | 电力电缆安装运维工（配电）—电缆设备运行与维护 | | | | 编号 | Jc0000252004 | |
| 单位 | | | 准考证号 | | | 姓名 | |
| 考试时限 | 15 分钟 | | 题型 | 单项操作 | | 题分 | 100 分 |
| 成绩 | | 考评员 | | 考评组长 | | 日期 | |
| 试题正文 | 10kV 开关站（全密封 $SF_6$ 环网柜）出线由运行转检修的操作 | | | | | | |
| 需要说明的问题和要求 | （1）当开关站的供出线路需检修时，开关站相应间隔断路器由运行改检修。<br>（2）开关站设备为全密封 $SF_6$ 环网柜。<br>（3）开关站出线对侧无电源。<br>（4）非调度设备。<br>（5）倒闸操作应由 2 人进行。<br>（6）安全文明生产，在规定时间内完成 | | | | | | |

| 序号 | 项目名称 | 质量要求 | 满分 | 扣分标准 | 扣分原因 | 得分 |
|---|---|---|---|---|---|---|
| 1 | 工作前准备 | | | | | |
| 1.1 | 办理操作票 | 按典型操作票，根据实际情况填写操作票，并审票合格 | 5 | 不办理操作票扣 5 分 | | |
| 1.2 | 准备工器具 | 根据工作需要选择工器具及安全用具 | 5 | 工器具每漏、错选一项扣 1 分，扣完为止 | | |
| 1.3 | 着装、穿戴 | 按规定穿工作服、工作鞋，戴绝缘手套、安全帽等 | 5 | 不按规定穿着一项扣 1 分，扣完为止 | | |
| 2 | 工作过程 | | | | | |
| 2.1 | 核对命名 | 核对开关站名称后进入，打开换气扇，排风 15min 后进入，核对间隔双重命名及状态 | 10 | 不排风扣 5 分；<br>不核对名称扣 5 分 | | |
| 2.2 | 检查气压 | 检查 $SF_6$ 气压正常 | 5 | 不检查 $SF_6$ 气压扣 5 分 | | |
| 2.3 | 操作开关设备 | 拉开断路器至分闸位置 | 15 | 操作顺序错误扣 10～15 分 | | |
| 2.4 | 验电 | 检查线路侧带电显示器或指示仪表、断路器位置指示等，进行间接验电 | 10 | 未检查扣 5 分；未进行间接验电扣 5 分 | | |

续表

| 序号 | 项目名称 | 质量要求 | 满分 | 扣分标准 | 扣分原因 | 得分 |
|---|---|---|---|---|---|---|
| 2.5 | 挂接地线 | 验明无电后立即合上线路侧接地开关 | 10 | 不验电就装设接地线扣 10 分 | | |
| 2.6 | 悬挂警告牌 | 悬挂“禁止合闸，线路有人工作”警告牌 | 5 | 不悬挂警告牌扣 5 分 | | |
| 2.7 | 唱票复诵 | 倒闸操作时，有唱票复诵 | 5 | 无唱票复诵扣 5 分 | | |
| 2.8 | 熟练程度 | 操作熟练、顺利 | 5 | 不熟练扣 1～3 分 | | |
| 3 | 工作终结验收 | | | | | |
| 3.1 | 开关操作 | 断路器、隔离开关操作到位 | 5 | 不到位或不牢靠扣 1～5 分 | | |
| 3.2 | 接地线装设 | 接地线装设牢靠，警告牌挂设正确 | 5 | 接地线装设不牢靠扣 3 分，警告牌挂设不正确扣 2 分 | | |
| 3.3 | 安全文明生产 | 操作过程中无器具损伤，柜内无遗留物，工作完毕应清理现场，交还工器具 | 10 | 未清理现场或未交还工器具扣 3 分；未在规定时间完成，每延时 1 分钟扣 1 分，扣完为止 | | |
| 合计 | | | 100 | | | |

**Jc0000241005 配电变压器绝缘电阻测量。（100 分）**

**考核知识点：**绝缘电阻测量

**难易度：**易

## 技能等级评价专业技能考核操作工作任务书

### 一、任务名称

配电变压器绝缘电阻测量。

### 二、适用工种

电力电缆安装运维工（配电）技师。

### 三、具体任务

根据配电变压器容量大小正确选择绝缘电阻表测量。

### 四、工作规范及要求

（1）采用手摇式绝缘电阻表测量。

（2）利用培训配电变压器，拆除配电变压器高低压引线及避雷器等各种电气设备。

（3）派 1 人与操作者配合，所派人员听从操作者指挥。

（4）安全文明生产，在规定时间内完成。

### 五、考核及时间要求

本考核操作时间为 45 分钟，时间到停止考评。

**技能等级评价专业技能考核操作评分标准**

<table>
<tr><td>工种</td><td colspan="5">电力电缆安装运维工（配电）</td><td>评价等级</td><td>技师</td></tr>
<tr><td>项目模块</td><td colspan="4">电力电缆安装运维工（配电）—电缆试验与检修</td><td>编号</td><td colspan="2">Jc0000241005</td></tr>
<tr><td>单位</td><td colspan="2"></td><td>准考证号</td><td colspan="2"></td><td>姓名</td><td></td></tr>
<tr><td>考试时限</td><td colspan="2">45 分钟</td><td>题型</td><td colspan="2">单项操作</td><td>题分</td><td>100 分</td></tr>
<tr><td>成绩</td><td></td><td>考评员</td><td></td><td>考评组长</td><td></td><td>日期</td><td></td></tr>
<tr><td>试题正文</td><td colspan="7">配电变压器绝缘电阻测量</td></tr>
<tr><td>需要说明的问题和要求</td><td colspan="7">（1）根据配电变压器容量大小正确选择绝缘电阻表测量。<br>（2）利用培训配电变压器，拆除配电变压器高低压引线有辅助人员配合。<br>（3）安全文明生产，在一定环境下正确读出测量值</td></tr>
</table>

续表

| 序号 | 项目名称 | 质量要求 | 满分 | 扣分标准 | 扣分原因 | 得分 |
|---|---|---|---|---|---|---|
| 1 | 工作前准备 | | | | | |
| 1.1 | 着装、穿戴 | 按规定穿工作服、工作鞋，戴绝缘手套、安全帽等 | 5 | 未按规定着装一项扣1分；<br>错、漏选一项扣1分；<br>以上扣分，扣完为止 | | |
| 1.2 | 选择绝缘电阻表及配套引线 | 选择正确，符合工作需要 | 5 | 每错一项扣1分，扣完为止 | | |
| 1.3 | 绝缘电阻表使用前检查 | 检查绝缘电阻表是否良好。检查时将绝缘电阻表两根引线相碰，慢慢摇动手柄，检查指针是不是指向“0”，如果指针不指“0”，应调整表上的调零装置；将两根引线分开，检查指针是否指向“∞” | 10 | 绝缘电阻表不检查扣10分；<br>检查不完整或方法不正确扣2～5分 | | |
| 2 | 工作过程 | | | | | |
| 2.1 | 清理配电变压器 | 将配电变压器表面擦拭干净。确保停电后配电变压器内部设备与环境温度相同，湿度不大于75%，以免造成测量误差 | 5 | 识别不准或不正确扣5分 | | |
| 2.2 | 测试高压侧对低压侧及地绝缘电阻 | （1）把高压侧的三个桩头用短接线相连接，低压侧的四个桩头用短接线相连接并接地。<br>（2）用测试引线将测试仪“接地”端和低压桩头连接。<br>（3）将“电路”端测试引线接于测试桩头，手摇测试仪转速由低到高，保持120r/min左右，记录读数。<br>（4）记录读数后，先将“电路”端测试引线与测试桩头分开后，再降低手摇测试仪转速至零。<br>（5）对配电变压器测试桩头放电 | 25 | 错误一项扣5分，扣完为止；<br>接线错误扣10分；<br>测量方法错误扣5～10分；<br>不符合要求扣1～3分 | | |
| 2.3 | 测试低压侧对地绝缘电阻 | （1）把高压侧的三个桩头用短接线相连接并接地，低压侧的四个桩头用短接线相连接。<br>（2）用测试引线将测试仪“接地”端和接地连接重复上述步骤，记录读数 | 20 | 错误一项扣5分，扣完为止；<br>接线错误扣10分；<br>测量方法错误扣5～10分 | | |
| 2.4 | 注意事项 | （1）测试导线不得使用双股绝缘线或绞线，应用单股线分开连接，接地线必须采用裸导线。<br>（2）测试过程中，为避免电击，不得碰触测试导线和配电变压器，测试后同样不得碰触。<br>（3）“电路”端测试引线接于测试桩头应用挂钩钩住，不能绕死。<br>（4）测试过程中，如果绝缘电阻迅速下降（到零），应停止测试 | 20 | 错误一项扣5分，扣完为止；<br>接线错误扣10分；<br>测量方法错误扣5～10分 | | |
| 3 | 工作终结验收 | | | | | |
| 3.1 | 结果分析 | 应根据配电变压器状况及测量时天气情况，综合分析，判断做出结论 | 5 | 判断错误扣5分 | | |
| 3.2 | 安全文明生产 | 工作时无违章，工作结束，清理现场，交还工器具 | 5 | 未做清理扣3分；<br>未交还工器具扣3分；<br>未在规定时间内完成，每延时1min扣1分，扣完为止 | | |
| 合计 | | | 100 | | | |

**Jc0000262006　中级工技能培训方案的编写。（100分）**

**考核知识点：**中级工技能培训方案

**难易度：**中

## 技能等级评价专业技能考核操作工作任务书

**一、任务名称**

中级工技能培训方案的编写。

**二、适用工种**

电力电缆安装运维工（配电）技师。

**三、具体任务**

某单位有张三等 15 名配电线路中级工需进行技能培训。请针对此项培训工作，给考生编写一份中级工技能培训方案。

**四、工作规范及要求**

（1）培训项目为实操项目。

（2）培训相关内容由考生自行组织。

**五、考核及时间要求**

本考核操作时间为 40 分钟，时间到停止考评。

**技能等级评价专业技能考核操作评分标准**

| 工种 | 电力电缆安装运维工（配电） | | | | | 评价等级 | 技师 |
|---|---|---|---|---|---|---|---|
| 项目模块 | 电力电缆安装运维工（配电）—基本技能 | | | | 编号 | Jc0000262006 | |
| 单位 | | | 准考证号 | | | 姓名 | |
| 考试时限 | 40 分钟 | | 题型 | 单项操作 | | 题分 | 100 分 |
| 成绩 | | 考评员 | | 考评组长 | | 日期 | |
| 试题正文 | 中级工技能培训方案的编写 | | | | | | |
| 需要说明的问题和要求 | （1）培训内容应为电缆工日常技能。<br>（2）正确运用电缆安装运维知识 | | | | | | |

| 序号 | 项目名称 | 质量要求 | 满分 | 扣分标准 | 扣分原因 | 得分 |
|---|---|---|---|---|---|---|
| 1 | 培训目标 | 应有明确的培训目标 | 10 | 缺少一项扣 10 分 | | |
| 2 | 培训人 | 应有明确的授课人和课时 | 10 | 缺少一项扣 10 分 | | |
| 3 | 培训对象 | 应明确培训对象 | 10 | 缺少一项扣 10 分 | | |
| 4 | 培训内容 | （1）应有具体的培训项目名称。<br>（2）应有项目的具体内容 | 20 | 缺少一项扣 10 分，扣完为止 | | |
| 5 | 培训方式 | 应有明确的培训方式，培训方式为实操 | 10 | 缺少一项扣 10 分 | | |
| 6 | 培训时间与地点 | 应明确培训时间，培训地点 | 20 | 缺少一项扣 10 分，扣完为止 | | |
| 7 | 培训考核方式 | 应明确培训的考核方式，考核方式为实操 | 10 | 缺少一项扣 10 分 | | |
| 8 | 其他相关事宜 | 其他相关的培训事宜，如奖惩方式、劳动纪律等要求 | 10 | 缺少一项扣 10 分 | | |
| 合计 | | | 100 | | | |

**Jc0000242007 调整美式箱式变压器挡位。（100 分）**

**考核知识点：** 变压器运行

**难易度：** 中

# 技能等级评价专业技能考核操作工作任务书

**一、任务名称**

调整美式箱式变压器挡位。

**二、适用工种**

电力电缆安装运维工（配电）技师。

**三、具体任务**

通过电压监测点检测，××变××线路××箱式变压器（美式）低压侧电压为192V，电压合格率越下限，需对该箱式变压器进行挡位调整。针对此项工作，考生须在35分钟内完成更换操作。

**四、工作规范及要求**

调挡操作。给定条件：变台已做好停电、验电、装设接地线等技术措施，变压器挡位共五挡（10kV±2×2.5%），目前挡位未知。

（1）地面单独操作，1名辅工配合。

（2）专用工具：高低压验电器。

（3）个人工具：万用表、活动扳手、老虎钳、工具包。

**五、考核及时间要求**

本考核操作时间为35分钟，时间到停止考评。

## 技能等级评价专业技能考核操作评分标准

| 工种 | 电力电缆安装运维工（配电） | | | | | 评价等级 | 技师 |
|---|---|---|---|---|---|---|---|
| 项目模块 | 电力电缆安装运维工（配电）—电缆设备运行与维护 | | | | 编号 | Jc0000242007 | |
| 单位 | | | 准考证号 | | | 姓名 | |
| 考试时限 | 35分钟 | | 题型 | 单项操作 | | 题分 | 100分 |
| 成绩 | | 考评员 | | 考评组长 | | 日期 | |
| 试题正文 | 调整美式箱式变压器挡位 | | | | | | |
| 需要说明的问题和要求 | （1）美式箱式变压器挡位调整操作为单人依次进行，在35分钟内完成。<br>（2）调整美式箱式变压器挡位的给定条件：线路已做好停电、验电、装设接地线等技术措施，变压器挡位共五挡（10kV±2×2.5%），目前挡位未知。<br>（3）单独操作，1名辅工配合。<br>（4）本考核总成绩满分为100分，各项得分均扣完为止。<br>（5）本细则依据《架空配电线路及设备运行规程》制定的停送电流程正确对变台进行停送电操作 | | | | | | |

| 序号 | 项目名称 | 质量要求 | 满分 | 扣分标准 | 扣分原因 | 得分 |
|---|---|---|---|---|---|---|
| 1 | 电压调整计算 | | | | | |
| 1.1 | 按照给定条件计算电压超限情况 | 220V供电电压允许偏差为额定电压的+7%，−10%，计算出监测电压超过限值 | 10 | 不能说出供电电压允许偏扣5分；<br>不能计算出监测电压超过限值扣5分 | | |
| 2 | 工具材料准备、箱式变压器分接开关实际位置检查 | | | | | |
| 2.1 | 个人工具检查 | 齐全、符合质量要求 | 1 | 少一项扣0.5分，扣完为止 | | |
| 2.2 | 专用工具检查 | 外观检查符合要求，试验验电器良好 | 1 | 少一项扣0.5分，扣完为止 | | |
| 2.3 | 万用表检查 | 按照万用表使用要求检查万用表良好 | 3 | 未检查扣3分；<br>检查不正确扣1分 | | |
| 2.4 | 分接开关实际位置检查 | 核对并正确记录分接开关位置 | 5 | 打开箱式变压器门前未检查扣1分；<br>未验电扣1分；<br>未正确记录扣3分 | | |

续表

| 序号 | 项目名称 | 质量要求 | 满分 | 扣分标准 | 扣分原因 | 得分 |
|---|---|---|---|---|---|---|
| 3 | 确定调整挡位 | | | | | |
| 3.1 | 通过计算确定需要调整的挡位 | 根据计算结果，按照“低向低调，高向高调”的原则，确定调整变压器挡位，并计算出调整到Ⅰ挡后低压侧电压 | 20 | 不能正确确定需要调整变压器挡位扣10分；<br>没有计算出调整后电压扣10分 | | |
| 4 | 分接开关调整操作 | | | | | |
| 4.1 | 分接开关调整 | （1）拧出阻动限位螺栓。<br>（2）旋动手柄至合适挡位。<br>（3）拧紧阻动限位螺栓 | 20 | 一项不正确扣5分，扣完为止 | | |
| 4.2 | 测量变压器直流电阻 | （1）依次测量变压器高压侧各相直流电阻，并记录。<br>（2）根据测量结果计算三相直流电阻不平衡度：不平衡度=（最大－最小）/平均值，不大于2%。<br>（3）不平衡度大于2%时，重新调整 | 30 | 没有测量扣10分；<br>没有计算出不平衡度扣10分；<br>不平衡度计算不正确扣10分 | | |
| 5 | 其他要求 | | | | | |
| 5.1 | 着装 | 工作服、工作鞋、安全帽、劳保手套穿戴正确 | 2 | 漏一项扣2分，扣完为止 | | |
| 5.2 | 清理现场 | 符合文明生产要求 | 2 | 不正确扣2分 | | |
| 5.3 | 完成时间 | 在规定时间内按要求完成 | 6 | 每超过2分钟扣1分，扣完为止，到40min终止考核 | | |
| 合计 | | | 100 | | | |

**Jc0000263008 编写高级工技能培训方案。（100分）**

**考核知识点：**高级工技能培训方案

**难易度：**难

## 技能等级评价专业技能考核操作工作任务书

**一、任务名称**

编写高级工技能培训方案。

**二、适用工种**

电力电缆安装运维工（配电）技师。

**三、具体任务**

某单位配电工区有张三等15名配电线路高级工需进行技能培训。请针对此项培训工作，给考生编写一份高级工技能培训方案。

**四、工作规范及要求**

（1）培训项目为实操项目。

（2）培训相关内容由考生自行组织。

**五、考核及时间要求**

本考核操作时间为40分钟，时间到停止考评。

**技能等级评价专业技能考核操作评分标准**

<table>
<tr><td>工种</td><td colspan="5">电力电缆安装运维工（配电）</td><td>评价等级</td><td>技师</td></tr>
<tr><td>项目模块</td><td colspan="4">电力电缆安装运维工（配电）—基本技能</td><td>编号</td><td colspan="2">Jc0000263008</td></tr>
<tr><td>单位</td><td colspan="2"></td><td>准考证号</td><td colspan="2"></td><td>姓名</td><td></td></tr>
<tr><td>考试时限</td><td colspan="2">40 分钟</td><td>题型</td><td colspan="2">单项操作</td><td>题分</td><td>100 分</td></tr>
<tr><td>成绩</td><td></td><td>考评员</td><td></td><td>考评组长</td><td></td><td>日期</td><td></td></tr>
<tr><td>试题正文</td><td colspan="7">编写高级工技能培训方案</td></tr>
<tr><td>需要说明的问题和要求</td><td colspan="7">（1）培训内容应为技能实操项目。<br>（2）内容不作限制，由考生自行组织</td></tr>
</table>

| 序号 | 项目名称 | 质量要求 | 满分 | 扣分标准 | 扣分原因 | 得分 |
|---|---|---|---|---|---|---|
| 1 | 培训目标 | 应有明确的培训目标 | 10 | 缺少一项扣 10 分 | | |
| 2 | 培训人 | 应有明确的授课人和课时 | 10 | 缺少一项扣 10 分 | | |
| 3 | 培训对象 | 应明确培训对象 | 10 | 缺少一项扣 10 分 | | |
| 4 | 培训内容 | （1）应有具体的培训项目名称。<br>（2）应有项目的具体内容 | 20 | 缺少一项扣 10 分，培训课程安排的不合理酌情扣分，扣完为止 | | |
| 5 | 培训方式 | 应有明确的培训方式，培训方式为实操 | 10 | 缺少一项扣 10 分 | | |
| 6 | 培训时间与地点 | 应明确培训时间，培训地点 | 20 | 缺少一项扣 10 分，扣完为止 | | |
| 7 | 培训考核方式 | 应明确培训的考核方式，考核方式为实操 | 10 | 缺少一项扣 10 分 | | |
| 8 | 其他相关事宜 | 其他相关的培训事宜，如奖惩方式、劳动纪律等要求 | 10 | 缺少一项扣 10 分 | | |
| 合计 | | | 100 | | | |

**Jc0000253009　10kV—XLPE 电缆冷缩户内终端头制作。(100 分)**

**考核知识点：**电缆终端头

**难易度：**难

## 技能等级评价专业技能考核操作工作任务书

### 一、任务名称

10kV—XLPE 电缆冷缩户内终端头制作。

### 二、适用工种

电力电缆安装运维工（配电）技师。

### 三、具体任务

考生完成 1 根 10kV—XLPE 电缆冷缩户内终端头制作。

### 四、工作规范及要求

（1）工作环境：现场操作场地及设备材料已完备。

（2）剥切尺寸正确，剥切绝缘不得损伤缆芯。

（3）绝缘表面处理应干净、光滑。

（4）剥除铜屏蔽层及半导电层不得伤及下一层。

（5）戴安全帽、穿工作服、穿绝缘鞋、带个人工器具。

（6）规定时间内完成。

### 五、考核及时间要求

本考核操作时间为 60 分钟，时间到停止考评。

## 技能等级评价专业技能考核操作评分标准

| | | | | | | | | |
|---|---|---|---|---|---|---|---|---|
| 工种 | 电力电缆安装运维工（配电） | | | | | 评价等级 | 技师 | |
| 项目模块 | 电力电缆安装运维工（配电）—电缆中间、终端接头制作 | | | | 编号 | Jc0000253009 | | |
| 单位 | | | 准考证号 | | | 姓名 | | |
| 考试时限 | 60 分钟 | | 题型 | 单项操作 | | 题分 | 100 分 | |
| 成绩 | | 考评员 | | 考评组长 | | 日期 | | |
| 试题正文 | 10kV—XLPE 电缆冷缩户内终端头制作 | | | | | | | |
| 需要说明的问题和要求 | （1）提供训练基地满足施工需求。<br>（2）施工过程不得损伤电缆内外护套。<br>（3）绝缘层保持绝缘良好。<br>（4）剥除铜屏蔽层及半导电层不得损伤绝缘。<br>（5）施工人员文明施工，不发生违章操作 | | | | | | | |

| 序号 | 项目名称 | 质量要求 | 满分 | 扣分标准 | 扣分原因 | 得分 |
|---|---|---|---|---|---|---|
| 1 | 工作前准备 | | | | | |
| 1.1 | 材料及工器具准备 | 按要求准备好工器具及材料，并进行检查 | 3 | 错、漏选一项扣 1 分；<br>工器具和材料未检查一项扣 1 分以上扣分，扣完为止 | | |
| 1.2 | 着装、穿戴 | 工作服、工作鞋、安全帽等穿戴正确 | 2 | 不按规定穿着一项扣 1 分，扣完为止 | | |
| 2 | 工作过程 | | | | | |
| 2.1 | 支撑、矫直、外护套擦拭 | 为了便于操作，选好位置，将要进行施工的部分支架好，同时矫直，擦去外护套上的污迹 | 2 | 一项工作未做扣 1 分，扣完为止 | | |
| 2.2 | 将电缆断切面锯平 | 如果电缆三相线芯锯口不在同一平面上或导体切面不平应锯平 | 3 | 未按要求做扣 3 分 | | |
| 2.3 | 校对施工尺寸 | 根据附件供应商提供的图纸，确定施工尺寸 | 5 | 尺寸与图纸不符合扣 2～5 分 | | |
| 2.4 | 操作程序 | | | | | |
| 2.4.1 | 操作程序控制 | 操作程序应按图纸进行 | 10 | 程序错误扣 5 分；<br>遗漏工序扣 5 分 | | |
| 2.4.2 | 剥出外护套、铠装、内护层、内衬、铜屏蔽及外半导电层等 | 剥切时切口不平，金属切口有毛刺或伤及其下一层结构，应视为缺陷；绝缘表面干净、光滑、无残质 | 25 | 尺寸不对扣 5 分；<br>剥时伤及绝缘扣 10 分；<br>剥口没处理成小斜坡、有毛刺扣 5 分；<br>绝缘表面没处理干净扣 5 分 | | |
| 2.5 | 铠装接地与铜屏蔽接地 | （1）固定应牢靠、美观。恒力弹簧接地上包绕填充胶，填充胶包绕应成形（橄榄状或苹果状）；再包绕绝缘自黏胶带，两接地之间有绝缘要求。<br>（2）应讲明接地为什么要分开 | 5 | 不牢固扣 1 分；<br>两接地之间无绝缘扣 1 分；<br>填充胶包绕不成形扣 1 分；<br>不能讲明接地分开原理扣 2 分 | | |
| 2.6 | 半导电胶带的绕包 | 在铜屏蔽和绝缘交接处用半导电胶带半搭盖方式紧密绕包，且起点与终点都在铜带上 | 10 | 绕包位置不对扣 5 分；<br>起点与终点不在铜带上扣 5 分 | | |
| 2.7 | 冷缩三叉管及绝缘管 | 清洁绝缘表面，并涂上少许硅脂，三叉套管套于电缆根部，逆时针抽芯绳，先缩根部，后缩三叉。绝缘管与三叉套管有搭盖 | 10 | 未均匀涂上硅脂扣 3 分；<br>先缩三叉，后缩根部扣 3 分；<br>绝缘管与三叉套管无搭盖扣 4 分 | | |
| 2.8 | 剥削绝缘和压接接线端子 | 剥去绝缘处应削成铅笔状；压接端子既不可过度紧也不能不紧，以阴阳模接触为宜；压接后端子表面应打磨光滑 | 10 | 未削成铅笔状扣 3 分；<br>压接端子过度扣 3 分；<br>端子表面未打磨扣 4 分 | | |
| 2.9 | 端部密封 | 将绝缘端部与端子之间的空隙密封成锥形 | 5 | 未密封扣 5 分；<br>密封不正确扣 3 分 | | |

续表

| 序号 | 项目名称 | 质量要求 | 满分 | 扣分标准 | 扣分原因 | 得分 |
|---|---|---|---|---|---|---|
| 3 | 工作终结验收 | | | | | |
| 3.1 | 绝缘 | 外观检查要求接触良好，相色标志正确，绝缘测试合格 | 5 | 验收不符合要求每项扣1～2分，扣完为止 | | |
| 3.2 | 安全文明生产 | 工作中无违章出现，工作结束，清理现场，交还工器具及剩余材料 | 5 | 未做清理扣2分；<br>未交还工器具及剩余材料扣2分；<br>未在规定时间完成，每延时 1 分钟扣1分，扣完为止 | | |
| 合计 | | | 100 | | | |

**Jc0000253010　10kV—XLPE 电缆冷缩中间接头制作及试验。（100 分）**

**考核知识点：**电缆中间接头

**难易度：**难

## 技能等级评价专业技能考核操作工作任务书

**一、任务名称**

10kV—XLPE 电缆冷缩中间接头制作及试验。

**二、适用工种**

电力电缆安装运维工（配电）技师。

**三、具体任务**

完成 1 根 10kV—XLPE 电缆冷缩中间接头制作及试验。

**四、工作规范及要求**

（1）1 人操作，可有 1 人辅助实施，但不得有提示行为；电缆试验工作由两人进行，1 人操作，1 人监护。

（2）剥切尺寸正确，剥切绝缘不得损伤缆芯。

（3）绝缘表面处理应干净、光滑。

（4）剥除铜屏蔽层及半导电层不得伤及下一层。

（5）戴安全帽、穿工作服、穿绝缘鞋、带个人工器具。

（6）试验数据符合规程规定，试验操作行为安全规范，试验前应得到许可。

（7）规定时间内完成。

**五、考核及时间要求**

本考核操作时间为 210 分钟，时间到停止考评。

**技能等级评价专业技能考核操作评分标准**

| 工种 | 电力电缆安装运维工（配电） | | | | | 评价等级 | 技师 |
|---|---|---|---|---|---|---|---|
| 项目模块 | 电力电缆安装运维工（配电）—电缆中间、终端接头制作 | | | | 编号 | Jc0000253010 | |
| 单位 | | | 准考证号 | | | 姓名 | |
| 考试时限 | 210 分钟 | 题型 | 单项操作 | | | 题分 | 100 分 |
| 成绩 | | 考评员 | | 考评组长 | | 日期 | |
| 试题正文 | 10kV—XLPE 电缆冷缩中间接头制作及试验 | | | | | | |
| 需要说明的问题和要求 | （1）一人操作，有辅助人员配合。<br>（2）剖切绝缘时不得损伤绝缘及线芯。<br>（3）提供训练基地满足施工需求。<br>（4）剥除铜屏蔽层及半导电层不得损伤绝缘。<br>（5）施工人员文明施工，不发生违章操作 | | | | | | |

续表

| 序号 | 项目名称 | 质量要求 | 满分 | 扣分标准 | 扣分原因 | 得分 |
|---|---|---|---|---|---|---|
| 1 | 工作前准备 | | | | | |
| 1.1 | 材料及工器具准备 | 按要求准备好工器具及材料，并进行检查 | 3 | 错、漏选一项扣1分；<br>工器具和材料未检查一项扣1分；<br>以上扣分，扣完为止 | | |
| 1.2 | 着装、穿戴 | 工作服、工作鞋、安全帽等穿戴正确 | 2 | 不按规定穿着一项扣1分，扣完为止 | | |
| 2 | 工作过程 | | | | | |
| 2.1 | 支撑、矫直、外护套擦拭 | 为了便于操作，选好位置，将要进行施工的部分支架好，同时矫直，擦去外护套上的污迹，将外护套管套套在电缆上 | 2 | 一项工作未做扣1分，扣完为止 | | |
| 2.2 | 确定中间对接点，将电缆断切面锯平 | 导体切面不平应锯平，确定对接中心点和长、短头 | 3 | 未按要求做扣3分；<br>尺寸不对或未做接头裕度扣2分 | | |
| 2.3 | 校对施工尺寸 | 根据附件供应商提供的图纸，确定施工尺寸 | 5 | 尺寸与图纸不符合扣2～5分 | | |
| 2.4 | 操作程序控制 | 操作程序应按图纸进行 | 5 | 程序错误扣3分；<br>遗漏工序扣2分 | | |
| 2.5 | 剥出外护套、铠装、内护层、内衬、铜屏蔽及外半导电层等 | 剥切时切口不平，金属切口有毛刺或伤及其下一层结构，应视为缺陷；绝缘表面干净、光滑、无残质 | 15 | 尺寸不对扣2.5分；<br>剥时伤及绝缘扣5分；<br>剥口没处理成小斜坡、有毛刺扣2.5分；<br>绝缘表面没处理干净扣2.5分；<br>未均匀涂上硅脂扣1～2.5分 | | |
| 2.6 | 剥削绝缘和压接连接管 | 绝缘处切断应削成铅笔状；压接从连接管两端口开始，压接数不得少于4点。压接后连接管表面应打磨光滑 | 5 | 绝缘剥切不平整扣1～2分；<br>压接点少于4点扣1～2分；<br>连接管表面未打磨扣1～2分；<br>以上扣分，扣完为止 | | |
| 2.7 | 定位和收缩中间接头 | 定位需正确，在半导体层与主绝缘交界处涂抹混合剂时应戴塑料手套，抽芯时应逆时针 | 5 | 点位不准确扣3分；<br>抽芯时不顺利扣2分 | | |
| 2.7.1 | 安装铜屏蔽网 | 沿接头方向拉伸收紧铜网，使其紧贴在接头两端的铜屏蔽层上，中间用PVC胶带固定3处，两端用恒力弹簧固定 | 5 | 中间未用PVC胶带固定3处扣3分；<br>铜网固定不牢固扣2分 | | |
| 2.7.2 | 绕包防水带 | 在电缆两端内护套之间绕包防水带，注意防水带涂胶黏剂的一面朝外，在整个接头处绕包防水带与两端外护套搭接60mm，注意防水带涂胶黏剂的一面朝里 | 5 | 未按要求做扣2～5分；<br>搭接尺寸不对扣2分；<br>以上扣分，扣完为止 | | |
| 2.7.3 | 绕包装甲带 | 在整个接头处半叠绕装甲带做机械保护，并覆盖全部防水带 | 5 | 工艺不符合要求扣2～5分 | | |
| 2.8 | 绝缘摇测 | 选用绝缘电阻表正确，操作正确，对接前后都需摇测 | 10 | 未检查绝缘电阻表扣2分；<br>转速不符要求扣2分；<br>未放电扣3分；<br>对接前后不摇测扣3分 | | |
| 2.8.1 | 耐压试验 | 接线正确，操作正确 | 10 | 接线不正确扣2～5分；<br>未放电扣3分；<br>判断不正确扣2分 | | |
| 2.9 | 试验数据分析 | 正确分析 | 10 | 不会分析扣10分；<br>分析不完整扣2～5分 | | |
| 3 | 工作终结验收 | | | | | |
| 3.1 | 绝缘 | 外观检查要求接触良好，相色标志正确，绝缘测试合格 | 5 | 验收不符合要求每项扣1～2分，扣完为止 | | |
| 3.2 | 安全文明生产 | 工作中无违章出现，工作结束，清理现场，交还工器具及剩余材料 | 5 | 未做清理扣2分；<br>未交还工器具及剩余材料扣2分；<br>未在规定时间完成，每延时1分钟扣1分，扣完为止 | | |
| 合计 | | | 100 | | | |

**Jc0000252011　10kV 电力电缆直流耐压及泄漏电流试验。（100 分）**

**考核知识点：** 电力电缆安装运维工的基本知识

**难易度：** 中

## 技能等级评价专业技能考核操作工作任务书

**一、任务名称**

10kV 电力电缆直流耐压及泄漏电流试验。

**二、适用工种**

电力电缆安装运维工（配电）技师。

**三、具体任务**

完成 10kV 电力电缆直流耐压及泄漏电流试验。

**四、工作规范及要求**

（1）试验接线正确。

（2）根据充电电流的大小，调整升压速度。

（3）加压过程应呼唱。

（4）放电及换试验线动作规范。

（5）给定电缆线路上安全措施已完成，配有一定区域的安全围栏及标识。

（6）电缆对端需派人看守。

（7）安全文明生产，在规定时间内完成。

**五、考核及时间要求**

本考核操作时间为 30 分钟，每超过 1 分钟扣 2 分。

**技能等级评价专业技能考核操作评分标准**

| | | | | | | | |
|---|---|---|---|---|---|---|---|
| 工种 | 电力电缆安装运维工（配电） | | | | | 评价等级 | 技师 |
| 项目模块 | 配电线路知识—电力电缆的运行 | | | | 编号 | Jc0000252011 | |
| 单位 | | | 准考证号 | | | 姓名 | |
| 考试时限 | 30 分钟 | | 题型 | 多项操作 | | 题分 | 100 分 |
| 成绩 | | 考评员 | | 考评组长 | | 日期 | |
| 试题正文 | 10kV 电力电缆直流耐压及泄漏电流试验 | | | | | | |
| 需要说明的问题和要求 | 安全文明生产，在规定时间内完成 | | | | | | |

| 序号 | 项目名称 | 质量要求 | 满分 | 扣分标准 | 扣分原因 | 得分 |
|---|---|---|---|---|---|---|
| 1 | 工作前准备 | | | | | |
| 1.1 | 着装、穿戴 | 按规定穿工作服、工作鞋，戴绝缘手套、安全帽等 | 5 | 没穿戴工作服（鞋）、安全帽扣 5 分；帽带松弛及衣、袖没扣，鞋带不系扣 3 分 | | |
| 1.2 | 现场准备 | 试验场地围好围栏 | 2 | 未做扣 2 分 | | |
| 1.3 | 挂标示牌 | 电缆另一端挂好标示牌或派人看守 | 3 | 未做扣 3 分 | | |
| 2 | 工作过程 | | | | | |
| 2.1 | 试验电压确定 | 正确确定试验电压（预试或交接） | 5 | 不正确扣 5 分 | | |
| 2.2 | 试验前后摇测绝缘电阻 | 不考评，但必须完成这一过程 | 5 | 未做扣 5 分 | | |

续表

| 序号 | 项目名称 | 质量要求 | 满分 | 扣分标准 | 扣分原因 | 得分 |
|---|---|---|---|---|---|---|
| 2.3 | 检查电源 | 检查电源电压 | 2 | 未做扣 2 分 | | |
| 2.4 | 试验接线 | 试验接线是否正确 | 10 | 不正确扣 2～10 分 | | |
| 2.5 | 高压引线对地的绝缘距离 | 高压引线对地的绝缘距离足够 | 3 | 不正确扣 3 分 | | |
| 2.6 | 接地线 | 连接牢靠 | 5 | 接地不牢靠扣 2～5 分 | | |
| 2.7 | 试验接地 | 试验一相时，其他两相接地正确 | 5 | 不正确扣 5 分 | | |
| 2.8 | 合闸升压 | 接到监护人指令并大声复诵后方可合闸 | 10 | 未接到监护人指令合闸扣 10 分；<br>未大声复诵扣 5 分 | | |
| 2.9 | 试验电压的呼唱 | 加压过程应呼唱 | 5 | 未呼唱扣 5 分 | | |
| 2.10 | 升压速度控制 | 根据充电电流的大小，调整升压速度 | 5 | 操作不正确扣 2～5 分 | | |
| 2.11 | 读数、记录 | 试验电压以 0.25、0.5、0.75、1.0 倍分段上升，每点停留 1 分钟读取泄漏电流值，最后升至试验电压 | 5 | 操作不正确扣 1 分/次，扣完为止 | | |
| 2.12 | 试验完毕时放电 | 试验完毕时对电缆充分放电，直至电缆无残留电荷 | 10 | 操作不正确扣 2～10 分 | | |
| 3 | 工作终结验收 | | | | | |
| 3.1 | 试验结果分析 | （1）在试验电压作用下 5min 不击穿。<br>（2）耐压 5min 的泄漏电流不应大于 1min 的泄漏电流 | 10 | 不正确扣 2～10 分 | | |
| 3.2 | 安全文明生产 | 文明操作，禁止违章操作，不损坏工器具，清理现场，不发生安全生产事故 | 10 | 有不安全行为扣 3 分；<br>未清理现场扣 4 分；<br>损坏元件、工器具扣 3 分 | | |
| 合计 | | | 100 | | | |

**Jc0000241012　电缆路径及埋设深度探测。（100 分）**

**考核知识点：**电力电缆安装运维工知识

**难易度：**易

## 技能等级评价专业技能考核操作工作任务书

**一、任务名称**

电缆路径及埋设深度探测。

**二、适用工种**

电力电缆安装运维工（配电）技师。

**三、具体任务**

进行电缆路径及埋设深度探测。

**四、工作规范及要求**

（1）用电缆路径探测仪进行电缆路径探测及埋深探测，电缆敷设路径至少有 2 个弯道，电缆深度探测 3 个点。

（2）必须正确、规范地使用仪器仪表。

（3）路径、埋深探测正确。

（4）安全文明生产，在规定时间内完成。

**五、考核及时间要求**

本考核操作时间为 30 分钟，每超过 1 分钟扣 2 分。

## 技能等级评价专业技能考核操作评分标准

| 工种 | 电力电缆安装运维工（配电）技师 | | | | | 评价等级 | 技师 |
|---|---|---|---|---|---|---|---|
| 项目模块 | 电力电缆安装运维工（配电）—电力电缆的运行 | | | | 编号 | Jc0000241012 | |
| 单位 | | | 准考证号 | | | 姓名 | |
| 考试时限 | 30 分钟 | | 题型 | 单项操作 | | 题分 | 100 分 |
| 成绩 | | 考评员 | | 考评组长 | | 日期 | |
| 试题正文 | 电缆路径及埋设深度探测 | | | | | | |
| 需要说明的问题和要求 | 安全文明生产，在规定时间内完成 | | | | | | |

| 序号 | 项目名称 | 质量要求 | 满分 | 扣分标准 | 扣分原因 | 得分 |
|---|---|---|---|---|---|---|
| 1 | 工作前准备 | | | | | |
| 1.1 | 着装、穿戴 | 工作服、工作鞋、安全帽等穿戴正确 | 5 | 未正确着装扣 5 分；<br>着装不规范扣 3 分 | | |
| 2 | 工作过程 | | | | | |
| 2.1 | 仪器连接 | 发射机与电缆接线方法正确，接收机与传感器接线方法正确 | 5 | 接线方法错误扣 5 分 | | |
| 2.2 | 通信联络 | 工作前确定操作人员间的联络方式，确保通信畅通，提高工作效率 | 5 | 未能保持正常通信扣 5 分 | | |
| 2.3 | 仪器使用 | 正确开关机，会使用仪器菜单选项 | 10 | 仪器使用不熟练扣 5 分；<br>不会使用扣 10 分 | | |
| 2.4 | 路径探测 | 路径探测正确；电缆路径图绘制正确 | 25 | 探测错误扣 10 分；<br>绘图不明确，未标定参照物扣 5 分；<br>绘图错误扣 10 分 | | |
| 2.5 | 埋深探测 | 对设定的 3 个点埋深探测正确；电缆埋深断面图绘制正确 | 35 | 探测错误扣 10～25 分；<br>绘图不明确，未标定参照物扣 5 分；<br>绘图错误扣 5 分 | | |
| 2.6 | 工作终结 | 仪器仪表归位和整理各种临时用线；工作现场清理干净，报告工作全部完成 | 5 | 仪器未归位，连接线未整理扣 3 分；<br>现场清理不干净，未报告完工扣 2 分 | | |
| 3 | 工作终结验收 | | | | | |
| 3.1 | 安全文明生产 | 文明操作，禁止违章操作，不损坏工器具，不发生安全生产事故 | 10 | 有不安全行为扣 5 分；<br>损坏元件、工器具扣 5 分 | | |
| 合计 | | | 100 | | | |

# 第五部分
# 高级技师

# 第九章　电力电缆安装运维工（配电）高级技师技能笔答

Jb0000112001　一条电缆，型号为 YJLW02－64/110－1×630，长度 $L$=2300m，导体外径 $D_c$=30mm，绝缘外径 $D_i$=65mm，真空介电常数 $\varepsilon_0$=8.86×$10^{-12}$F/m，绝缘介质相对介电常数 $\varepsilon$=2.5，电缆单位长度电容 $C_1$=0.179×$10^{-6}$F/m 电缆电容计算公式 $C=LC_1$，则电缆电容为（____）×$10^{-3}$F。（5 分）

考核知识点：电缆理论知识计算

难易度：中

标准答案：

单位电缆长度 $C=2\pi\varepsilon_0\varepsilon/\ln(D_i/D_c)=2\times3.14\times8.86\times10^{-12}\times2.5/\ln(65/30)=0.179\times10^{-6}$（F/m）

该电缆总电容为 $C=0.179\times10^{-6}\times2300=0.411\times10^{-3}$（F）

则电缆电容为 0.411×$10^{-3}$F。

Jb0000112002　一条电缆，型号为 YJLW02－64/110－1×630，长度 $L$=2300m，导体外径 $D_c$=30mm，绝缘外径 $D_i$=65mm，线芯在 20℃时导体电阻率 $\rho_{20}$=0.017 241×$10^{-6}$Ω·m，线芯温度为 90℃，线芯电阻温度系数 $\alpha$=0.003 9/℃，电缆间距 100mm，真空介电常数 $\varepsilon_0$=8.86×$10^{-12}$F/m，绝缘介质相对介电常数 $\varepsilon$=2.5，集肤效应系数 $Y_s$=0.064，临近效应系数 $Y_p$=0.02，单位长度直流电阻 $R'$=0.348 9Ω·m，电缆交流电阻 $R_z=R'L(1+Y_s+Y_p)$，则电缆交流电阻为（____）Ω。（5 分）

考核知识点：电缆理论知识计算

难易度：中

标准答案：

$R=R'(1+Y_s+Y_p)=0.348\,9\times10^{-4}(1+0.064+0.02)=0.378\times10^{-4}$（Ω/m）

则该电缆交流电阻 $R_z=0.378\times10^{-4}\times2300=0.869\,9$（Ω）=0.87（Ω）

则电缆交流电阻为 0.87Ω。

Jb0000112003　一条电缆，型号为 YJLW02－64/110－1×630，长度 $L$=2300m，导体外径 $D_c$=30mm，绝缘外径 $D_i$=65mm，线芯在 20℃时导体电阻率 $\rho_{20}$=0.017 241×$10^{-6}$Ω·m，线芯温度为 90℃，线芯电阻温度系数 $\alpha$=0.003 9/℃，电缆间距 100mm，真空介电常数 $\varepsilon_0$=8.86×$10^{-12}$F/m，绝缘介质相对介电常数 $\varepsilon$=2.5。直流电阻计算公式 $R=\rho[1+\alpha(\theta-20)]L/A$，则电缆直流电阻为（____）Ω。（5 分）

考核知识点：电缆理论知识计算

难易度：中

标准答案：

$R'=0.017\,241\times10^{-6}[1+0.003\,93(90-20)]/(630\times10^{-6})=0.348\,9\times10^{-4}$（Ω/m）

该电缆总电阻为 $R=0.348\,9\times10^{-4}\times2300=0.080\,25$（Ω）=0.08（Ω）

则电缆直流电阻为 0.08Ω。

**Jb0000113004　电容为 100μF 的电容器充电，电容器两端的电压从 0V 增加到 100V，电源供给电容器的电能为（____）J。（5 分）**

**考核知识点：**电缆理论知识

**难易度：**难

**标准答案：**

$W=(C\times U\times U)/2=0.5\times 100\mu F\times 100V\times 100V=0.5J$

则电源供给电容器的电能为 0.5J。

**Jb0000113005　某导体带有 0.025C 的电量，对地电压为 250V，该导体的对地电容为（____）μF。（5 分）**

**考核知识点：**电缆理论知识计算

**难易度：**难

**标准答案：**

$Q/U=0.025C/250V=100\ (\mu F)$

则该导体的对地电容为 100μF。

**Jb0000113006　在电容器串联电路中，已知 $C_1>C_2>C_3$，则两端电压（____）。（5 分）**

**考核知识点：**电缆理论知识

**难易度：**难

**标准答案：**

三个电容串联时，他们最终电荷量是一样的，$Q=UC$，所以 $U_1\times C_1=U_2\times C_2=U_3\times C_3$，则 $U_1<U_2<U_3$。

**Jb0000113007　有三个电阻并联使用，它们的电阻比是 1∶3∶5，所以，通过三个电阻的电流之比是（____）。（5 分）**

**考核知识点：**电缆理论知识计算

**难易度：**难

**标准答案：**

$I_1=U_1/R_1\quad I_2=U_2/R_2\quad I_3=U_3/R_3$

电阻并联 $U_1=U_2=U_3=U$，电阻值之比 $R_1:R_2:R_3=1:3:5$

$I_1=U/R_1$；$I_2=U/(3R_1)$；$I_3=U/(5R_1)$

$I_1:I_2:I_3=15:5:3$

通过三个电阻的电流之比是 15∶5∶3。

**Jb0000113008　已知 $U=10\angle 30^\circ$，电压相量表示的正弦量为（____）。（5 分）**

**考核知识点：**电缆理论知识计算

**难易度：**难

**标准答案：**

电压有效值 $U=U_m/\sqrt{2}$，$\varphi=30$

电压相量表示的正弦量 $u=U_m\sin(\omega t+30^\circ)$

则 $u=10\sqrt{2}\sin(\omega t+30^\circ)=14.14\sin(\omega t+30^\circ)$

则电压相量表示的正弦量 $u=14.14\sin(\omega t+30^\circ)$。

**Jb0000113009　将电动势为 1.5V，内阻为 0.2Ω的四个电池并联后，接入一阻值为 1.45Ω的负载，此时负载电流为（____）A。（5 分）**

**考核知识点：**电缆理论知识计算

**难易度：**难

**标准答案：**

$I=U/R=1.5/（1.45+0.2/4）$ A

则此时负载电流为 1A。

**Jb0000113010　一直径 $D_1=3$mm，长 $L_1=1$m 的铜导线，被均匀拉长至 $L_2=5$m（设体积不变），则此时电阻 $R_2$ 是原电阻 $R_1$ 的（____）倍。（5 分）**

**考核知识点：**电缆理论知识计算

**难易度：**难

**标准答案：**

$R_1=\rho L_1/S_1$

$R_2=\rho L_2/S_2$

$L_1S_1=L_2S_2$

$$\frac{R_2}{R_1}=\frac{\rho L_2}{S_2}\times\frac{S_1}{\rho L_1}=\frac{L_2S_1}{S_2L_1}=\frac{L_2S_1}{L_1\frac{L_1S_1}{L_2}}\Rightarrow\frac{L_2S_1}{L_1L_1S_1/L_2}=\frac{L_2^2}{L_1^2}=\frac{4^2}{1^2}=16$$

则此时电阻 $R_2$ 是原电阻 $R_1$ 的 16 倍。

**Jb0000131011　电缆防火工程验收包含的检验项目有哪些？（5 分）**

**考核知识点：**防火工程验收

**难易度：**易

**标准答案：**

电缆防火工程验收包含的检验项目有防火涂料；防火带；接头防火保护；防火槽盒。

**Jb0000131012　电缆敷设施工记录应包括哪些内容？（5 分）**

**考核知识点：**电缆敷设施工记录

**难易度：**易

**标准答案：**

电缆敷设施工记录应包括电缆敷设日期；天气状况；电缆检查记录；电缆生产厂家；电缆盘号。

**Jb0000131013　电缆线路金属护套接地方式有哪几种？（5 分）**

**考核知识点：**接地方式

**难易度：**易

**标准答案：**

电缆线路金属护套接地方式有一端直接接地，另一端保护接地；两端直接接地；两端保护接地，中间直接接地。

**Jb0000131014　对金属电缆支架的要求有哪些内容？（5 分）**

**考核知识点：**电缆支架基本要求

**难易度：**易

**标准答案：**

对金属电缆支架的要求有满足承载能力要求；焊接牢固；良好接地；防腐工艺符合要求。

**Jb0000131015 在电缆穿过哪些地方，应做防火封堵？（5分）**

**考核知识点：**防火封堵

**难易度：**易

**标准答案：**

竖井；变电站夹层；墙壁、楼板；进入电气盘、柜的孔洞。

**Jb0000131016 电缆通道防火设施巡视检查要求及内容包括哪些？（5分）**

**考核知识点：**巡视

**难易度：**易

**标准答案：**

电缆通道防火设施巡视检查要求及内容包括变电站或电缆隧道出入口是否按设计要求进行防火封堵措施；防火槽盒是否存在脱落；防火涂料是否存在脱落；防火阻燃带是否存在脱落。

**Jb0000131017 电缆沟巡视检查要求及内容包括哪些？（5分）**

**考核知识点：**巡视

**难易度：**易

**标准答案：**

电缆沟巡视检查要求及内容包括电缆沟墙体是否有裂缝；附属设施是否故障或缺失；竖井盖板是否缺失、爬梯是否锈蚀、损坏；电缆沟接地网接地电阻是否符合要求。

**Jb0000131018 电缆隧道巡视工作中应注意哪些方面？（5分）**

**考核知识点：**巡视

**难易度：**易

**标准答案：**

电缆隧道巡视工作中应注意隧道内支架是否锈蚀、破损；隧道内接地网接地电阻是否符合要求；隧道内地坪是否倾斜、变形及渗水。

**Jb0000131019 属于电缆通道维护内容的有哪些项目？（5分）**

**考核知识点：**电缆通道维护

**难易度：**易

**标准答案：**

属于电缆通道维护内容的有抽水清淤；砍剪树枝；修复接地线；装设电缆标桩。

**Jb0000131020 电缆例行试验有哪些项目？（5分）**

**考核知识点：**例行试验

**难易度：**易

**标准答案：**

电缆例行试验有主绝缘及外护套绝缘电阻测试；主绝缘交流耐压试验；接地电阻测试；交叉互联

系统试验。

**Jb0000131021　电缆直埋敷设较易遭受机械外力损坏和周围土壤的哪些腐蚀？（5分）**

**考核知识点：**直埋敷设

**难易度：**易

**标准答案：**

电缆直埋敷设较易遭受机械外力损坏和周围土壤的化学、电化学、强酸、强碱腐蚀。

**Jb0000131022　直埋敷设沿电缆路径开挖样洞，应按电缆哪些要求制订分段敷设方案？（5分）**

**考核知识点：**直埋敷设

**难易度：**易

**标准答案：**

电压等级；品种结构；分盘长度。

**Jb0000131023　在电缆直埋敷设时防止高空落物的措施有哪些？（5分）**

**考核知识点：**直埋敷设

**难易度：**易

**标准答案：**

在电缆直埋敷设时防止高空落物的措施有高处作业必须使用工具包；所用的工器具必须用绳索传递；现场人员应按安规标准戴安全帽；起吊电缆时应避免上下交叉作业。

**Jb0000131024　电缆敷设由人工编制而成的牵引网套用材料有哪些？（5分）**

**考核知识点：**敷设

**难易度：**易

**标准答案：**

电缆敷设由人工编制而成的牵引网套用材料有钢丝绳、尼龙绳、白麻绳。

**Jb0000131025　电缆固定可以使电缆哪些密封部位免受机械损伤？（5分）**

**考核知识点：**固定

**难易度：**易

**标准答案：**

绝缘；护套；终端。

**Jb0000131026　电缆管道敷设的周围介质热阻，实际由哪些组成？（5分）**

**考核知识点：**介质热阻

**难易度：**易

**标准答案：**

实际由电缆表面到管道内壁的热阻、管道热阻、管道的外部热阻组成。

**Jb0000131027　设计电缆绝缘厚度应考虑的因素有哪些？（5分）**

**考核知识点：**绝缘厚度

**难易度：**易

**标准答案：**

设计电缆绝缘厚度应考虑的因素有最小厚度、机械力、电压。

**Jb0000131028　电缆敷设应符合什么要求。（5分）**

**考核知识点：**电缆敷设

**难易度：**易

**标准答案：**

同通道敷设的电缆应按电压等级的高低从下向上分层布置，不同电压等级电缆间宜设置防火隔板等防护措施；重要变电站和重要用户的双路电源电缆不宜同通道敷设；交流单芯电缆穿越的闭合管、孔应采用非铁磁性材料。

**Jb0000131029　严禁在哪些位置布置电缆接头？（5分）**

**考核知识点：**电缆接头

**难易度：**易

**标准答案：**

变电站电缆夹层；桥架；竖井；缆线密集区域。

**Jb0000132030　新建电缆沟体哪些内容均应符合设计要求？（5分）**

**考核知识点：**新建电缆沟体

**难易度：**中

**标准答案：**

钢筋强度等级；型号；长度；间距。

**Jb0000132031　故障测距时，二次脉冲法是综合了什么测试方法的优势？（5分）**

**考核知识点：**故障测距

**难易度：**中

**标准答案：**

低压脉冲法；冲闪法。

**Jb0000132032　电缆和附件的施工资料主要包括哪些内容？（5分）**

**考核知识点：**施工资料

**难易度：**中

**标准答案：**

电缆和附件的施工资料主要包括电缆线路图；电缆接头和终端装配图；安装工艺和安装记录；电缆线路竣工试验报告。

**Jb0000132033　电缆运检部门应留存哪些项目资料作为初设审查的依据？（5分）**

**考核知识点：**初设审查

**难易度：**中

**标准答案：**

可研方案文本；内部书面评审意见；可研评审会议纪要。

**Jb0000132034　电力电缆局部放电带电检测设备，应包括哪几个部分？（5 分）**
**考核知识点：**带电检测
**难易度：**中
**标准答案：**
标准脉冲发生装置；传感器；检测主机。

**Jb0000132035　进行电缆局部放电检测时一般采用在什么位置安装传感器？（5 分）**
**考核知识点：**安装传感器
**难易度：**中
**标准答案：**
电缆终端；接头的交叉互联线；接地线。

**Jb0000132036　电缆外护套表面上应有的耐磨信息有哪些？（5 分）**
**考核知识点：**电缆外护套
**难易度：**中
**标准答案：**
电缆外护套表面上应有的耐磨信息有型号、规格、码长、制造厂家。

**Jb0000132037　电力电缆的基本结构可以分为哪几部分？（5 分）**
**考核知识点：**基本结构
**难易度：**中
**标准答案：**
电力电缆的基本结构可以分为导体、绝缘层、护层。

**Jb0000132038　电力电缆局部放电检测设备的检验项目有哪些？（5 分）**
**考核知识点：**局部放电检测设备
**难易度：**中
**标准答案：**
电力电缆局部放电检测设备的检验项目有出厂试验、型式试验、现场试验、特殊试验。

**Jb0000132039　电缆线路诊断性试验包括哪些项目？（5 分）**
**考核知识点：**诊断性试验
**难易度：**中
**标准答案：**
电缆线路诊断性试验包括超声波检测、高频局部放电测试、特高频局部放电测试、振荡波局部放电测试。

**Jb0000133040　振荡波局部放电测试试验电压应满足哪些条件？（5 分）**
**考核知识点：**振荡波局部放电测试试验
**难易度：**难
**标准答案：**
试验电压的波形为连续两个半波峰值呈指数规律衰减的近似正弦波；在整个试验过程中，试验电压的测量值应保持在规定电压值的±3%以内。

**Jb0000133041 电缆局部放电仪器设备应具备一定的检测数据存储能力，包括哪些内容？（5分）**

**考核知识点：**电缆局部放电仪器

**难易度：**难

**标准答案：**

局部放电信号等效放电量；局部放电信号相位；局部放电信号重复率。

**Jb0000133042 适用于高压电缆局部放电检测的检测手段有哪些？（5分）**

**考核知识点：**高压电缆局部放电检测

**难易度：**难

**标准答案：**

适用于高压电缆局部放电检测的检测手段有高频局部放电检测、超声波局部放电检测、超高频局部放电检测。

**Jb0000133043 地下管线探测仪接收机一般采用什么接收方式？（5分）**

**考核知识点：**地下管线探测仪

**难易度：**难

**标准答案：**

峰值模式；谷值模式；宽峰模式。

**Jb0000133044 按工作内容及工作涉及范围，将电缆及通道检修工作分为四类：A类检修、B类检修、C类检修、D类检修。其中属于C类检修的是哪些项目？（5分）**

**考核知识点：**C类检修

**难易度：**难

**标准答案：**

其中属于C类检修的是外观检查；周期性维护；例行试验。

**Jb0000133045 电缆线路状态检修工作内容包括哪些？（5分）**

**考核知识点：**状态检修

**难易度：**难

**标准答案：**

电缆线路状态检修工作内容包括停电测试和试验、不停电测试和试验、停电检修维护工作、不停电检修维护工作。

**Jb0000133046 电缆带电检测主要有哪些？（5分）**

**考核知识点：**带电检测

**难易度：**难

**标准答案：**

电缆带电检测主要有红外检测、金属护层接地电流检测、局部放电检测。

**Jb0000133047　电缆常用的导体连接方法有哪些？（5 分）**

**考核知识点：**导体连接方法

**难易度：**难

**标准答案：**

电缆常用的导体连接方法有锡焊连接、机械连接、熔焊连接。

**Jb0000133048　电缆导体连接的具体要求是什么？（5 分）**

**考核知识点：**电缆导体连接

**难易度：**难

**标准答案：**

电缆导体连接的具体要求是连接点具有足够的机械强度；连接点应抗腐蚀；连接点应能耐振动；连接点应连续、光滑、无毛刺。

**Jb0000133049　对电缆终端引出线有什么技术要求？（5 分）**

**考核知识点：**电缆终端引出线

**难易度：**难

**标准答案：**

电缆终端引出线是指从电缆终端出线金具到相连设备之间的连接线。

对引出线有以下技术要求：

（1）引出线安全净距：引出线可采用裸铜线、绝缘导线、铜排、铜杆或铜管。不同相引出线和各相引出线对地之间的净距应符合室内、外配电装置安全净距的规定值。

（2）引出线截面：6～10kV 连接自落熔丝或直搭铜架空线的电缆引出线（俗称电缆尾线），应是硬铜线。硬铜线的截面按电缆导体截面大小在 50～120$mm^2$ 之间选择，铝芯电缆的引出线规格以比铜芯电缆截面小一档的规格选用，但最小应为 35$mm^2$。当架空线的截面小于电缆终端引出线的规格时，引出线可与架空线截面相同。1kV 及以下电缆的引出线，应采用与电缆相同截面的绝缘导线。

（3）引出线连接方法：引出线直搭铜架空线的引出线可用铜底座线夹连接；10～35kV 电缆引出线直搭铝架空线或架空引下线时，应使用铜铝过渡线夹或异型铝并沟线夹；铝引出线的规格与架空线相同。

**Jb0000133050　交联聚乙烯电缆内部允许有水分吗？为什么？进水后如何去潮？（5 分）**

**考核知识点：**交联聚乙烯电缆

**难易度：**难

**标准答案：**

（1）不允许。因为交联聚乙烯电缆进水后，在电场长期作用下会引起水树枝现象，最终造成电缆绝缘击穿。

（2）现场可采用氮气或者是相对湿度小于 50%的干燥空气作为干燥介质进行交联电缆去潮处理。

（3）交联电缆去潮处理应先设法让水自然流失，然后采用真空去潮工艺去潮。

1）在一端用压缩的干燥流动介质强制灌入导体，通过干燥介质吸收电缆导体中的水分和潮气。

2）为加强介质的流动性，可在另一端采用抽真空的工艺。真空度保持在 250～300Pa。持续时间应大于 8h。

3）检验去潮效果，可用变色硅胶遇潮变色的方法。

4）合格标准：变色硅胶应在 5min 内不变色。

**Jb0000133051　试述电缆过负荷运行的危害性。（5分）**

**考核知识点：** 电缆过负荷

**难易度：** 难

**标准答案：**

（1）DL/T 1253—2013《电力电缆线路运行规程》中规定，电缆线路原则上不允许过负荷，即使在处理事故时出现的过负荷，也应迅速恢复正常。

（2）过负荷将缩短电缆的使用寿命。过负荷电流的大小和过负荷时间长短不同，对电缆危害程度也不一样，在电缆线路设备上因过负荷反映出来的损坏部件基本可分为以下几类：

1）造成导体接点的损坏，或是造成终端头外部接点的损坏。

2）因过热造成固体绝缘变形，降低绝缘水平，加速绝缘老化。

3）使金属铅护套发生龟裂现象，整条电缆铅护套膨胀，在铠装隙缝处裂开。

4）电缆终端盒和中间接头盒因灌注在盒内的沥青绝缘胶受热膨胀而胀裂。

**Jb0000133052　试述三芯交联聚乙烯电缆终端头的一般工艺步骤。（5分）**

**考核知识点：** 三芯交联聚乙烯电缆接头

**难易度：** 难

**标准答案：**

（1）检查工器具、材料及电缆校直、擦拭。

（2）电缆定位后确定接头中心。

（3）剥除护层和铠装层。

（4）焊接地后套上分支手套及其他必需的管材等附件。

（5）处理电缆的金属屏蔽、外屏蔽、绝缘表面及反应力锥。

（6）连接导体及出线金具。

（7）按各工艺要求绕包和安装电缆附件（应力控制、绝缘、屏蔽等）。

（8）密封处理和其他保护措施。

**Jb0000133053　试述何谓电缆电磁屏蔽。（5分）**

**考核知识点：** 电缆电磁屏蔽

**难易度：** 难

**标准答案：**

（1）电力电缆的电屏蔽和磁屏蔽统称为电缆电磁屏蔽。电屏蔽是改善电缆绝缘内电力线分布的措施；磁屏蔽是减少电缆磁场对外界影响的措施。

（2）电缆内的电屏蔽分为导体屏蔽和绝缘屏蔽两种。导体屏蔽也称为内屏蔽，它是紧靠导体上包裹的一屏蔽层。绝缘屏蔽也成为外屏蔽，它是紧靠电缆绝缘层外面包裹的一屏蔽层。

（3）电力电缆的磁屏蔽措施通常有：采用钢管、铠装（钢带或钢丝）等磁性材料将三根单芯电缆金属护套在线路两侧相互连接，使其金属护套与导体间的电流产生逆向磁通，还有安装回流线和将电缆交叉换位等措施。

**Jb0000133054　选择电力电缆线路的路径应考虑哪些问题？（5分）**

**考核知识点：** 电力电缆线路的路径

**难易度：** 难

标准答案：

（1）电力电缆线路的路径应与城市总体规划相结合，应与各种管线和其他市政设施统一安排，且应征得城市规划部门认可。

（2）电缆敷设路径应综合考虑路径长度、施工、运行和维修方便等因素，统筹兼顾，做到经济合理、安全适用。

（3）供敷设电缆用的地下设施或直埋敷设的电缆不应平行设于其他管线的正上方或正下方。

（4）电力电缆相互之间允许最小间距以及电力电缆与其他管线、构筑物基础等最小允许间距应符合规定，如局部地段不符合规定者，应采取必要的保护措施。

（5）电缆跨越河流宜优先考虑利用城市交通桥梁或交通隧道敷设，应在不影响桥梁结构或隧道结构前提下，征得桥梁或隧道设计和管理部门认可。

（6）在电缆敷设路径附近如无交通桥梁或交通隧道可利用者，则宜考虑采用开挖技术敷设或建设电缆专用桥、专用隧道等。

**Jb0000133055　电缆导体线芯的几何形状有哪几种？（5分）**

**考核知识点：**电缆导体线芯

**难易度：**难

**标准答案：**

（1）圆形线芯。

（2）中空圆形线芯。

（3）扇形线芯。

（4）弓形线芯。

**Jb0000133056　请说出塑料绝缘类电缆分为哪几种型号以及分别适用于哪几种电压等级？（5分）**

**考核知识点：**塑料绝缘类电缆

**难易度：**难

**标准答案：**

（1）聚氯乙烯绝缘型，适用于低电压等级。

（2）聚乙烯绝缘型，适用于低、中电压等级。

（3）交联聚乙烯绝缘型，适用于低、中、高电压等级。

**Jb0000133057　直埋电缆有什么优点？适用哪些地区？（5分）**

**考核知识点：**直埋电缆

**难易度：**难

**标准答案：**

（1）直埋地下敷设其最大优点就是经济，敷设简便，施工速度快，技术易掌握，是目前广泛采用的敷设方式。

（2）适用于郊区和车辆通行不太频繁的地区。

**Jb0000133058　低压电缆为什么要有中性线？（5分）**

**考核知识点：**低压电缆

**难易度：**难

**标准答案：**
（1）保护接地。
（2）通过不平衡电流。

**Jb0000133059　交联聚乙烯电缆采用多芯圆绞线，其优点是什么？（5分）**
**考核知识点：**交联聚乙烯电缆
**难易度：**难
**标准答案：**
（1）电场较扇形导体电场均匀，对电缆提高电压等级有利。
（2）增加导体的柔软性和可曲度，由多根导线绞合的线芯柔性好，可曲度较大。

**Jb0000133060　何谓电缆长期允许载流量？（5分）**
**考核知识点：**载流量
**难易度：**难
**标准答案：**
电缆长期允许载流量是指电缆内通过规定的电流时，在热稳定后，电缆导体达到长期允许工作温度时的电流数值。

**Jb0000133061　请写出ZRVV22、RVV电缆名称。（5分）**
**考核知识点：**电缆
**难易度：**难
**标准答案：**
（1）ZRVV22表示聚氯乙烯绝缘钢带铠装聚氯乙烯护套。
（2）RVV表示铜芯聚乙烯绝缘聚氯乙烯护套连接软电缆。

**Jb0000133062　塑料绝缘电力电缆具有哪几项优点？（5分）**
**考核知识点：**塑料绝缘电力电缆
**难易度：**难
**标准答案：**
（1）制造工艺简单。
（2）不受敷设落差影响。
（3）工作温度可以提高。
（4）电缆的敷设、接续、维护方便。
（5）耐化学腐蚀。

**Jb0000133063　目前电缆产品中广泛使用的绝缘材料的种类有哪些？（5分）**
**考核知识点：**绝缘材料
**难易度：**难
**标准答案：**
（1）橡胶绝缘材料。
（2）聚氯乙烯绝缘材料。
（3）聚乙烯绝缘材料。

（4）交联聚乙烯材料。

**Jb0000133064　巡查敷设在地下的电缆时，主要查哪些地方？（5分）**

**考核知识点：**巡查

**难易度：**难

**标准答案：**

（1）对敷设在地下的电缆线路，应查看路面是否正常，有无挖掘现象。

（2）线路标桩是否完整无缺等。

**Jb0000133065　直埋敷设于非冻土地区时，电缆埋置深度应符合哪些规定？（5分）**

**考核知识点：**直埋敷设

**难易度：**难

**标准答案：**

（1）电缆外皮至地下构筑物基础，不得小于0.3m。

（2）电缆外皮至地面深度，不得小于0.7m。

（3）当位于车行道或耕地下时，应适当加深，且不宜小于1m。

**Jb0000133066　脉冲信号法鉴别电缆使用哪些设备？（5分）**

**考核知识点：**脉冲信号法

**难易度：**难

**标准答案：**

（1）脉冲信号发生器。

（2）感应夹钳。

（3）识别接收器。

**Jb0000131067　高阻故障主要采用的故障测距方法有哪些？（5分）**

**考核知识点：**高阻故障

**难易度：**易

**标准答案：**

（1）脉冲电流法。

（2）二次脉冲法。

**Jb0000131068　为什么要对电力电缆进行交接试验？（5分）**

**考核知识点：**交接试验

**难易度：**易

**标准答案：**

电缆交接试验是指电力电缆线路安装完毕后，施工单位为了向运行单位验证电缆线路的可靠性进行的试验。由于附件安装和运输及现场敷设的因素，即使已通过相关试验的高压电缆的电气性能也会遭受影响。所以为了保障电网能够可靠供电，避免因微小绝缘缺陷影响整个电网，在运输敷设前必须对电缆进行交接试验。

**Jb0000131069　电缆交接试验有哪些项目？（5分）**

**考核知识点：** 交接试验

**难易度：** 易

**标准答案：**

（1）主绝缘及外护套绝缘电阻测量。

（2）主绝缘直流耐压试验及泄漏电流测量。

（3）主绝缘交流耐压试验。

（4）外护套直流耐压试验。

（5）检查电缆线路两端的相位。

（6）充油电缆的绝缘油试验。

（7）交叉互联系统试验。

（8）电力电缆线路局部放电测量。

其中，橡塑绝缘电力电缆应开展第（1）、（3）、（5）、（8）项项目。交流单芯电缆应增加第（4）、（7）项项目。纸绝缘电缆应开展第（1）、（3）、（5）项项目。自容式充油电缆（基本不用于配电网）应开展第（1）、（2）、（4）、（5）、（6）、（7）和（8）项项目。此外，对配电网电缆不要求做电力电缆线路局部放电测量试验。

**Jb0000131070　电力电缆交接试验项目需要哪些试验仪器？（5分）**

**考核知识点：** 交接试验项目

**难易度：** 易

**标准答案：**

开展电力电缆交接试验，使用的试验仪器主要包括：绝缘电阻测试仪、直流耐压试验装置或交流耐压试验装置、核相仪、绝缘油试验装置和电力电缆线路局部放电检测装置等。

**Jb0000131071　绝缘电阻测试仪的工作原理是什么？（5分）**

**考核知识点：** 绝缘电阻测试仪

**难易度：** 易

**标准答案：**

绝缘电阻测试仪常被称作绝缘电阻表，俗称“摇表”。绝缘电阻表测量时实际上是给绝缘体（电介质）加上一个直流电压，然后测量泄漏电流，经过比率换算成绝缘电阻值。泄漏电流分为有电阻性泄漏电流、电容性泄漏电流和电介质吸收电流等，随着测量时间的增加，电容性电流和电介质吸收电流逐步减小直至消失，最后只剩下电阻性泄漏电流，此时测得的绝缘电阻值即为绝缘体的真实绝缘电阻。在实际测量时，通常取 $R_{60s}$（加压 60s 时的绝缘电阻值示值）或绝缘电阻读数稳定时的示值作为此次绝缘电阻测试结果。

绝缘电阻表按电源型式通常可分为发电机型和整流电源型两大类。发电机型一般为手摇（或电动）直流发电机或交流发电机经倍压整流后输出直流电压；整流电源型多为电子式仪器，它由低压 50Hz 交流电（或干电池、蓄电池）经整流稳压、晶体管震荡升压和倍压整流后输出直流电压。

绝缘电阻表电压通常有 100、250、500、1000、2500、5000、10000V 等多种，也有可连续改变输出电压的。工作中应参照 DL/T 596—2021《电气设备预防性试验规程》的有关规定选用适当的电压。

**Jb0000131072　交流耐压试验装置的工作原理是什么？（5分）**

**考核知识点：** 交流耐压试验装置

**难易度**：易

**标准答案**：

对35kV及以下的电力电缆做交流耐压试验，现在常用的有0.1Hz超低频耐压试验和变频串联谐振耐压试验这两种方式。

0.1Hz超低频耐压试验采用0.1Hz作为试验电源，理论上可将试验变压器的容量降低到工频所需的1/500，试验变压器的重量可大大降低，便携性好。但由于0.1Hz超低频耐压试验装置电压等级低，电压频率与工频相差较大，目前仅用于35kV及以下的高压电缆试验。

变频谐振试验系统采用固定电抗器作为谐振电抗器，以调频的方式与被试品（容性）实现串联谐振，频率的调节范围多为30～300Hz，理论上可将试验变压器的容量降低到工频所需的1/100，便携性也相对较好。变频谐振试验系统为近似工频电源，试验效果比0.1Hz超低频耐压试验系统更优。

**Jb0000131073　核相仪的工作原理是什么？（5分）**

**考核知识点**：核相仪

**难易度**：易

**标准答案**：

核相仪的基本原理为采集装置获取被测高电压相位信号，并进行相位比较，确定相位相差角度，从而判断为同相或异相。核相仪分数字式和指针式两种，按有无连接线可分为有线型和无线型两类。

**Jb0000131074　目前常用的电力电缆线路局部放电检测方法主要有哪些？（5分）**

**考核知识点**：局部放电检测

**难易度**：易

**标准答案**：

目前常用的电力电缆线路局部放电检测方法主要有脉冲电流法、振荡波测试法、超声波检测法以及特高频（UHF）法。

（1）脉冲电流法是国际公认的对大部分绝缘设备局部放电检测的最基本方法，IEC 60270为IEC正式公布的局部放电测量标准。其利用试验电容器耦合被测试品中的局部放电信号，测量出电容试品内部的视在放电量。但其对试验电源和环境都有较高的要求，对被测试品的局部放电位置定位比较困难。

（2）震荡波测试法是目前国际上较为先进的一种离线（停电）电缆局部放电检测技术，通过对充电后流经系统检测回路的电缆放电电流中脉冲信号的分析与计算来实现电缆内部局部放电量值检测和位置确定，用于带绝缘屏蔽结构电缆全线本体和附件缺陷检测。

（3）超声波检测法是通过检测电力设备局部放电产生的超声波信号来测量局部放电的大小和位置。在实际检测中，超声传感器主要是通过贴在电气设备外壳上以体外检测的方式进行的。超声波方法用于在线检测局部放电的监测频带一般均在20～230kHz之间。

（4）特高频（UHF）法是目前局部放电检测的一种新方法，研究认为，每一次局部放电过程都伴随着正负电荷的中和，沿放电通道将会有过程极短陡度很大的脉冲电流产生，电流脉冲的陡度比较大，辐射的电磁波信号的特高频分量比较丰富。其主要的优点是能够进行局部放电定位，可进行移动检测，适用于在线检测。

**Jb0000131075 电力电缆交接试验时，电缆应如何短接或接地？（5分）**

**考核知识点：** 交接试验

**难易度：** 易

**标准答案：**

电力电缆交接试验，应为电缆的每一相测量其主绝缘的绝缘电阻和进行耐压试验。对具有统包绝缘的三芯电缆，应分别对每一相进行，其他两相导体、金属屏蔽或金属套和铠装层应一起接地；对分相屏蔽的三芯电缆和单芯电缆，可一相或多相同时进行，非被试相导体、金属屏蔽或金属套和铠装层应一起接地；对金属屏蔽或金属套一端接地，另一端装有护层过电压保护器的单芯电缆主绝缘做耐压试验时，应将护层过电压保护器短接，使这一端的电缆金属屏蔽或金属套临时接地。

**Jb0000131076 交接试验中绝缘电阻测量有什么要求？（5分）**

**考核知识点：** 绝缘电阻测量

**难易度：** 易

**标准答案：**

交接试验中绝缘电阻测量用绝缘电阻表电压及绝缘电阻值应符合 GB 50150—2016《电气装置安装工程 电气设备交接试验标准》，应满足以下要求：

（1）橡塑电缆外护套、内衬层的绝缘电阻不应低于 0.5MΩ/km。

（2）电缆绝缘测量宜采用 2500V 绝缘电阻表，额定电压 $U_0/U$ 为 6/6kV 及以上电缆可采用 5000V 绝缘电阻表。

（3）橡胶电缆外护套、内衬层的测量宜采用 500V 绝缘电阻表。

**Jb0000131077 电力电缆交流耐压试验有什么要求？（5分）**

**考核知识点：** 交流耐压试验

**难易度：** 易

**标准答案：**

电力电缆交流耐压试验所采用的电源电压、频率及试验时长应符合 GB 50150—2016《电气装置安装工程 电气设备交接试验标准》，应满足以下要求：橡胶电缆应优先采用 20～300Hz 交流耐压试验，试验时间不得少于 1min，额定电压 $U_0/U$ 为 18/30kV 及以下时，试验电压应为 $2U_0$。即额定电压 $U_0/U$ 为 6/10kV 时，试验电压应为 12kV，额定电压 $U_0/U$ 为 8.7/10kV 时，试验电压应为 18kV。

**Jb0000131078 如不具备电缆交流耐压试验条件时，该如何处理？（5分）**

**考核知识点：** 交流耐压试验

**难易度：** 易

**标准答案：**

根据 GB 50150—2016《电气装置安装工程 电气设备交接试验标准》规定，对额定电压 $U_0/U$ 为 18/30kV 及以下电缆，当不具备条件时，允许用有效值为 $3U_0$ 的 0.1Hz 电压施加 15min 或直流耐压试验及泄漏电流测量代替交流耐压试验。

**Jb0000131079 直流耐压试验对试验电压有什么要求？（5分）**

**考核知识点：** 直流耐压试验

**难易度：** 易

**标准答案：**

电力电缆直流耐压试验所采用的电源电压及试验时长应符合 GB 50150—2016《电气装置安装工程电气设备交接试验标准》，应满足以下要求：

（1）对于额定电压为 $U_0/U$ 的纸绝缘电力电缆线路，若为统包绝缘（带绝缘），其试验电压 $U_t=5\times(U_0+U)/2$。若为分相屏蔽绝缘，试验电压 $U_t=5U_0$。通常情况下，纸绝缘电缆直流耐压试验电压可按表 Jb0000131079 的规定进行试验。

（2）对于 18/30kV 及以下电压等级的橡塑绝缘电缆，其直流耐压试验电压应按 $U_t=4U_0$。

**表 Jb0000131079**

| 电缆额定电压 $U_0/U$（kV） | 1.8/3 | 3/3 | 3.6/6 | 6/6 | 6/10 | 8.7/10 | 21/35 | 26/35 |
|---|---|---|---|---|---|---|---|---|
| 直流试验电压（kV） | 12 | 14 | 24 | 30 | 40 | 47 | 105 | 130 |

**Jb0000131080　直流耐压试验应如何加压和测量泄漏电流？（5 分）**

**考核知识点：**直流耐压试验

**难易度：**易

**标准答案：**

开展直流耐压试验时，试验电压可分 4～6 阶段均匀升压，每阶段应停留 1min，并应读取泄漏电流值。试验电压升至规定值后应维持 15min，期间应读取 1min 和 15min 时刻泄漏电流。测量时应消除杂散电流的影响。

**Jb0000131081　如何根据电缆泄漏电流判定电缆绝缘存在缺陷？（5 分）**

**考核知识点：**缺陷

**难易度：**易

**标准答案：**

当电缆的泄漏电流具有下列情况之一者，可判定电缆绝缘可能有缺陷。

（1）泄漏电流很不稳定，波动较大。

（2）泄漏电流随试验电压升高急剧上升。

（3）泄漏电流随试验时间延长有上升现象。

**Jb0000131082　电力电缆交接试验为何要检查电缆线路两端的相位？（5 分）**

**考核知识点：**电力电缆交接试验

**难易度：**易

**标准答案：**

电力电缆交接试验时，对电缆线路两端进行校相，一是防止在线路进行并列运行时发生相间短路，二是在线路自动装置动作时，因动作时间短或线路较长呈容性，发生由于不同相，而造成对下级三相用电设备的冲击。

**Jb0000131083　电力电缆交接试验的作业流程一般是怎样的？（5 分）**

**考核知识点：**电力电缆交接试验

**难易度：**易

**标准答案：**

电力电缆交接试验前，需开具配电第一种工作票，并准备电力电缆交接试验工序质量控制卡。在试验时，按照工作票和标准作业卡内容按顺序执行即可。

**Jb0000132084　电力电缆交接试验有哪些注意事项？（5分）**

**考核知识点：**电力电缆交接试验

**难易度：**中

**标准答案：**

（1）在高压试验设备和高电压引线周围，均应装设遮栏并悬挂警示牌。

（2）进行高电压试验时，操作人员与高电压回路间应具有足够的安全距离。

（3）高压试验结束后，应对直流试验设备及大电容的被测试设备多次放电，放电时间至少1min。

**Jb0000131085　现场电缆交接试验完成后，如何进行档案管理？（5分）**

**考核知识点：**电力电缆交接试验

**难易度：**易

**标准答案：**

在现场开展电缆线路交接试验时，应做好数据记录，编写电缆线路交接试验报告，并将试验数据录入PMS系统中，做好整理存档。

**Jb0000131086　电缆线路的故障寻测一般包括哪些内容？（5分）**

**考核知识点：**故障寻测

**难易度：**易

**标准答案：**

电缆线路的故障寻测一般包括初测和精确定点两部分，电缆故障的初测是指故障点的测距，而精确定点是指确定故障点的准确位置。

**Jb0000131087　根据仪器和设备的测试原理，电缆故障初测可分为哪几种方法？（5分）**

**考核知识点：**故障初测

**难易度：**易

**标准答案：**

电缆故障初测可分为电桥法和脉冲法两大类。

**Jb0000133088　脉冲法是应用行波信号进行电缆故障测距的测试方法，它分为哪几种测试方法？（5分）**

**考核知识点：**脉冲法

**难易度：**难

**标准答案：**

（1）脉冲法是应用行波信号进行电缆故障测距的测试方法，它分为低压脉冲法、闪络法（直闪法、冲闪法）、二次脉冲法。

（2）低压脉冲法主要用于测量电缆断线、短路和低阻接地故障的距离，同时还可用于测量电缆的长度、波速度和识别定位电缆的中间接头、T形接头与终端头等。

（3）对于闪络性故障和高阻故障，采用闪络法测量电缆故障，可以不必经过烧穿过程，而直接用电缆故障闪络测试仪（简称闪测仪）进行测量，从而缩短了电缆故障的测量时间。

（4）其基本原理和低压脉冲法相似，也是利用电波在电缆内传播时在故障点产生反射的原理，记录下电波在故障电缆测试端和故障之间往返一次的时间，再根据波速来计算电缆故障点位置。由于电缆的故障电阻很高，低压脉冲不可能在故障点产生反射，因此在电缆上加上一直流高压（或冲击高压），使故障点放电而形成一突跳电压波，此突跳电压波在电缆测试端和故障点之间来回反射。用闪测仪记录下两次反射波之间的时间，用 $L=vD_t/2$ 这一公式来计算故障点位置。

（5）直流高压闪络法，简称直闪法，这种方法能测量闪络性故障及一切在直流电压下能产生突然放电（闪络）的故障。

（6）冲击高压闪络法，简称冲闪法，这种方法能用于测量高阻接地或短路故障。

（7）二次脉冲法是近几年来出现的比较先进的一种测试方法，是基于低压脉冲波形容易分析、测试精度高的情况下开发出的一种新的测距方法。其基本原理是：通过高压发生器给存在高阻或闪络性故障的电缆施加高压脉冲，使故障点出现弧光放电。由于弧光电阻很小，在燃弧期间原本高阻或闪络性的故障就变成了低阻短路故障。此时，通过耦合装置向故障电缆中注入一个低压脉冲信号，记录下此时的低压脉冲反射波形（称为带电弧波形），则可明显地观察到故障点的低阻反射脉冲；在故障电弧熄灭后，再向故障电缆中注入一个低压脉冲信号，记录下此时的低压脉冲反射波形（称为无电弧波形）。此时因故障电阻恢复为高阻，低压脉冲信号在故障点没有反射或反射很小。把带电弧波形和无电弧波形进行比较，两个波形在相应的故障点位上将明显不同，波形的明显分歧点离测试端的距离就是故障距离。

# 第十章 电力电缆安装运维工（配电）高级技师技能操作

Jc0000142001 10kV 管道电缆敷设方法。(100 分)

**考核知识点：**10kV 管道电缆敷设

**难易度：**中

## 技能等级评价专业技能考核操作工作任务书

### 一、任务名称

10kV 管道电缆敷设方法。

### 二、适用工种

电力电缆安装运维工（配电）高级技师。

### 三、具体任务

口述笔答在电缆管道中敷设 10kV 电缆的方案。

### 四、工作规范及要求

（1）口述或笔答。

（2）穿管器、牵引机、电缆放线架、钢丝套、地滑车等。

（3）安全文明生产，在规定时间内完成。

### 五、考核及时间要求

本考核操作时间为 30 分钟，时间到停止考评。

**技能等级评价专业技能考核操作评分标准**

| 工种 | 电力电缆安装运维工（配电） | | | | | 评价等级 | 高级技师 |
|---|---|---|---|---|---|---|---|
| 项目模块 | 电力电缆安装运维工（配电）—施工与验收 | | | | 编号 | Jc0000142001 | |
| 单位 | | | 准考证号 | | | 姓名 | |
| 考试时限 | 30 分钟 | 题型 | | 单项操作 | | 题分 | 100 分 |
| 成绩 | | 考评员 | | 考评组长 | | 日期 | |
| 试题正文 | 10kV 管道电缆敷设方法 | | | | | | |
| 需要说明的问题和要求 | 口答或笔答 | | | | | | |

| 序号 | 项目名称 | 质量要求 | 满分 | 扣分标准 | 扣分原因 | 得分 |
|---|---|---|---|---|---|---|
| 1 | 工作前准备 | | | | | |
| 1.1 | 材料及工器具准备 | 按要求准备好工器具及材料，并进行检查 | 5 | 错、漏选一项扣 1 分；<br>工器具和材料未检查一项扣 1 分；<br>以上扣分，扣完为止 | | |
| 1.2 | 着装、穿戴 | 工作服、工作鞋、安全帽等穿戴正确 | 5 | 不按规定穿着一项扣 1 分，扣完为止 | | |
| 2 | 工作过程 | | | | | |
| 2.1 | 电缆管道清理 | 先用穿管机试穿管道是否畅通，管道内如有泥沙或其他杂物，应采用高压水枪等办法进行清洗 | 10 | 缺一项扣 5～10 分，扣完为止 | | |

续表

| 序号 | 项目名称 | 质量要求 | 满分 | 扣分标准 | 扣分原因 | 得分 |
|---|---|---|---|---|---|---|
| 2.2 | 电缆展放 | （1）电缆展放时应从盘的上方引出，不应使电缆在地面摩擦拖拉。<br>（2）为了加强润滑，还可以在管口及电缆上抹上滑石粉或工业凡士林。<br>（3）转弯处电缆转弯半径应符合规范要求：三芯电缆为电缆外径的 15 倍，并在孔口垫胶皮，确保不损伤外护套。<br>（4）不同电缆中间接头宜相互错开，并保证电缆头平放 | 40 | 电缆引出方向错误扣 10 分；<br>未抹滑石粉或工业凡士林扣 10 分；<br>转弯半径不符合要求扣 10 分；<br>中间头未错开扣 10 分 | | |
| 2.3 | 电缆挂牌 | （1）电缆展放的同时应及时装设标志牌。<br>（2）电缆牌上应有以下内容：电缆编号、电缆型号、长度、规格、起点、终点等。<br>（3）在下列地点应挂电缆牌：电缆两端、改变电缆方向的转角处、电缆井处、电缆中间接头处。<br>（4）标志牌规格宜统一，并应能防腐，挂装应牢固 | 20 | 不挂电缆标志牌扣 10 分；<br>缺一项扣 1 分，扣完为止；<br>电缆牌缺一处扣 1 分，扣完为止；<br>规格不统一扣 2 分；<br>挂装不牢固扣 2 分 | | |
| 2.4 | 管道孔封堵 | 电缆敷设完成后，应将孔洞用防火泥封堵 | 5 | 不符合要求扣 1～3 分 | | |
| 3 | 工作终结验收 | | | | | |
| 3.1 | 电缆敷设 | 电缆平整，电缆无损伤，孔洞封堵良好 | 5 | 验收不符合要求每项扣 1～2 分，扣完为止 | | |
| 3.2 | 安全文明生产 | 工作中无违章出现，工作结束，清理现场，交还工器具及剩余材料 | 10 | 未做清理扣 3 分；<br>未交还工器具及剩余材料扣 3 分；<br>未在规定时间完成，每延时 1 分钟扣 1 分，扣完为止 | | |
| 合计 | | | 100 | | | |

**Jc0000153002　用冲闪或直闪法测试 10kV 电缆高阻接地故障并精确定点。（100 分）**

**考核知识点：** 高阻接地故障测量

**难易度：** 难

## 技能等级评价专业技能考核操作工作任务书

**一、任务名称**

用冲闪或直闪法测试 10kV 电缆高阻接地故障并精确定点。

**二、适用工种**

电力电缆安装运维工（配电）高级技师。

**三、具体任务**

正确用冲闪或直闪法测试 10kV 电缆高阻接地故障并精准确定故障点。

**四、工作规范及要求**

（1）本操作设置监护人及辅助人员各 1 名，不得有提示行为。

（2）仪器仪表使用正确，故障性质判断正确，测试方法选用正确。

（3）波形判断正确，精确点误差不大于 1m。

（4）路径探测正确，电缆及电容需短接放电。

（5）安全文明生产，规定时间内完成。

**五、考核及时间要求**

本考核操作时间为 60 分钟，时间到停止考评。

## 技能等级评价专业技能考核操作评分标准

| 工种 | 电力电缆安装运维工（配电） | | | | | | 评价等级 | 高级技师 |
|---|---|---|---|---|---|---|---|---|
| 项目模块 | 电力电缆安装运维工（配电）—电缆试验与检修 | | | | | 编号 | Jc0000153002 | |
| 单位 | | | 准考证号 | | | | 姓名 | |
| 考试时限 | 60 分钟 | | 题型 | | 单项操作 | | 题分 | 100 分 |
| 成绩 | | 考评员 | | 考评组长 | | | 日期 | |
| 试题正文 | 用冲闪或直闪法测试 10kV 电缆高阻接地故障并精确定点 | | | | | | | |
| 需要说明的问题和要求 | （1）本人独立完成，但需有辅助人员配合。<br>（2）正确使用仪器仪表，测试方法选用正确。<br>（3）安全文明生产，不发生违章操作 | | | | | | | |

| 序号 | 项目名称 | 质量要求 | 满分 | 扣分标准 | 扣分原因 | 得分 |
|---|---|---|---|---|---|---|
| 1 | 工作前准备 | | | | | |
| 1.1 | 着装、穿戴 | 工作服、工作鞋、安全帽等穿戴正确 | 2 | 未正确着装扣 2 分；<br>着装不规范扣 1 分 | | |
| 1.2 | 材料及工器具准备 | 按要求准备好工器具及材料，并进行检查 | 3 | 电缆牵引头选择错误扣 1 分；<br>未进行工器具检查扣 1 分；<br>工器具、材料漏选或有缺陷扣 1 分 | | |
| 1.3 | 现场准备 | 试验场地围好安全围栏。<br>派人到另一端看守和装好安全遮栏，防止有人接触被试电缆 | 5 | 未做安全措施扣 2 分；<br>另一端未做安全措施扣 3 分 | | |
| 2 | 工作过程 | | | | | |
| 2.1 | 对电缆进行放电 | 将接地线牢固接地，然后将电缆各相分别放电并接地 | 2 | 未放电并接地扣 2 分 | | |
| 2.2 | 连续性检查 | 测量电缆连续性 | 3 | 未进行此项扣 3 分；<br>判断错误扣 2 分 | | |
| 2.3 | 测量绝缘电阻 | 正确操作 | 3 | 绝缘电阻表选用的不正确扣 3 分；<br>绝缘电阻表不检查扣 3 分；<br>放电及换线操作不对扣 3 分；<br>以上扣分，扣完为止 | | |
| 2.4 | 直流试验 | 对电缆进行直流耐压试验，判断故障电缆的击穿电压 | 5 | 操作不正确扣 5 分 | | |
| 2.5 | 故障判断 | 正确判断电缆故障性质，确定故障探测方法 | 5 | 故障性质判断错误扣 3 分；<br>探测方法错误扣 2 分 | | |
| 2.5.1 | 仪器连线 | 高压信号发生器与电缆连接正确，测距仪与高压发生器接线正确，高压信号发生器与电容接线正确，仪器接地牢靠 | 5 | 接线不正确扣 3 分；<br>仪器接地不牢靠扣 2 分 | | |
| 2.5.2 | 通信联络 | 工作前确定操作人员间的联络方式，确保通信畅通，提高工作效率 | 2 | 未能保持正常通信扣 2 分 | | |
| 2.5.3 | 仪器使用 | 正确开关机，会使用仪器菜单选项 | 10 | 仪器使用不熟悉扣 2～5 分；<br>不会使用扣 10 分 | | |
| 2.5.4 | 方式选择 | 高压信号发生器放电方式选择周期，启动后按 6～7s 的周期对电缆放电 | 5 | 操作错误扣 2～5 分 | | |
| 2.6 | 击穿判断 | 根据高压信号发生器放电时表针摆动判断故障点是否击穿 | 5 | 判断不正确扣 2～5 分 | | |
| 2.7 | 故障点粗测 | 根据波形粗测故障点距离 | 10 | 判断不正确扣 2～10 分 | | |
| 2.8 | 精确定点 | 会调整磁场增益，会调整声音信号增益，故障定点 | 20 | 操作错误扣 2～10 分；<br>故障点每偏差 1m 扣 4 分，最多扣 10 分；<br>不能精确定点扣 20 分；<br>以上扣分，扣完为止 | | |

续表

| 序号 | 项目名称 | 质量要求 | 满分 | 扣分标准 | 扣分原因 | 得分 |
|---|---|---|---|---|---|---|
| 2.9 | 清理现场 | 清点仪器，清理现场 | 5 | 未清点仪器、未清理现场扣 2～5 分 | | |
| 3 | 工作终结验收 | | | | | |
| 3.1 | 安全文明生产 | 文明操作，禁止违章操作，不损坏工器具，不发生安全生产事故 | 10 | 有不安全行为扣 5 分；<br>损坏元件、工具扣 5 分 | | |
| 合计 | | | 100 | | | |

**Jc0000141003　电缆故障波形分析判断。（100 分）**

**考核知识点：**电缆故障波形分析

**难易度：**易

## 技能等级评价专业技能考核操作工作任务书

### 一、任务名称

电缆故障波形分析判断。

### 二、适用工种

电力电缆安装运维工（配电）高级技师。

### 三、具体任务

对电缆故障波形进行分析判断。

### 四、工作规范及要求

（1）试验正确接线。

（2）低压脉冲法的波形识别、直闪法的波形识别、冲闪法的波形识别。

（3）放电及换试验接线动作规范。

（4）安全文明生产，规定时间内完成。

### 五、考核及时间要求

本考核操作时间为 40 分钟，时间到停止考评。

**技能等级评价专业技能考核操作评分标准**

| 工种 | 电力电缆安装运维工（配电） | | | | 评价等级 | 高级技师 |
|---|---|---|---|---|---|---|
| 项目模块 | 电力电缆安装运维工（配电）—电缆试验与检修 | | | 编号 | Jc0000141003 | |
| 单位 | | 准考证号 | | | 姓名 | |
| 考试时限 | 40 分钟 | 题型 | 单项操作 | | 题分 | 100 分 |
| 成绩 | | 考评员 | | 考评组长 | | 日期 |
| 试题正文 | 电缆故障波形分析判断 | | | | | |
| 需要说明的问题和要求 | （1）正确使用仪器仪表。<br>（2）测量放电及换试验接线动作规范。<br>（3）安全文明生产，不发生违章操作 | | | | | |

| 序号 | 项目名称 | 质量要求 | 满分 | 扣分标准 | 扣分原因 | 得分 |
|---|---|---|---|---|---|---|
| 1 | 工作前准备 | | | | | |
| 1.1 | 着装、穿戴 | 工作服、工作鞋、安全帽等穿戴正确 | 5 | 未正确着装扣 5 分；<br>着装不规范扣 3 分 | | |

续表

| 序号 | 项目名称 | 质量要求 | 满分 | 扣分标准 | 扣分原因 | 得分 |
|---|---|---|---|---|---|---|
| 1.2 | 现场准备 | 试验场地围好安全围栏，挂标示牌 | 5 | 未做扣 5 分 | | |
| 2 | 工作过程 | | | | | |
| 2.1 | 试验接线 | 试验接线应正确 | 10 | 不正确扣 10 分 | | |
| 2.2 | 仪器使用 | 正确开关机，会使用仪器菜单选项 | 15 | 仪器使用不熟练扣 5 分；<br>不会使用扣 10 分 | | |
| 2.3 | 低压脉冲法测全长的波形 | 会识波形并加以分析判断 | 5 | 不识波形扣 5 分 | | |
| 2.4 | 低压脉冲法测断线故障的波形 | 会识波形并加以分析判断 | 5 | 不识波形扣 5 分 | | |
| 2.5 | 低压脉冲法测低阻故障的波形 | 会识波形并加以分析判断 | 5 | 不识波形扣 5 分 | | |
| 2.6 | 直闪法测高阻闪络型故障的波形 | 会识波形并加以分析判断 | 20 | 不识波形扣 10 分；<br>分析不对扣 10 分 | | |
| 2.7 | 冲闪法测高阻泄漏型故障的波形 | 会识波形并加以分析判断 | 20 | 不识波形扣 10 分；<br>分析不对扣 10 分 | | |
| 3 | 工作终结验收 | | | | | |
| 3.1 | 安全文明生产 | 文明操作，禁止违章操作，不损坏工器具，不发生安全生产事故 | 10 | 有不安全行为扣 5 分；<br>损坏元件、工器具扣 5 分 | | |
| 合计 | | | 100 | | | |

**Jc0000142004　10kV 电力电缆交流串联谐振试验。（100 分）**

**考核知识点：**10kV 电力电缆交流串联谐振试验

**难易度：**中

## 技能等级评价专业技能考核操作工作任务书

**一、任务名称**

10kV 电力电缆交流串联谐振试验。

**二、适用工种**

电力电缆安装运维工（配电）高级技师。

**三、具体任务**

布置现场并开展 10kV 电力电缆交流串联谐振试验。

**四、工作规范及要求**

（1）试验接线正确。

（2）根据电缆电容量选用电抗的接线。

（3）加压呼唱。

（4）放电及换试验接线动作规范。

（5）给定电缆线路上安全措施已完成，配有一定区域的安全围栏及标示。

（6）电缆对端需派人看守。

（7）安全文明生产，在规定时间内完成。

**五、考核及时间要求**

本考核操作时间为 30 分钟，时间到停止考评。

**技能等级评价专业技能考核操作评分标准**

| 工种 | 电力电缆安装运维工（配电） | | | | | 评价等级 | 高级技师 |
|---|---|---|---|---|---|---|---|
| 项目模块 | 电力电缆安装运维工（配电）—电缆试验与检修 | | | | 编号 | Jc0000142004 | |
| 单位 | | | 准考证号 | | | 姓名 | |
| 考试时限 | 30 分钟 | | 题型 | 单项操作 | | 题分 | 100 分 |
| 成绩 | | 考评员 | | 考评组长 | | 日期 | |
| 试题正文 | 10kV 电力电缆交流串联谐振试验 | | | | | | |
| 需要说明的问题和要求 | （1）正确使用仪器仪表。<br>（2）测量放电及换试验接线动作规范。<br>（3）安全文明生产，不发生违章操作 | | | | | | |

| 序号 | 项目名称 | 质量要求 | 满分 | 扣分标准 | 扣分原因 | 得分 |
|---|---|---|---|---|---|---|
| 1 | 工作前准备 | | | | | |
| 1.1 | 着装、穿戴 | 工作服、工作鞋、安全帽等穿戴正确 | 5 | 未正确着装扣 5 分；<br>着装不规范扣 3 分 | | |
| 2 | 工作过程 | | | | | |
| 2.1 | 现场准备 | 试验场地围好安全围栏 | 2 | 未做扣 2 分 | | |
| 2.1.1 | 挂标示牌 | 电缆另一端挂好标示牌或派人看守 | 3 | 未做扣 3 分 | | |
| 2.1.2 | 试验电压确定 | 正确确定试验电压 | 5 | 不正确扣 5 分 | | |
| 2.1.3 | 耐压前后摇测绝缘电阻 | 不考评，但必须完成这一过程 | 5 | 未做扣 5 分 | | |
| 2.1.4 | 检查电源 | 检查电源电压（交流 220V） | 5 | 未做扣 5 分 | | |
| 2.2 | 根据电缆试验电压及电容量选电抗的接线 | 多只电抗器并联 | 5 | 操作不正确扣 2～5 分 | | |
| 2.2.1 | 试验接线 | 试验接线应正确 | 10 | 不正确扣 2～10 分 | | |
| 2.2.2 | 高压引线对地的绝缘距离 | 高压引线对地绝缘距离足够 | 5 | 不正确扣 2～5 分 | | |
| 2.2.3 | 接地线 | 连接牢靠 | 5 | 接地不牢靠扣 2～5 分 | | |
| 2.3 | 试验接地 | 试验一相时，其他两相接地正确 | 5 | 不正确扣 2～5 分 | | |
| 2.4 | 合闸升压 | 接到监护人指令并大声复诵后方可合闸 | 10 | 未接到监护人指令合闸扣 10 分；<br>未大声复诵扣 5 分 | | |
| 2.5 | 试验电压的呼唱 | 加压过程应呼唱 | 5 | 未呼唱扣 5 分 | | |
| 2.6 | 试验完毕时放电 | 试验完毕对电缆充分放电，直至电缆无残留电荷 | 10 | 操作不正确扣 2～10 分 | | |
| 2.7 | 试验结果的判断 | 试验过程中不闪络，不放电则耐压试验合格 | 10 | 不正确扣 2～10 分 | | |
| 3 | 工作终结验收 | | | | | |
| 3.1 | 安全文明生产 | 文明操作，禁止违章操作，不损坏工器具，不发生安全生产事故 | 10 | 有不安全行为扣 5 分；<br>损坏元件、工器具扣 5 分 | | |
| 合计 | | | 100 | | | |

**Jc0000141005　电缆工程竣工验收的主要内容。（100 分）**

**考核知识点：**竣工验收

**难易度：**易

## 技能等级评价专业技能考核操作工作任务书

**一、任务名称**

电缆工程竣工验收的主要内容。

**二、适用工种**

电力电缆安装运维工（配电）高级技师。

**三、具体任务**

口述或笔答电缆工程竣工验收的主要内容。

**四、工作规范及要求**

（1）查阅电缆工程各个阶段的工程资料是否齐备。

（2）查阅电缆工程施工现场与设计图纸是否一致。

（3）在规定时间内完成。

（4）口述或笔答。

**五、考核及时间要求**

本考核操作时间为20分钟，时间到停止考评。

### 技能等级评价专业技能考核操作评分标准

| | | | | | | |
|---|---|---|---|---|---|---|
| 工种 | 电力电缆安装运维工（配电） | | | | 评价等级 | 高级技师 |
| 项目模块 | 电力电缆安装运维工（配电）—施工与验收 | | | 编号 | Jc0000141005 | |
| 单位 | | 准考证号 | | | 姓名 | |
| 考试时限 | 20分钟 | 题型 | 单项操作 | | 题分 | 100分 |
| 成绩 | | 考评员 | | 考评组长 | 日期 | |
| 试题正文 | 电缆工程竣工验收的主要内容 | | | | | |
| 需要说明的问题和要求 | （1）考查电缆工程资料、图纸是否齐备。<br>（2）口述独立完成、语言流畅洪亮。<br>（3）不发生违章操作 | | | | | |

| 序号 | 项目名称 | 质量要求 | 满分 | 扣分标准 | 扣分原因 | 得分 |
|---|---|---|---|---|---|---|
| 1 | 工程前期资料检查 | | | | | |
| 1.1 | 查看项目立项资料 | （1）检查项目可研或建议书批复文件。<br>（2）查看项目计划下达文件 | 5 | 未检查一项扣2分，扣完为止 | | |
| 1.2 | 查看相关资质 | （1）查看设计、监理、施工单位资质情况。<br>（2）查看项目中标通知书。<br>（3）查看设计、监理、施工单位合同签订情况 | 5 | 未检查一项扣2分，扣完为止 | | |
| 2 | 工程实施资料检查 | | | | | |
| 2.1 | 查看三措一案 | 检查工程的三措一案会签手续 | 5 | 未检查扣5分 | | |
| 2.2 | 查看施工设备情况 | 检查施工所使用的各种器械报检手续 | 5 | 未检查扣5分 | | |
| 2.3 | 查看施工人员情况 | 检查施工人员资质是否符合国家有关规定要求 | 5 | 未检查扣5分 | | |
| 2.4 | 查看工程开工报告 | 掌握工程开工时间及施工工期 | 5 | 未检查扣5分 | | |
| 2.5 | 查看设计图纸 | 检查工程设计是否满足国家电网公司配网典型设计要求 | 10 | 未检查扣10分 | | |
| 2.6 | 现场检查 | （1）检查现场电缆、电缆沟走径、设备数量是否与设计图纸相符。<br>（2）检查电缆盘井、检查井数量及尺寸是否与设计图纸相符 | 20 | 未检查一项扣3分，扣完为止 | | |

续表

| 序号 | 项目名称 | 质量要求 | 满分 | 扣分标准 | 扣分原因 | 得分 |
|---|---|---|---|---|---|---|
| 2.7 | 竣工资料检查 | （1）检查竣工资料内容是否齐全、准确。<br>（2）检查竣工资料中签字、盖章是否齐全。<br>（3）检查竣工资料中是否有施工过程资料，如隐蔽工程的照片或影像资料等。<br>（4）检查消缺记录是否与缺陷整改通知单相符。<br>（5）检查制造厂提供的产品说明书、试验记录、合格证件及安装图纸等技术文件。<br>（6）检查电缆的型号、长度及中间接头位置是否在图纸上表明，中间接头坐标是否采集。<br>（7）检查设计变更的证明文件和竣工图资料。<br>（8）检查电缆及设备的试验报告是否合格。<br>（9）检查监理资料是否齐全、完善。<br>（10）检查竣工验收报告内容是否翔实 | 25 | 未检查一项扣 3 分，扣完为止 | | |
| 2.8 | 竣工结算检查 | （1）检查竣工结算资金是否与 ERP 相符。<br>（2）检查工程审计结果执行情况 | 10 | 未检查一项扣 5 分，扣完为止 | | |
| 3 | 工程资料归档 | | | | | |
| 3.1 | 资料保管情况 | 检查工程资料是否移交至档案管理部分保管 | 5 | 未检查扣 5 分 | | |
| 合计 | | | 100 | | | |

**Jc0000141006　10kV 开关站（全密封 $SF_6$ 环网柜）间联络线路由运行改检修的操作。（100 分）**

**考核知识点：** 运行转检修

**难易度：** 易

## 技能等级评价专业技能考核操作工作任务书

**一、任务名称**

10kV 开关站（全密封 $SF_6$ 环网柜）间联络线路由运行改检修的操作。

**二、适用工种**

电力电缆安装运维工（配电）高级技师。

**三、具体任务**

完成 10kV 开关站（全密封 $SF_6$ 环网柜）间联络线路由运行改检修的操作。

**四、工作规范及要求**

（1）倒闸操作应由 2 人进行。

（2）安全文明生产，在规定时间内完成。

**五、考核及时间要求**

本考核操作时间为 20 分钟，时间到停止考评。

**技能等级评价专业技能考核操作评分标准**

<table>
<tr><td>工种</td><td colspan="5">电力电缆安装运维工（配电）</td><td>评价等级</td><td>高级技师</td></tr>
<tr><td>项目模块</td><td colspan="4">电力电缆安装运维工（配电）—电缆设备运行与维护</td><td>编号</td><td colspan="2">Jc0000141006</td></tr>
<tr><td>单位</td><td colspan="2"></td><td>准考证号</td><td colspan="2"></td><td>姓名</td><td></td></tr>
<tr><td>考试时限</td><td colspan="2">20 分钟</td><td>题型</td><td colspan="2">单项操作</td><td>题分</td><td>100 分</td></tr>
<tr><td>成绩</td><td></td><td>考评员</td><td></td><td>考评组长</td><td></td><td>日期</td><td></td></tr>
</table>

续表

| 试题正文 | 10kV 开关站（全密封 $SF_6$ 环网柜）间联络线路由运行改检修的操作 |
|---|---|
| 需要说明的问题和要求 | （1）核对开关站双重名称。<br>（2）停送电操作方法、顺序正确。<br>（3）倒闸操作一人操作，一人监护。<br>（4）安全文明生产，不发生违章操作 |

| 序号 | 项目名称 | 质量要求 | 满分 | 扣分标准 | 扣分原因 | 得分 |
|---|---|---|---|---|---|---|
| 1 | 工作前准备 | | | | | |
| 1.1 | 接受调度预令 | 准确无误 | 3 | 无调度预令扣 3 分 | | |
| 1.2 | 办理操作票 | 依据调度预令，按典型操作票，根据实际情况填写操作票，并审票合格 | 5 | 未办理操作票扣 5 分 | | |
| 1.3 | 接受正令 | 准确无误 | 3 | 无调度令扣 3 分 | | |
| 1.4 | 准备工器具 | 根据工作需要选择工器具及安全用具 | 3 | 工器具每漏、错选一项扣 1 分，扣完为止 | | |
| 1.5 | 着装、穿戴 | 按规定穿工作服、工作鞋，戴绝缘手套、安全帽等 | 3 | 不按规定穿着一项扣 1 分，扣完为止 | | |
| 2 | 工作过程 | | | | | |
| 2.1 | 甲开关站操作 | | | | | |
| 2.1.1 | 核对命名 | 核对开关站名称后，打开换气扇，排风 15 分钟后进入，核对甲间隔双重命名及状态 | 3 | 未核对名称扣 3 分 | | |
| 2.1.2 | 检查气压 | 检查 $SF_6$ 气压正常 | 5 | 未检查 $SF_6$ 气压扣 5 分 | | |
| 2.1.3 | 操作甲间隔设备 | 拉开甲间隔开关至分闸位置，查验并记录线路侧带电显示器或指示仪表状态及开关位置指示 | 5 | 操作顺序错误扣 5 分 | | |
| 2.1.4 | 悬挂警告牌 | 悬挂“禁止合闸，线路有人工作”警告牌 | 3 | 不悬挂警告牌扣 3 分 | | |
| 2.2 | 乙开关站操作 | | | | | |
| 2.2.1 | 核对命名 | 核对开关站名称后，打开换气扇，排风 15 分钟后进入，核对乙间隔双重命名及状态 | 3 | 未核对名称扣 3 分 | | |
| 2.2.2 | 检查气压 | 检查 $SF_6$ 气压正常 | 5 | 未检查 $SF_6$ 气压扣 5 分 | | |
| 2.2.3 | 操作乙间隔设备 | 拉开乙间隔开关至分闸位置 | 5 | 操作顺序错误扣 5 分 | | |
| 2.2.4 | 验电 | 查验线路侧带电显示器或指示仪表及开关位置指示等，进行间接验电 | 5 | 未查验扣 2 分；<br>未进行验电扣 3 分 | | |
| 2.2.5 | 挂接地 | 验明确无电压后，立即在乙间隔合上线路侧接地开关 | 5 | 未验电就合接地开关扣 5 分 | | |
| 2.2.6 | 悬挂警告牌 | 在乙间隔悬挂“禁止合闸，线路有人工作”警告牌 | 3 | 未悬挂警告牌扣 3 分 | | |
| 2.3 | 返回甲开关站操作 | | | | | |
| 2.3.1 | 核对命名 | 核对开关站名称后，打开换气扇，排风 15 分钟后进入，核对甲间隔双重命名及状态 | 3 | 未核对名称扣 3 分 | | |
| 2.3.2 | 挂接地 | 查验甲间隔开关线路侧带电显示器或指示仪表状态，和 2.1.3 状态比较确认线路侧已停电，立即在甲间隔线路侧装设接地线，或合上线路侧接地开关 | 10 | 未验电就装设接地线或合接地开关扣 10 分 | | |
| 2.4 | 唱票复诵 | 倒闸操作时唱票复诵 | 3 | 无唱票复诵扣 3 分 | | |
| 2.5 | 熟练程度 | 操作熟练、顺利 | 5 | 不熟练扣 1～5 分 | | |

续表

| 序号 | 项目名称 | 质量要求 | 满分 | 扣分标准 | 扣分原因 | 得分 |
|---|---|---|---|---|---|---|
| 3 | 工作终结验收 | | | | | |
| 3.1 | 开关操作 | 断路器、隔离开关操作到位 | 3 | 不到位或不牢靠扣1～3分 | | |
| 3.2 | 接地线装设 | 接地线装设牢靠，警告牌挂设正确 | 3 | 接地线装设不牢靠扣2分；<br>警告牌挂设不正确扣1分 | | |
| 3.3 | 工作终结 | 操作结束后，汇报调度 | 4 | 不汇报调度扣4分 | | |
| 3.4 | 安全文明生产 | 操作过程中无工器具损伤，柜内无遗留物，工作完毕应清理现场，交换工器具 | 10 | 未清理现场或未交还工器具扣3分；未在规定时间完成，每延时1分钟扣1分，扣完为止 | | |
| 合计 | | | 100 | | | |

**Jc0000141007　10kV 开关站（真空环网柜）间联络线路由运行改检修的操作。（100 分）**

**考核知识点：** 运行转检修

**难易度：** 易

## 技能等级评价专业技能考核操作工作任务书

**一、任务名称**

10kV 开关站（真空环网柜）间联络线路由运行改检修的操作。

**二、适用工种**

电力电缆安装运维工（配电）高级技师。

**三、具体任务**

完成 10kV 开关站（真空环网柜）间联络线路由运行改检修的操作。

**四、工作规范及要求**

（1）倒闸操作应由 2 人进行。

（2）安全文明生产，在规定时间内完成。

**五、考核及时间要求**

本考核操作时间为 20 分钟，时间到停止考评。

### 技能等级评价专业技能考核操作评分标准

| | | | | | | | |
|---|---|---|---|---|---|---|---|
| 工种 | 电力电缆安装运维工（配电） | | | | | 评价等级 | 高级技师 |
| 项目模块 | 电力电缆安装运维工（配电）—电缆设备运行与维护 | | | | 编号 | Jc0000141007 | |
| 单位 | | | 准考证号 | | | 姓名 | |
| 考试时限 | 20 分钟 | 题型 | | 单项操作 | | 题分 | 100 分 |
| 成绩 | | 考评员 | | 考评组长 | | 日期 | |
| 试题正文 | 10kV 开关站（真空环网柜）间联络线路由运行改检修的操作 | | | | | | |
| 需要说明的问题和要求 | （1）核对开关站双重名称。<br>（2）停送电操作方法、顺序正确。<br>（3）倒闸操作一人操作，一人监护。<br>（4）安全文明生产，不发生违章操作 | | | | | | |
| 序号 | 项目名称 | 质量要求 | 满分 | 扣分标准 | 扣分原因 | 得分 | |
| 1 | 工作前准备 | | | | | | |
| 1.1 | 接受调度预令 | 准确无误 | 3 | 无调度预令扣3分 | | | |

续表

| 序号 | 项目名称 | 质量要求 | 满分 | 扣分标准 | 扣分原因 | 得分 |
|---|---|---|---|---|---|---|
| 1.2 | 办理操作票 | 依据调度预令，按典型操作票，根据实际情况填写操作票，并审票合格 | 5 | 不办理操作票扣5分 | | |
| 1.3 | 接受正令 | 准确无误 | 3 | 无调度令扣3分 | | |
| 1.4 | 准备工器具 | 根据工作需要选择工器具及安全用具 | 3 | 工器具每漏、错选一项扣1分，扣完为止 | | |
| 1.5 | 着装、穿戴 | 按规定穿工作服、工作鞋，戴绝缘手套、安全帽等 | 3 | 不按规定穿着一项扣1分，扣完为止 | | |
| 2 | 工作过程 | | | | | |
| 2.1 | 甲开关站操作 | | | | | |
| 2.1.1 | 核对命名 | 核对开关站名称后进入，核对甲间隔双重命名及状态 | 3 | 未核对名称扣3分 | | |
| 2.1.2 | 操作甲间隔设备 | 先拉开甲隔离开关，检查线路侧带电显示器或指示仪表情况，再拉开甲间隔母线侧隔离开关，后拉开甲间隔线路侧隔离开关 | 10 | 操作顺序错误扣10分 | | |
| 2.1.3 | 悬挂警告牌 | 悬挂“禁止合闸，线路有人工作”警告牌 | 3 | 未悬挂警告牌扣3分 | | |
| 2.2 | 乙开关站操作 | | | | | |
| 2.2.1 | 核对命名 | 核对开关站名称后进入，核对乙间隔双重命名及状态 | 3 | 未核对名称扣3分 | | |
| 2.2.2 | 操作乙间隔设备 | 先拉开乙隔离开关，检查线路侧带电显示器或指示仪表情况，再拉开乙间隔母线侧隔离开关，后拉开乙间隔线路侧隔离开关 | 10 | 操作顺序错误扣10分 | | |
| 2.2.3 | 验电挂接地线 | 用验电器在乙间隔线路隔离开关线路侧验电，放电验明确无电压后，立即在乙间隔线路隔离开关线路侧装设接地线 | 10 | 不验电就装设接地线扣10分 | | |
| 2.2.4 | 悬挂警告牌 | 在乙间隔悬挂“禁止合闸，线路有人工作”警告牌 | 3 | 未悬挂警告牌扣3分 | | |
| 2.3 | 返回甲开关站操作 | | | | | |
| 2.3.1 | 核对命名 | 核对开关站名称后进入，核对甲间隔双重命名及状态 | 3 | 未核对名称扣3分 | | |
| 2.3.2 | 验电挂接地 | （1）查甲间隔线路隔离开关线路侧验电、放电。<br>（2）验明确无电压后，立即在甲间隔线路隔离开关线路装设接地线 | 10 | 不验电就装设接地线扣10分 | | |
| 2.4 | 唱票复诵 | 倒闸操作时唱票复诵 | 3 | 无唱票复诵扣3分 | | |
| 2.5 | 熟练程度 | 操作熟练、顺利 | 5 | 不熟练扣1～5分 | | |
| 3 | 工作终结验收 | | | | | |
| 3.1 | 开关操作 | 断路器、隔离开关操作到位 | 3 | 不到位或不牢靠扣1～3分 | | |
| 3.2 | 接地线装设 | 接地线装设牢靠，警告牌挂设正确 | 3 | 接地线装设不牢靠扣2分；<br>警告牌挂设不正确扣1分 | | |
| 3.3 | 工作终结 | 操作结束后，汇报调度 | 4 | 不汇报调度扣4分 | | |
| 3.4 | 安全文明生产 | 操作过程中无工器具损伤，柜内无遗留物，工作完毕应清理现场，交换工器具 | 10 | 未清理现场或未交还工器具扣3分；<br>未在规定时间完成，每延时1分钟扣1分，扣完为止 | | |
| 合计 | | | 100 | | | |

**Jc0000162008　编写更换综合配电箱的检修方案。（100分）**

**考核知识点：**更换综合配电箱检修方案

**难易度：**中

## 技能等级评价专业技能考核操作工作任务书

### 一、任务名称

编写更换综合配电箱的检修方案。

### 二、适用工种

电力电缆安装运维工（配电）高级技师。

### 三、具体任务

更换一台综合配电箱，综合配电箱已运输到位。针对此项工作，要求考生编写一份更换综合配电箱的检修方案。

### 四、工作规范及要求

（1）单杆已运输到位，请按以下要求完成更换综合配电箱的检修方案的编写；方案编写在教室内完成。

1）人员配置分工合理（方案中不得出现真实单位名称及个人姓名）。

2）工器具及材料清楚。

3）主要作业程序正确。

4）关键工序工艺质量标准清晰。

5）组织、安全、技术措施齐全。

6）考核时间结束终止考试。

（2）本考核总成绩满分为100分。

### 五、考核及时间要求

本考核操作时间为60分钟，时间到停止考核。

**技能等级评价专业技能考核操作评分标准**

| 工种 | 电力电缆安装运维工（配电） | | | | | 评价等级 | 高级技师 |
|---|---|---|---|---|---|---|---|
| 项目模块 | 电力电缆安装运维工（配电）—基本技能 | | | | 编号 | Jc0000162008 | |
| 单位 | | | 准考证号 | | | 姓名 | |
| 考试时限 | 60分钟 | | 题型 | 单项操作 | | 题分 | 100分 |
| 成绩 | | 考评员 | | 考评组长 | | 日期 | |
| 试题正文 | 编写更换综合配电箱的检修方案 | | | | | | |
| 需要说明的问题和要求 | （1）考生集中于教室在60分钟内完成方案编写。<br>（2）方案中施工班组、作业人员不指定，由考生自行填写，但不得出现真实单位名称和个人姓名。<br>（3）更换方式为使用倒链。<br>（4）其他所用工具、材料由考生根据检修需要进行安排。<br>（5）本考核总成绩满分为100分 | | | | | | |

| 序号 | 项目名称 | 质量要求 | 满分 | 扣分标准 | 扣分原因 | 得分 |
|---|---|---|---|---|---|---|
| 1 | 准备工作 | | | | | |
| 1.1 | 办理工作票 | 按典型操作票，根据实际情况填写工作票，并审票合格 | 5 | 未办理操作票扣5分 | | |
| 1.2 | 准备工器具 | 根据工作需要选择工器具及安全用具 | 5 | 工器具每漏、错选一项扣1分，扣完为止 | | |
| 1.3 | 着装、穿戴 | 按规定穿工作服、工作鞋，戴绝缘手套、安全帽等 | 5 | 不按规定穿着一项扣1分，扣完为止 | | |
| 2 | 工作过程 | | | | | |
| 2.1 | 拆除综合配电箱 | （1）拆除低压进出线桩头连接设备线夹，并做好相色识别标记。<br>（2）拆除电流互感器。<br>（3）拆除综合配电箱的固定螺栓 | 30 | 少一步扣10分，扣完为止 | | |

续表

| 序号 | 项目名称 | 质量要求 | 满分 | 扣分标准 | 扣分原因 | 得分 |
|---|---|---|---|---|---|---|
| 2.2 | 安装综合配电箱 | （1）型号符合安装设计要求，各部位连接螺栓牢靠，外表无机械损伤和锈蚀，油漆完好。<br>（2）就位推进要平稳，调整水平，不碰伤或撞坏器件。<br>（3）安装电流互感器 | 35 | 螺栓连接不牢靠扣 10 分；<br>不符合要求扣 3～10 分；<br>未安装电流互感器扣 15 分 | | |
| 3 | 工作竣工验收 | | | | | |
| 3.1 | 按规范进行验收 | 对现场进行全面检查验收，无异常后，通知人员拆除接地线，所有人员撤离现场 | 5 | 缺一项扣 5 分；<br>未拆除接地线扣总分值 50%；<br>违章一次扣 5 分；<br>以上扣分，扣完为止 | | |
| 3.2 | 工作终结及送电 | 交回工作票，汇报工作结束，恢复送电 | 5 | 不符合要求扣 1～5 分 | | |
| 3.3 | 安全文明生产 | （1）现场材料、工器具堆放合理。<br>（2）工作结束后清理现场，将带入现场的施工器械、设备，及材料撤出现场运回。<br>（3）现场施工无违章 | 10 | 未做清理扣 5 分；<br>未交还工器具扣 5 分；<br>未在规定时间内完成，每延时 1 分钟扣 1 分 | | |
| 合计 | | | 100 | | | |

**Jc0000141009　环网柜试验的操作。（100 分）**

**考核知识点：**环网柜试验

**难易度：**易

## 技能等级评价专业技能考核操作工作任务书

### 一、任务名称

环网柜试验的操作。

### 二、适用工种

电力电缆安装运维工（配电）高级技师。

### 三、具体任务

针对环网柜试验的操作，考生须在 35 分钟内完成更换处理操作的口述或笔试。

### 四、工作规范及要求

模拟操作（口试或笔试）。

### 五、考核及时间要求

本考核操作时间为 35 分钟，时间到停止考评。

**技能等级评价专业技能考核操作评分标准**

| 工种 | 电力电缆安装运维工（配电） | | | | | 评价等级 | 高级技师 |
|---|---|---|---|---|---|---|---|
| 项目模块 | 电力电缆安装运维工（配电）—电缆试验与检修 | | | | 编号 | Jc0000141009 | |
| 单位 | | | 准考证号 | | | 姓名 | |
| 考试时限 | 35 分钟 | | 题型 | 单项操作 | | 题分 | 100 分 |
| 成绩 | | 考评员 | | 考评组长 | | 日期 | |
| 试题正文 | 环网柜试验的操作 | | | | | | |
| 需要说明的问题和要求 | （1）针对此项工作，考生须在 35 分钟内完成更换处理操作的口述或笔试。<br>（2）本考核总成绩满分为 100 分 | | | | | | |

续表

| 序号 | 项目名称 | 质量要求 | 满分 | 扣分标准 | 扣分原因 | 得分 |
|---|---|---|---|---|---|---|
| 1 | 工作准备 | | | | | |
| 1.1 | 检查仪器仪表齐备情况 | 检查到位 | 2 | 不正确扣 1～2 分 | | |
| 1.2 | 检查仪器仪表型号及合格证 | 检查到位 | 2 | 不正确扣 1～2 分 | | |
| 1.3 | 检查工具及线材齐备情况 | 检查到位 | 2 | 不正确扣 1～2 分 | | |
| 1.4 | 检查工具和线材规格型号、质量及符合安全要求 | 检查到位 | 3 | 不正确扣 1～2 分 | | |
| 1.5 | 检查设备运行状态 | 检查到位 | 5 | 未检查扣 5 分 | | |
| 1.6 | 记录环网柜及设备的数据 | 对照高压环网柜的合格证、出厂试验报告及设计图纸，核对环网柜铭牌技术参数，检查并记录铭牌的出厂编号等数据，记录现场的温度、湿度 | 2 | 不正确扣 1～2 分 | | |
| 1.7 | 环网柜的进出线等拆除 | 将被试环网柜的进出线电缆拆除，与系统其他设备隔离，应有足够的安全距离，将避雷器的一次连接拆除，并做好记号 | 3 | 不正确扣 1～2 分 | | |
| 1.8 | 电源 | 正确接取电源使用有过流保护的电源箱，应有双极刀开关和电源指示灯，试验仪器的接地端子、被试设备外壳应与接地网连接可靠 | 3 | 不正确扣 1～3 分 | | |
| 2 | 环网柜试验 | | | | | |
| 2.1 | 负荷开关试验 | | | | | |
| 2.1.1 | 导电回路电阻 | 采用电流 100A 的直流压降法测试，测试结果符合产品技术条件规定 | 5 | 不正确不得分 | | |
| 2.1.2 | $SF_6$负荷开关 | 检查 $SF_6$气体压力表指针应在 $SF_6$气体额定压力值 | 2 | 不正确不得分 | | |
| 2.1.3 | 负荷开关的绝缘电阻 | 测量负荷开关相间、相对地的绝缘电阻；绝缘电阻值参照制厂的规定，手动绝缘电阻表摇到额定转速才可接上被试绕组，测量完毕，先断开高压线，然后停止摇动绝缘电阻表 | 5 | 不正确不得分 | | |
| 2.1.4 | 负荷开关交流耐压试验 | 对负荷开关进行交流耐压试验前后均测量绝缘电阻，前后测得的绝缘电阻值相比较不应有明显降低；负荷开关的交流耐压试验在合闸时相对地和分闸时断口间进行；试验电压应按规程 | 6 | 不正确不得分 | | |
| 2.1.5 | 放电 | 在完成测量绝缘电阻及交流耐压试验后，均须用放电棒对负荷开关进行放电 | 2 | 不正确不得分 | | |
| 2.2 | 高压熔断器检查 | 检查高压限流熔丝的直流电阻，以及高压熔断器的额定电流；高压限流熔丝的直流电阻与同型号产品相比不应有明显差别 | 6 | 不正确不得分 | | |

续表

| 序号 | 项目名称 | 质量要求 | 满分 | 扣分标准 | 扣分原因 | 得分 |
|---|---|---|---|---|---|---|
| 2.3 | 环网柜的整体试验 | （1）检查避雷器隔离。<br>（2）交流耐压试验标准应采用连接的设备中最低的试验电压值为标准进行加压；全回路交流耐压试验应一相加压，其余两相接地，加压前后均测量绝缘电阻，前后测量出的绝缘电阻值相比较不应有明显降低。<br>（3）在试验升压期间，交流耐压试验高压引出线应支持牢固可靠，并有足够的安全绝缘距离，且试验接线正确。<br>（4）调压器零位及仪表的开始状态，均正确无误，升压过程，应观察仪表的指示，监听整列柜的设备有没有异常现象，根据这些现象来判断，每次加压试验完或变更接线先将电压降至零位，断开试验电源，对被试设备及试验变压器高压部分放电、接地。<br>（5）全回路交流耐压试验，在加压中检查每一个柜的高压带电显示装置应正确显示 | 20 | 每错、漏一项扣 4 分，扣完为止 | | |
| 2.4 | 避雷器试验 | | | | | |
| 2.4.1 | 避雷器的绝缘电阻 | 金属氧化物避雷器的绝缘电阻不少于 1000MΩ；对避雷器进行直流参考电压和 0.75 倍直流参考电压下的泄漏电流试验前后测量绝缘电阻，前后测量出的绝缘电阻值相比较不应有明显降低；手动绝缘电阻表摇到额定转速才可接上被试绕组，测量完毕，先切开高压线，然后停止摇动绝缘电阻表 | 6 | 每错、漏一项扣 2 分，扣完为止 | | |
| 2.4.2 | 直流参考电压和 0.75 倍直流参考电压下的泄漏电流 | （1）金属氧化物避雷器的直流参考电压实测值与出厂试验值相比较变化不大于±5%，0.75 倍直流参考电压下的泄漏电流不应大于 50μA 或符合产品技术条件的规定。<br>（2）试验的过程中，设专人监护，禁止人员进入测试范围和触碰避雷器；试验操作人员要注意仪表的指示情况以及避雷器的状况，如发现有不正常现象，应立即降压，切断试验电源，做好安全措施并进行检查，根据检查情况确定重新试验或者终止试验。<br>（3）在完成每项测试后，均须用放电棒对避雷器进行放电、接地 | 14 | 每错、漏一项扣 3～5 分，扣完为止 | | |
| 2.5 | 恢复设备引线连接 | 将试验前拆除的电缆、引线恢复原状，并确认连接牢固 | 2 | 不正确不得分 | | |
| 2.6 | 结果分析 | 试验数据与试验标准或者出厂试验报告比较，分析判断是否合格 | 2 | 不正确不得分 | | |
| 3 | 其他要求 | | | | | |
| 3.1 | 清理现场 | 拆除试验人员自装的接地线、短路线、收拾仪器、仪表、专用试验线、工具、围栏、标示牌等，不允许遗留物件在设备上 | 4 | 不正确扣 1～4 分 | | |
| 3.2 | 竣工验收 | 对现场进行全面检查验收，无异常后，通知人员拆除接地线，所有人员撤离现场 | 2 | 不正确扣 1～2 分 | | |
| 3.3 | 考核时间 | 按时完成 | 2 | 超过时间酌情扣分 | | |
| 合计 | | | 100 | | | |